NCS 국가직무능력 표준을 활용한 교재
National Competency Standards

그린자동차실기

전기편

| 머리말 preface |

깊어가는 가을 아름답게 물든 도봉산과 수락산을 보면서 작년 모습과 변함없이 한해가 또 가는구나! 느끼면서 타고 있는 자동차를 생각하여 봅니다. 자연은 계절적으로 변하지만 그 모습은 작년과 금년 차이가 별반 없는데 자동차는 점점 똑똑해지고 있습니다. 강한 힘과 빠른 몸놀림 뿐 아니라 갖가지 전자기들로 인해 맹랑한 짓도 서슴치 않는 재간둥이가 되고 있는 것이죠. 더더욱 이런 발전은 계속 진행 중에 있습니다.

단순하면서도 기계적이던 자동차에서 첨단기술로 만들어진 현재의 자동차, 또한 미래의 자동차를 정비하여야 하는 기술인들은 고도의 고장진단 능력과 분석력, 정비능력을 필요로 하고 있습니다. 따라서 자동차 정비기술은 계량화 되고 테스터기를 통하여 자동차의 상태를 눈으로 보면서 정비해야 하는 시각적 정비시대가 왔습니다. 이와 더불어 자동차 정비 국가기술자격시험문제도 단순한 기계정비에서 정비기기를 활용한 데이터 정비, 시각적 정비로 변화하고 있어서 난이도가 어려울 뿐만 아니라 광범위한 문제가 출제되고 있는 실정입니다.

현 실정을 감안하여 실기시험을 대비하는 수험서도 데이터정비, 시각적 정비에 맞추어 자격증 취득의 지름길을 알려 주어야 함은 물론 현장에서 바로 적용할 수 있는 지도서가 필요함을 절실히 느끼면서 다음과 같은 주안점을 두고 집필하였습니다.

1. 측정작업 동영상을 QR코드에 담아 직접 현장실무와 같은 생동감을 주었다.
2. 모든 그림을 컬러로 하여 입체감을 증대하고 시각적 피로감을 줄였으며, 생생한 실제사진을 함께 첨부하였다.
3. 일반정비뿐만 아니라 실기시험 문제를 선정하여 구성하였다.
4. 이론을 배울 때의 순서로 정리하여 찾아보기 쉽게 구성하였다.

5. 실기시험 문제를 이해하는데 도움을 주고자 설명과 더불어 그림과 모의고사 시험장 사진을 많이 첨부하였다.
6. 실기시험에 나오는 테스터기는 여러 제작회사의 사용법을 설명하여 어느 시험장에서도 자신감 있게 시험에 응시할 수 있도록 하였다.

끝으로 이 책으로 실기시험을 대비하는 수험생들에게 영광스런 합격이 있기를 바라며 곳곳에 미흡한 점이 있는 것은 차후에 계속 보완하여 나갈 것이다. 이 책을 만들기까지 물심양면으로 도와주신 김범준 사장님과 원고를 다듬느라 고생하신 이상호 부장님, 책 빨리 안 나온다고 독자들로부터 시달리신 우병춘 팀장님, 그리고 골든벨 직원 여러분께 진심으로 감사드린다.

저자 일동

| 차 례 contents |

본문의 QR코드(스마트폰에 QR애플리케이션 설치 후)를
스캔하시면 측정작업방법을 동영상으로 볼 수 있습니다.

Chapter 01 퓨즈 및 릴레이 점검

1. 보디 전장 계통 점검 — 10
2. 배터리 케이블 와이어 점검 — 12
3. 퓨즈 점검 — 13
4. 파워 릴레이 점검 — QR 14
5. 전장 회로의 기호 — 16
6. 전장 회로도에 사용되는 기호 — 20

Chapter 02 배터리 정비

1. 배터리(Battery) 액량 점검 — 24
2. 전해액(배터리) 비중 측정 — QR 31
3. 배터리 단자 전압 측정 — 34
4. 암(방전) 전류 점검 — QR 35
5. 배터리 용량 시험 — QR 45
6. 배터리 충전 — QR 48

Chapter 03 기동장치 정비

1. 기동 전동기 교환 — QR 53
2. 기동 전동기 크랭킹 부하(전류소모/전압강하)시험 — QR 56
3. 기동 전동기 분해조립 · 점검 — QR 63
4. 기동회로 점검 — QR 67

Chapter 04 점화장치 점검

1. DOHC 자동차에서 점화 플러그 및 케이블 교환 QR 71
2. 점화 코일 1, 2차 코일 저항 측정 QR 75
3. 점화 코일 1, 2차 코일 점화 전압 측정 77
4. 점화 1차 파형 분석 QR 78
5. 점화 2차 파형 분석 QR 95
6. ECU 교환 104
7. 파워 TR 동작시험 105
8. 점화회로 점검 QR 108
9. 컨트롤 릴레이 점검 QR 112

Chapter 05 충전장치 정비

1. AC발전기 교환 및 구동 벨트 장력 점검 QR 117
2. 충전 전류와 전압 측정 QR 121
3. 발전기 출력 파형 점검 QR 129
4. 발전기 분해조립 및 점검 QR 134
5. 충전 회로 점검 QR 137

Chapter 06 등화장치

1. 다기능(콤비네이션) 스위치 교환 QR 141
2. 전조등(Head Light) 탈부착 QR 145
3. 전조등 회로 점검 QR 149
4. 전조등 시험 QR 165
5. 미등/ 번호등 회로 점검 QR 174
6. 방향지시등 회로 점검 185
7. 제동등 회로 점검 QR 199
8. 실내등 회로 점검 QR 209

Chapter 07 편의/안전장치

1. 경음기 회로 점검 QR 215
2. 경음기 음량 측정 QR 221
3. 에어컨 벨트 교환/ 컴프레서 작동 점검 QR 229
4. 에어컨 라인압력 점검 QR 236
5. 에어컨 냉매 교환 QR 243
6. 에어컨 회로 점검 QR 251
7. 윈도 실드 와이퍼 모터 교환 QR 261
8. 윈도 실드 와이퍼 회로 점검 QR 265
9. 파워 윈도우 레귤레이터 교환 QR 281
10. 파워 윈도우 회로 점검 QR 286
11. 히터 블로어 모터 교환 QR 298
12. 블로어 모터 회로 점검 303
13. 도어 록 회로 점검 312
14. 라디에이터 팬 모터 회로 점검 QR 320
15. 열선 회로 점검 QR 325

Chapter 08 에탁스(ETACS) 점검

1. 에탁스 컨트롤 유닛 기본 입력 전압 변화 점검 QR 331
2. 에탁스에서 센트롤 록킹 스위치 작동 전압 변화 점검 335
3. 에탁스에서 열선 스위치 입력회로 작동 전압 변화 점검 338
4. 에탁스 와이퍼 간헐시간 조정 작동 전압 변화 점검 341
5. 에탁스 점화 스위치 키 홀 조명 작동 전압 변화 점검 344
6. 에탁스 차속 센서 작동 전압 변화 점검 347
7. 에탁스 실내등 작동 전압 변화 점검 QR 349

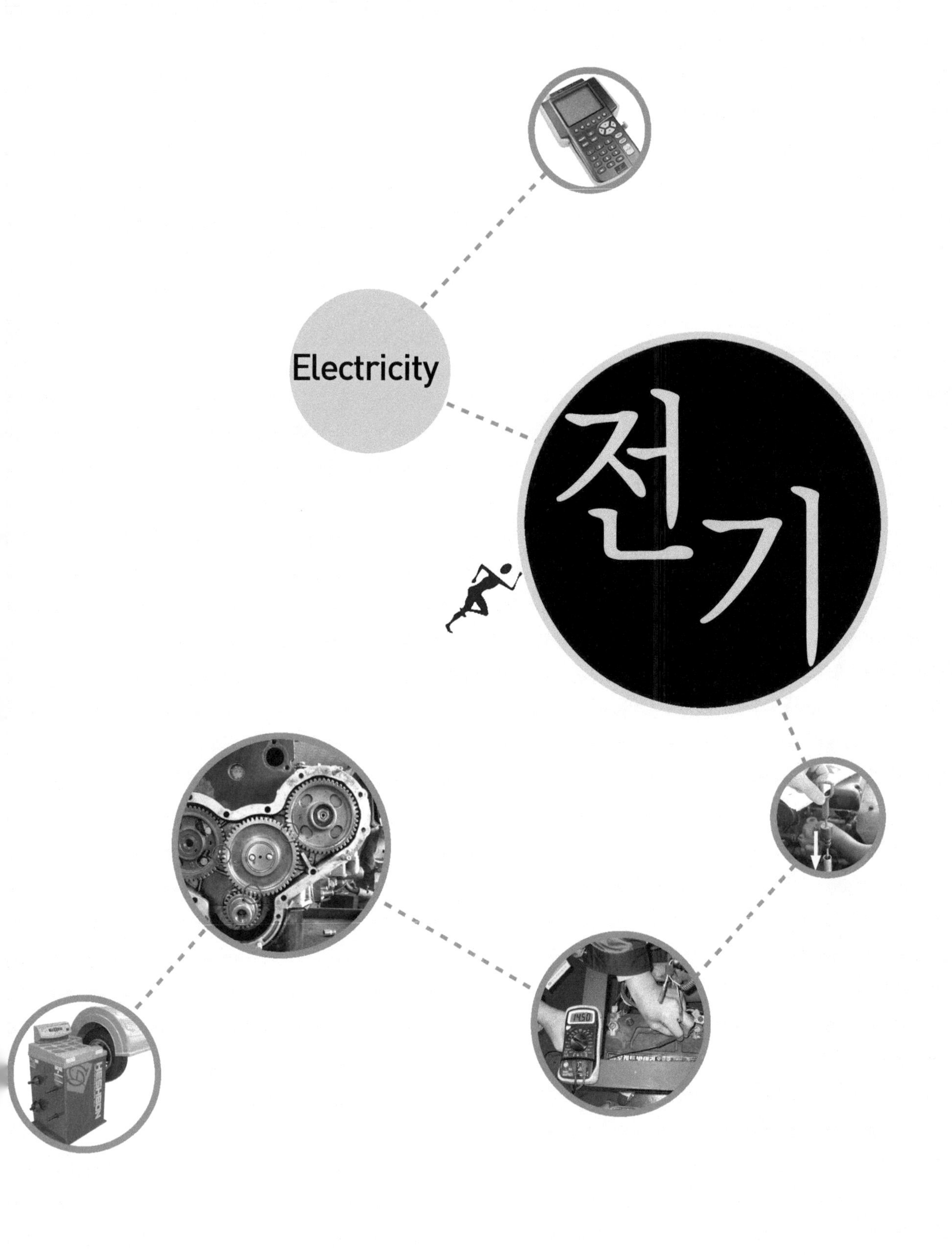
Electricity
전기

제 1 장

퓨즈 및 릴레이 점검

01 보디 전장 계통 점검

① 각종 전기장치를 정비하는 경우에는 점화 스위치 및 각종 전기장치의 스위치를 OFF시키고 배터리의 ⊖ 터미널을 먼저 분리시킨다.

TIP •• MPI, ELC 시스템 단계에 있어서 배터리 케이블을 분리시키면 컴퓨터의 코드가 삭제되므로 배터리 터미널을 분리하기 전에 자기진단 코드를 확인하여야 한다.

② 각종 배선은 클램프로 완전히 고정하여야 하며, 엔진 등과 같이 유동이 있는 부분의 배선은 주위 부품에 접촉되지 않는 범위 내에서 고정하여야 한다.

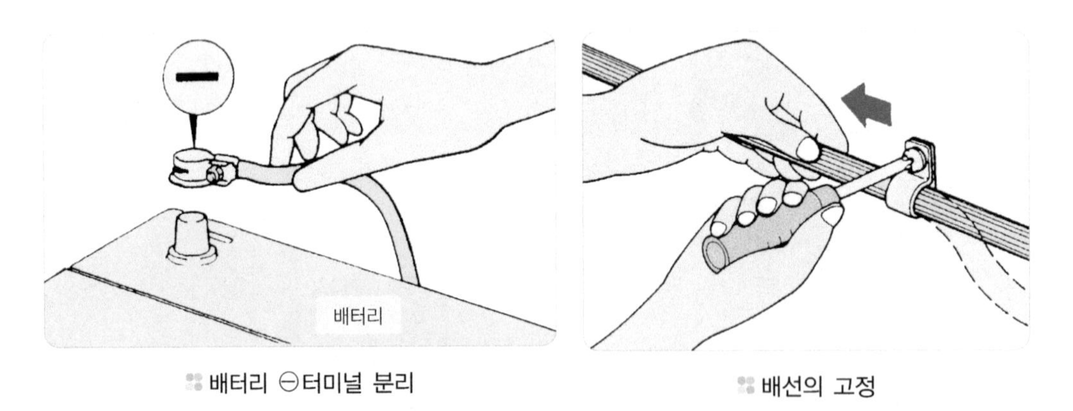

배터리 ⊖터미널 분리

배선의 고정

③ 와이어링 하니스의 일부가 날카로운 부위 또는 모서리에 접촉될 수 있는 부분은 테이프 등으로 감아 손상되지 않도록 한다.

④ 부품을 차량에 장착할 때는 와이어링 하니스가 찢기거나 손상을 받지 않도록 한다.

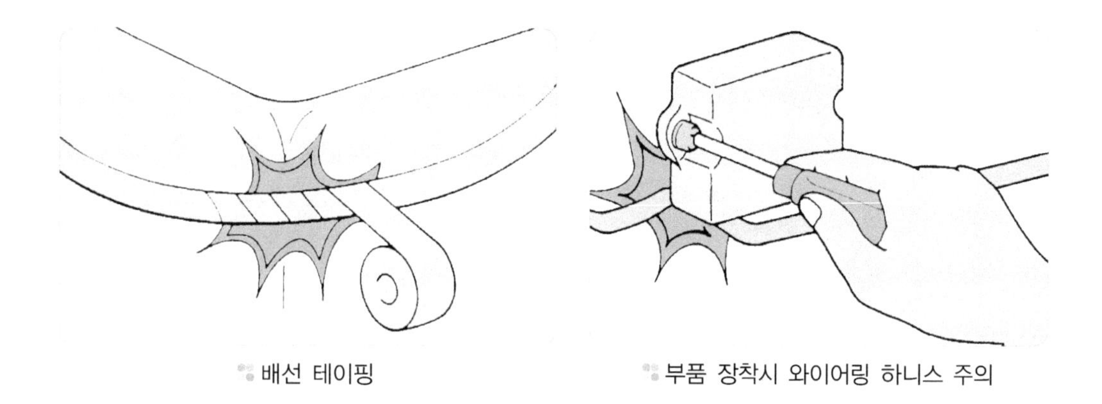

배선 테이핑　　　　부품 장착시 와이어링 하니스 주의

⑤ 센서, 릴레이 등 전자 부품은 강한 충격을 주거나 떨어 뜨려서는 안된다.

⑥ 전자 부품은 열에 약하므로(80℃) 고온에서 작업시 부품에 열이 전달되지 않도록 보호 또는 탈착하고 정비에 임할 것.

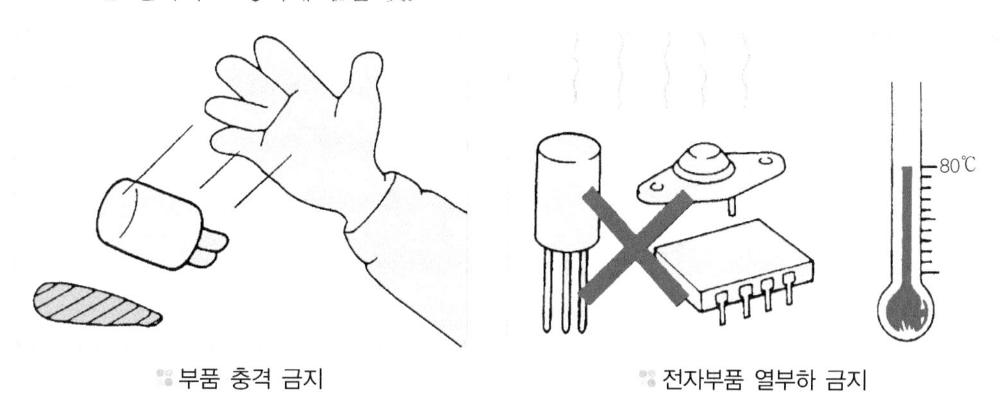

부품 충격 금지　　　　전자부품 열부하 금지

⑦ 커넥터의 접속이 느슨한 경우는 고장의 원인이 되므로 커넥터의 연결을 확실히 할 것.

⑧ 배선 커넥터의 분리는 로크 장치를 누르고 커넥터를 잡아 당겨야 하며, 접속은 딱 소리가 날 때까지 확실하게 삽입시킨다.

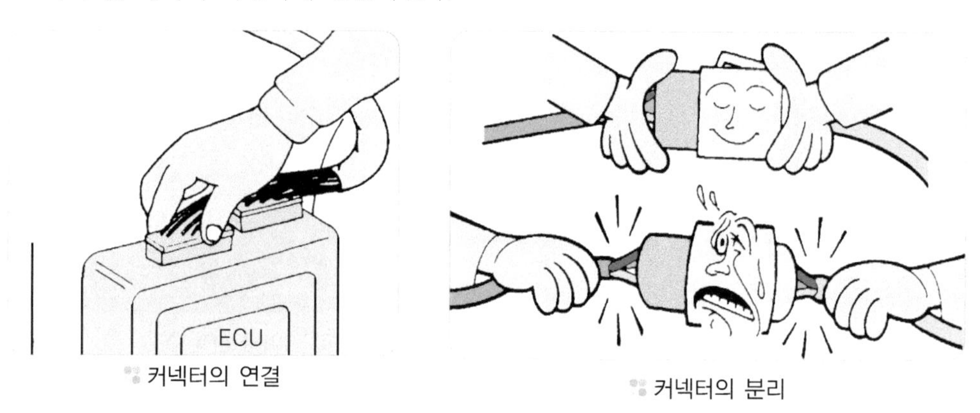

커넥터의 연결　　　　커넥터의 분리

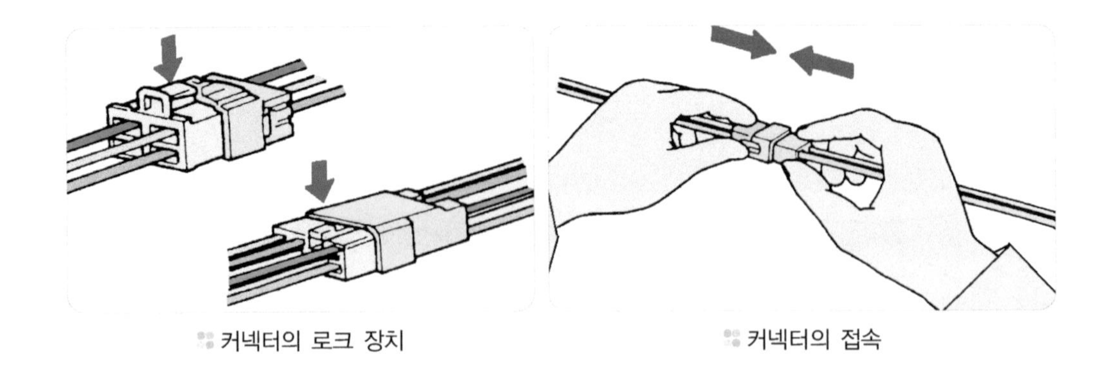

커넥터의 로크 장치　　커넥터의 접속

⑨ 멀티 테스터 및 회로 테스터기를 사용하여 점검하는 경우 배선 쪽으로 테스트 프로브를 끼울 것.

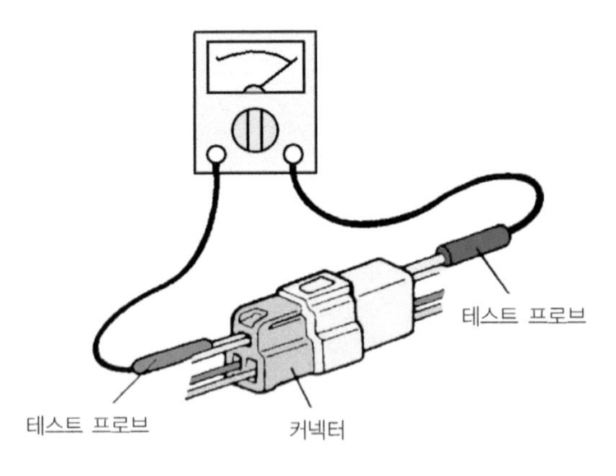

커넥터의 테스트

02 배터리 케이블 와이어 점검

① 터미널이 완전히 잠겨있는지, 배터리 전해액에 의해 터미널 및 와이어가 부식되었는지 여부를 점검한다.

② 연결부가 풀렸거나 부식 상태를 점검한다.

③ 배선 피복의 절연 및 균열, 손상, 변질 등을 점검한다.

④ 터미널 및 각종 노출 단자가 다른 금속 부품 또는 차체에

배터리 케이블 상태 점검

접촉하는가를 점검한다.

⑤ 접지 부위에서 고정 볼트와 차체가 완전히 통전되는지 점검한다.

⑥ 배선이 고열 부위 또는 날카로운 부위를 지나지 않는지 점검한다.

⑦ 팬, 풀리, 벨트 및 기타 회전 부위와 적절한 간격을 유지하고 있는가를 점검한다.

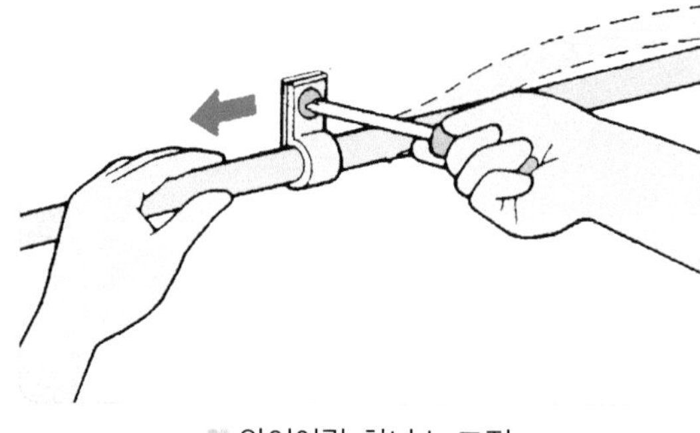
와이어링 하니스 고정

⑧ 차체와 같은 고정 부분과 엔진 등과 같이 유동이 있는 부분간의 와이어링은 진동을 위해 느슨하게 한 뒤 클램프로 고정한다.

03 퓨즈 점검

① 멀티 테스터 또는 회로 테스터를 이용하여 점검하기 전에 퓨저블 링크를 분리한다.

② 퓨저블 링크가 소손된 경우 회로 내의 결함 부분을 점검하고 원인을 파악한 후 교환한다.

③ 테스트 램프를 이용하는 경우 점화 스위치를 ON시킨 후 한쪽 리드선을 퓨즈의 테스트 탭에 접촉하고 다른 쪽을 접지시켜 테스트 램프가 점등되면 정상이다.

④ 퓨즈가 소손되어 교환하는 경우 동일 용량의 새 퓨즈로 교환하여야 한다.

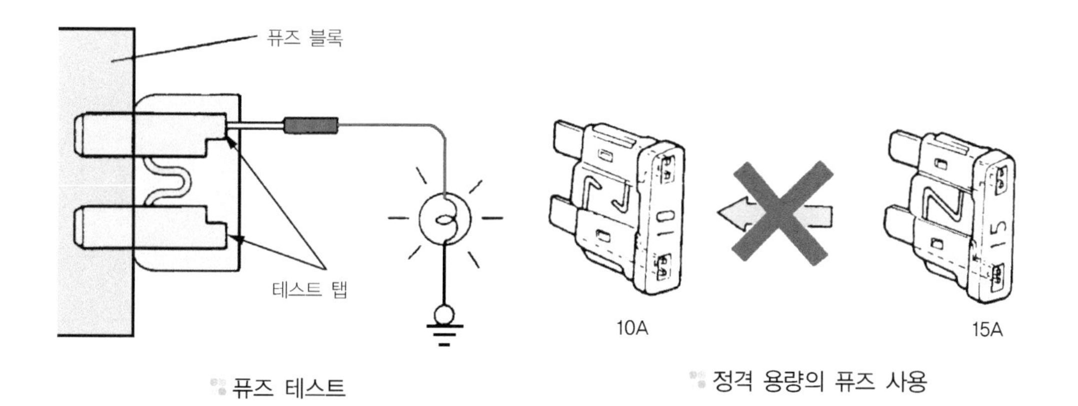

퓨즈 테스트

정격 용량의 퓨즈 사용

04 파워 릴레이 점검

1 A형 파워 릴레이 점검

① 파워 릴레이 단자 3번과 4번 사이에 전원을 인가하였을 때 단자 1번과 2번 사이에 통전이 되는지 점검한다.

② 파워 릴레이 단자 3번과 4번 사이에 전원을 해지시켰을 때 단자 1번과 2번 사이에 불통되는지 점검한다.

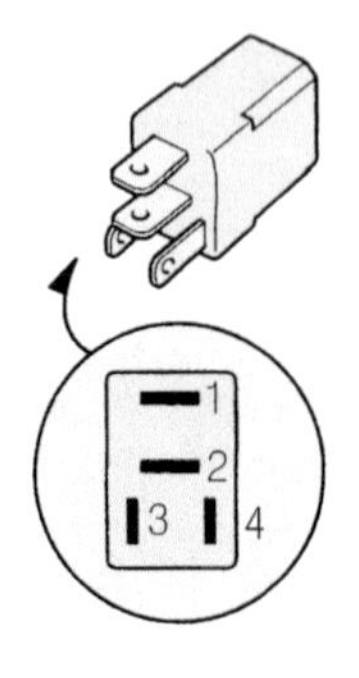

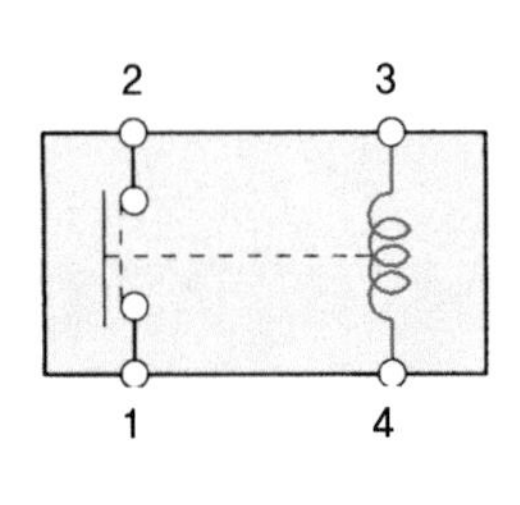

위치 \ 단자	1	2	3	4
전원 해지			○ —	— ○
전원 인가	○ —	— ○	⊖ —	— ⊕

2 B형 파워 릴레이 점검

① 파워 릴레이 단자 3번과 5번 사이에 전원을 인가하였을 때 단자 1번과 2번 사이에 통전이 되는지 점검한다.

② 파워 릴레이 단자 3번과 5번 사이에 전원을 해지시켰을 때 단자 1번과 4번 사이에 통전이 되는지 점검한다.

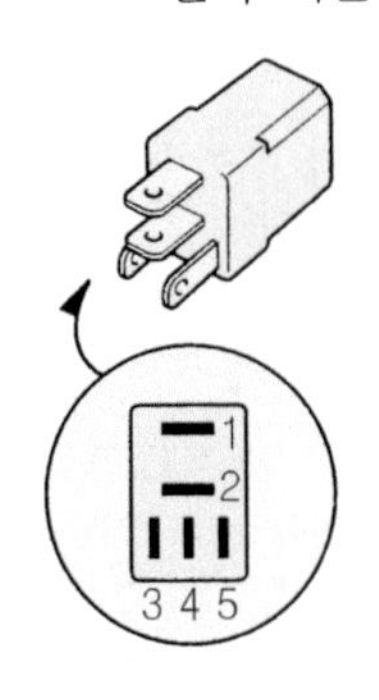

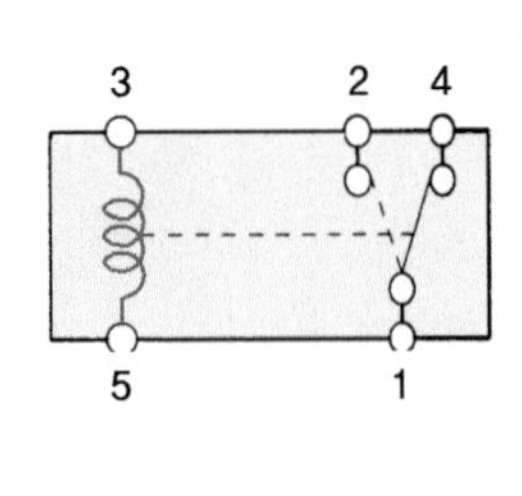

위치 \ 단자	1	2	3	4	5
전원 해지	○ —	—	—	— ○	
전원 인가	○ —	— ○	⊖ —	—	— ⊕

❸ C형 파워 릴레점검

① 파워 릴레이 단자 2번과 3번 사이에 전원을 인가하였을 때 단자 1번과 4번 사이에 통전이 되는지 점검한다.

② 파워 릴레이 단자 2번과 3번 사이에 전원을 해지시켰을 때 단자 1번과 4번 사이에 불통이 되는지 점검한다.

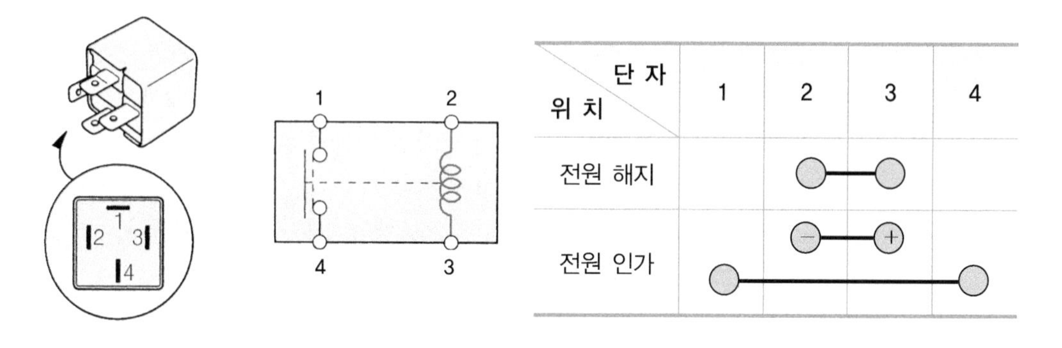

❹ D형 파워 릴레이 점검

① 파워 릴레이 단자 2번과 4번 사이에 전원을 인가하였을 때 단자 3번과 5번 사이에 통전이 되는지 점검한다.

② 파워 릴레이 단자 2번과 3번 사이에 전원을 해지시켰을 때 단자 1번과 5번 사이에 통전이 되는지 점검한다.

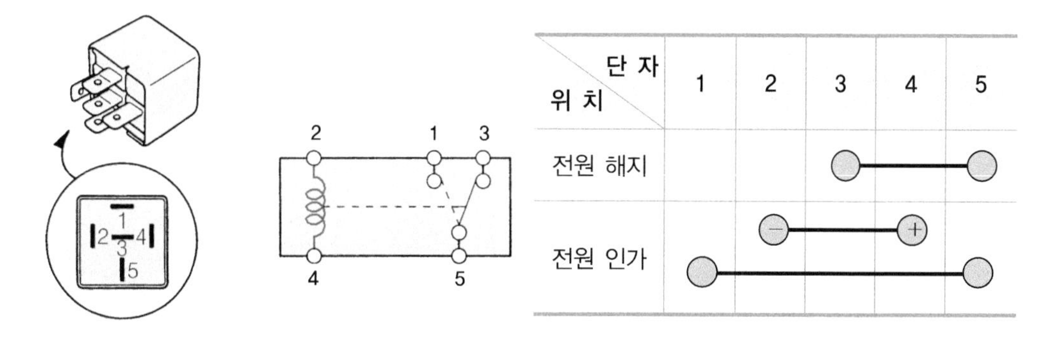

05 전장 회로의 기호

1 회로의 표시 방법

① **흑색 굵은 선** : 이 선은 전장 부품의 외부 배선을 표시하며, 항상 통전 또는 도통하였을 때의 회로와 접지 회로를 표시한다.

② **흑색 가는 실선** : 이 선은 전장 부품의 작동을 이해하기 쉽도록 전장 부품의 내부 회로를 표시한다. 내부의 접속은 전기적으로 접속되는 부분이지만 실제의 배선은 없다.

③ **물결 무늬 선** : 이 선은 배선은 끊어져 있지만 전장 부품의 회로를 표시하는 이전 또는 다음 페이지로 연결되어 계속되는 회로를 표시한다.

④ **실드 선** : 이 선은 배선에 전파 차단 보호막이 둘러싸여 있는 것을 표시한다.

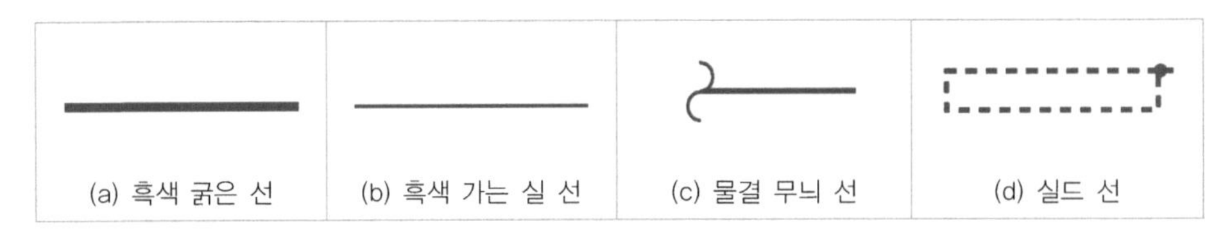

배선(와이어)의 기호

2 회로의 교차

그림으로 표시하게 되어 있는 교차 회로는 다음과 같은 의미를 표시한다.

① **교차점에 검은 동그라미가 있는 회로** : 이 회로는 교차하고 있는 배선은 분리할 수 없는 납땜 등으로 접속되어 있다는 것을 표시한다.

② **교차점에 검은 동그라미가 없는 회로** : 이 회로는 교차는 하고 있으나 접속되어 있지 않다는 것을 표시한다.

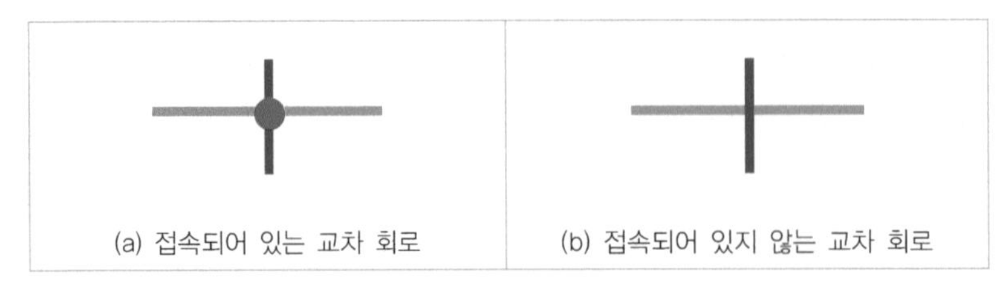

회로의 교차

③ 접지(earth)의 기호

하니스(harness)를 거쳐서 차체에 접지 되는 경우와 하니스를 거치지 않고 전장 부품의 장치 자체가 접지 되어 있는 경우로 구별하고 있다.

① **차체 접지(하니스를 거쳐서 접지 되는 경우)** : 이 경우는 기호는 동그라미 내에 검은 색 원으로 표시되어 있다. 그림의 G08은 접지 점을 표시한다. G08에 관련되어 있는 부품은 접지 배분도를 참조하면 이해할 수 있으며, 실제 자동차에서의 접지 위치는 구성 부품 위치도를 참조하면 이해할 수 있다.

② **전장 부품 접지(전장 부품의 장치가 접지 되는 경우)** : 이 경우는 기호의 동그라미가 검정 색으로 전장 부품의 기호에 맞물려 있도록 표시한다. 전장 부품의 설치 자체가 접지 되는 것을 표시한다.

③ **컴퓨터(ECU)내의 접지**

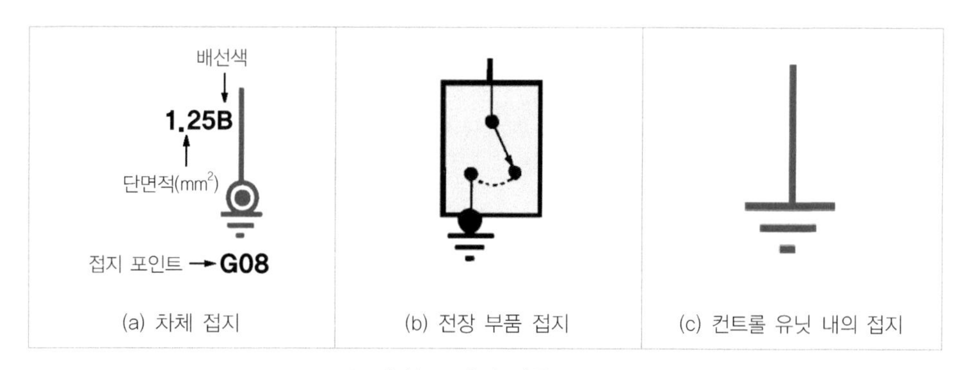

접지(earth)의 기호

④ 퓨즈 및 퓨저블 링크의 기호

회로도 중 퓨즈 기호에는 정격 용량과 퓨즈 넘버(number)가 표시되어 있다. 이 넘버로 회로 집의 퓨즈 배분도에 보호하는 회로를 확인할 수 있다. 또한 퓨저블 링크는 전장 부품의 명칭과 정격 용량이 표시되어 있으며 전기 회로 집의 전원 배분도에서 회로를 확인할 수 있다.

① **릴레이 박스 내의 퓨즈 기호** : 엔진 룸(engine room) 또는 실내의 릴레이 박스에 설치되어 있는 퓨즈의 보호 회로를 표시하며, 전장 부품의 명칭과 정격 용량이 표시되어 있다. 그리고 전기 회로 집의 전원 배분도에서 보호하는 전장 부품을 확인할 수 있다.

② **퓨즈 박스 내의 퓨즈 기호** : 실내의 퓨즈 박스에 설치되어 있는 퓨즈의 보호 회로를 표시하며, 퓨즈의 넘버와 정격 용량이 표시되어 있다. 그리고 전기 회로 집의 퓨즈 배분도에서 보호하는 회로를 확인할 수 있다.

③ **퓨저블 링크의 기호** : 엔진 룸 또는 실내의 릴레이 박스에 설치되어 있는 퓨저블 링크를 표시하며, 보호하는 전장 부품의 명칭과 정격 용량이 표시되어 있다. 그리고 전기 회로 집의 전원 배분도에서 보호하는 전장 부품을 확인할 수 있다.

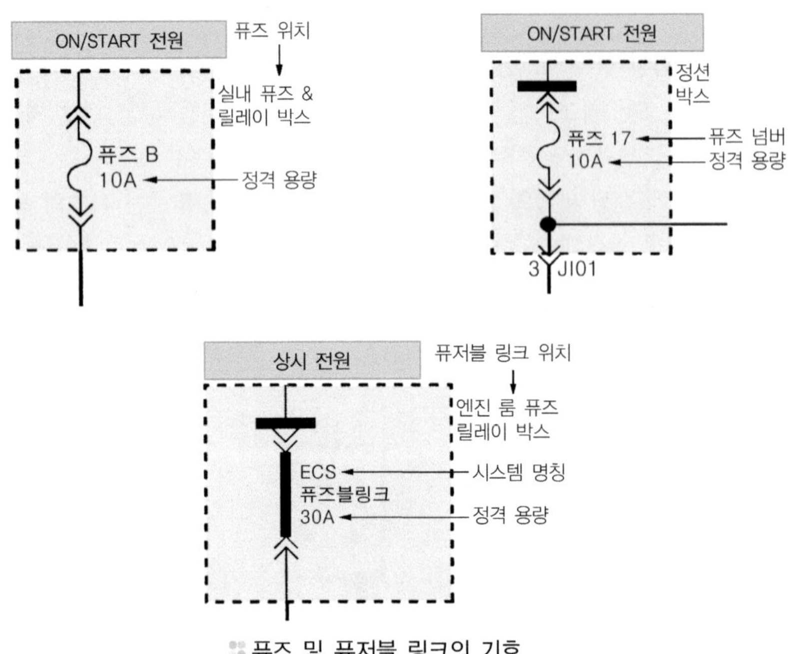

퓨즈 및 퓨저블 링크의 기호

5 커넥터(connecter)의 기호

회로도에서 사용하고 있는 커넥터는 크게 4종류가 있으며, 그 커넥터의 기호를 그림에 나타내었다.

① **중간 커넥터** : 하니스와 하니스를 접속하는 커넥터에는 회로의 왼쪽에 해당 핀 넘버와 회로의 오른쪽에 부착 위치 및 커넥터 넘버가 표시되어 있다. 그림 중 위 화살표가 수(雌) 커넥터 단자, 아래가 암(雄) 커넥터 단자를 나타낸다.

② **전장 부품 커넥터** : 하니스를 이용하지 않고 전장 부품 자체에 직접 단자가 설치되어 있는 커넥터이며, 암(雄) 단자를 연결하는 점선은 같은 커넥터를 표시한다. 1, 2, 3, 4의 숫자는 커넥터 단자의 넘버, E31은 설치 위치와 커넥터 넘버 및 전장 부품의 명칭이 표시되어 있다.

③ **전장 부품의 하니스 커넥터** : 전장 부품에서 외부로 일정 길이의 하니스에 커넥터가 설치된 것을 표시한다. 수(雌) 단자를 연결하는 점선은 같은 커넥터를 표시하며, 설치 위치와 커넥터 넘버 및 전장 부품의 명칭이 표시되어 있다.

④ **점검용 커넥터** : 전장 부품이 부착되어 있지 않기 때문에 하니스 쪽 커넥터 기호만 표

시한다. 수(雌) 단자를 연결하는 점선은 같은 커넥터를 표시하며, 단자 넘버 및 부착 위치와 커넥터 넘버가 표시되어 있다.

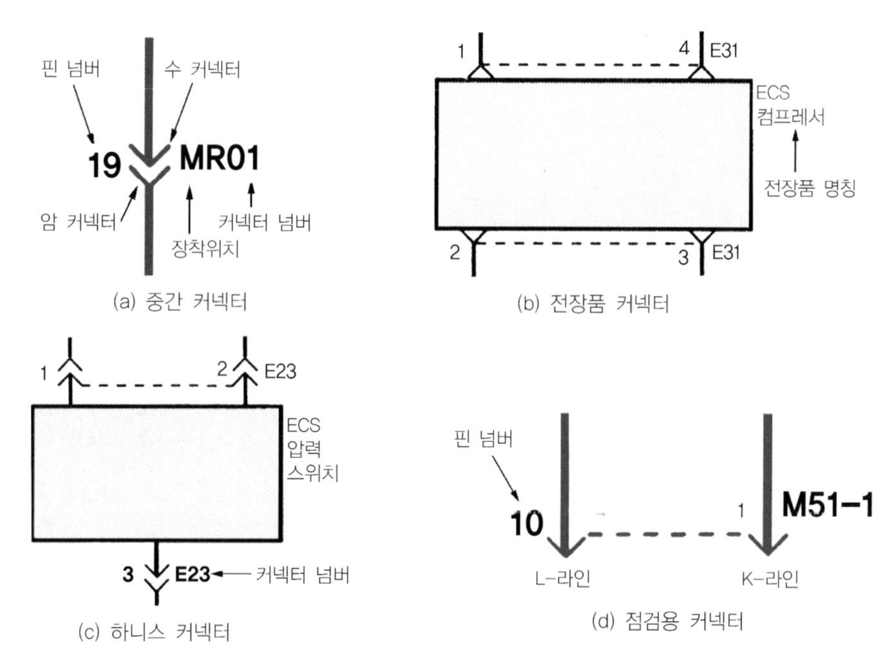

커넥터의 기호

6 배선의 색깔 표시

자동차의 전기 회로도(배선도)를 보면 매우 복잡하게 되어 있는 것 같지만 실제로는 배선에 대한 숫자와 배선의 기호를 알고 보면 몇 개가 안되지만 단색과 2색 정도의 보조 색을 추가로 사용하여 수많은 색을 띠고 자동차에 설치되어 있다.

배선의 색깔 표시에 대한 예를 들면 각 배선의 접속 부분과 접속 부분의 중간 부분의 배선상에 알파벳 대문자 1가지 또는 대문자와 소문자 2가지를 사용한 약호(略號)로 표시되어 있다. 1.25L의 경우에는 1.25는 배선의 단면적을 나타내며, L은 배선 색깔의 약호이며, 0.85L/Y의 경우에는 숫자 다음의 L은 바탕색이며, Y는 줄무늬 색을 표시한다.

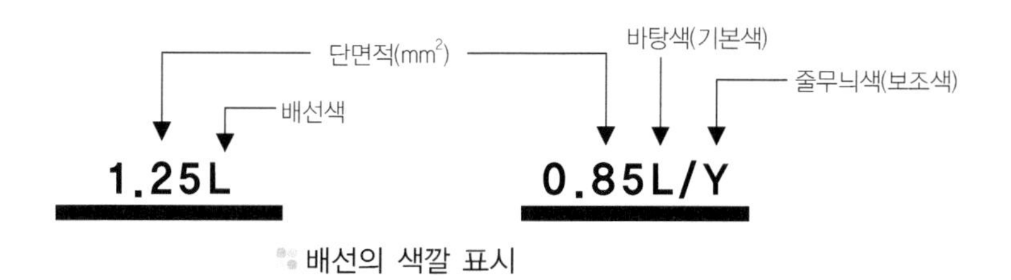

배선의 색깔 표시

06 전장 회로도에 사용되는 기호

앞에서 설명한 기호를 포함하여 배선 회로도 중에 표시하고 있는 기호를 소개한다.

① 구성 부품의 기호

기호	명칭 / 설명	기호	명칭 / 설명
	전체 구성 부품		**부분 구성 부품**
	실선으로 표시된 구성 부품은 전체 해당 구성 부품을 나타낸다. 상단부에 구성 부품의 명칭을 나타낸다.		점선으로 표시된 구성 부품은 회로도에 해당되는 필요 부분만을 나타낸다. 상단부에 구성 부품의 명칭을 나타낸다.
수 커넥터 10 M05-2 암 커넥터	**중간 커넥터**		**하니스 커넥터**
	구성 부품 위치의 색인표 상에서 참조용으로 각 커넥터 넘버와 해당 단자의 넘버를 나타낸다.		구성 부품에 하니스를 이용하여 커넥터가 연결된 것을 나타낸다.
	전장 부품 커넥터		**스크루 커넥터**
	구성 부품에 하니스 없이 커넥터가 직접 연결된 것을 나타낸다		구성 부품 자체에 스크루(볼트) 단자를 나타낸다.
	다이오드		
	다이오드의 전류의 허용 방향(전류의 흐름 방향)을 나타낸다.		

② 퓨즈 및 퓨저블 링크의 기호

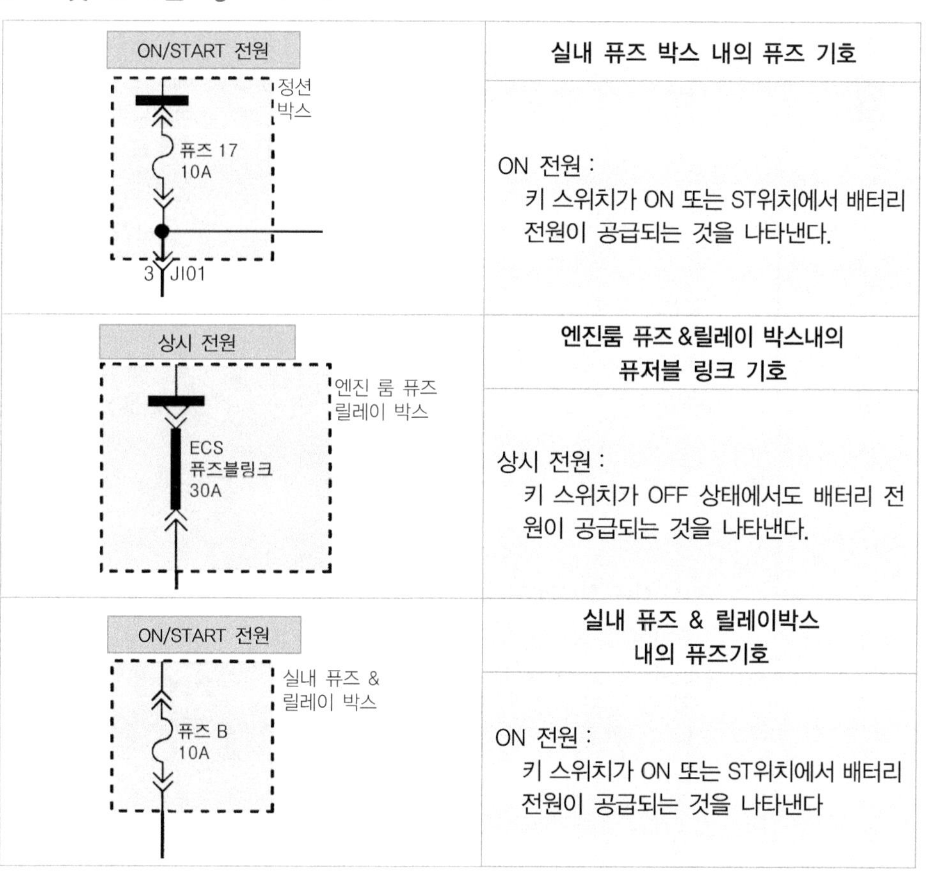

ON/START 전원 (정션 박스, 퓨즈 17 10A, 3 JI01)	**실내 퓨즈 박스 내의 퓨즈 기호** ON 전원 : 키 스위치가 ON 또는 ST위치에서 배터리 전원이 공급되는 것을 나타낸다.
상시 전원 (엔진 룸 퓨즈 릴레이 박스, ECS 퓨즈블링크 30A)	**엔진룸 퓨즈 &릴레이 박스내의 퓨저블 링크 기호** 상시 전원 : 키 스위치가 OFF 상태에서도 배터리 전원이 공급되는 것을 나타낸다.
ON/START 전원 (실내 퓨즈 & 릴레이 박스, 퓨즈 B 10A)	**실내 퓨즈 & 릴레이박스 내의 퓨즈기호** ON 전원 : 키 스위치가 ON 또는 ST위치에서 배터리 전원이 공급되는 것을 나타낸다

③ 배선의 기호

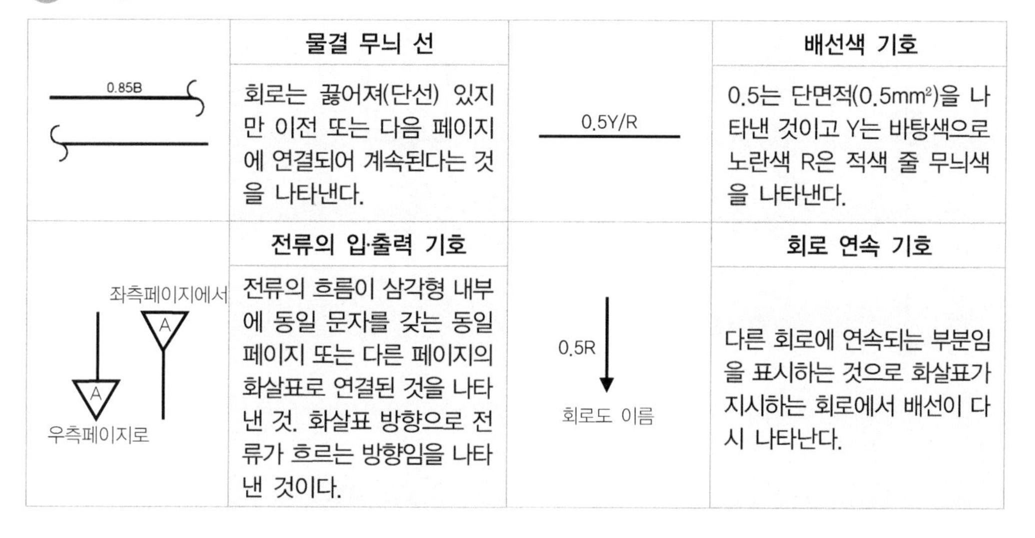

기호	물결 무늬 선	기호	배선색 기호
0.85B	회로는 끊어져(단선) 있지만 이전 또는 다음 페이지에 연결되어 계속된다는 것을 나타낸다.	0.5Y/R	0.5는 단면적(0.5mm²)을 나타낸 것이고 Y는 바탕색으로 노란색 R은 적색 줄 무늬색을 나타낸다.
기호	**전류의 입·출력 기호**	**기호**	**회로 연속 기호**
좌측페이지에서 A / 우측페이지로 A	전류의 흐름이 삼각형 내부에 동일 문자를 갖는 동일 페이지 또는 다른 페이지의 화살표로 연결된 것을 나타낸 것. 화살표 방향으로 전류가 흐르는 방향임을 나타낸 것이다.	0.5R / 회로도 이름	다른 회로에 연속되는 부분임을 표시하는 것으로 화살표가 지시하는 회로에서 배선이 다시 나타난다.

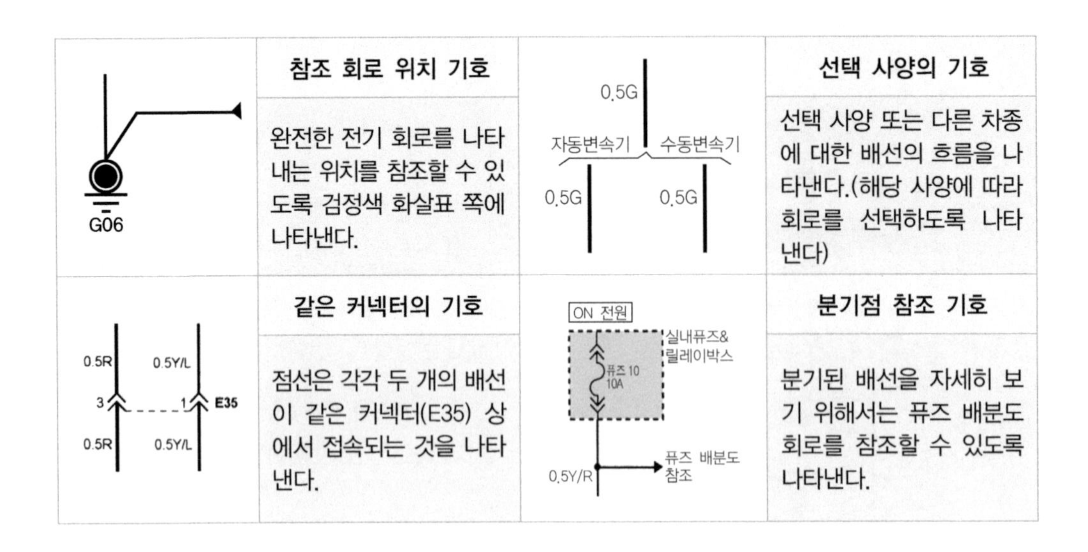

기호	참조 회로 위치 기호	기호	선택 사양의 기호
	완전한 전기 회로를 나타내는 위치를 참조할 수 있도록 검정색 화살표 쪽에 나타낸다.		선택 사양 또는 다른 차종에 대한 배선의 흐름을 나타낸다.(해당 사양에 따라 회로를 선택하도록 나타낸다)
	같은 커넥터의 기호		**분기점 참조 기호**
	점선은 각각 두 개의 배선이 같은 커넥터(E35) 상에서 접속되는 것을 나타낸다.		분기된 배선을 자세히 보기 위해서는 퓨즈 배분도 회로를 참조할 수 있도록 나타낸다.

④ 조인트의 기호

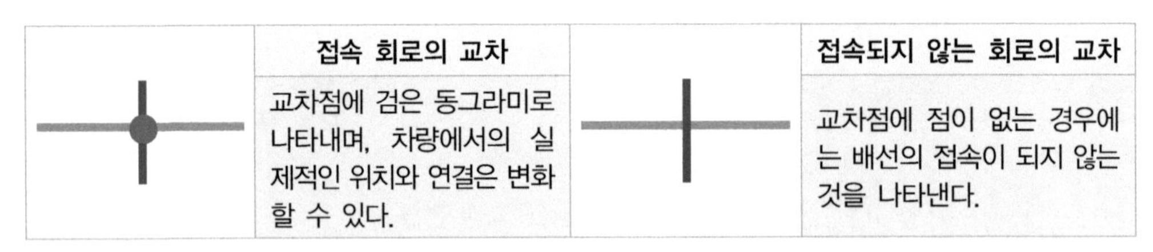

기호	접속 회로의 교차	기호	접속되지 않는 회로의 교차
	교차점에 검은 동그라미로 나타내며, 차량에서의 실제적인 위치와 연결은 변화할 수 있다.		교차점에 점이 없는 경우에는 배선의 접속이 되지 않는 것을 나타낸다.

⑤ 접지(G)의 기호

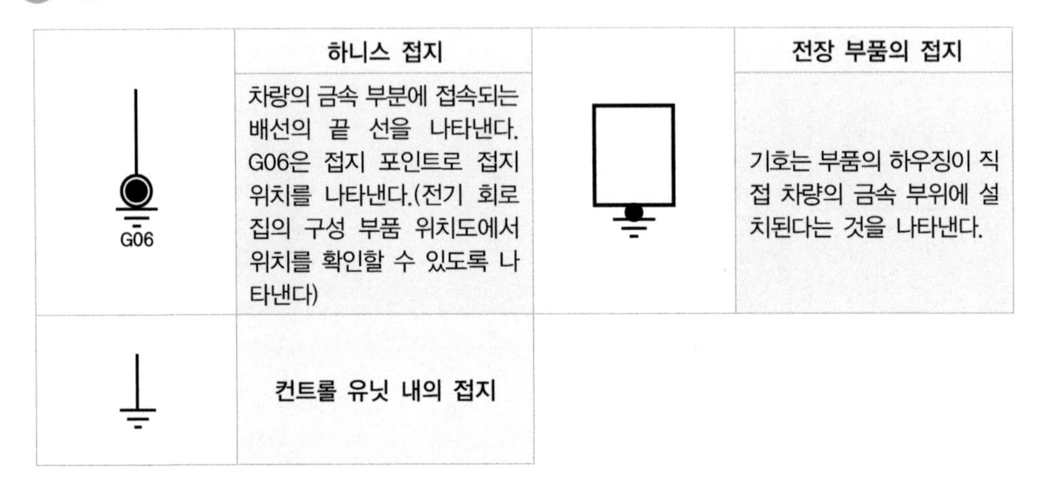

기호	하니스 접지	기호	전장 부품의 접지
	차량의 금속 부분에 접속되는 배선의 끝 선을 나타낸다. G06은 접지 포인트로 접지 위치를 나타낸다.(전기 회로집의 구성 부품 위치도에서 위치를 확인할 수 있도록 나타낸다)		기호는 부품의 하우징이 직접 차량의 금속 부위에 설치된다는 것을 나타낸다.
	컨트롤 유닛 내의 접지		

6 실드 하니스의 기호

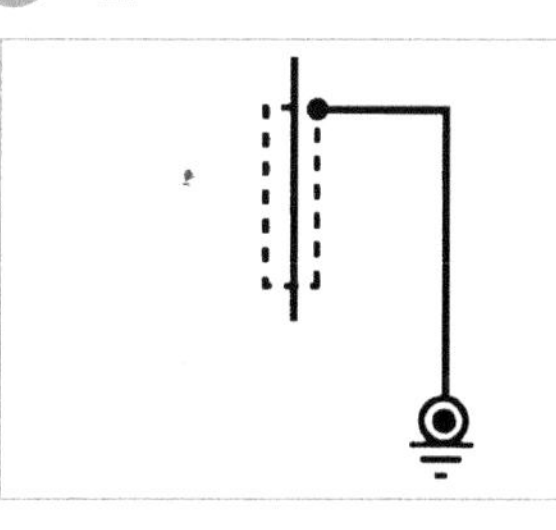

실드 하니스 기호
하니스에 전파의 차단 보호막이 둘러싸여 있는 것을 나타내며, 항상 접지상태에 있다.(주로 엔진 및 T/M을 컨트롤 하는 센서측에 사용된다.) RFI(Radio Frequency Interference)가 대표적이다.

7 스위치의 기호

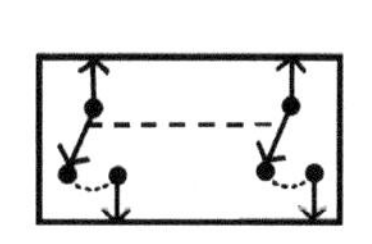

스위치 기호
점선으로 연결된 스위치는 동시에 작동되며, 가는 점선은 스위치 사이의 기계적 관계를 나타낸다.

8 릴레이의 기호

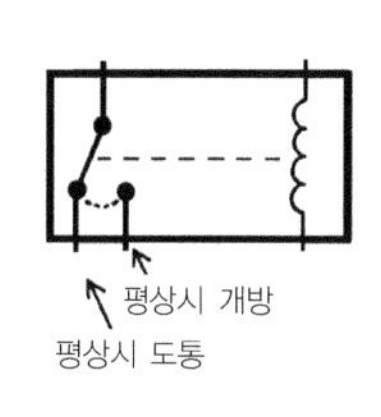

릴레이 기호
코일에 전류의 흐름이 없을 때의 릴레이를 나타낸 것으로 코일에 전류가 흐르면 접점이 평상시 개방 쪽으로 접속된다는 것을 나타낸다.

9 조인트 커넥터의 기호

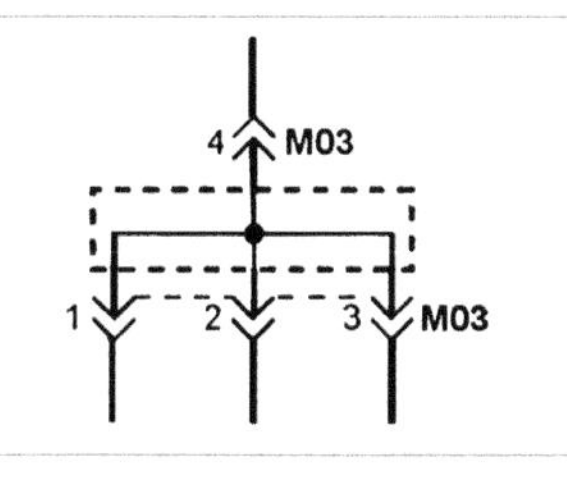

조인트 커넥터 기호
커넥터 내부에서 배선이 접속되는 커넥터를 나타낸다. 즉 4번 핀에서의 전원이 1번, 2번, 3번 회로에 동시 공급됨을 나타낸다.

10 지시등(경고등)의 기호

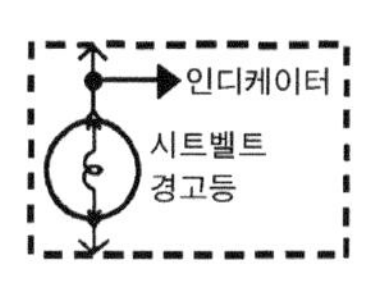

경고등 기호
검은 동그라미에서 화살표로 연결된 것은 계기판 내에 다른 경고등이 연결된 것을 나타낸다. 파일럿 램프(꼬마 전구)로 표시되는 경고등을 나타낸다.

제2장

배터리 정비

01 배터리(Battery) 액량 점검

1 배터리 전해액량이 감소하는 원인

① 발전기의 충전 작용시 화학반응에 의해 GAS가 발생하며 GAS중에 산소, 수소가 외부로 방출되어 전해액이 소모된다. 배터리가 완전 충전상태에 도달하면 GAS 발생이 더욱 활발해져 소모량도 증가한다.

② 시동키를 제거한 상태에서도 여름철과 같이 대기온도 상승, 엔진 가동 중 주변 온도의 상승 등의 요인으로 인해여 배터리에서 환원작용이 일어나면서 전해액이 전기분해 되면서 물이 증발되어 감소한다.

③ 전해액량이 감소한 상태에서 사용하면 배터리의 성능이 나빠지는 것은 물론이고 수명도 단축된다.

2 배터리의 종류

① **납 배터리(보수)** : 일반 배터리

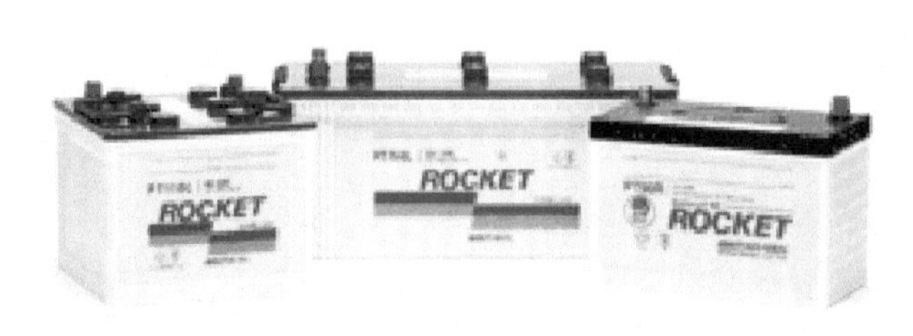

보수형 배터리

② **알칼리 배터리** : 전해액을 수산화나트륨으로 사용 선박용으로 사용. 고가격이며 수명은 길다.

③ **MF배터리(무보수)** : 극판이 납칼슘으로 구성 GAS 발생이 적고 전해액 불필요. 자기방전이 적다.

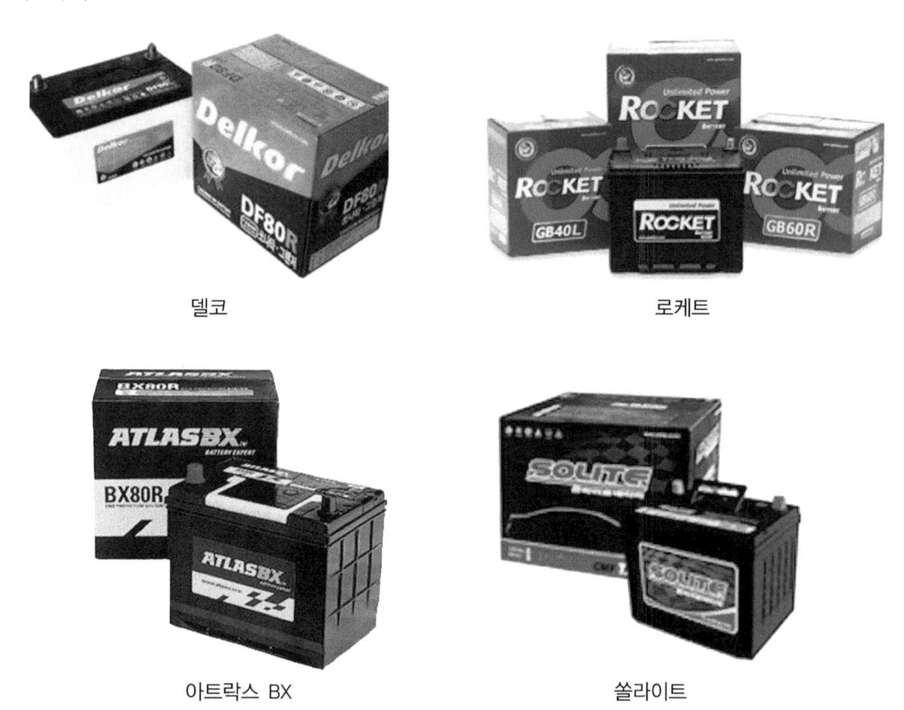

델코 로케트

아트락스 BX 쏠라이트

각종 무보수 배터리

■ 차종별 배터리 규격

로커트 배터리(MF)

제품명	전압 (V)	용량 (AH)	적용 차종			
			현대	기아	GM대우	삼성/쌍용
GB 40L	12	40	아토스	비스토/모닝/타우너	라보/다마스/티코	
GB 40R	12	40			마티즈/티코/칼로스(1.2)	
GB 50L	12	50	라비타/아반떼/엑센트/클릭/베르나/뉴베르나	스펙트라/세피아Ⅱ/리오/쎄라토/아벨라/캐피탈/프라이드	넥시아/씨에로/에스페로(1.5)/르망	SM3
GB 50R	12	50	엑셀/엘란트라/스쿠프		라노스/누비라/라세티/칼로스젠트라	
GB 50P	12	50	베르나/클릭	프라이드/아벨라/캐피탈/리오		

제품명	전압 (V)	용량 (AH)	적용 차종			
			현대	기아	GM대우	삼성/쌍용
GB 52S	12	50		세피아/뉴세피아		
GB 60L	12	52	라비타/아반떼(투어링,XD)/엑센트/티뷰론/클릭/뉴베르나	스펙트라/옵티마(리갈)/크레도스/캐피탈/카렌스/슈마/엘란/세피아Ⅱ/쎄라토	씨에로/에스페로/르망/프린스/브로엄	SM3
GB 60R	12	60	쏘나타/싼타모/엘란트라/엑셀	카스타/스포티지GSL	매그너스/레조/레간자/라노스/라세티/칼로스(1.5)/누비라/토스카	
GB 70L	12	60	투스카니/EF쏘나타/트라제LPG/싼타페LPG/아반테(투어링,XD)/NF쏘나타/그랜저TG/라비타/테라칸LPG	카렌스/옵티마(리갈)/카니발(GSL,LPG)/크레도스(Ⅰ,Ⅱ)/포텐샤/캐피탈/콩코드/록스타GSL/레토나GSL/쎄라토/엘란	프린스/브로엄	SM3/SM5
GB 70R	12	70	쏘나타/마르샤/갤로퍼GSL/그레이스LPG/스타렉스(LPG,GSL)/싼타모/리베로LPG/엘란트라/엑셀/스쿠프	엔터프라이즈/와이드봉고LPG/카스타/쏘렌토GSL	매그너스/아카디아/레간자/레조/토스카	코란도 GSL
GB 80L	12	70	투스카니/EF쏘나타/그랜저XG/에쿠스(02.8이전)/트라제LPG/싼타페LPG/티뷰론/아반떼(XD, 투어링)/NF쏘나타/그랜저(TG)/라비타/테라칸LPG	카렌스/옵티마(리갈)/로체/카니발(LPG,GSL)/크레도스(Ⅰ,Ⅱ)/포텐샤/캐피탈/콩코드/록스타GSL/레토나GSL/쎄라토/오피러스/엘란	프린스/브로엄	SM5/SM7
GB 80R	12	80	쏘나타/마르샤/그랜저/다이너스티/갤로퍼GSL/그레이스LPG/스타렉스(LPG/GSL) 싼타모/리베로LPG	엔터프라이즈/와이드봉고LPG/카스타/쏘렌토GSL	매그너스/아카디아/토스카/토스카DSL	코란도 GSL
GB 88L	12	80	에구스(02.8이전).그랜저XG	오피러스/엑스트랙/카렌스DSL/포텐샤		SM7
GB 88R	12	88	에쿠스(02.8이후)/다이너스티/그랜저	엔터프라이즈	아카디아	
GB 100BR	12	100	포터(99.6이후)/코러스(25인승)/마이티2.5t/덤프/마이티구형(2.5/3.5/4.5t)현대5t트럭	복사Ⅰ/콤비Ⅰ		야무진(SV110)
GB 120L	12	120	코러스(35인승)	타이탄2t/코스모스(98.6이후)		
GB 120R	12	120	라이노/코스모스(96.6~98.5)/벤츠21t			
GB 150L	12	150	대형버스/트럭(8t이상)/코스모스/그랜토/레미콘/특장차/중장비/트레일러/스카니아/볼보트럭			
GB 200L	12	200	고속버스/관광버스/중장비			
61544	12	115				체어맨

로케트(PT)

제품명	전압 (V)	용량 (AH)	적용차종			
			현대	기아	GM대우	삼성/쌍용
PT 90L	12	90	테라칸DSL/ 트라제DSL/ 싼타페DSL/투싼	베스타/록스타DSL/ 레토나DSL/스포티지 (04.10이후)/점보타이탄 3.5t/프론티어/프레지오	바네트	이스타나/무쏘 (00.7이전
PT 90R	12	90	포터(99.9이후)/ 그레이스 DSL/ 스타렉스 SDL/ 카운티 35인승/ 갤로퍼 DSL/ 리베로 DSL/ 마이티(2.5t/3.5t)	스포티지(구형)/ 트레이드/ 타이탄(2.5t/3.5t)/ 프론티어2.5t/베스타		무쏘(00.7이후)/ 코란도/렉스턴/ 훼미리DSL/ 로디우스/ 카이런/액티언
PT 100R	12	100	테라칸(2.9)	카니발DSL/봉고Ⅲ/ 프레지오(96.6이후)/ 프론티어(1t/1.4t)		
PT 100BR	12	100	포터/코러스(25인승)/ 마이티 2.5t/ 마이티 구형 (2.5t/3.5t/4.5t)/ 현대트럭 5t	복사Ⅰ/콤비Ⅰ	야무진 (SV110)	
PT 110L	12	110		와이드봉고(2.7)/슈퍼타이탄1.4(96.10이후)/ 프레지오(98.6이전)/ 토픽(96.12이후)/ 하이베스타		
PT 120L	12	120	코러스(35인승)	코스모스(98.6이후)/ 타이탄2t		
PT 120R	12	120	라이노/코스모스(96.6~98.5)/벤츠21t			
PT 150L	12	150	대형버스/트럭(8t이상)/코스모스/그랜토/레미콘/특장차/중장비/트레일러/ 트랙터/스카니아/ 볼보트럭			
PT 200L	12	200	고속버스/관광버스/중장비			

③ 배터리의 규격 표시

1. KS식 형명표기

48 23 F R
① ② ③ ④

① 5시간율 용량 ② 길이의 어림치수(Cm)
③ 배터리 너비의 구분

- A : 127mm
- B : 129mm
- C : 132mm
- D : 135mm
- E : 154mm
- F : 173mm
- G : 175mm
- H : 176mm이상
- S : 사이드 터미널식을 의미한다.

④ 단자 극성 위치 : 배터리의 단자를 앞으로 향하게 하여 음극(−)이 좌측에 위치하면 L, 우측에 위치하면 R로 나타낸다.

2. 일반표기

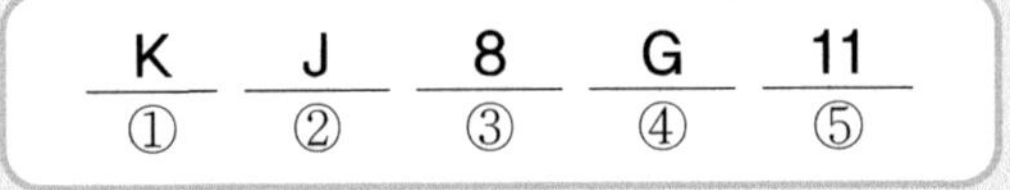

① 제조공장의약호(K : 광주, C : 창원) ② 제조라인약호(A, B, C, ... Z)
③ 제조년도약호(1, 2, 3,......) ④ 제조월(A : 1월, B : 2월, C : 3월,... L : 12월)
⑤ 제조일자(01, 02, 03, ... 31) ※ 설명 : 2008년 7월 11일 광주공장 J라인에서 제조
⑥ 제조일자표기위치: 카바상부 단자와 단자 사이에 각인

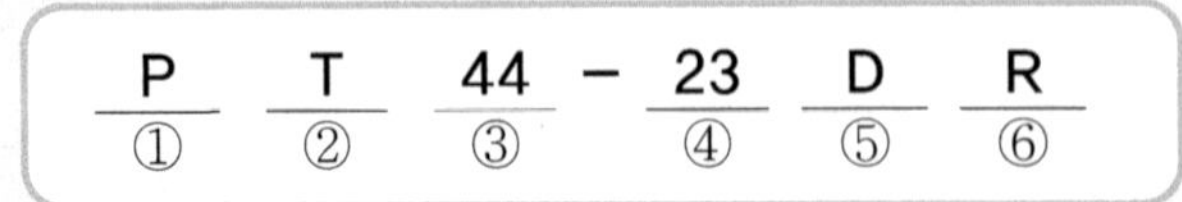

① P : Plastic(전기케이스 재질)
② T : Twelve(12V, 공칭전압)-소형차는 12V, 트럭, 버스 등 대형차는 24V가 필요하다.
③ 44 : 5시간율 용량(AH) − 우리가 흔히 사용하는 55AH는 20시간율 용량이고,
이것의 5시간율 용량은 44AH이다.
환산식을 알아보면
5시간율 → 20시간율로 환산할 때 44AH/0.8=55AH
20시간율 → 5시간율로 환산할 때 55AH×0.8=44AH
④ 23 : 배터리 길이의 어림치수(cm) ⑤ D : 배터리 폭의 기호
A : 127mm B : 129mm C : 132mm D : 135mm
E : 154mm F : 173mm G : 175mm H : 176mm이상
⑥ R : 단자의 방향
단자를 자기쪽으로 놓고 보았을 때 음극(−)단자가 좌측이면 L(Left), 우측이면 R(Right)
예) PT36-26DL 예) PT36-26DR
DELKOR DELKOR
− + + −
사람 사람

DF ① 55 ② 12V ③ R,C ④ :90MIN C,C,A ⑤ :650A

① DF : Delkor Freedom의 약자
② 55 : 20시간율 용량값(AH)
③ 12V : 공칭전압(방전중의 평균전압)
④ R, C : 보유용량(Reserve Capacity)
차량운행 중에 발전기 고장시 차량운행에 필요한 최소한의 전기소모량(야간, 우천시 등 악조건 고려)을 평균 25A로 가정하고, 이 25A로 방전하였을 대 단자전압이 10.5V까지 도달하는데 까지의 시간을 분단위로 나타낸 것이다.
⑤ C.C.A : 650A : 저온 시동전류(Cold Cranking Ampere)
혹한조건(−18℃)에서 차량의 시동에 필요한 전류를 공급해줄 수 있는 능력으로 위의 조건에서 완전 충전된 전지를 650A로 방전하였을 대, 방전종지전압 7.2V까지 최소한 30초 이상은 유지시켜 줄 수 있음을 나타낸다.

CMF ① 12V ② 60AH ③

① 무보수(Closed Maintenance Free) 배터리 : 정상적인 배터리 사용 조건하에서는 수명말기까지 증류수 보충 등의 보수관리가 필요 없는 밀폐형 제품임
② 배터리의 공칭 전압 : 12V
③ 20시간율 용량값 : 3A×20H=60AH

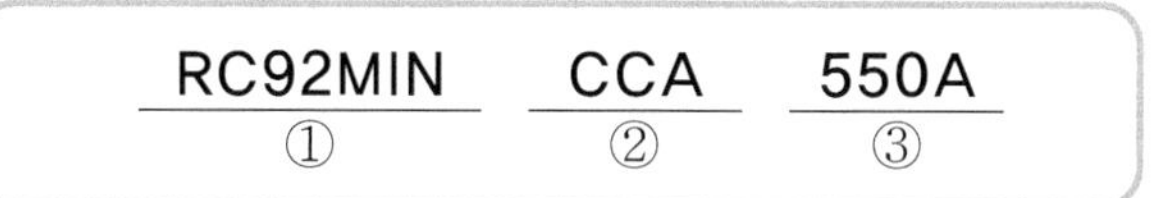

① 보유용량(Reserve Capacity) : 25℃ 조건에서 25A의 전류로 단자 전압이 10.5V 일때까지연속 방전이 가능한 지속시간을 분으로 나타낸 것
(25A ; 차량 운행중 발전기 고장시 차량운행에 필요한 최대한의 전기 소모량)
② 저온 시동성능(Cold Cranking Ampere) : −18℃조건에서 30초 동안 방전시켜 단자전압이 7.2V 일때 까지 연속 방전시킬 수 있는 배터리의 저온 시동 전류 (CMF60 : 550A)
③ 5시간율 용량 : 25℃ 조건에서 배터리의 5시간율 용량에 1/5 전류로 단자 전압이 10.5V 일때까지 연속방전 했을때 지속시간이 5시간인 용량

④ 전해액량의 기준

① **지시선이 있는 제품** : 하한선(Lower Level)이상 상한선(Upper Level) 이하 유지
② **지시선이 없는 제품** : 주액구 하단이하 격리판 이상 유지

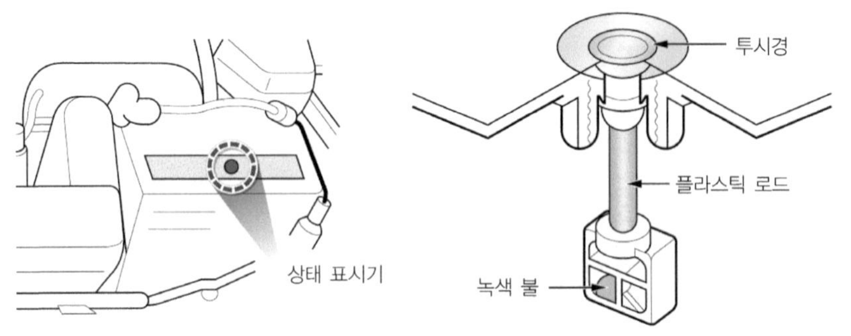

전해액 양 점검

③ **충전 지시계가 있는 제품**

- **녹색** : 배터리가 정상 충전된 상태를 표시함
- **흑색** : 배터리가 방전된 상태를 표시함 – 충전
- **투명** : 전해액이 감액된 상태를 표시함 – 보충 및 교환

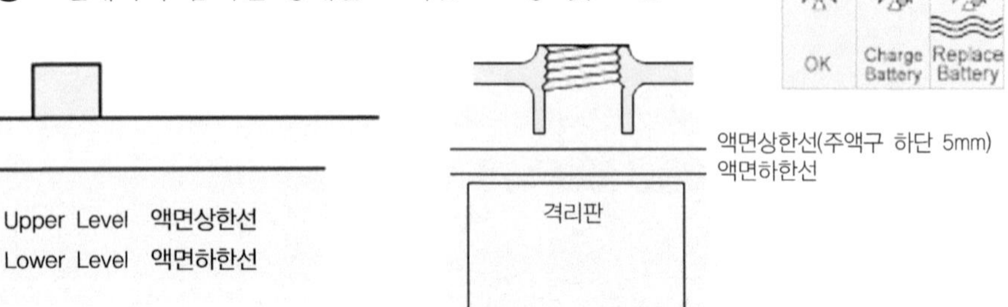

⑤ 전해액량 점검

벤트 플러그식 배터리의 전해액은 15~30일마다 점검하며, 부족하면 증류수를 극판 위 10~13mm정도(제작사마다 다름) 되도록 보충해준다. 그러나 최근에 사용하는 MF배터리는 전해액을 점검 및 보충하지 않아도 된다. 유리관을 벤트 플러그를 열고 넣은 후 위에 구멍을 막고 들어 올리면 전해액이 올라온 높이를 측정한다.

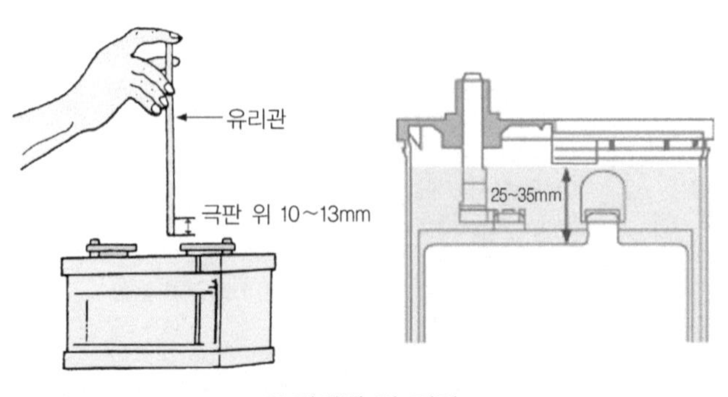

전해액 양 점검

02 전해액(배터리) 비중 측정

1 배터리 전해액 비중을 측정하는 이유

전해액의 비중을 측정하는 목적은 비중의 상태로 배터리의 충전상태를 알아보기 위함이다.

■ 배터리 단자전압과 충전상태

전체 전압(V)	셀당전압(V)	20℃에서의 비중	충전 상태		판 정
12.6이상	2.1이상	1.280	완전충전	100%	정 상
12.0	2.0	1.230	3/4충전	75%	양호(사용가)
11.7	1.95	1.180	1/2충전	50%	불량(충전요)
11.1	1.85	1.130	1/4충전	25%	불량(충전요)
10.5	1.75	1.080	완전방전	0%	불량(교환)

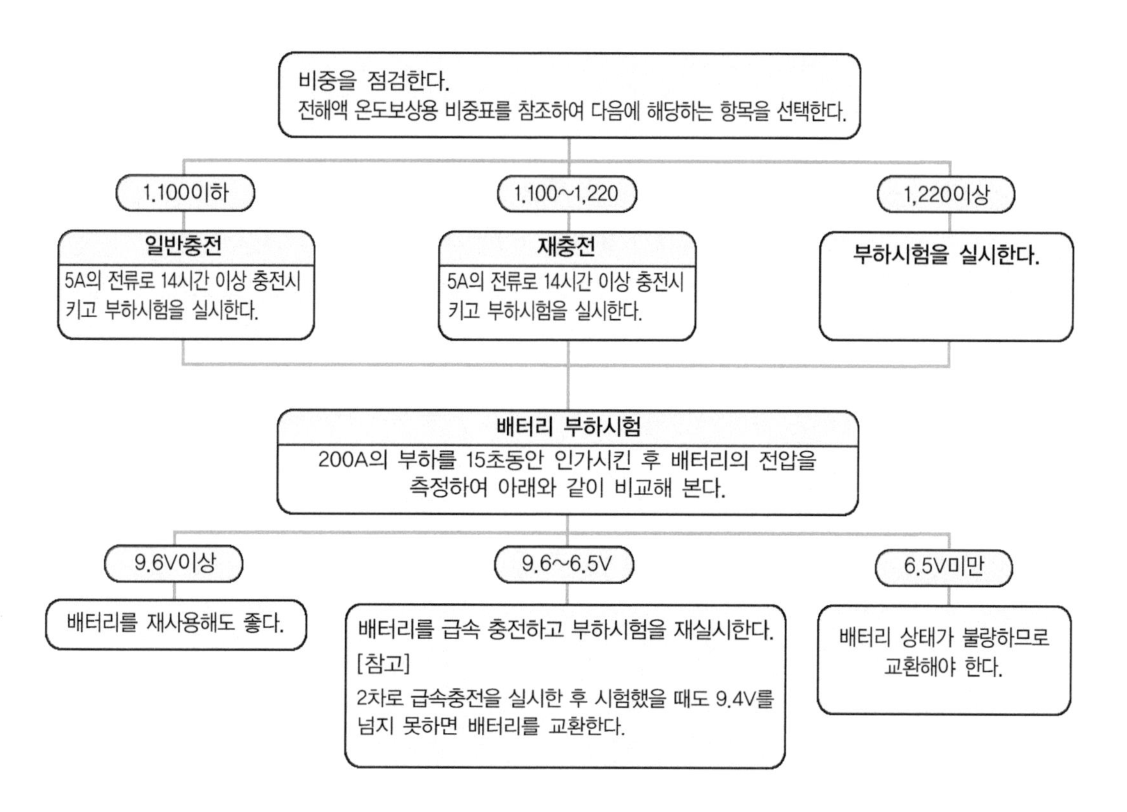

② 준비물 및 측정기기

마른걸레 또는 종이걸레, 비중계, 일반 공구

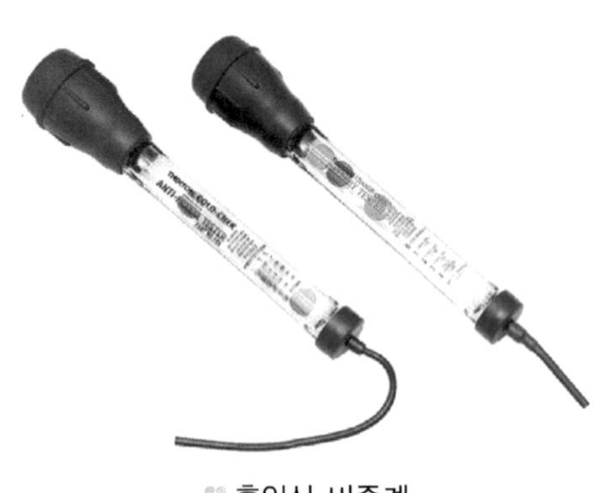

흡입식 비중계

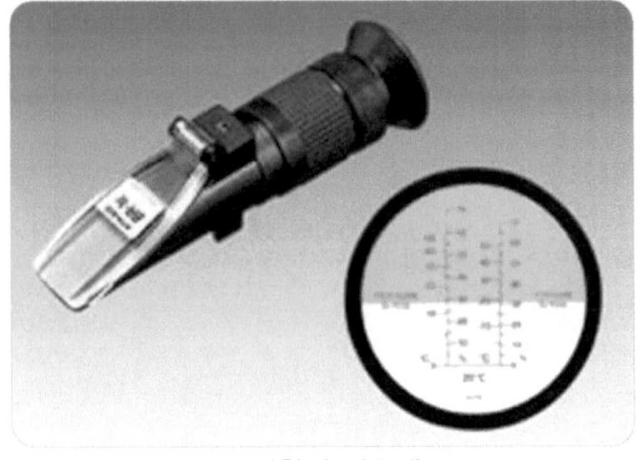

광학식 비중계

③ 비중 측정방법 - 1 (흡입식 비중계)

① 배터리의 벤트 플러그를 연다.

② 고무 벌브를 손으로 누르고 흡입구를 전해액 주입구에 넣는다.

③ 뜨개가 유리관의 중심부에 뜨도록 고무벌브를 놓는다.

④ 뜨개가 유리관에 닿지 않도록 똑바로 세운다.

⑤ 눈의 높이가 유리관 속의 전해액 높이가 평행이 되도록 하여 눈금을 읽는다.

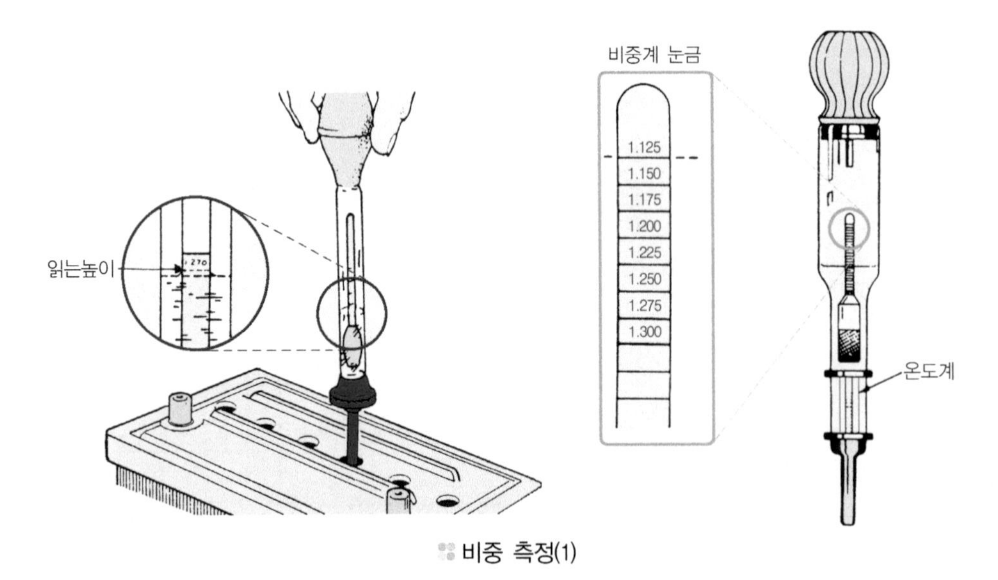

비중 측정(1)

4 비중 측정방법 - 2 (광학식 비중계)

1. 측정방법

① 비중계의 앞쪽 끝이 밝은 곳을 향하도록 맞추고, 조절 디옵터의 조절 링으로 조절하여 망선이 선명하게 보이도록 한다.

② **영점 조정** : 커버 플레이트를 열고, 순정 증류수 한 두 방울을 프리즘의 표면에 떨어뜨린 후, 커버 플레이트를 닫고 가볍게 누르고, 명암 경계선이 워터 라인과 일치되도록 조절 스크루를 조절한다.

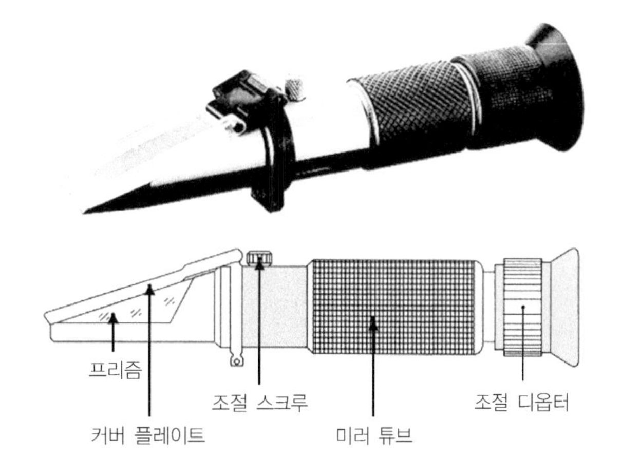

광학식 비중계의 구조

③ 커버 플레이트를 열고 프리즘 표면과 커버 플레이트의 물을 금강사천(=금강사로 된 사포)으로 닦아낸다. 그리고 프리즘 표면에 측정할 액체 한 두 방울을 떨어뜨린 후 커버 플레이트를 닫고 가볍게 누른다. 명암 경계선상에 보이는 일치된 눈금이 액체의 빙점이거나 배터리액의 작용 상태이다.

④ 측정을 한 후 금강사천으로 프리즘 표면을 닦아 건조시킨 다음 적절히 보관한다.

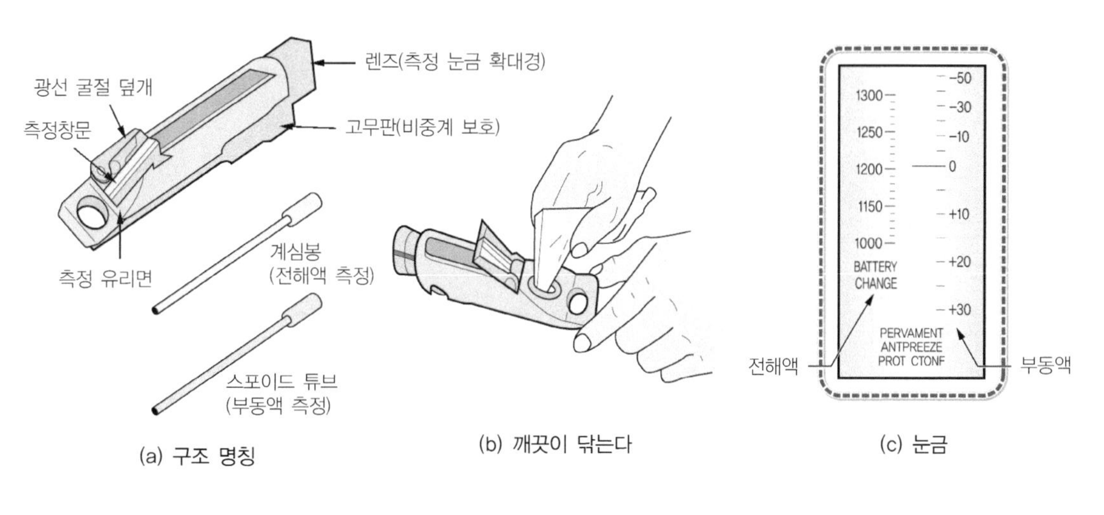

(a) 구조 명칭　(b) 깨끗이 닦는다　(c) 눈금

비중 측정(2)

⑤ 측정을 한 후 측정 온도와 기준 온도에서의 비중을 계산하여 답안지를 기입하여야 한다.

계산식 $S_{20} = st + 0.0007(t - 20)$

S_{20} = 표준온도 20℃로 환산한 비중　St = 현재 온도의 전해액 비중

t = 현재 측정한 전해액 온도

※ 섭씨(℃)를 화씨(°F)로 바꿀 때 : $\frac{9}{5}$℃+32　화씨(°F)를 섭씨(℃)로 바꿀 때 : $\frac{5}{9}$(°F−32)

5 비중 측정시 주의사항

① 배터리에 접근하거나 다룰 때는 보안경을 착용해야 한다.

② 비중계 흡입구가 부동액 주입구에서 밖으로 나오지 않도록 하고 측정한다.

③ 황산이 몸이나 옷에 묻은 경우는 즉시 세척하고 눈(Eye)에 황산이 튀어 들어간 경우는 다량의 물로 세척한 후 의사의 치료를 받아야 한다.

03 배터리 단자 전압 측정

멀티 테스터의 선택 레인지를 DC50V로 선택한 후 적색 리드선은 배터리의 (+)단자 기둥에, 흑색 리드선은 (−)단자 기둥에 접속한 후 전압을 측정한다. 단자 기둥은 (+)단자는 굵고, (−)단자는 조금 가늘며, 일반적으로 (+)와 (−)기호가 표시되어 있다.

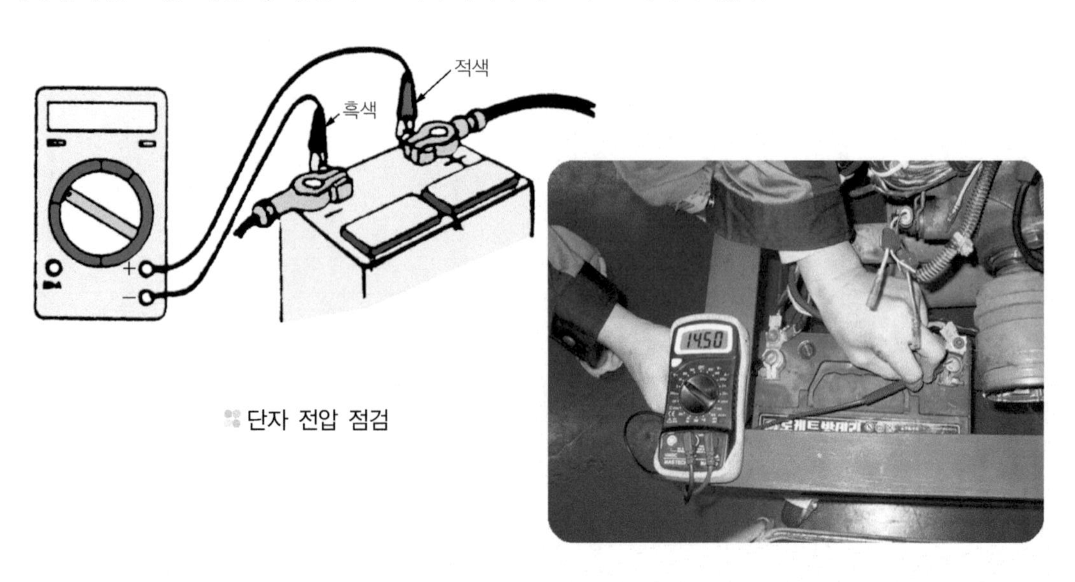

단자 전압 점검

04 암(방전) 전류 점검

암 전류란 차량을 운행하지 않고 세워 놓아도 흐르는 전류로 시계나 오디오의 메모리 등은 미세한 전류가 항상 흘러서 그 기능을 유지하고 있는데 여기에 필요한 전류를 암 전류라 한다. 시동을 끈 상태(key off)에서도 계속적으로 흐르기에 암 전류라고 한다. 그러나 이외의 전류로 인하여 배터리의 방전이 이루어지기 때문에 그 원인을 찾기 위하여 점검한다.

1 멀티미터/훅 미터를 이용한 측정방법

① 전류 측정기(멀티미터), 훅 미터, 배터리의 (−) 터미널 분리하기 위한 10mm 스패너 준비

② 점화 스위치(key switch)를 OFF시키고 상시 전원(B+)이 들어가는 부위(실내등, 글로브 박스 램프, 커티시 램프, 트렁크 램프) 확인한다.

③ 모든 도어를 잠그고 후드 스위치 커넥터를 뽑거나 OFF 상태에서 리모컨으로 도어 록을 시킨다.

④ 삑-소리가 나면서 도난 경계 모드의 진입을 확인한다.

⑤ 배터리 (−) 케이블을 탈거한다. 훅 미터를 직류 전류 위치로 하고 (−) 케이블에 걸어 측정한다.

⑥ 전류 측정기(멀티미터) 레인지를 10A 위치로 한다.

⑦ 적색 프로브를 분리된 배터리 (−) 케이블에, 흑색 프로브를 배터리 (−) 단자에 연결한다.

⑧ 약 90초 후에 전류를 측정한다.

■ 일반적인 규정값

차 종	규 정 값	차 종		규 정 값
소형 승용	10mA	에쿠스	약 1분30초 후	약 400mA
			약 1분30초 후	약 70mA
준중형 승용	15mA	제네시스	약 1분 후	약 570mA
			약 1분30초 후	약 20mA
중 형	25mA	프린스 브로엄		약 50mA
		마이티Ⅱ		약 35mA
대 형	50mA	에어로타운 버스		약 50mA
		카운티		약 40mA

멀티미터와 훅 미터를 준비

훅 미터를 이용한 측정

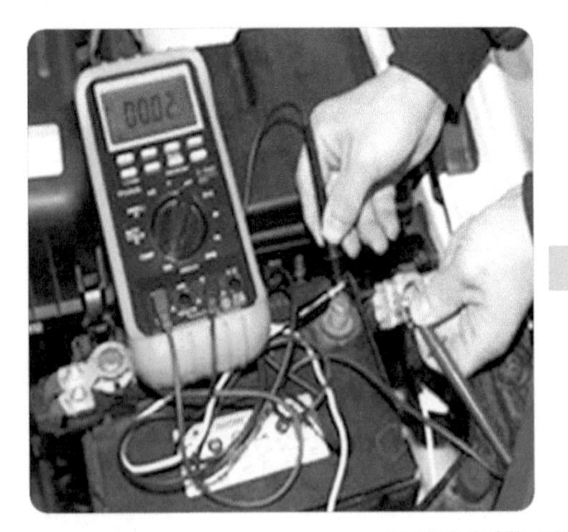

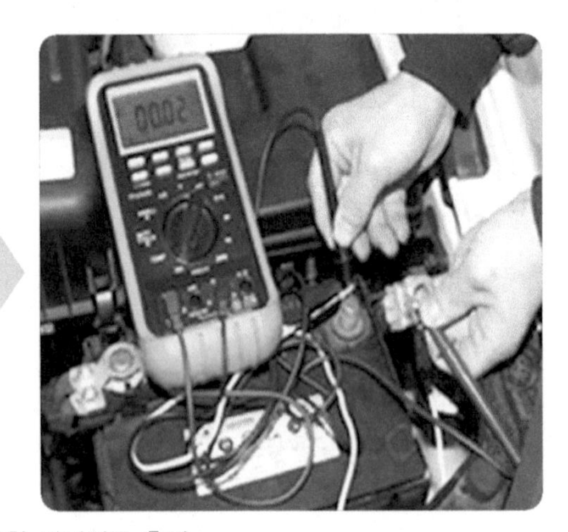

멀티미터를 이용한 방전전류 측정

⑨ 규정 전류값 초과시 실내 퓨즈 박스 및 엔진 룸 퓨즈 박스의 퓨즈를 하나씩 뽑아가며 변동을 확인한다.

⑩ 변동을 있을 경우 해당 부품(유닛, 릴레이 등)의 배선, 커넥터 점검 및 필요시 교환한다.

2 Hi-DS Scanner를 이용한 측정법

1. 각종 버튼의 사용법

① Power 버튼 (◎) : 화면의 밝기를 조정, 이 버튼을 누름과 동시에 상하, 좌 우 화살표를 이용하여 조정

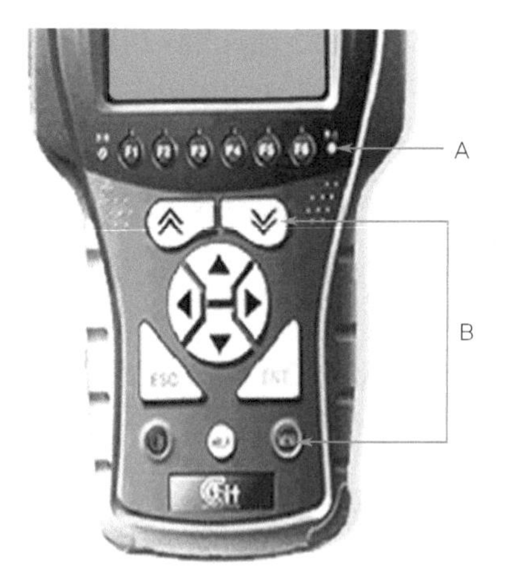

② **Enter 버튼** ( ) : 선택된 메뉴와 기능의 수행

③ **Escape 버튼** ( ) : 실행중인 화면을 이전으로 이동

④ **커서 상향 버튼**( ) : 커서를 위로 이동

⑤ **커서 하향 버튼**( ) : 커서를 아래로 이동

⑥ **커서 좌 방향 버튼**( ) : 커서를 좌측으로 이동

⑦ **커서 우 방향 버튼**( ) : 커서를 우측으로 이동

⑧ **Page Up 버튼**( ) : 화면이 2개로 분리되었을 경우 커서를 분리된 화면에서 위로 이동. 페이지 업 기능

⑨ **Page Down 버튼**( ) : 화면이 2개로 분리되었을 경우 커서를 분리된 화면에서 아래로 이동. 페이지 다운 기능

⑩ **Help 버튼**( ) : 각 화면의 도움 기능

⑪ **Manu 버튼**( ) : 각종 선택 메뉴 표시

2. HI-DS Scanner에 전원 공급 방법

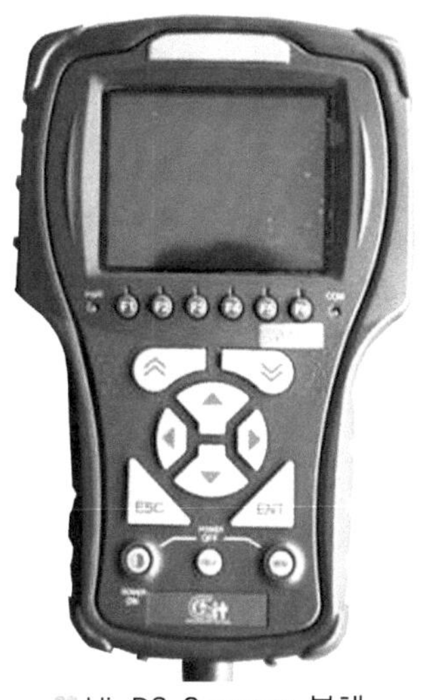

Hi-DS Scanner 본체

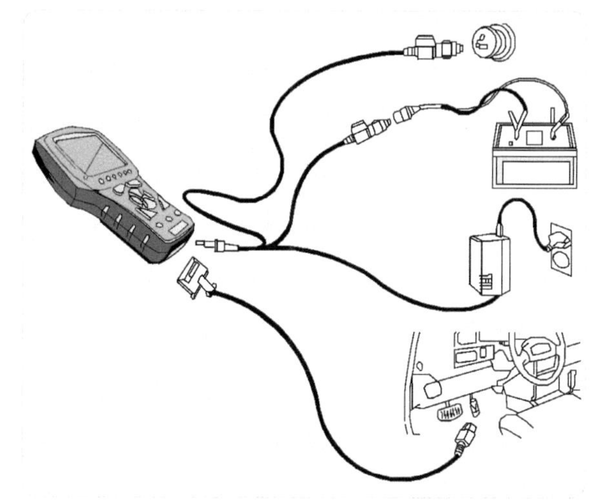

Hi-DS Scanner 본체 전원 공급

① **시거 라이터를 이용한 전원 공급** : 시거 라이터 소켓을 통해 전원을 공급할 수 있으며, 크랭킹 중에는 시거라이터 소켓 전원이 차단되므로 크랭킹 중에 통신데이터를 분석하고자 하는 경우에 자동차 배터리에 직접 연결하여야 한다.

② **자동차 배터리를 이용한 전원 공급** : 배터리 (+)와 (-)단자에 배터리 연결용 케이블을 이용하여 전원을 공급하며. 배터리에서 직접 Hi-DS 스캐너에 전원을 공급하여 사용하면 크랭킹 중에도 Hi-DS 스캐너는 항상 작동 상태를 유지할 수 있다.

③ **DLC 케이블을 이용한 전원 공급** : OBD-Ⅱ 통신 규약이 적용되는 차량과 20핀 진단 커넥터의 경우는 별도의 전원 공급 없이 케이블 자체만으로 직접 전원을 공급 받을 수 있다.

④ **AC/DC 어댑터를 이용한 전원 공급** : 실내에서 PC와 연결하여 신차종 프로그램을 다운로드할 때 AC/DC 어댑터를 전원으로 사용할 수 있다.

3. HI-DS Scanner 전원 ON, OFF 방법

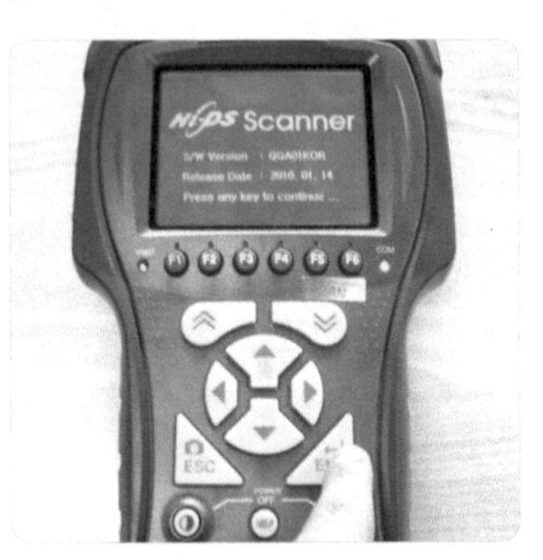

① **전원 ON** : Hi-DS 스캐너에 전원을 연결한 후 POWER ON 버튼( )을 선택하면 LCD 화면에 제품명 및 제품 회사의 로고가 나타나며, 3초 후 제품명 및 소프트웨어 버전 출력 화면이 나타난다. 이때 Enter 버튼( )을 누르면 기능선택 화면으로 진입된다.

② **전원 OFF** : POWER ON 버튼( )과 MENU 버튼( ) 동시에 누르거나, 전원 선을 분리하면 자동적으로 화면이 사라지면서 OFF 상태가 된다.

4. HI-DS Scanner 측정 방법

① **전원 ON** : Hi-DS 스캐너에 전원을 연결한 후 POWER ON 버튼( )을 선택하면 LCD 화면에 제품명 및 제품 회사의 로고가 나타나며, 3초 후 제품명 및 소프트웨어 버전 출력 화면이 나타난다. 이때 Enter 버튼( )을 누르면 기능선택 화면으로 진입된다.

1단계 : 소전류 프로브를 연결한다.

2단계 : 스코프/ 미터/ 출력 기능을 선택한다.

기능 선택
01. 차량통신 02. 스코프/ 미터/ 출력 03. 주행 DATA 검색 04. PC통신 05. 환경설정 06. 리프로그래밍

3단계 : 멀티미터 기능을 선택한다.

제조회사 선택
01. 오실로스코프 02. 자동설정스코프 03. 접지/ 제어선 테스트 04. 멀티미터 05. 액추에이터 구동 06. 센서 시뮬레이션 07. 점화파형 08. 저장화면 보기

4단계 : 멀티미터 기능을 선택한다.

멀티미터
소전류(채널2 프로브) 0.56mA 최대 8.44mA 최소 1.04mA 편차 7.00mA

③ Hi-DS를 이용한 측정법

1. 테스터 리드의 명칭

① **계측 모듈**(Intelligent Box, I) : 장비에서 모든 신호의 측정과 계측을 담당

② **배터리 케이블** : 모듈에 전원 연결

③ **DLC 케이블** : 스캔툴 기능 사용시 자기진단 커넥터에 연결되는 케이블

④ **오실로스코프 프로브 1** : 스코프 파형을 위한 프로브로 보통 6개의 프로브가 공급되며 1~3번 채널

⑤ **오실로스코프 프로브 2** : 스코프 파형을 위한 프로브로 보통 6개의 프로브가 공급되며 4~6번 채널

⑥ **진공 프로브** : 매니폴드 진공과 같은 부압을 측정

⑦ **대전류 프로브** : 30A 이상의 큰 전류 측정시 사용 최대 1,000A까지 측정이 가능하다.

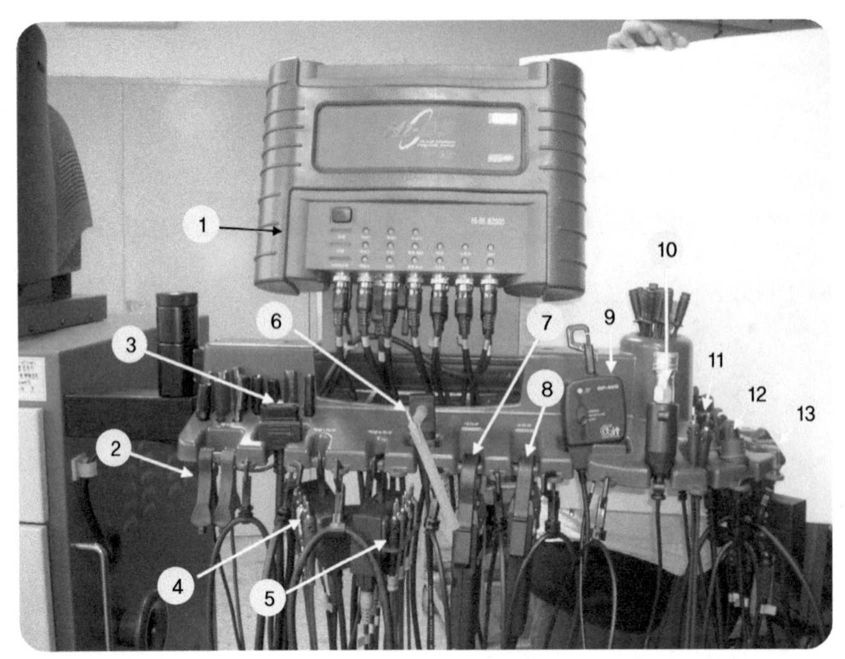

계측 모듈과 테스터 리드

⑧ **소전류 프로브** : 30A 이하의 전류 측정

⑨ **압력 센서** : 각종 압력 측정(압축압력, 오일압력, 연료압력, 베이퍼라이저 1차 압력)센서

⑩ **압력 측정 커넥터** : 각종 압력 측정(압축압력, 오일압력, 연료압력, 베이퍼라이저 1차 압력) 연결구

⑪ **멀티미터 프로브** : 전압, 저항, 주파수, 듀티, 펄스 측정시 사용

⑫ **점화 2차 프로브(적색/흑색)** : 점화 2차를 측정하는 프로브로 정극성 고압선에 연결

⑬ **트리거 픽업** : 고압선의 점화 신호를 이용하여 트리거를 잡을 때 사용하며 1번 플러그 고압선에 연결하여 1번 실린더 점화 위치를 판단한다.

모니터	계측모듈	점화 2차 프로브(적/흑)

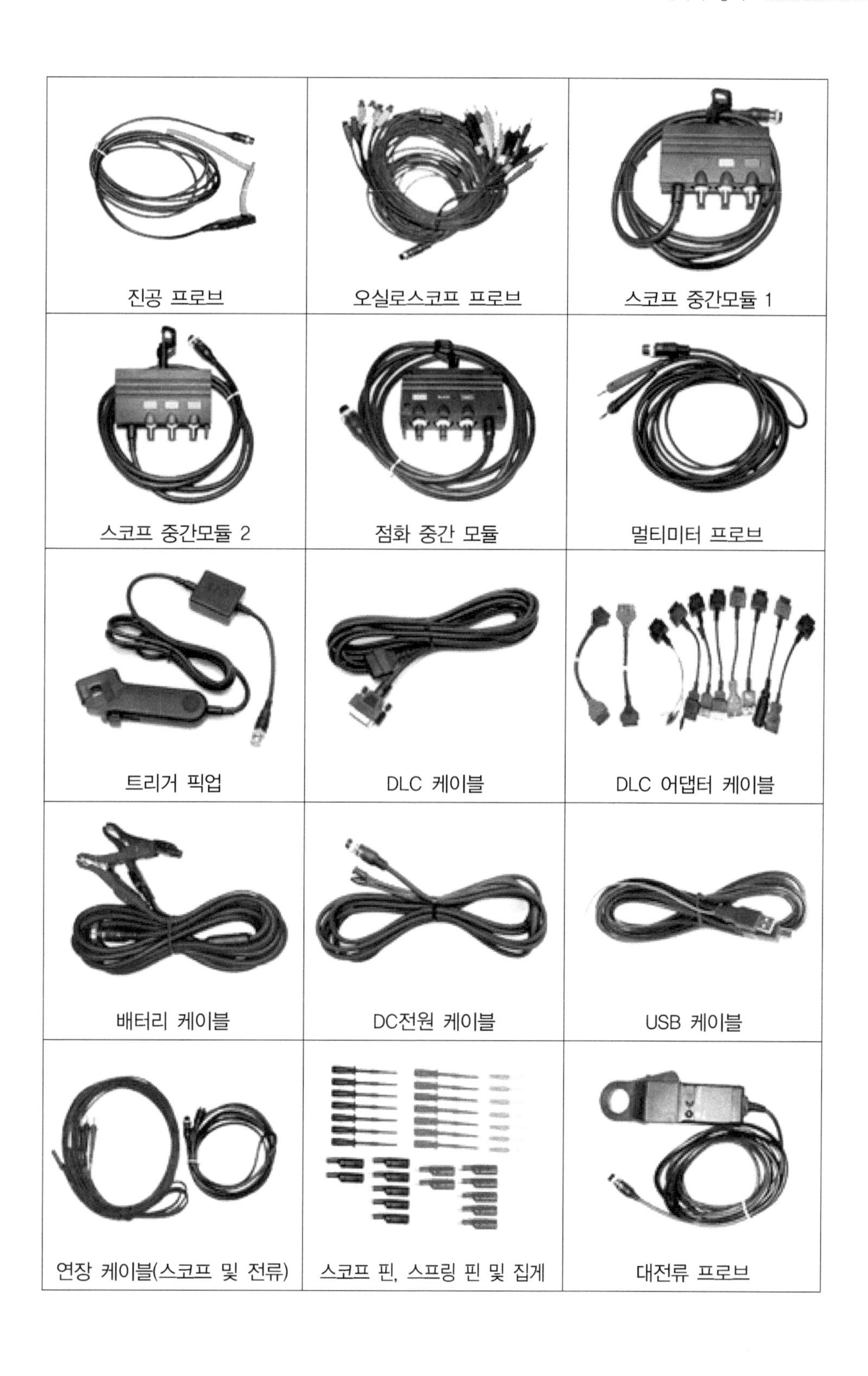
진공 프로브
오실로스코프 프로브
스코프 중간모듈 1
스코프 중간모듈 2
점화 중간 모듈
멀티미터 프로브
트리거 픽업
DLC 케이블
DLC 어댑터 케이블
배터리 케이블
DC전원 케이블
USB 케이블
연장 케이블(스코프 및 전류)
스코프 핀, 스프링 핀 및 집게
대전류 프로브

소전류 프로브 / 압력 센서 / 무선 리모컨 세트

2. 측정전 준비사항

① **파워 서플라이 전원을 켠다** -DC 전원 케이블 (+), (-)를 파워 서플라이에 연결 후(항시 연결시켜 놓는다) 파워 서플라이 전원 스위치를 ON으로 한다.

② **IB 스위치를 켠다** - 배터리 케이블을 IB에 연결하고, 다른 한쪽은 차량의 배터리(+), (-)단자에 연결한다. DC 전원 케이블을 IB에 연결한다. IB 스위치를 누른다.

③ **모니터와 프린터 전원을 켠다** - 전원 스위치를 ON으로 한다.

④ **PC 전원을 켠다** - PC 전원 스위치를 ON하면 부팅을 시작한다.

⑤ **Hi-DS 실행** - 부팅이 완료된 상태에서 모니터 바탕 화면에 Hi-DS 아이콘을 더블 클릭한다.

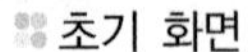

초기 화면

모니터 바탕 화면

⑥ **차종 선택** - 차종 선택 버튼을 클릭하여 차량의 정보를 입력한다.

㉮ **저장되어 있는 차량** : 차대번호(지공용), 차량번호(일반용) 창에 있는 해당 데이터를 클릭하면 저장되어 있는 정보가 자동 설정된다.

㉯ **새로운 차량** : 차대번호(지공용) 또는 차량번호(일반용) 창에서 일반차량을 선택 후 고객정보와 차종을 입력한다.

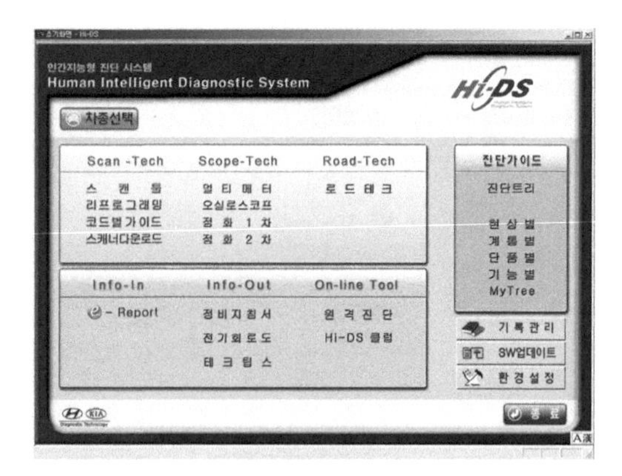

초기 화면

차량선택 창

⑦ **차량 번호 및 차대 번호 입력**−글자를 붙여서 입력한다.

【예】 경기 55 마 3859를 경기55마3859로

⑧ 고객명, 전화번호, VIN 번호, 주행거리 입력 및 검색방법은 차량번호 입력, 검색하는 방법과 동일하다.

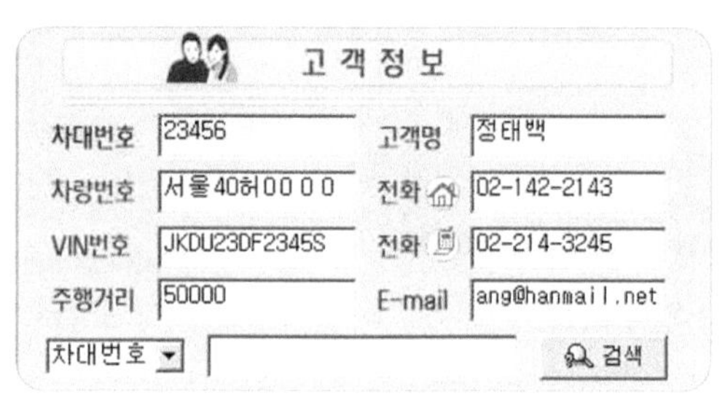

고객 정보 창

3. 테스터기 연결법

① **배터리 전원선** : 붉은색을 (+), 검은색을 (−)에 연결한다.

② **오실로스코프 프로브** : 컬러 프로브를 분리된 배터리(−)단자에, 흑색 프로브를 배터리(−)단자 터미널에 접지한다.

4. 측정 순서

① 엔진을 워밍업시킨 후 공회전시킨다.

② Hi-DS 초기 화면에서 차종을 선택하여 차량 제원을 설정한 후 확인 버튼을 누른다.

③ 멀티미터 항목을 선택한다.

④ 멀티미터에서 소전류 아이콘 을 클릭하면 소전류 측정모드로 이동한다.

초기 화면

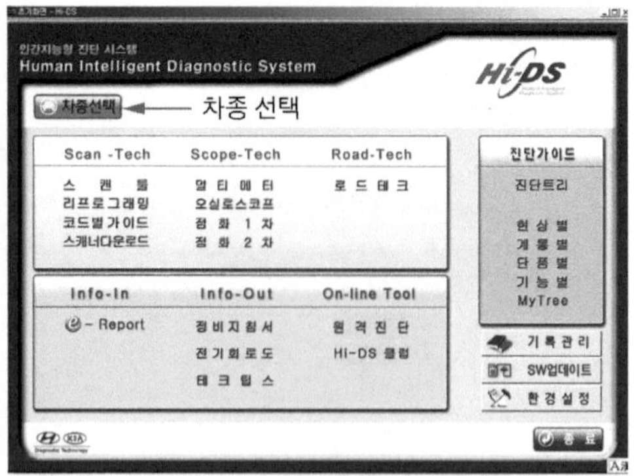

차종 선택 화면

고객 정보 입력 화면

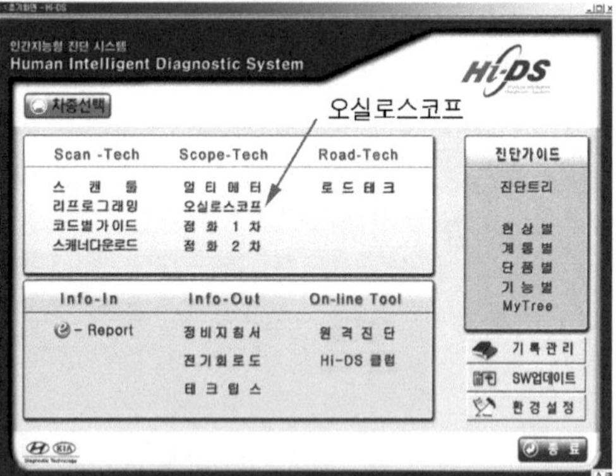

오실로스코프 선택 화면

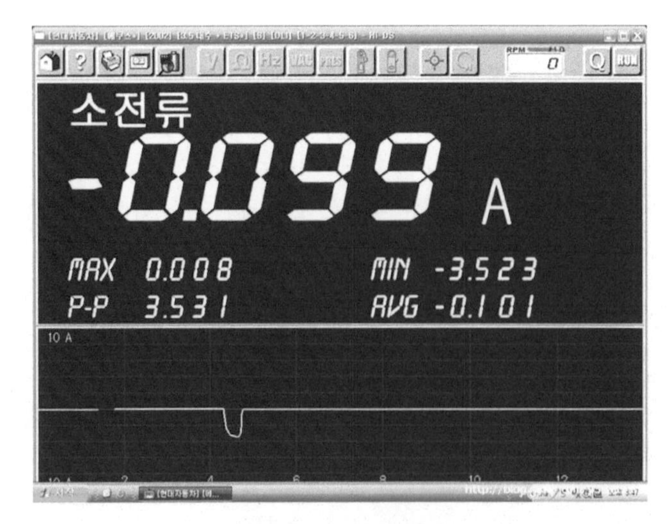

방전 전류 측정 화면

05 배터리 용량 시험

1 배터리 용량시험 방법-1

① 전류 조정기를 배터리 용량과 같게 조정한다.(예 : 45AH 일 때 45A에)

② 적색 리드선은 배터리 (+)단자 기둥에, 흑색 리드선은 (−)단자 기둥에 연결한다.

③ 푸시버튼을 눌러 2~3초 후 계기판의 바늘이 안정되었을 때 판정한다.

④ **판 정** : 0~45(적색) : 불량
45~75(황색) : 충전 요망
75~100(녹색) : 양호한 상태

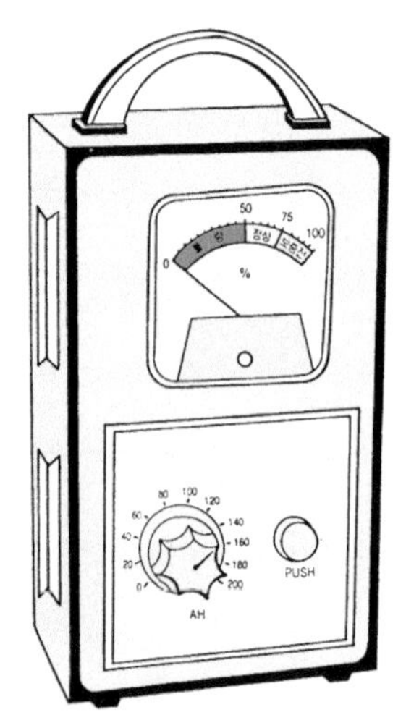

용량 테스터(Ⅰ)

■ **차종별 배터리 용량시험 제원표**

차 종 \ 항 목		부하전류(A)	최소전압(V)
엘란트라	1.5 SOHC	135	9.6 이상
	1.6 DOHC	200	
세피아		150	9.6 이상
누비라, 레간자		270	9.4 이상

2 배터리 용량시험 방법-2

① 테스터 리드의 클립을 배터리 용량 테스터 그림 (1)과 같이 연결한다.

② 테스터 로드 스위치를 10초 이내에 ON 시킨다.

③ 이때 테스터의 바늘이 녹색위치에 정지하면 양호한 상태다.

④ 바늘이 노란색 위치에 정지하면 배터리를 재충전한다.

⑤ 재충전 후 다시 로드시험을 하였을 때 적색으로 내려가면 배터리를 교환한다.

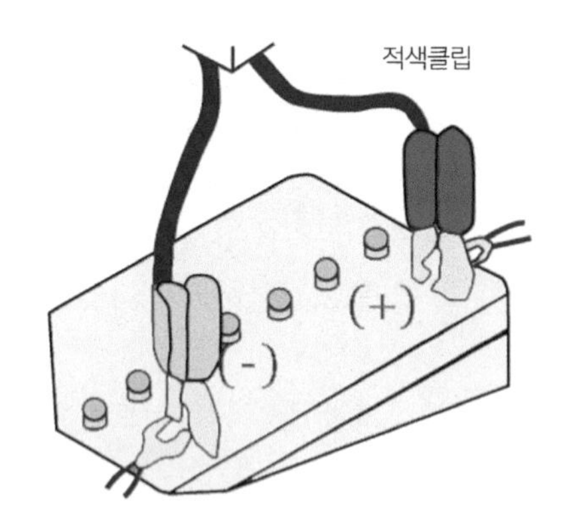

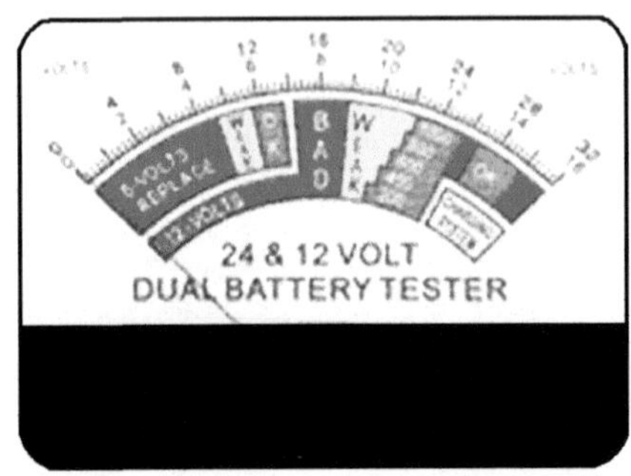

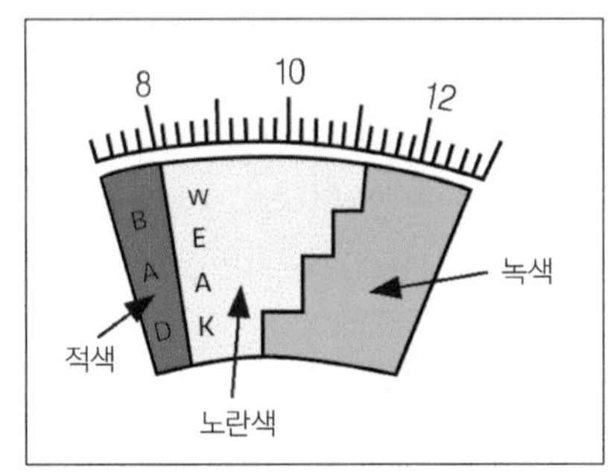

배터리 용량 테스터(Ⅱ)

③ 배터리 용량시험 방법-3

1. 사용 방법

① A : 전압값 표시창

② B : 배터리가 사용 불가함을 표시하거나, 회로 테스트를 나타낸다.

- UNUSABLE BATTERY : 배터리 사용 불가
- CIRCUIT TEST : 회로 테스터

③ C : 배터리 용량 선택 스위치

④ D : 로드 테스트 버튼

⑤ E : 테스트 타입 선택 스위치

- ALTERNATOR : 발전기(충전전류/전압)측정
- LOAD TEST : 배터리 용량(부하)시험

⑥ F : 배터리가 완전한 불량이거나 결함이 있음을 나타낸다. 또한 ALTERNATOR 상태가 좋지 않아 배터리가 자주 방전되거나 크랭크 파워가 약해지는 등의 현상을 의미한다.

⑦ G : 배터리 상태가 불량으로 재충전한 후 다시 최종 테스트 한다. 또한 이 부분은 ALTERNATOR 상태가 양호함을 나타낸다.

⑧ H : 배터리 상태가 양호함을 표시한다. 또한 레귤레이터 상태가 불량임을 표시하기도 한다.

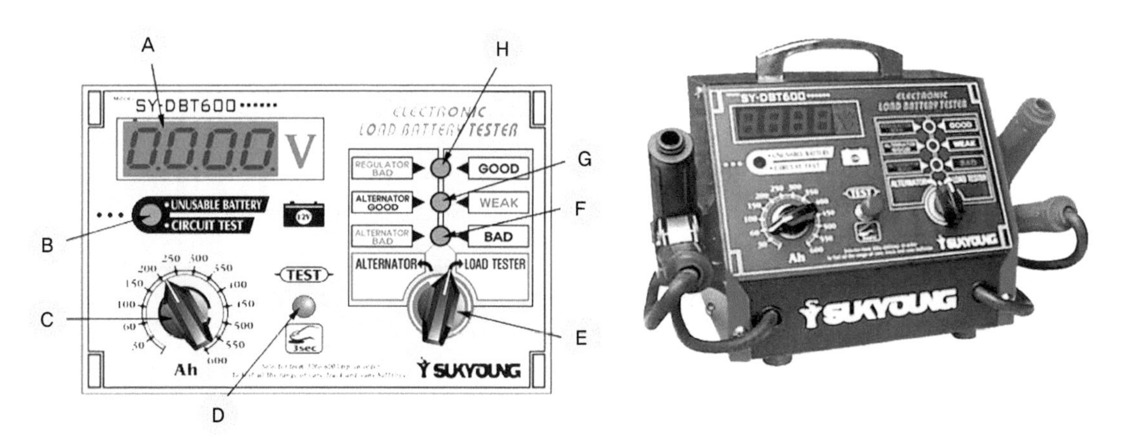

배터리 용량 테스터(Ⅲ)

2. 시험방법

① 적색 클립을 배터리 (+)단자에 연결하고 흑색 클립을 배터리 (-)단자에 연결시킨다.

② 짧은 부저음 소리와 함께 배터리의 현재 전압을 "A" 표시한다.

③ 선택 스위치 레버 "E"를 LOAD TEST로 위치시킨다.

④ 테스트하고자 하는 배터리의 Ah 용량과 같도록 배터리 용량 스위치를 "C"로 돌린다.

⑤ 테스트 버튼을 3~5 초 동안 누르면 배터리의 상태를 GOOD, WEAK, BAD로 알려준다.

- GOOD : 충전 불필요
- WEAK : 충전 필요
- BAD : 충전 필요

⑥ 테스트가 끝나면 클립을 배터리로부터 분리한다.

3. 주의사항

① 전압값이 6 볼트 이상이거나 연결이 정확할 경우 자동적으로 부저음이 울린다.

② 또한 로드 테스터 버튼을 5초 이상 누를 경우 배터리를 재충전해야 하거나 손상될 우려가 있으니 이점을 반드시 유의하여야 한다.

③ 각 부분의 기능에서 상태 표시 램프의 경우 테스트 타입에 따라 램프가 나타내는 의미가 달라지므로 혼동하지 말아야 한다.

④ 배터리 용량 시험기

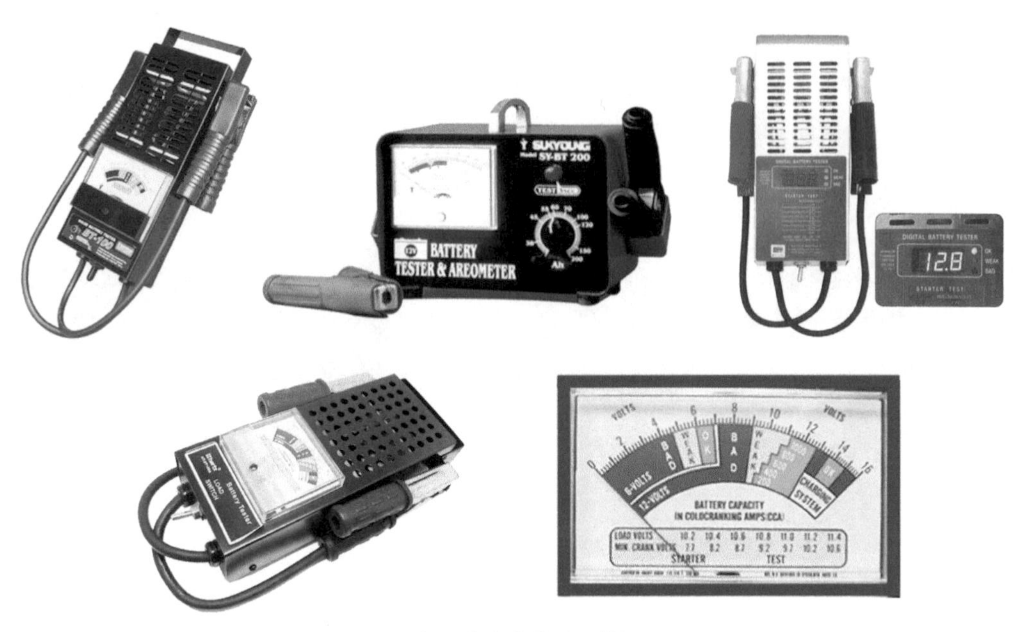

각종 배터리 용량 시험기

06 배터리 충전

① 급속 충전기

1. 사용 방법

① **전압(V) 미타** : 배터리 충전 및 엔진 시동시 출력 전압을 나타내는 DC 전압계이다.

② **전류(A) 미타** : 배터리 충전 및 엔진 시동시 출력 전류를 나타내는 DC 전류계이다.

③ **전원 스위치** : 충전기에 공급되는 전원을 ON, OFF 시키는 스위치로서 과부하시는 자동으로 전원이 차단된다.

④ **선택 스위치** : OFF, 시동, 충전의 3개 위치로 분류되어 있다.

㉮ OFF 위치 : 충전기에서 외부에 공급되는 DC 출력 전원을 차단하는 역할을 한다.

㉯ 시동 위치 : 충전기에서 DC 출력 전원을 공급하여 엔진을 시동할 때 선택한다.

㉰ 충전 위치 : 충전기에서 DC 출력 전원을 공급하여 배터리를 충전할 때 선택한다.

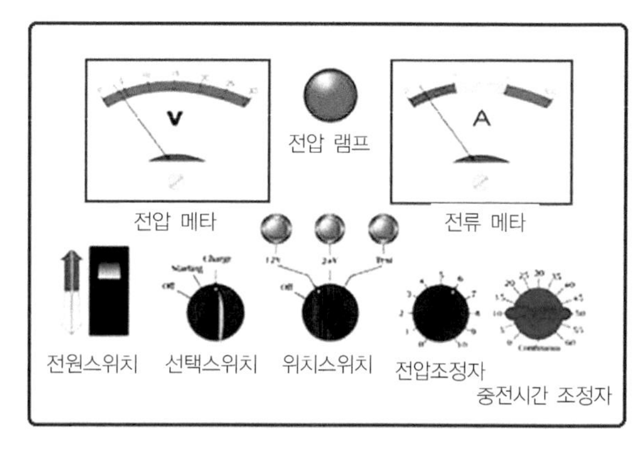

급속 충전기

⑤ **위치 스위치** : OFF, 12V, 24V, 시험의 4개 위치로 분류되어 있다.

㉮ OFF 위치 : 충전기에서 외부에 공급되는 DC 출력 전원을 차단하는 역할을 한다.

㉯ 12V 위치 : 충전 대상 배터리의 전압이 12V일 때 선택한다.

㉰ 24V 위치 : 충전 대상 배터리의 전압이 24V일 때 선택한다.

㉱ 시험 위치 : 충전 대상 배터리의 충방전 정도를 점검할 때 선택한다.

⑥ **전압 정밀 조정 셀렉터** : 충전기를 이용하여 엔진의 시동이나 배터리를 충전할 때 전압계에 나타내는 전압을 현재 사용하고 있는 배터리의 전압으로 출력 전압 및 전류를 조절할 때 사용한다.

⑦ **충전시간 조절 셀렉터** : 자동과 수동의 2개 위치로 분류되어 있다.

㉮ 자동위치 : 배터리를 급속 충전할 때 선택한다. 0～60분까지 분할되어 있으며, 오른쪽으로 회전시켜 선정된 시간에 위치시키면 충전이 이루어지고 충전이 완료되면 자동으로 OFF됨과 동시에 멜로디가 울린다. 충전시간의 선정은 선택 스위치를 시험에 위치시켰을 때 전압계의 12V 또는 24V의 위치에서 지침이 지시한 6·5·4·3·2·1의 수치에 × 10을 하면 충전 시간이 된다.

㉯ 수동 위치 : 배터리를 정전류 충전할 대 선택한다.

⑧ **파일럿 램프** : 전원, 12V, 24V, 시험의 4개로 분류되어 있다.

㉮ 전원 램프 : 전원 스위치를 ON시켰을 때 AC 전원이 공급되면 점등된다.

㉯ 12V 램프 : 위치 스위치를 12V에 선택하였을 때 점등된다.

㉰ 24V 램프 : 위치 스위치를 24V에 선택하였을 때 점등된다.

㉱ 시험 램프 : 위치 스위치를 시험에 선택하였을 때 점등된다.

2. 정전류 충전 방법

※ **배터리의 충전전류(정전류 충전시)**

- 표준 : 배터리 용량의 10% (50AH 일 때 : 5A로 10시간 충전)
- 최대 : 배터리 용량의 20%
- 최소 : 배터리 용량의 5%
- 급속충전 : 배터리 용량의 50%
  (50AH일 때 25A로 30분 이내-30분 초과하지 않는다)

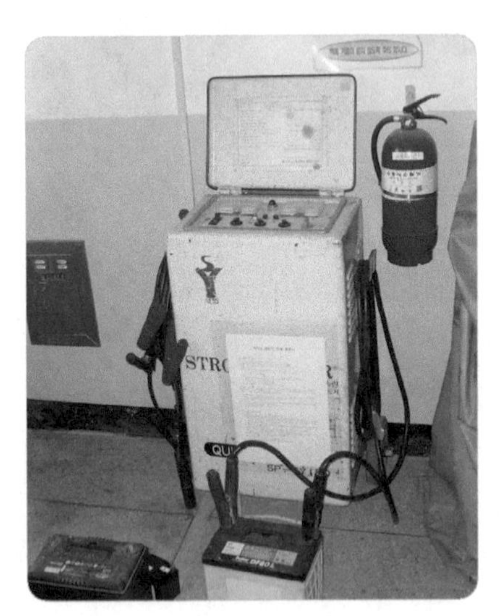

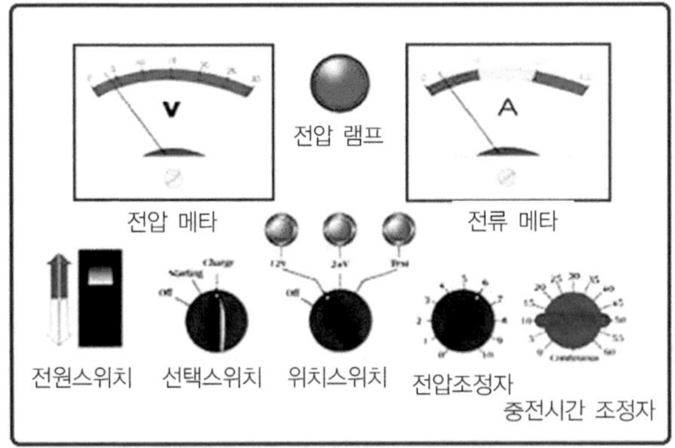

급속 충전기

① 충전할 배터리의 벤트 플러그를 모두 푼다(전해액을 점검하여 부족한 경우 보충한다).
② 충전기의 전원 스위치, 선택 스위치, 위치 스위치, 전압 정밀 조정기, 충전 시간 조절기를 모두 OFF 시킨다.
③ 충전기의 AC 전원 케이블을 AC 전원 플러그에 연결한다.
④ 충전기의 배터리 연결 케이블의 적색 클립은 배터리 ⊕ 터미널에, 흑색 클립은 ⊖ 터미널에 접속한다.
⑤ 전원 스위치를 ON시킨다.
⑥ 선택 스위치를 충전 위치에 셀렉터를 선정한다.
⑦ 위치 스위치를 배터리 전압(12V 또는 24V)에 셀렉터를 선정한다.
⑧ 전압 정밀 조정 셀렉터를 사용하여 배터리의 충전 전류를 알맞게 조절한다.
⑨ 충전시간 조절 셀렉터를 수동 위치에 선정한다.
⑩ 배터리에서 기포가 발생되면 위치 스위치의 셀렉터를 시험 위치에 선정하여 충전상태를 점검한다.

⑪ 충전이 완료되면 모든 스위치를 OFF시킨다.
⑫ AC 전원 케이블 및 배터리 연결 케이블을 탈거한다.
⑬ 배터리의 벤트 플러그를 닫는다.

3. 급속 충전 방법

① 충전할 배터리의 벤트 플러그를 모두 푼다(전해액을 점검하여 부족한 경우 보충한다).
② 충전기의 전원 스위치, 선택 스위치, 위치 스위치, 전압 정밀 조정기, 충전 시간 조절기를 모두 OFF시킨다.
③ 충전기의 AC 전원 케이블을 AC 전원 플러그에 연결한다.
④ 충전기의 배터리 연결 케이블의 적색 클립은 배터리 ⊕ 터미널에, 흑색 클립은 ⊖ 터미널에 접속한다.
⑤ 전원 스위치를 ON시킨다.
⑥ 선택 스위치를 시험 위치에 셀렉터를 선정하여 전압계의 지침이 6, 5, 4, 3, 2, 1의 지시 눈금에 ×10을 하여 충전 시간을 선정한 다음 선택 스위치 셀렉터를 충전에 위치시킨다.
⑦ 위치 스위치를 배터리 전압(12V 또는 24V)에 셀렉터를 선정한다.
⑧ 전압 정밀 조정 셀렉터를 사용하여 전류계를 보면서 충전기의 출력 전류를 배터리 용량의 50%가 되도록 조절한다(예 60Ah인 배터리의 충전 전류는 30A).
⑨ 충전시간 조절 셀렉터를 자동 위치의 시간에 선택한다(전압계의 지침이 6, 5, 4, 3, 2, 1의 지시 눈금에 ×10을 하여 시간을 설정한다).
⑩ 충전이 완료되면 멜로디가 울린다.
⑪ 멜로디가 울리면 모든 스위치를 OFF시킨다.
⑫ 전원 케이블 및 배터리 연결 케이블을 탈거한다.
⑬ 배터리의 벤트 플러그를 닫는다.

4. 배터리의 전류와 전압 측정

① 급속 충전이 완료되어 멜로디가 울리면 충전기에서 직접 배터리의 전류와 전압을 측정한다.
② 충전기의 위치 스위치를 시험 위치에 선정하여 전압계와 전류계에서 눈금을 판독하여 기록표에 기록한다.
③ 충전기의 모든 스위치를 OFF시킨다.
④ 전원 케이블 및 배터리 연결 케이블을 탈거한다.
⑤ 배터리의 벤트 플러그를 닫는다.

② 배터리 충전기의 종류

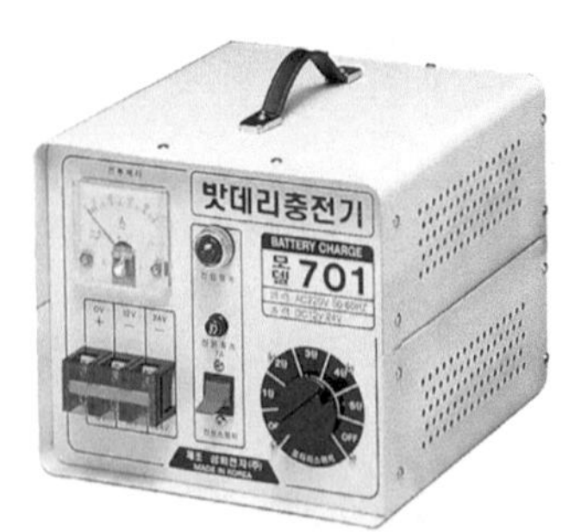

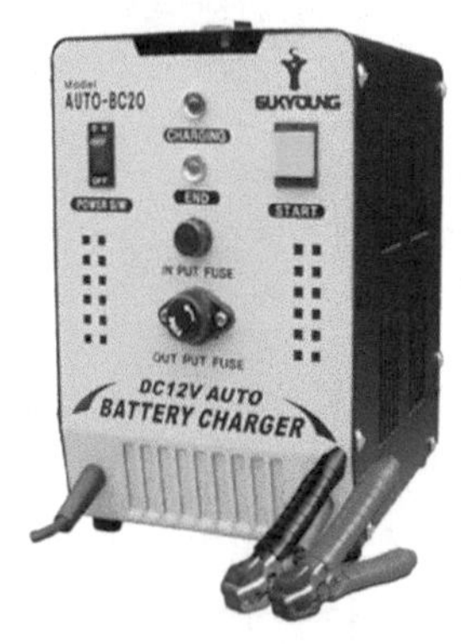

각종 배터리 충전기

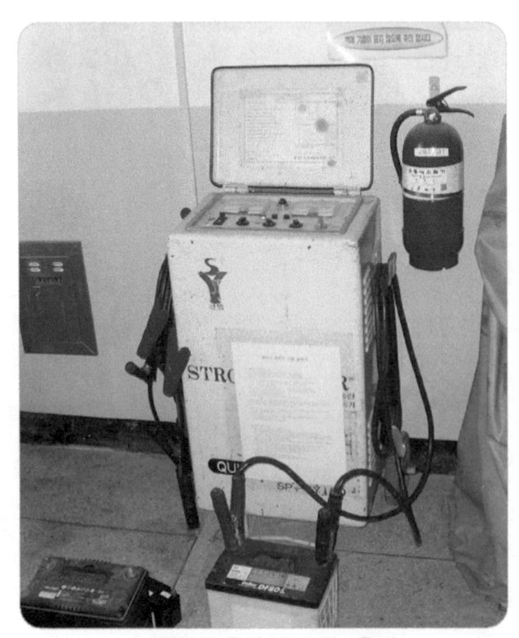

정전류 충전 및 급속 충전

제3장

기동장치 정비

01 기동 전동기 교환

1 기동 전동기 설치위치

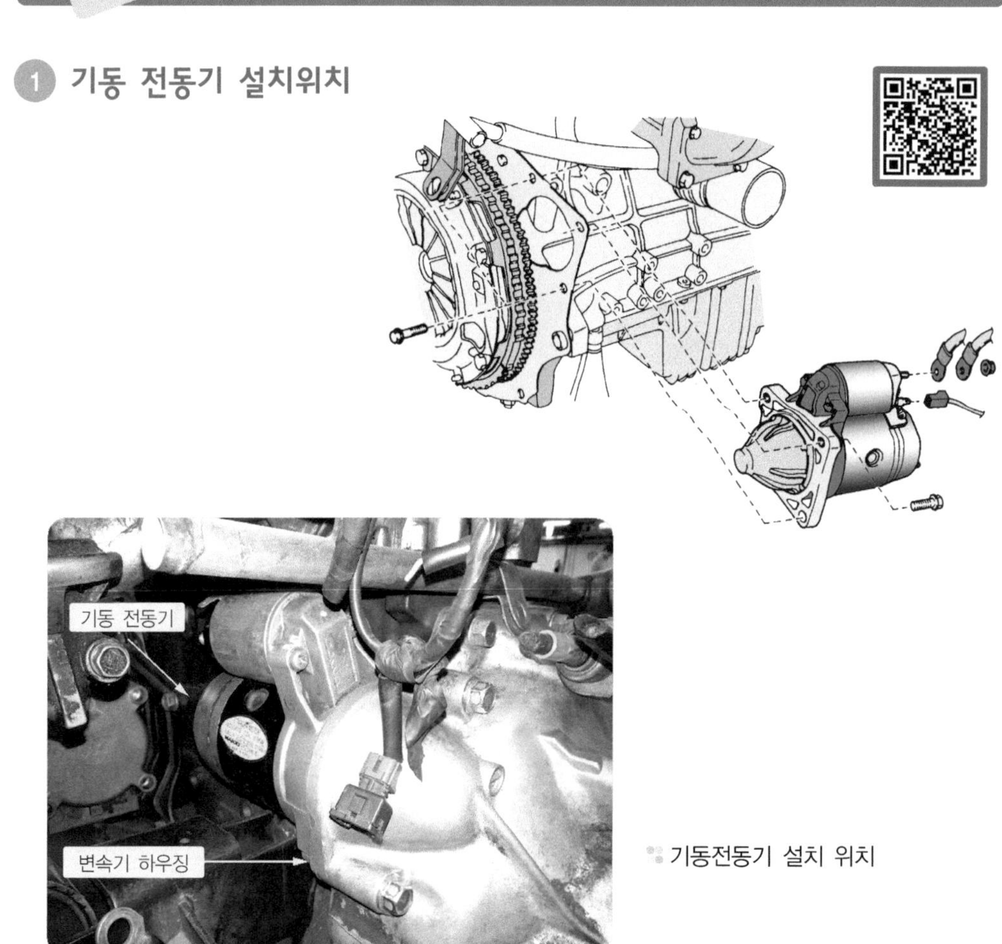

기동전동기 설치 위치

② 기동 전동기 교환 방법

① 배터리 ⊖ 단자 커넥터에서 케이블을 분리한다.
② 트랜스 액슬에서 스피드 미터 케이블을 분리한다.
③ 솔레노이드 스위치 ST단자와 연결되는 배선을 분리한다.
④ 솔레노이드 스위치 B단자에 연결된 배터리 ⊕ 단자 케이블을 분리한다.

기동 전동기 단자 위치

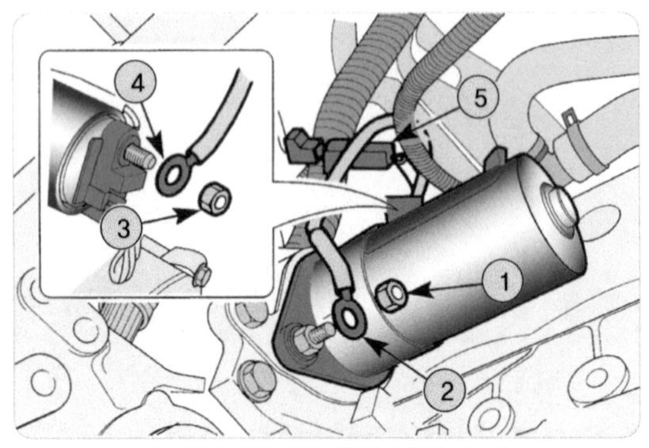

기동 전동기 배선 분리 순서

⑤ 트랜스 액슬 하우징에서 기동 전동기 고정 볼트를 풀고 떨어뜨리지 않도록 주의하여 탈거한다.

기동 전동기 고정 볼트

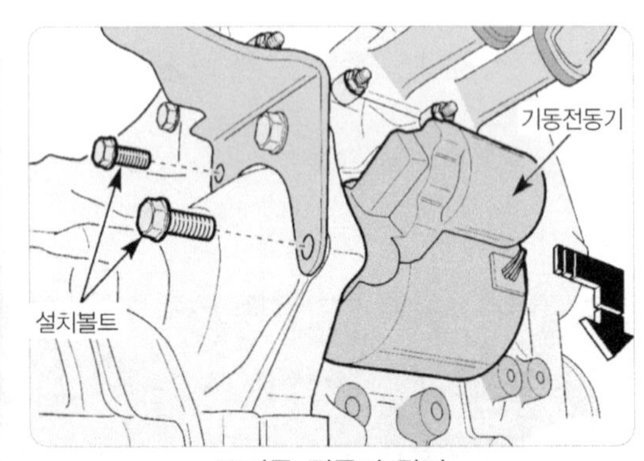

기동 전동기 탈거

⑥ 탈거의 역순으로 장착을 한다.
⑦ 장착 후 배터리 ⊕, ⊖ 단자 케이블을 연결한 후 점화 스위치를 사용하여 엔진 시동을 건다. 기계적 소음 없이 원활히 엔진 시동이 걸리면 정상적으로 조립된 것이다.

알아두기

★ 차상에서의 시동방법

① 시동을 걸기 전에 주차 브레이크를 당기고 변속기를 중립위치로 놓은 다음(자동변속기 일 때는 "P" 나 "N"위치로 한다) 클러치 페달을 완전히 밟는다.
② 키 스위치를 "START" 위치로 하여 시동을 건다.
　㉠ LOCK : 키를 꽂거나 뽑는 위치이다.
　㉡ ACC : 엔진 시동을 걸지 않고도 전기장치의 일부를 사용할 수 있다(라디오, 시가라이터).
　㉢ ON : 엔진이 작동하기 전, 후에 모든 전기장치를 사용할 수 있는 위치이다.
　㉣ START : 엔진이 시동되는 위치이다. 시동이 걸려서 손을 떼면 ON 위치로 되돌아간다.

시동 스위치

★ 주의사항

① 키가 돌려지지 않을 때는 Locking 상태이므로 핸들을 좌우로 돌리면서 키를 돌린다.
② 엔진 정지중에 키를 장시간 "ON"위치로 놓지 않는다. 배터리가 방전된다.
③ 엔진의 시동이 걸린 상태에서 키를 "START"위치로 하지 않는다. 기동 전동기의 손상이 올 수 있다.
④ 시동 모터를 10초 이상 작동시키지 않는다.
⑤ 시동시에는 전기소비가 많은 전기장치(헤드라이트, 뒷유리 열선, 에어컨 및 블로어 모터)는 사용하지 않는다.
⑥ 키를 뺄 때는 필히 키를 "ACC" 위치에서 누르면서 "LOCK"위치로 돌려야지만 돌아가서 빠진다.

3 기동 전동기 고장원인

현 상	가능한 원인	정 비
크랭킹 되지 않는다.	배터리 충전전압이 낮다.	충전 혹은 배터리 교환
	배터리 케이블이 느슨해짐, 부식 혹은 마모	수리 혹은 케이블 교환
	인히비터 스위치의 결함(A/T 차량)	조정 혹은 스위치의 교환
	퓨즈블 링크의 단락	퓨즈블 링크의 교환
	기동 전동기의 결함	수 리
	점화 스위치의 결함	교 환

현 상	가능한 원인	정 비
크랭킹이 느리다.	배터리 충전전압이 낮다.	충전 혹은 배터리 교환
	배터리 케이블의 느슨해짐, 부식 혹은 마모	수리 혹은 케이블의 교환
	기동 전동기의 결함	수 리
기동 전동기가 계속 회전한다.	기동 전동기의 결함	수 리
	점화 스위치의 결함	교 환
기동 전동기는 회전하나 엔진은 크랭킹되지 않는다.	와이어링의 단락	수 리
	피니언 기어 이빨이 부러졌거나 모터의 결함	수 리
	링 기어 이빨이 부러졌음.	플라이휠 링기어 혹은 토크컨버터 교환

02 기동 전동기 크랭킹 부하(전류소모 / 전압강하)시험

1 차상에서 전류소모 시험(아반떼 XD)

① 엔진이 시동되지 않도록 점화 1차회로(파워TR 단자 분리, 또는 배전기 CAS, #1 TDC 센서 커넥터 분리)를 차단한다.

② 연료가 분사되지 않도록 인젝터의 커넥터를 분리한다(일반적으로 퓨즈 박스의 "ECU 퓨즈"를 분리하면 ECU에 공급되는 전원이 차단되어 연료가 분사되지 않는다).

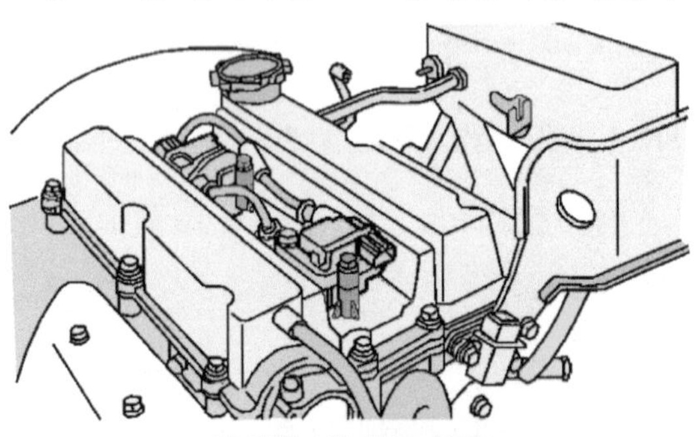

점화 1차 회로 분리

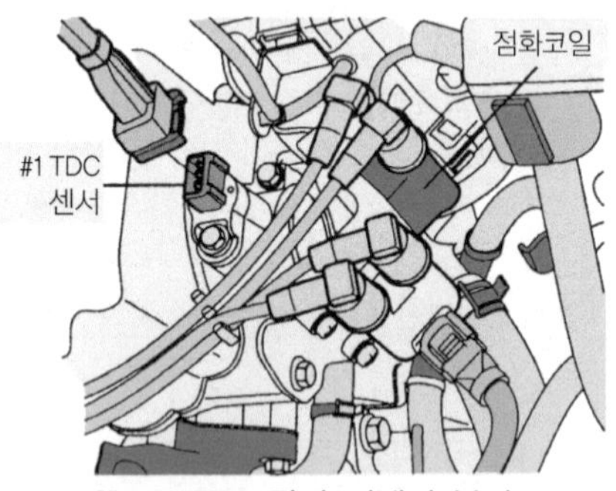

1 TDC 단자 커넥터 분리

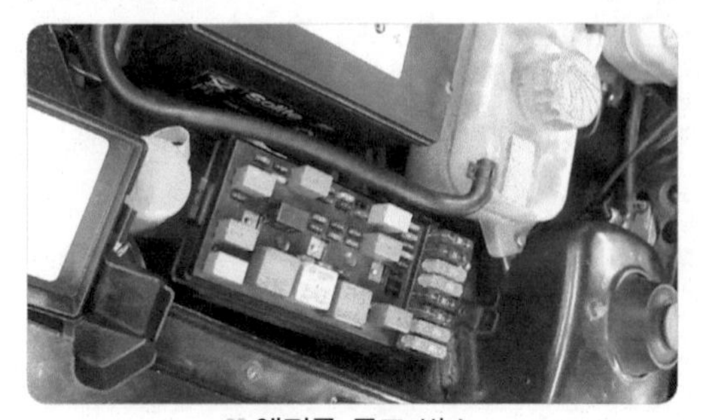

엔진룸 퓨즈 박스

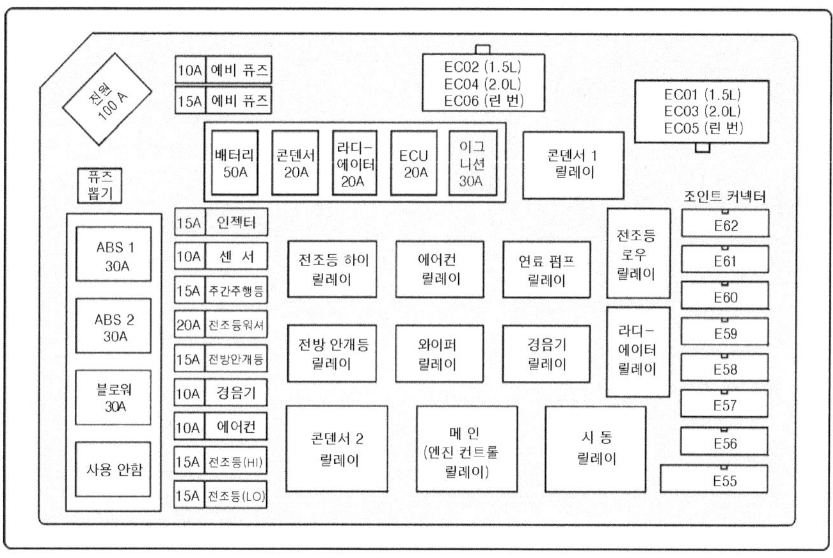

엔진룸 퓨즈 박스

③ 배터리와 기동 전동기와의 접속이 확실한가를 점검한다.

④ 클램프 미터를 기동 전동기로 들어가는 배터리선(굵은 붉은선)에 걸은 다음(클램프의 화살표 방향이 전류의 방향이 되도록) 크랭킹 하면서 소모전류를 점검한다.

※ 전류계로 측정하는 경우 : 전류계를 배터리 (+)단자에 전류계 (+)단자, 시동 모터 B단자에 전류계 (−)단자를 연결한다.

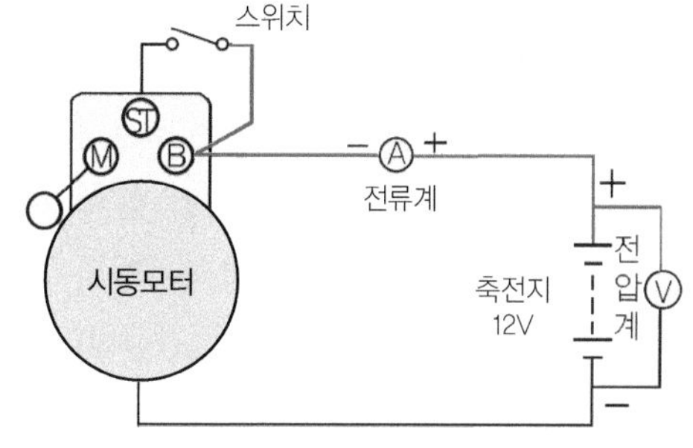

전류계를 이용하여 전류 소모시험 방법

⑤ 크랭킹 시간은 10초를 넘지 않도록 한다.

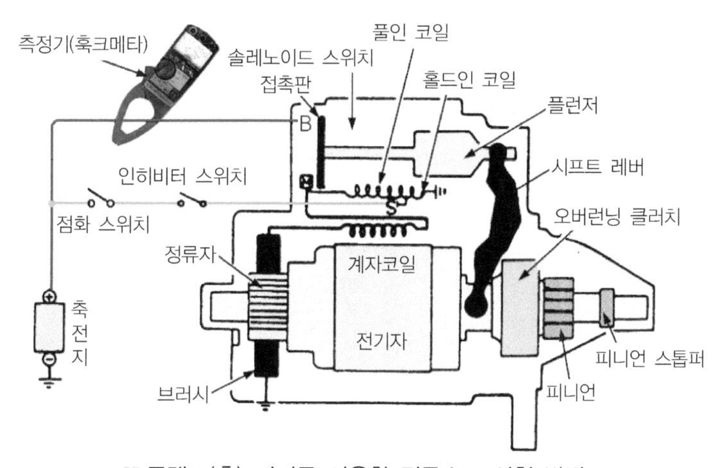

클램프(훅) 미터를 이용한 전류소모 시험 방법

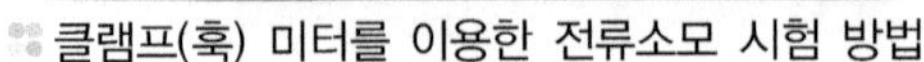

클램프(훅) 미터를 이용한 전류소모 시험 방법

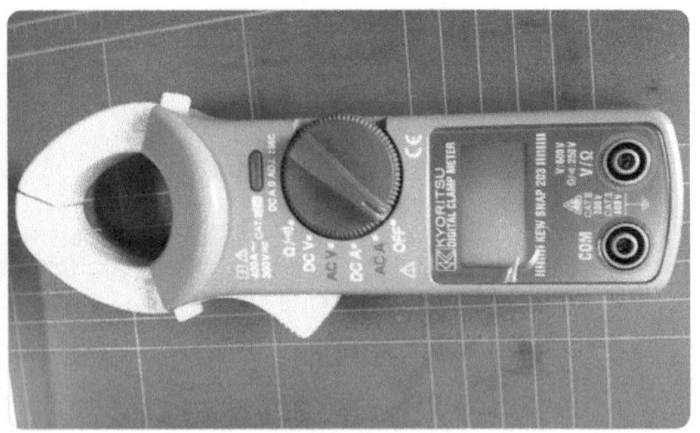

클램프(훅) 미터

2 차상에서 전압강하 시험(아반떼 XD)

① 전류소모 시험과 같은 준비상태에서 측정한다.

② 멀티 테스터의 셀렉터를 DC 50V에 선정한 후 적색 리드선은 기동 전동기 B단자에, 흑색 리드선은 엔진 본체에 접지시킨 후 크랭킹 하면서 전압을 점검하거나 테스터의 적색 리드는 배터리 (+)단자기둥에, 흑색 리드선은 배터리 (−)단자기둥에 접속한 후 크랭킹 하면서 점검한다.

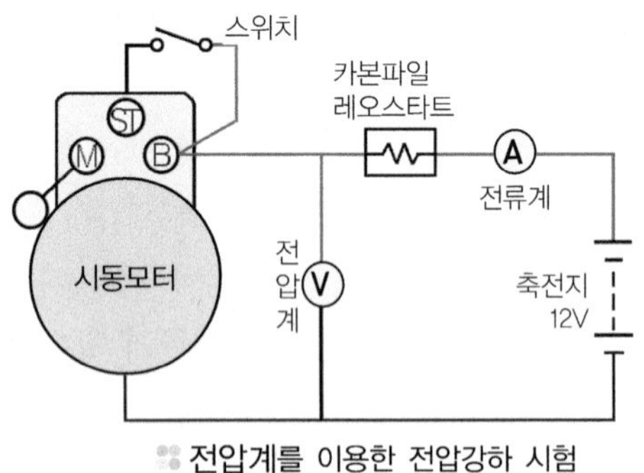

전압계를 이용한 전압강하 시험

> TIP •• **전압계로 측정하는 경우** : 전압계를 배터리 (+)단자에 전압계 (+)단자, 배터리 (−)단자에 전압계 (−)단자를 연결한다.

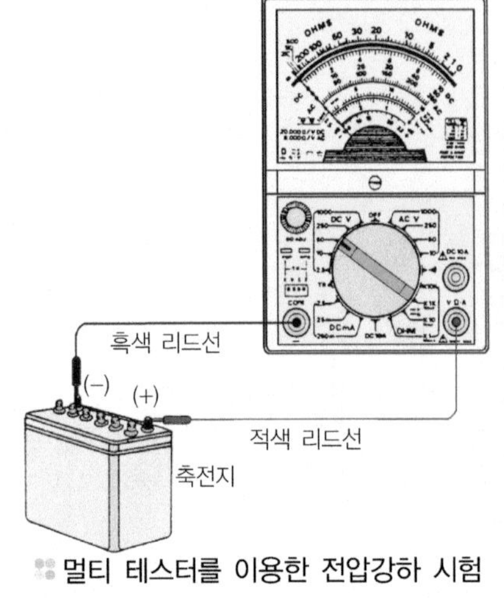

멀티 테스터를 이용한 전압강하 시험

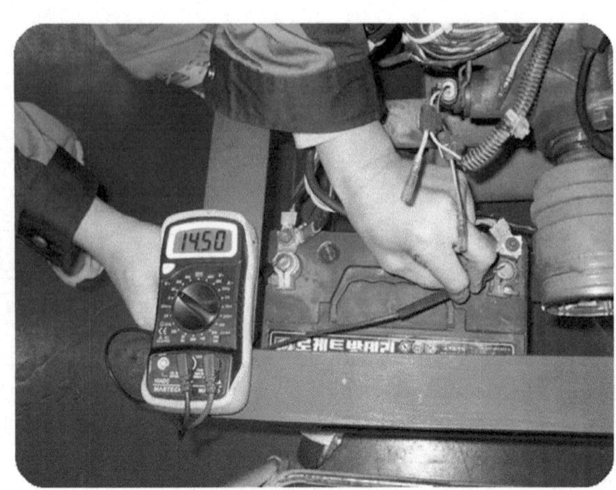

디지털 멀티 테스터를 이용한 전압강하 시험

■ 일반적인 규정값

항 목	전압강하(V)	소모전류(A)
일반적인 규정값	배터리 전압의 20%까지 허용	배터리 용량의 3배 이하
예(12V-45AH)	9.6V 이상	135A 이하

3 차상에서 전류소모 시험 결과 고장 원인

① 회전력이 부족하고 전류값이 규정보다 떨어진다. - 정류자와 브러시 접촉저항이 크다
② 전류는 규정대로 흐르는데 회전력이 부족하다. - 정류자의 단락 절연 불량
③ 전류가 흐르지 않는다.
  ㉠ 전기자 코일 또는 계자 코일의 단선
  ㉡ 브러시 연결선 단선
  ㉢ 정류자와 브러시간 접촉 불량
④ 큰 전류가 흐른다.
  ㉠ 전기자 코일 또는 계자 코일의 단락
  ㉡ 전기자 코일 또는 계자 코일의 접지
  ㉢ 회전 저항이 크다.

알아두기

★ 성능시험(무부하 시험)

① 기동 전동기에 12V배터리를 연결한다.
② 기동 전동기를 무부하 작동시키기 위해서 스위치를 "ON"에 놓고 작동속도와 전류를 측정하여 규정값과 일치하면 기동 전동기는 양호한 것이다. 작동속도가 부족하거나 전류가 과도할 때는 과도한 마찰 저항 때문인 경우가 많으며, 저전류, 작동속도 부족은 브러시와 정류자 혹은 용접점 사이의 접촉 불량이나 회로개방 때문인 경우가 많다.

항 목	규정값
속 도	최소 3,000rpm
전 류	최대 60A이하

4 Hi-DS를 이용한 크랭킹 전류소모 시험방법

1. Hi-DS 테스터기 연결법

① **배터리 전원선** : 붉은색을 ⊕, 검은색을 ⊖에 연결한다.

② **오실로스코프 프로브** : 컬러 프로브를 배터리 ⊕단자에, 흑색 프로브를 차체에 접지한다.

③ **대전류 프로브** : 600A에 선정 후 대전류 0점 조정하고 기동 전동기 B단자로 들어가는 배터리 배선에 훅을 건다.

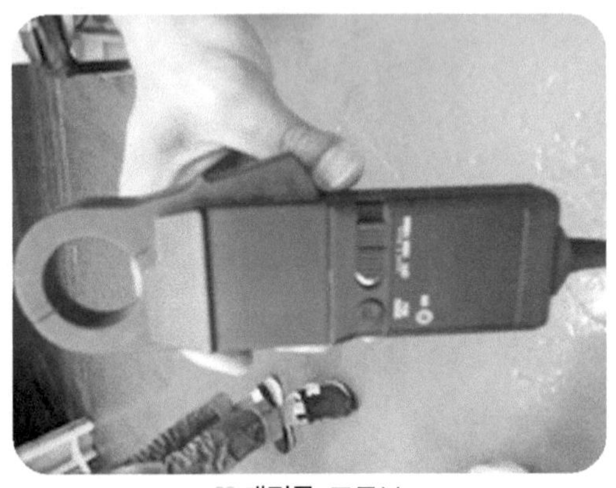

대전류 프로브

대전류 프로브 배터리 케이블에 연결

(2) 측정 순서

① 엔진을 워밍업 시킨 후 공회전 시킨다.

② Hi-DS 초기 화면에서 차종을 선택하여 차량 제원을 설정한 후 확인 버튼을 누른다.

③ 멀티미터 항목을 선택한다.

④ 멀티미터 화면의 툴바에서 대전류 아이콘 을 클릭하면 대전류 측정모드로 이동한다.

초기 화면

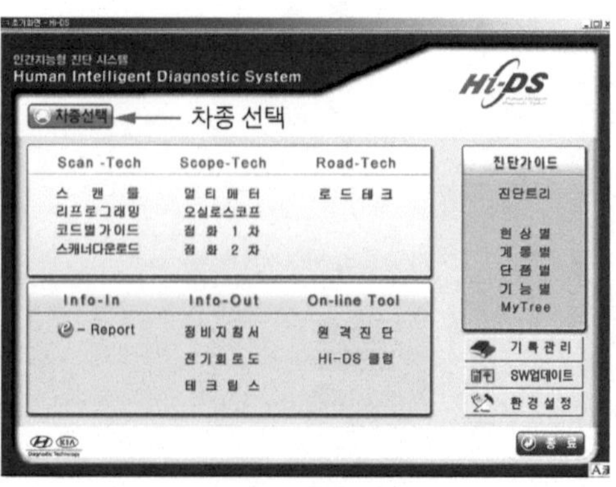

차종 선택 화면

고객 정보 입력 화면

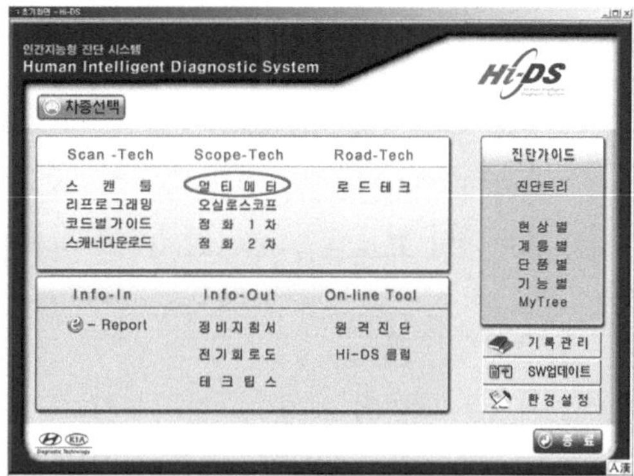

멀티미터 선택 화면

④ 대전류 프로브를 배터리에서 기동 전동기에 연결된 케이블에 기동 전동기 가까이에 걸어서 크랭킹을 하면서 전류를 측정한다.

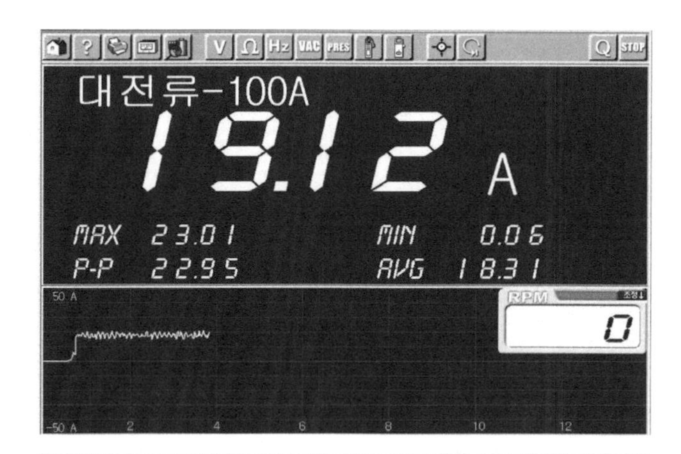

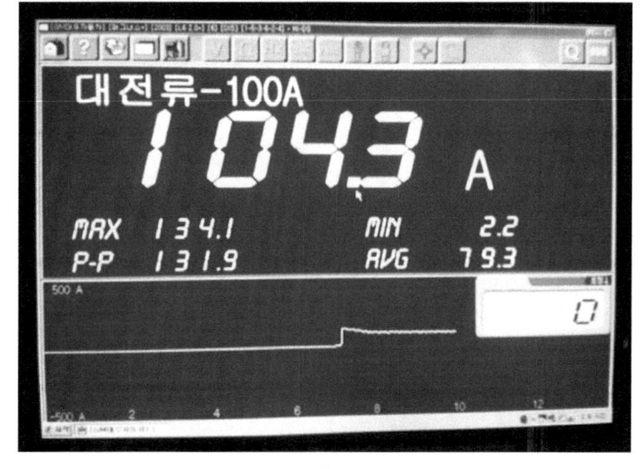

대전류 측정한 화면

5 Hi-DS를 이용한 크랭킹 전압강하 시험방법

1. Hi-DS 테스터기 연결법

① **배터리 전원선** : 붉은색을 ⊕, 검은색을 ⊖에 연결한다.

② 멀티미터 프로브를 배터리 ⊕ 단자에 붉은색을, ⊖ 단자에 검은색을 연결한다.

2. 측정순서

① 엔진을 워밍업 시킨 후 정지시킨다.

② Hi-DS 초기 화면에서 차종을 선택하여 차량 제원을 설정한 후 확인 버튼을 누른다.

③ 멀티미터 항목을 선택한다.

④ 멀티미터 화면의 툴바에서 전압 아이콘 V 을 클릭하면 전압 측정모드로 이동한다.

⑤ 엔진을 크랭킹 하면서 전압강하를 측정한다.

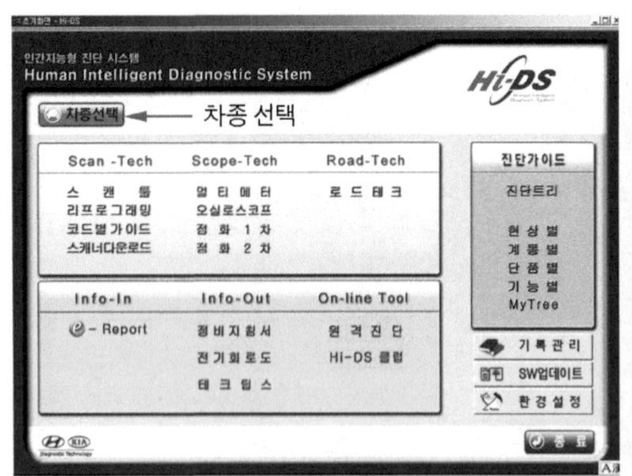

차종 선택 화면

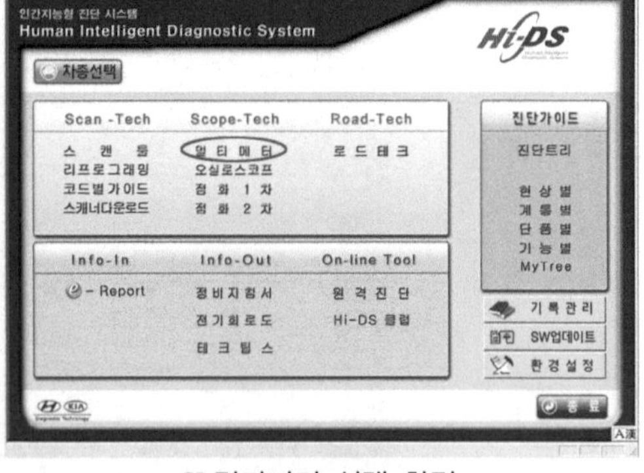

멀티미터 선택 화면

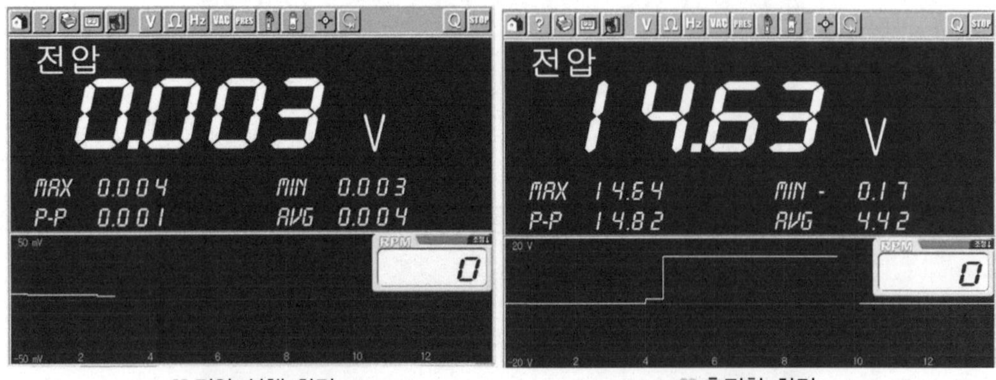

전압 실행 화면

측정한 화면

03 기동 전동기 분해조립 · 점검

1 기동 전동기 분해조립

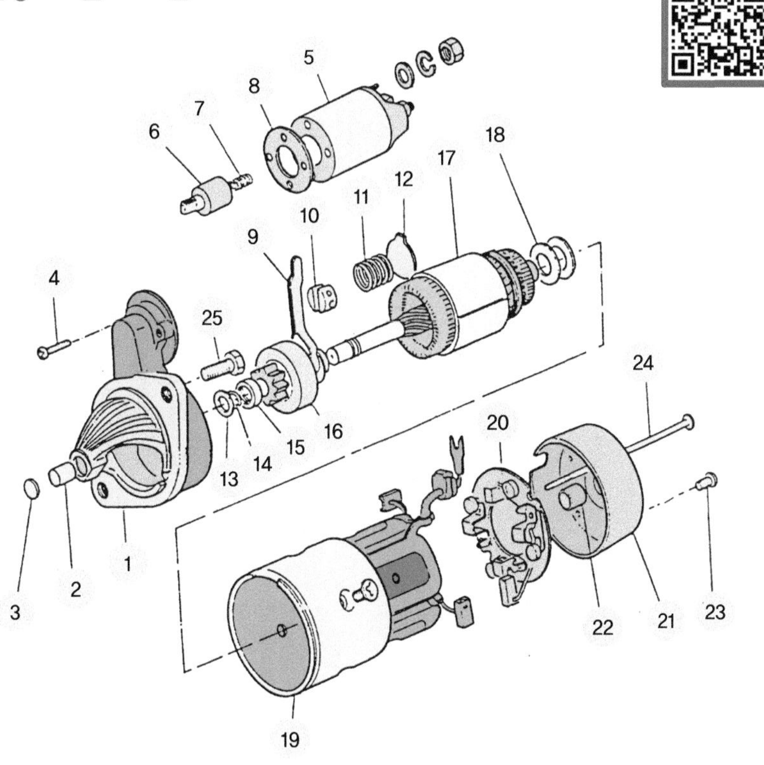

1. 프런트 하우징 2. 프런트 부싱 3. 캡 4. 스크루 5. 솔레노이드 스위치
6. 플런저 7. 스프링 8. 패킹 9. 시프트 레버 10. 홀더
11. 스프링 12. 패킹 13. 와셔 14. 스톱링 15. 스톱퍼
16. 오버런닝 클러치 17. 전기자 18. 와셔 19. 계철 20. 브러시 홀더
21. 리어 커버 22. 리어 부싱 23. 브러시 홀더 고정스크루 24. 관통볼트
25. 볼트

아반떼 XD 기동 전동기

① 솔레노이드 스위치를 분리한 후 플런저와 함께 솔레노이드 스위치를 분리한다.

② 리어 커버에서 관통 볼트를 푼다.

③ 브러시 홀더 고정 스크루를 풀고 리어 커버를 분리한다.

④ 프런트 브래킷에서 계철을 분리한 후 전기자, 시프트 레버, 시프트 레버 홀더 등을 분리한다.

⑤ 조립은 분해의 역순으로 하며, 특히 시프트 레버 홀더의 조립방향에 주의하여야 한다.

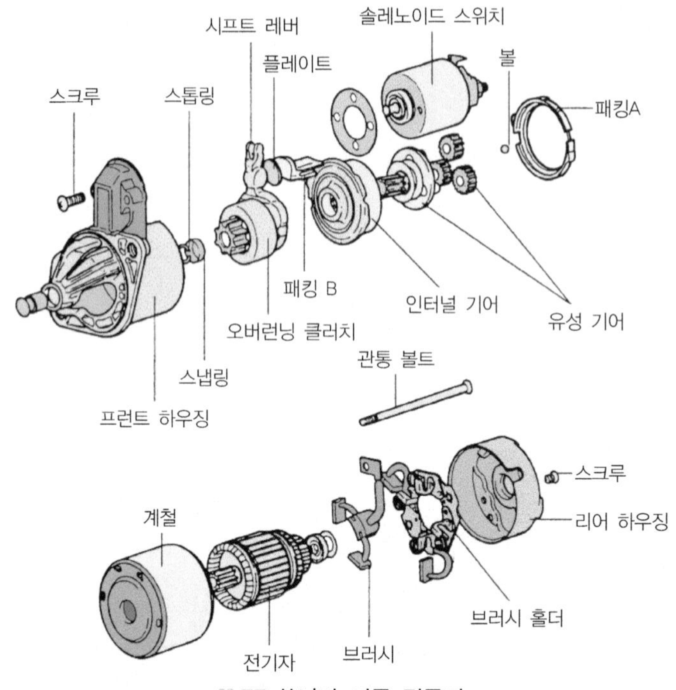

EF 쏘나타 기동 전동기

솔레노이드 스위치 분리

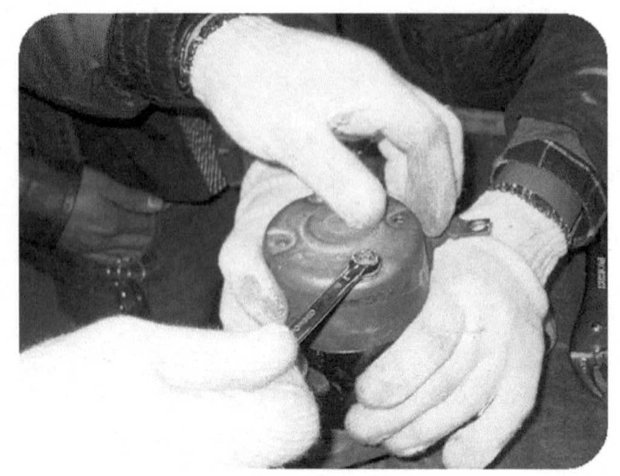

관통 볼트 분리

2 기동 전동기 시험

1. 단선(개회로)시험

① 전원 스위치 OFF상태에서 AC 리드선을 콘센트에 접속한다.

② V형 철심 위에 전기자를 올려놓는다.

③ 전원 스위치를 ON으로 하고, 테스터 리드선의 프로드를 접속하여 램프가 점등되는지를 점검한다.

④ 테스터 리드선의 프로드를 정류자편에 그림과 같이 접속하여 점등되는지를 확인한다.

⑤ 점등이 되면 정상이고, 점등되지 않으면 단선된 경우이다.

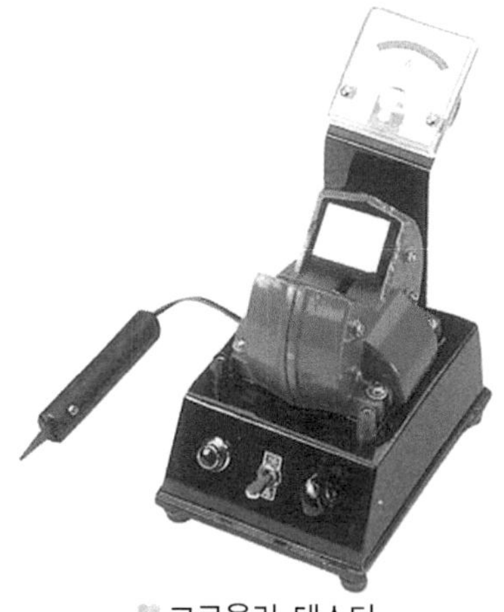

그로울러 테스터

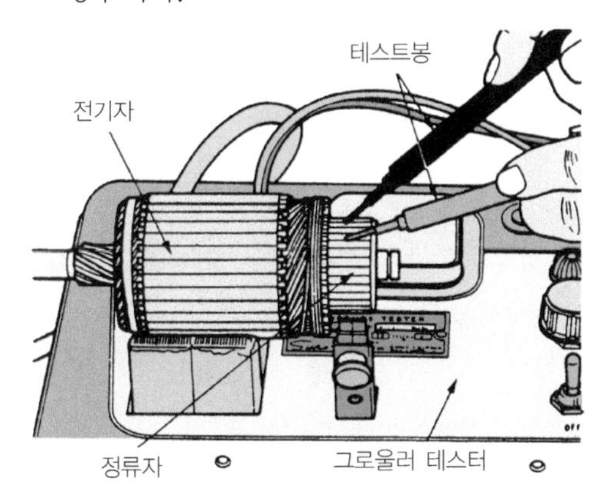

전기자 단선 시험(그로울러 테스터)

전기자 단선 시험(훅 미터)

2. 단락 시험

① 전원 스위치를 ON으로 한 상태에서 필러 게이지나 쇠톱날을 전기자 철심 위에 평행하게 한다.

② 전기자를 천천히 회전시켜 쇠톱날 등이 흡인 또는 진동하는지를 점검한다.

③ 쇠톱날 등이 달라붙거나 떨리면 불량이다.

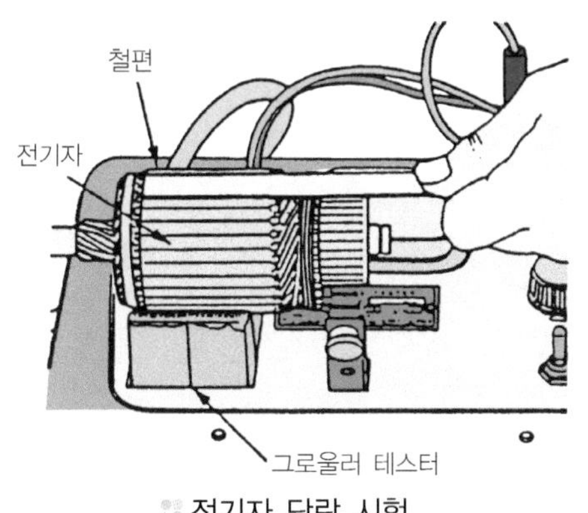

전기자 단락 시험

전기자 단락 시험

3. 접지 시험

① 전원 스위치를 ON으로 한 상태에서 테스터 리드의 프로드를 서로 접속하였을 때 램프에 점등되는지를 확인한다.

② 테스터 리드의 한쪽 프로드는 정류자편에, 다른 한쪽 프로드는 전기자 철심이나 전기자 축에 접속하였을 때 점등이 되는지를 확인한다.

③ 점등되지 않아야 정상이며, 점등되면 전기자 코일이 접지된 상태이다.

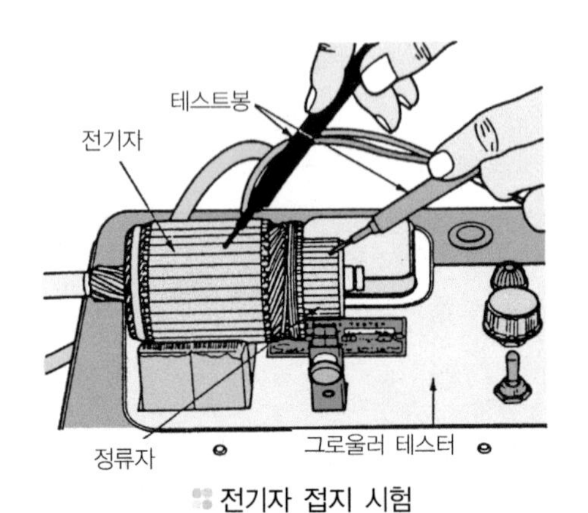

전기자 접지 시험

전기자 접지시험

3 솔레노이드 스위치 점검

1. 풀인(pull-in) 시험

① 솔레노이드 스위치의 M 단자에서 계자 코일과 연결되는 배선을 분리한다.

② S(ST)단자와 F(M) 단자에 12V 배터리 ⊕, ⊖를 접속한다.

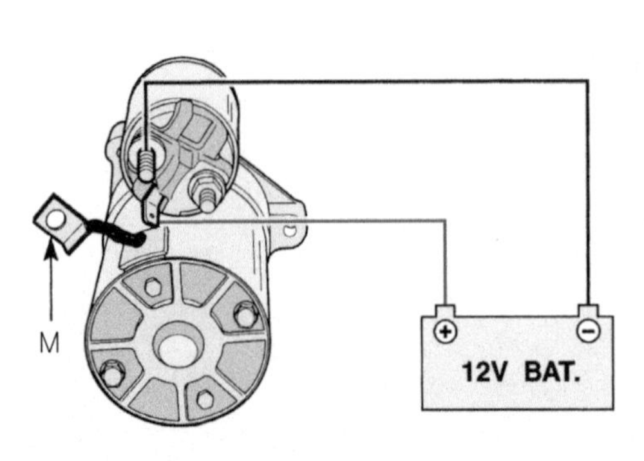

솔레노이드 스위치 풀인 시험

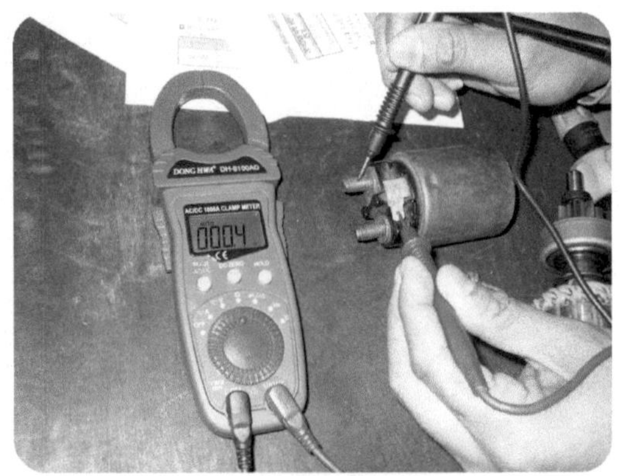

솔레노이드 풀인 코일 단선 시험

③ **판정**

㉮ 정상 : 피니언이 전진한다.

㉯ 불량 : 피니언이 전진하지 않는다.

2. 홀드인(hold in) 시험

① 솔레노이드 스위치의 M 단자에서 계자 코일과 연결되는 배선을 분리한다.

② S(ST)단자와 몸체에 배터리를 ⊕, ⊖에 접속한다.

③ **판 정**

- 정상 : 피니언이 전진한 상태로 유지한다.
- 불량 : 피니언이 전진한 상태에서 원 위치된다.

TIP •• 솔레노이드 스위치 코일의 손상을 방지하기 위하여 시험 시간은 10초 이내로 한다.

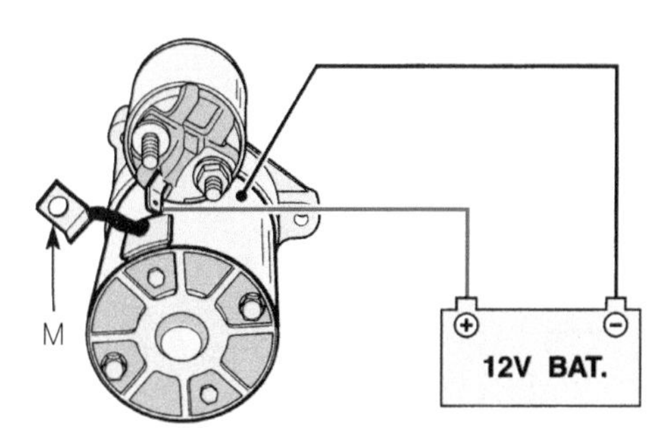

솔레노이드 스위치 홀드인 시험

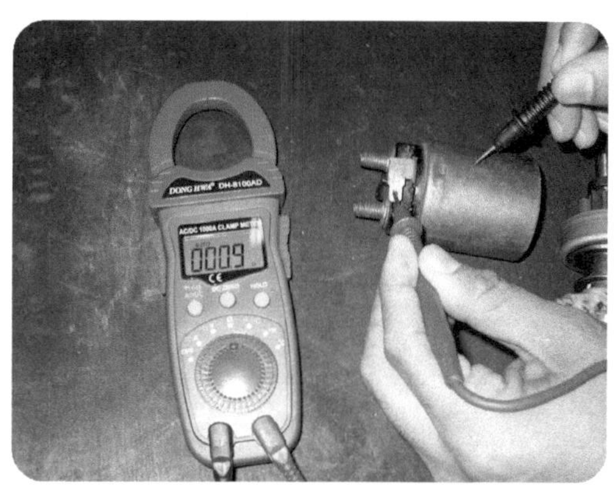

솔레노이드 스위치 홀드인 코일 단선 시험

04 기동회로 점검

1 기동회로 전류의 흐름

1. 기동 회로 전류의 흐름

① 시동을 걸면 배터리에서 메인 퓨즈와 퓨즈블 링크를 거쳐 점화 스위치까지 와 있던 전류가 수동변속기 일 경우에는 바로 스타트 릴레이 S_1 단자로 오게 된다. 그리고 이 전류는 바로 어스 되어서 스타트 릴레이를 작동시키고 수동변속기일 경우에는 클러치를 밟아야만 점화 로크 스위치가 연결되어 스타트 릴레이가 작동된다.

② 배터리 본선에서 스타트 릴레이 B단자까지 와 있던 전류는 릴레이 작동으로 기동 전동기 ST 단자로 들어가게 되고 이로 인해 기동 전동기 B 단자와 M 단자가 연결되어 기동 전동기를 구동시키게 된다.

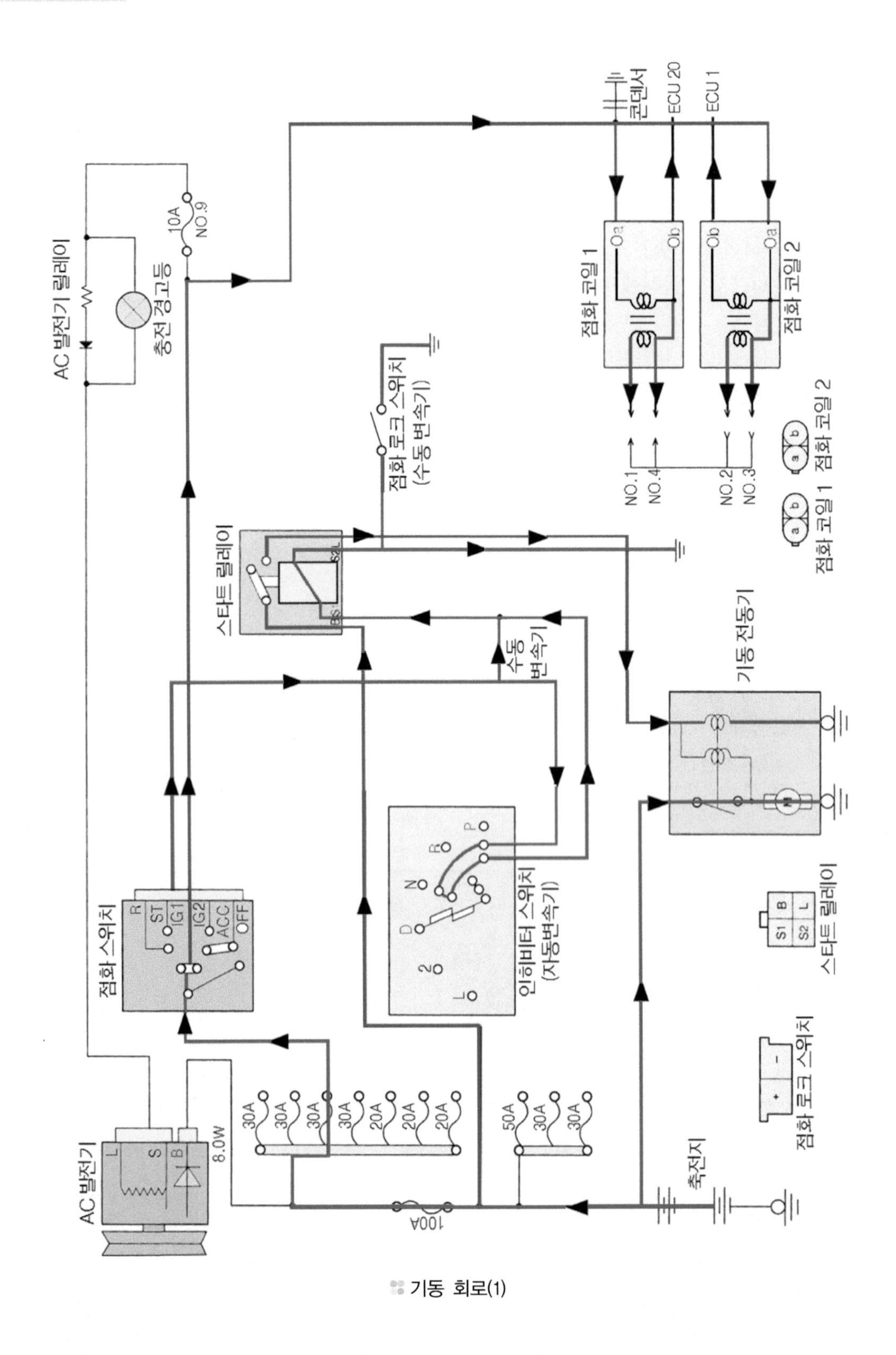
AC 발전기
L
S
B
8.0W
100A
30A
30A
30A
30A
20A
20A
20A
50A
30A
30A
축전지
점화 스위치
R
ST
IG1
IG2
ACC
OFF
인히비터 스위치
(자동변속기)
L
2
D
N
R
P
스타트 릴레이
수동 변속기
기동 전동기
AC 발전기 릴레이
충전 경고등
10A
NO.9
점화 코일 1
점화 코일 2
콘덴서
ECU 20
ECU 1
NO.1
NO.4
NO.2
NO.3
S1
S2
B
L

기동 회로(1)

2. 기동회로 전류의 흐름 – 아반떼 XD

- 배터리 (+) - 이그니션 퓨즈블 링크 30A(Ⓐ) - 이그니션 스위치 AM 단자(Ⓑ) - 실내정션 박스(Ⓒ) - 클러치 페달 스위치(Ⓓ) - 스타트 릴레이 11번 단자(Ⓔ) - 접지G15(Ⓕ)
- 이그니션 퓨즈블 링크 30A(Ⓐ) - 스타트 릴레이(㉮) - 스타팅 모터 st 단자(㉯)-접지(㉰)
- 배터리(+)(ⓐ) - 기동 전동기 B 단자(ⓑ) - 접지(㉰)

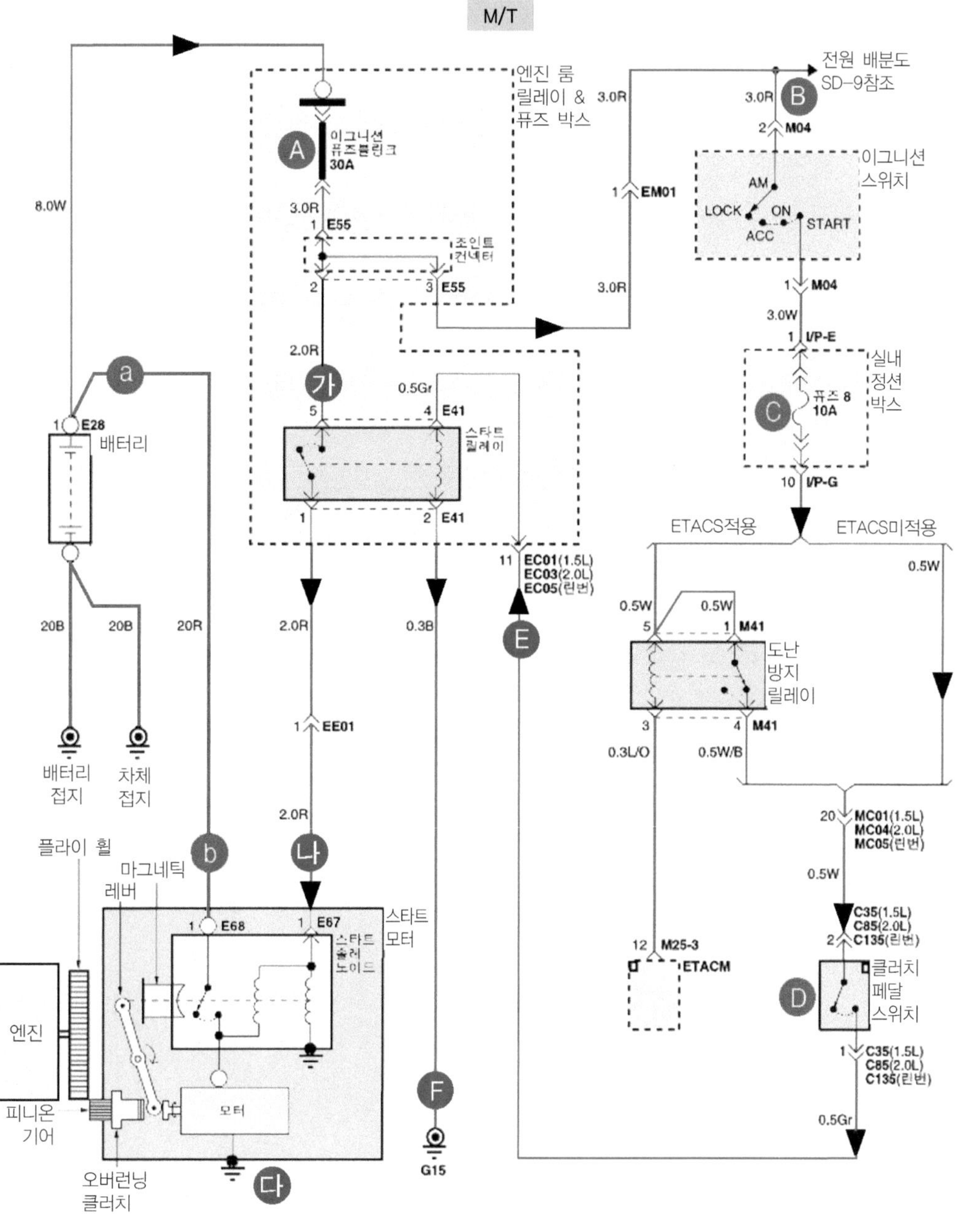

기동회로(2)

2 기동 회로 고장진단 방법

① 우선 키(Key)를 Start 위치에 놓아서 기동 전동기가 회전하는가를 확인하기 전에 자동변속기 차량은 P, N레인지의 위치에, 수동변속기 차량은 클러치를 밟고 점검한다.

② 테스트 램프 한쪽을 어스에 연결하고 스타트 릴레이 B단자에 연결했을 때 점등 여부를 확인한다. 또 기동 전동기 B단자에도 전원이 오는지 확인한다. 스타트 릴레이 S_1 단자에 연결하고 점화 스위치를 ST에 놓았을 때 점등여부를 확인한다.

③ ②항까지 이상이 없으면 ⊕전원에는 이상이 없다. 테스터 램프 한쪽은 배터리 ⊕에 연결한 다음 다른 한쪽을 S_2 에 연결하여 점등여부를 확인한다. 만약 점등되지 않으면 수동변속기 차량의 경우 클러치 페달 위에 설치되어 있는 클러치 페달 스위치를 점검한다.

④ 스타트 릴레이 L단자에도 ③항과 같이 점검하여 점등확인을 한다(스타트 릴레이의 단자를 점검할 때는 릴레이를 뗀 상태에서 점검한다).

⑤ ④항까지 전혀 이상이 없으면 스타트 릴레이는 점검하고 이상이 없으면 기동 전동기의 이상이므로 탈착하여 검사한다.

3 기동회로의 고장 원인

고 장 상 태	고 장 원 인
기동 전동기가 작동하지 않으면서 크랭킹이 되지 않을 때	① 배터리 불량 ② 키 스위치 불량 ③ 마그네틱 스위치 불량 ④ 인히비터 스위치(자동) 불량 ⑤ 케이블 연결 불량 및 터미널 부식 ⑥ 기동 전동기 불량
크랭킹이 천천히 될 때	① 배터리 불량 ② 케이블 연결 불량 및 터미널 부식 ③ 기동 전동기 불량

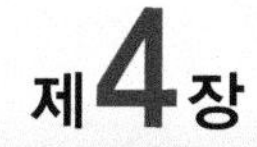

제4장

점화장치 점검

01 DOHC 자동차에서 점화 플러그 및 케이블 교환

1 점화 케이블 탈거 및 점검

1. 점화 케이블 탈거

① 점화 플러그에서 케이블을 분리한다.
② 점화 코일에서 케이블을 분리한다.

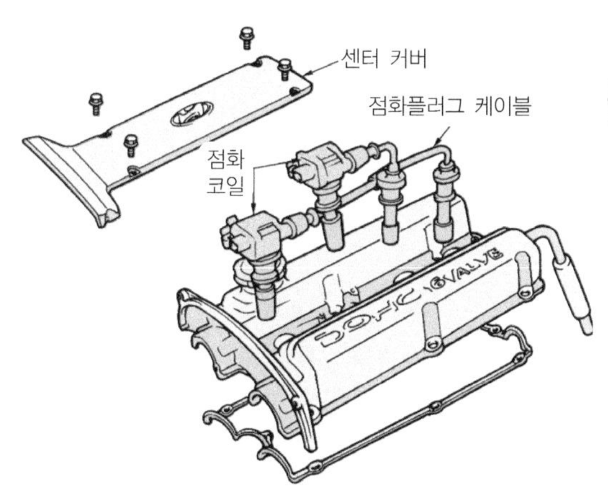

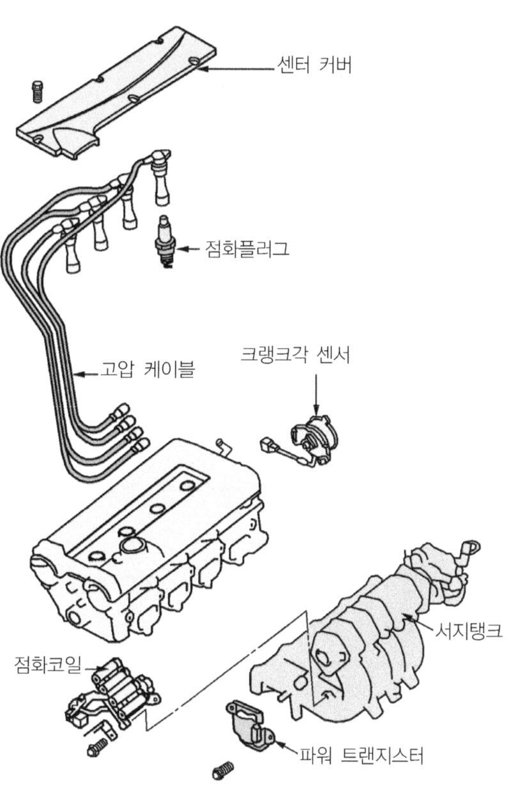

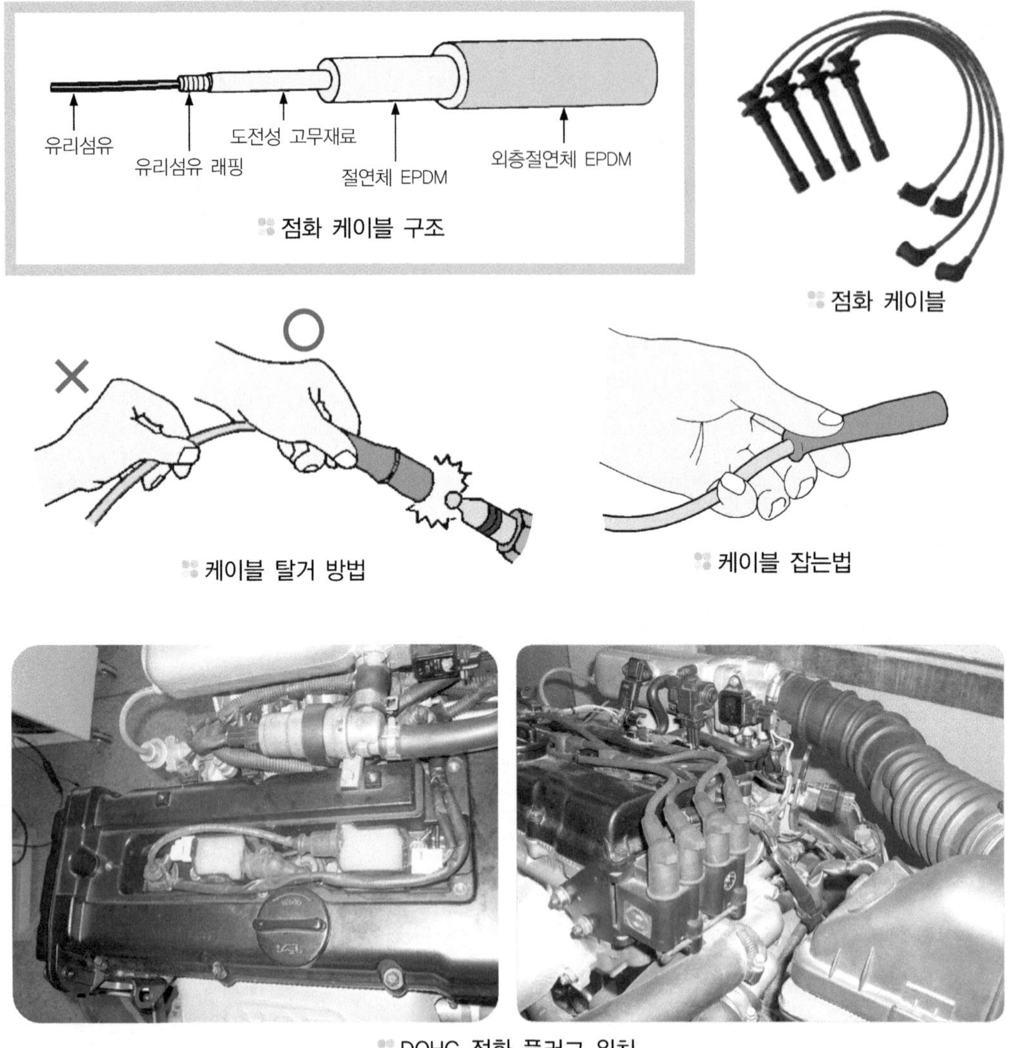

점화 케이블 구조

점화 케이블

케이블 탈거 방법

케이블 잡는법

DOHC 점화 플러그 위치

2. 점화 케이블 점검

① 캡과 외부의 균열을 점검한다.

② 저항을 점검한다.

③ 엔진을 공회전시키면서 스파크 플러그 케이블을 한 개씩 분리시키며 엔진 작동 성능의 변화에 대해 점검한다.

NO.1	NO.2	NO.3	NO.4
11.2	9.5	6.9	5.5

④ 만일 엔진 성능이 변하지 않는다면 스파크 플러그 케이블의 저항을 점검하고 스파크 플러그를 점검한다.

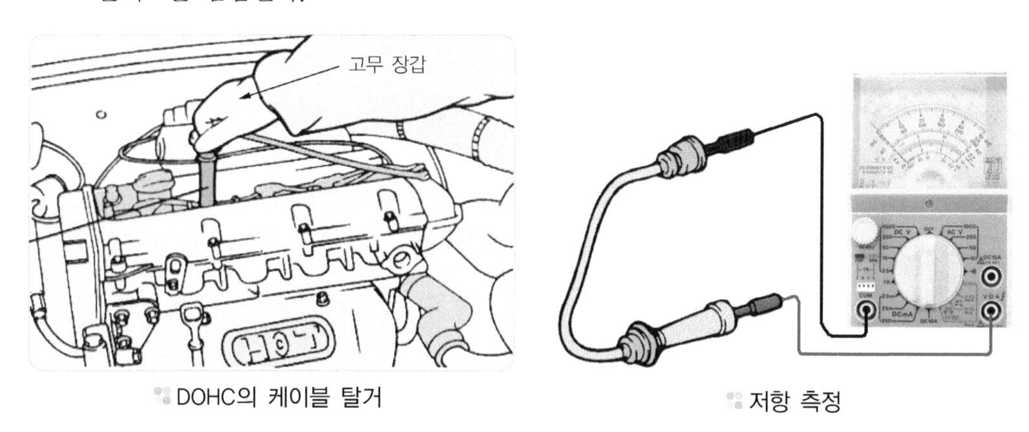

DOHC의 케이블 탈거

저항 측정

2 점화 플러그 탈거

1. 점화 플러그 탈거

① 점화 플러그 설치 구멍부분에 이물질을 에어건을 이용하여 불어서 털어낸다.

② 점화 플러그 렌치를 이용해서 점화 플러그를 분리한다.

2. 점화 플러그 점검

① 절연부분의 파손 유무

② 전극의 마모(점화 플러그 간극은 1.0~1.1mm)

③ 카본 퇴적 유무

④ 개스킷의 손상 또는 파손

⑤ 점화 플러그 간극부에 있는 자기(애자)의 상태 등

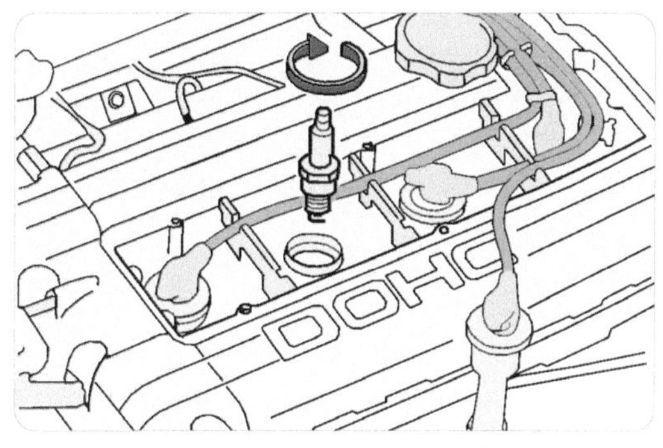

점화 플러그 렌치 설치 방법

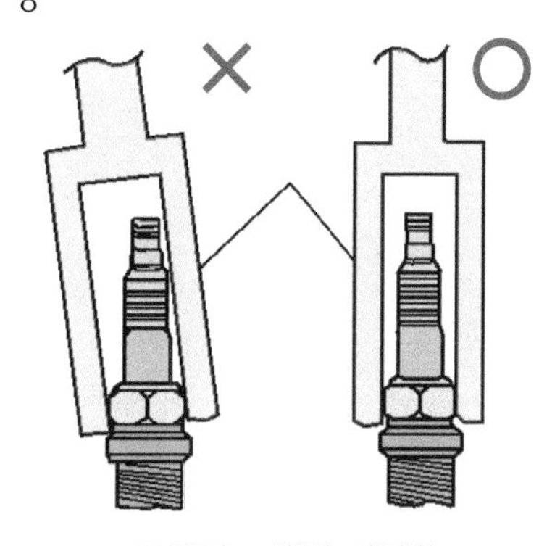

플러그 렌치 설치법

■ 점화 플러그의 분석

상 태	원 인
엷은 황갈색 또는 회색(가솔린) 갈색(LPG)	• 정상 연소
전극부가 검다	• 연료의 혼합기가 농후하다. • 흡입 공기량이 부족하다.
전극부가 희다	• 연료의 혼합기가 희박하다. • 점화시기가 빠르다. • 점화 플러그의 조임 토크가 부족하다.
전극이 마모 되었다	• 수명이 다된 상태이다.
카본이 퇴적되어 있다.	• 공기 청정기 막힘 및 청소 불량 / 교체 시기 경과됨 • 플러그 열가가 맞지 않을 때(열가가 낮을 때) • 공연비가 농후 할 때 • 연료 분사량이 많을 때 • 점화시기가 늦을 때 • 점화 전압이 낮을 때(코일, 케이블의 노화 등)
오일이 전극에 묻어 있다.	•압축압력 저하 •밸브 스템 마멸로 인한 오일 유입 •연소실로 오일 상승
중심 전극과 접지 전극이 녹았다.	•조기점화 •점화 플러그의 열가가 높음

③ 점화 플러그 불량 현장사진

정상 연소

전극 마모

카본 퇴적

오일 부착

1번 플러그 카본 퇴적

02 점화 코일 1, 2차 코일 저항 측정

1 점화 코일 1, 2차 저항 측정

1. 1차 코일 저항 점검

① 멀티 테스터의 레인지를 R에 위치시킨다.
② 테스터 리드선의 검침봉을 접촉시켜 0점 조정을 한다.
③ 점화 코일의 ⊕ 단자와 ⊖ 단자사이의 저항을 측정한다.

2. 2차 코일 저항 점검

① 멀티 테스터의 레인지를 10㏀에 위치시킨다.
② 테스터 리드선의 검침봉을 접촉시켜 0점을 조정한다.
③ 점화 코일 ⊖ 단자와 2차 단자사이의 저항을 측정한다.

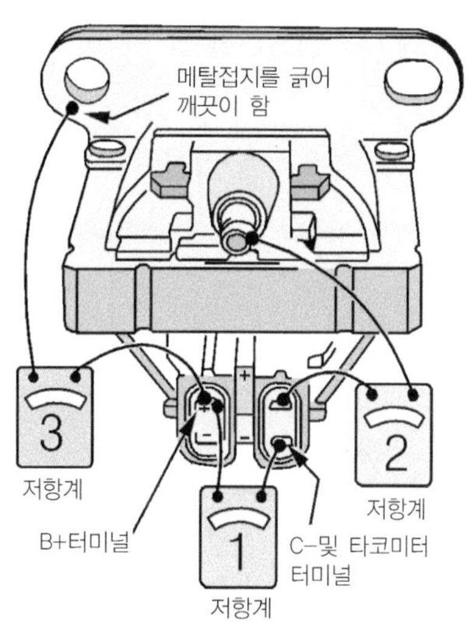

대우차량 점화 코일 점검

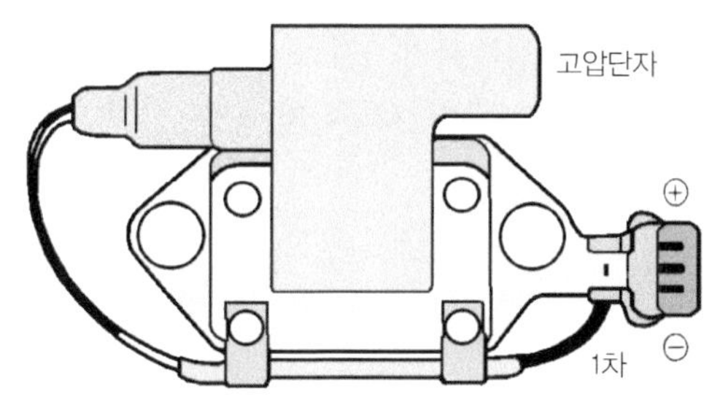

현대차량 점화 코일 점검

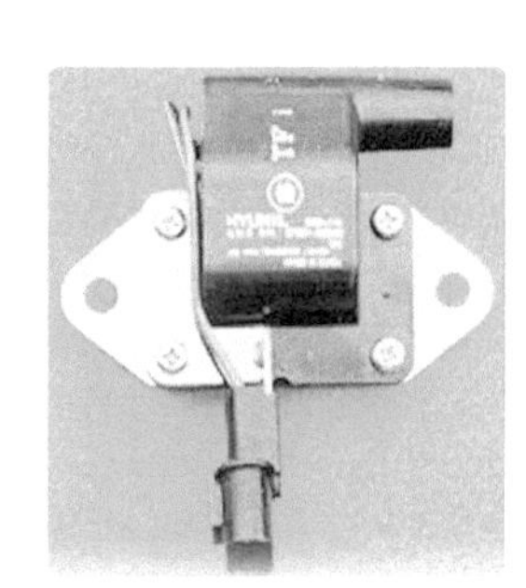
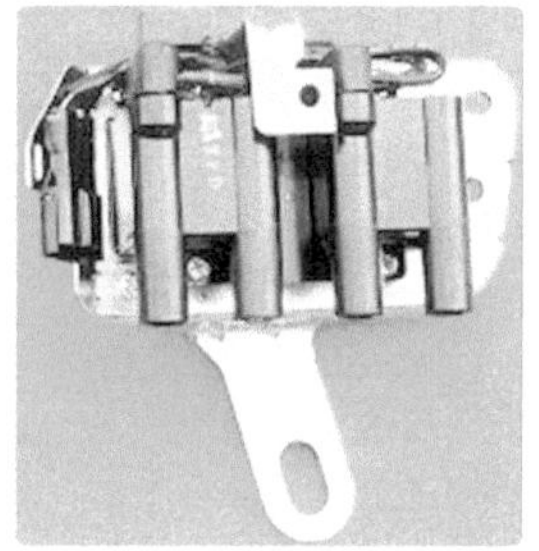
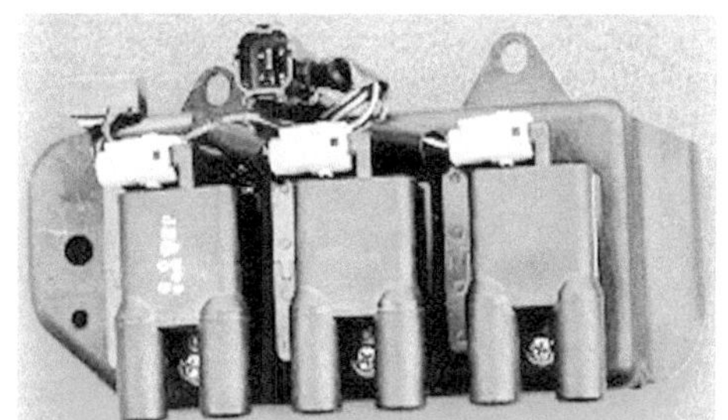
각종 점화 코일

❷ DLI 엔진 점화 코일 1, 2차 저항 측정

1. 1차 코일 저항 점검

① 멀티 테스터의 선택 레인지를 R에 위치시킨다.

② 테스터 리드선의 검침봉을 접촉시켜 0점을 조정한다.

③ 1번과 4번 실린더용 점화 코일의 ⊕ 단자와 ⊖ 단자, 2번과 3번 실린더용 점화 코일의 ⊕ 단자와 ⊖ 단자사이의 저항을 측정한다.

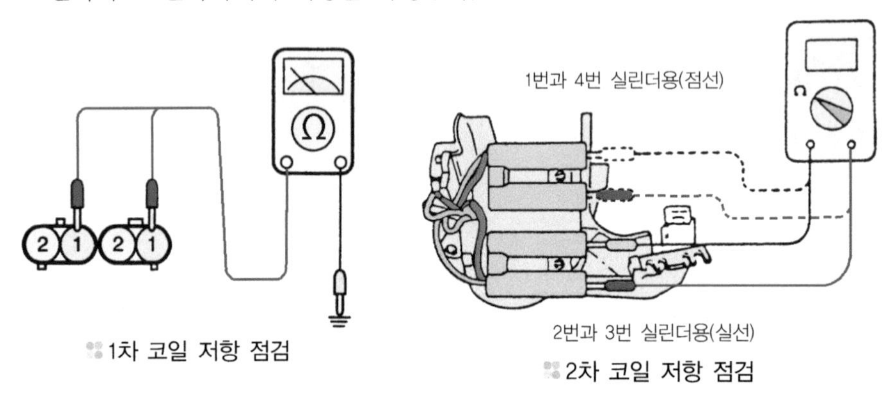

1차 코일 저항 점검

2차 코일 저항 점검

2. 2차 코일 저항 점검

① 멀티 테스터의 선택 레인지를 10㏀에 위치시킨다.

② 테스터 리드선의 검침봉을 접촉시켜 0점을 조정한다.

③ 1번 실린더 2차 단자와 4번 실린더 2차 단자, 2번 실린더 2차 단자와 3번 실린더 2차 단자사이의 저항을 측정한다.

■ 차종별 점화 코일 저항값

차종	규정값		차종	규정값	
	1차 저항	2차 저항		1차 저항	2차 저항
I30 PD 1.6	0.56Ω±10%	2.0kΩ±15%	K3 YD 1.6	0.75Ω±15%	5.9kΩ±15%
I30 PD 1.4	0.607Ω±15%	7.5kΩ±15%	K5 JF 2.0	0.75Ω±15%	5.9kΩ±15%
I40 VF 2.0	0.75Ω±15%	5.9kΩ±15%	K7 YG 3.0LPI	0.75Ω±15%	5.9kΩ±15%
벨로스터 JS 1.4	0.607Ω±15%	7.5kΩ±15%	레이 TAM 1.0	0.75Ω±15%	5.9kΩ±15%
벨로스터 JS 1.6	0.56Ω±10%	2.0kΩ±15%	모닝 TA 1.0	0.75Ω±15%	5.9kΩ±15%
쏘나타 YF 2.0	0.75Ω±15%	5.9kΩ±15%	스포티지 QL 1.6	0.56Ω±10%	2.0kΩ±15%
쏘나타 LF 2.0	0.75Ω±15%	5.9kΩ±15%	스포티지 QL 2.0	0.75Ω±15%	5.9kΩ±15%
쏘나타 LF 1.6	0.56Ω±10%	2.0kΩ±15%	쏘울 PS 1.6	0.79Ω±15%	5.9kΩ±15%
아반떼 MD	0.75Ω±15%	5.9kΩ±15%	프라이드 UB 1.4	0.75Ω±15%	5.9kΩ±15%
엑센트 RB 1.4	0.74Ω±10%	7.3kΩ±15%	프라이드 UB 1.6	0.75Ω±15%	5.9kΩ±15%
엑센트 RB 1.6	0.75Ω±15%	5.9kΩ±15%			

③ 차종별 점화 코일

엘란트라 SOHC

아반떼 XD DLI

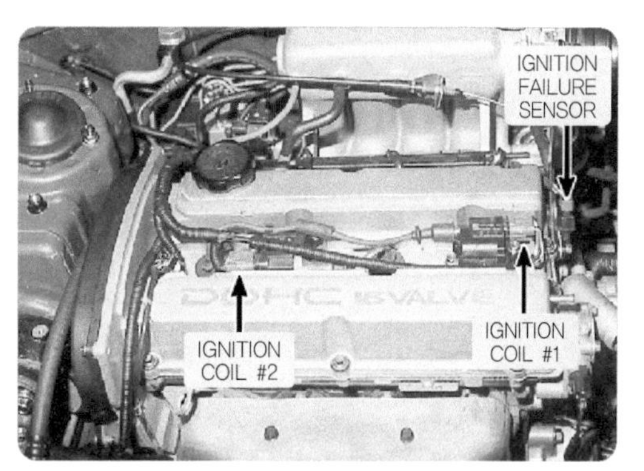

NEW EF 쏘나타 DIS

03 점화 코일 1, 2차 코일 점화 전압 측정

① 점화 코일 1차/ 2차 전압 측정

1. 1차 전압의 크기

점화 코일 1차 전압의 크기는 접점식일 경우 200~300V이며, 트랜지스터식에서는 300~400V 정도가 정상이다.

2. 2차 전압의 크기

점화 코일 2차 전압의 크기는 약 7~15kV가 나오며, 실린더간 차이가 4kV 이하이어야 한다.

2 하이스캔 프로(Hi-Scan PRO)를 이용한 측정

0. 기능 선택

01. 차량 진단 기능
02. 차량 스코프미터 기능
03. OBD-II 차량 진단기능
04. 주행 데이터 검색 기능
05. 하이스캔 환경
06. 프로그램 다운로드

ENTER

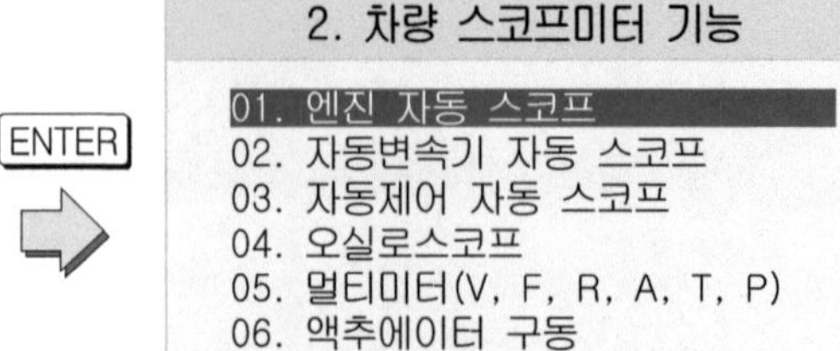

2. 1 엔진 자동 스코프

01. 센서
02. 액추에이터
03. 점화
04. 기타

2. 1. 3 점화

01. 점화 1차
02. 점화 2차

1ST IGNITION 20 V 1.0 mS
MIN: 248.3mV dt: 1.05mS MAX: 169.9 V
160
120
80
40
HOLD TIME VOLT PEAX GND HELP

점화 1차 전압 측정 화면

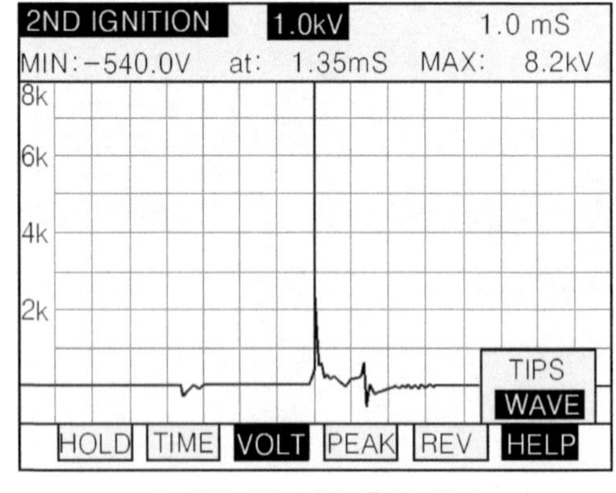

점화 2차 전압 측정 화면

04 점화 1차 파형 분석

1 점화 1차 파형의 개요

점화 코일의 ⊖ 측에 흐르는 전압의 변화 또는 파워 트랜지스터 컬렉터(C)의 전압 변화가 점화 1차 파형이다. 따라서 점화 1차 파형의 측정은 점화 코일의 ⊖ 단자에 테스트 프로브를 연결 측정하며, 역기전력의 크기는 접점식의 경우 약 200~300V, 트랜지스터식의 경우 약 300~400V 정도이다.

1. 1차 전류 차단(Ⓐ부분)

점화 1차 코일에서 전류의 흐름이 차단되는 위치로 점화 1차 코일에는 자기유도 작용에 의하여 약 300~400V 정도의 역기전력이 발생되고 점화 2차 코일측에 고전압을 유도하게 된다.

2. 피크 전압(서지 전압, 자기유도 전압, 역기전력 (Ⓑ부분)

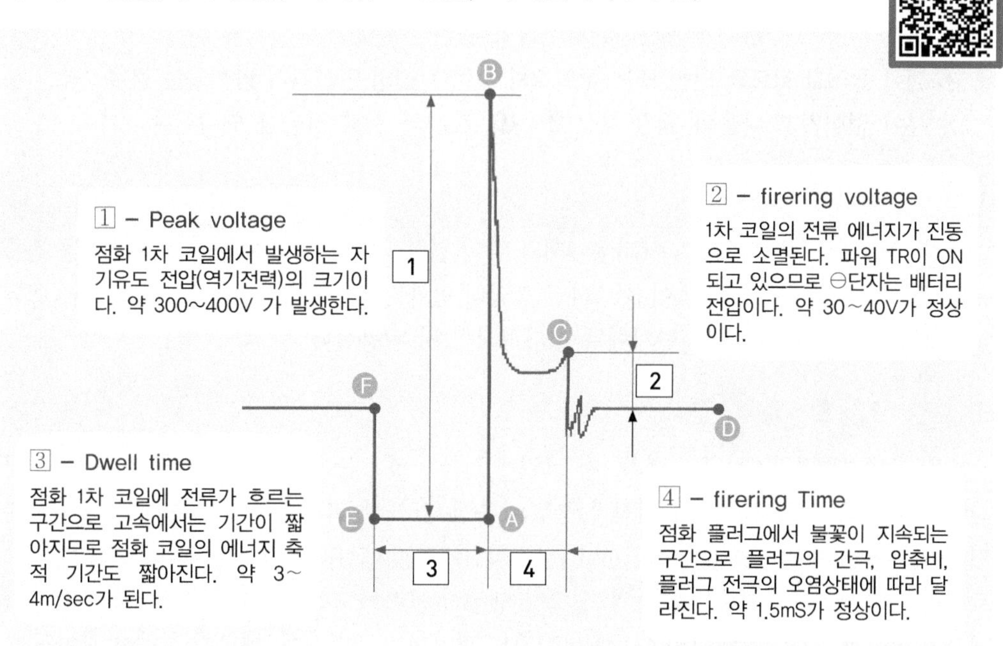

점화 1차파형의 해설

① 점화 1차 코일에서 발생하는 자기유도 전압(역기전력)의 크기이다.

② 점화 1차 코일의 인덕턴스와 점화 1차 코일에서의 전류 변화율의 곱으로 나타난다.

③ 점화 1차 코일의 출력이 너무 낮게 되는 원인

㉮ 점화 1차 코일의 인덕턴스가 기준 값보다 작은 경우(점화 코일의 불량)

㉯ 전류의 변화율이 너무 작은 경우

- 파워 트랜지스터가 1차 전류를 차단하는 순간의 1차 전류의 과소(1차 회로의 저항 과대, 배터리 전압의 과소)
- 파워 트랜지스터가 1차 전류를 차단하여도 순간적으로 1차 전류가 차단되지 않는 경우

3. 점화 플러그 방전 구간(Ⓑ~Ⓒ부분)

① 점화 플러그에서 불꽃이 지속되는 구간(또는 점화 플러그 방전 구간)이다.

② **특정 실린더의 점화 플러그의 간극이 규정 값보다 큰 경우 즉, 저항이 큰 경우**

㉮ 다른 실린더에 비해서 방전 부분의 전압이 높고 시간은 짧다.

㉯ 오른쪽이 윗부분으로 올라가는 형태의 파형을 나타낸다.

㉰ 방전 완료 후의 감쇠 진동(Ⓒ~Ⓓ 부분)이 길게 된다.

③ **저항이 작은 경우**

㉮ 다른 실린더에 비해서 방전 부분의 전압이 낮고 방전 시간도 길다.

㉯ 오른쪽이 아래로 처지는 형태의 파형이 된다.

④ **점화 플러그 코드의 단선 또는 점화 2차 측이 완전히 단선되어 방전되는 경우** : 방전 부분이 없어지고 다음의 중간 부분(Ⓒ~Ⓓ 부분)의 감쇠 진동과 연결된다.

4. 중간 부분(Ⓒ~Ⓓ부분)

중간 부분이라 하며, 점화 2차 파형에서와 같이 점화 1차 코일의 전류 에너지가 진동 전류로써 방출되어 소멸된다. 진동이 소멸하면 전압의 변화는 없어지고 파워 트랜지스터가 ON되어 있으므로 점화 코일의 ⊖ 단자에는 배터리 전압이 작용한다.

5. 드웰 구간(Ⓐ~Ⓔ부분)

파워 트랜지스터가 ON되어 점화 1차 코일에 전류가 흐르는 구간이며, 일반적으로 드웰 구간이라 한다. 기계식 점화장치 엔진의 경우는 운전 중 드웰 기간은 항상 고정되어 있다(단속기 캠의 형상에 따라). 따라서 공전시나 저속 회전에서는 배전기의 회전이 느리므로 상대적으로 드웰 기간은 충분히 길다고 할 수 있으나 엔진이 고속으로 회전하는 경우는 그 만큼 드웰 기간이 짧아져 점화 코일의 에너지 축적 기간도 짧아지게 된다. 즉, 에너지의 양이 작아진다.

2 Hi-Scan Pro를 이용한 점화 1차 파형 측정법

1. 테스터 선 연결하기

① **배전기 방식의 SOHC 엔진** : 1번 채널을 점화 코일(-) 단자에 연결한다.

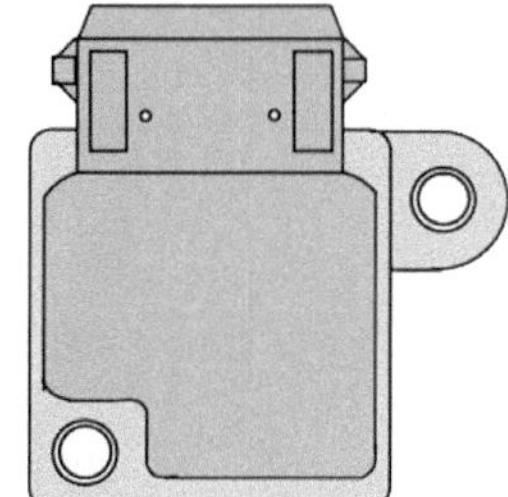

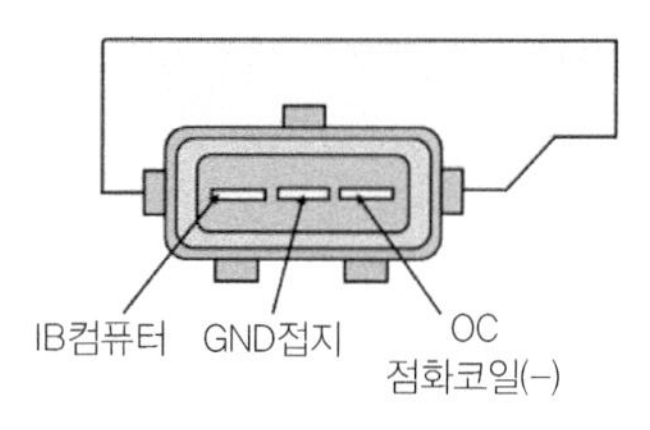

점화 코일(-)단자(파워 TR C단자)위치 회로도

② **점화 코일이 2개인 DLI 4기통 엔진** : 1번과 2번 채널을 각각 (-) 단자에 연결한다.
③ **점화 코일이 3개인 DLI 6기통 엔진** : 1번과 2번, 3번 채널을 각각 (-)단자에 연결한다.

DLI 방식의 점화 코일(-)단자 위치

TIP •• 코일의 (-)단자가 점화 코일 내부에 있는 차량은 점화 1차 파형을 측정할 수가 없다. Delphi System을 쓰고 있는 레간자, 누비라, 라노스 등이 해당된다.

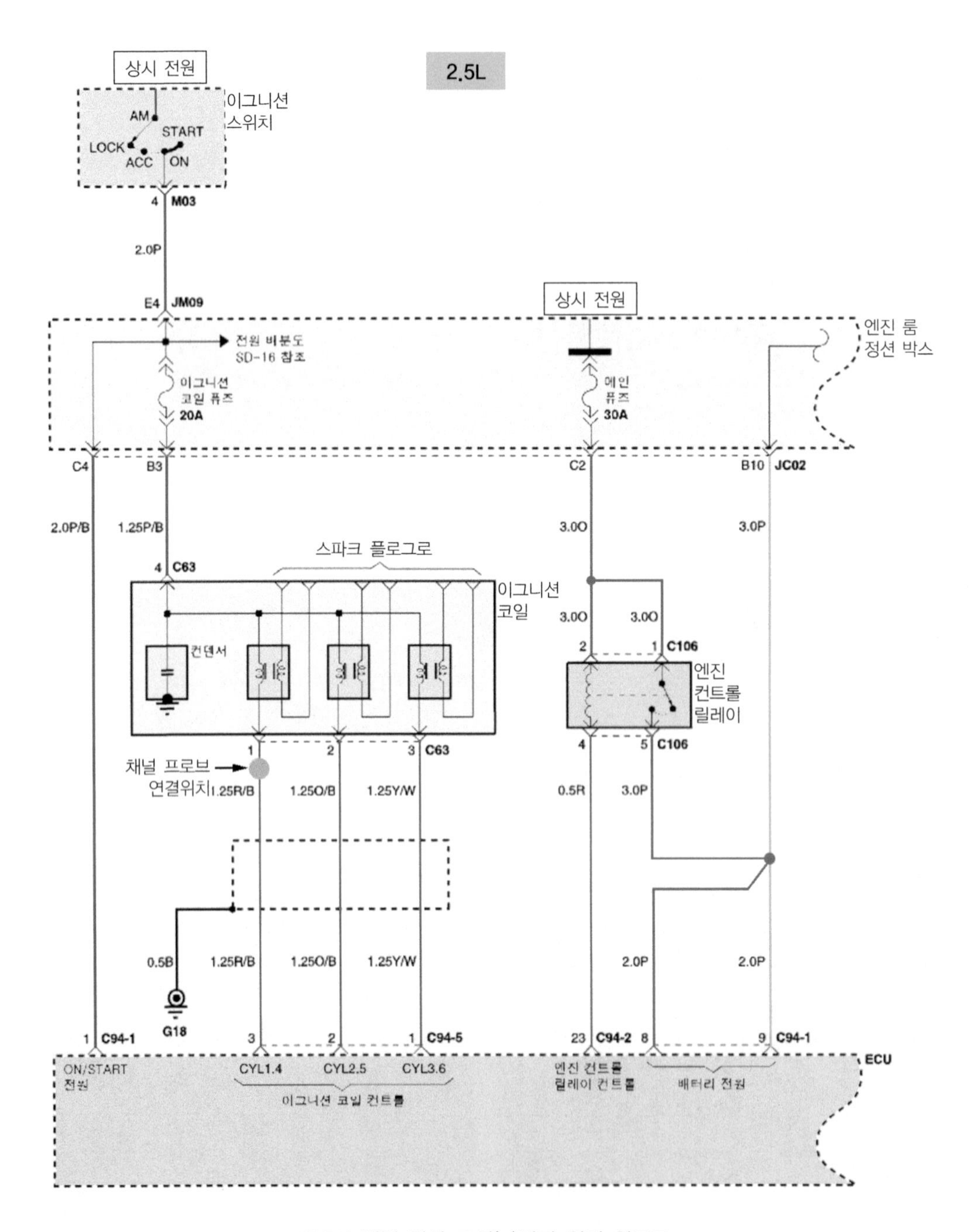

DLI 엔진 점화 코일(−)단자 위치 회로도

2. 테스터기 기능 선택법

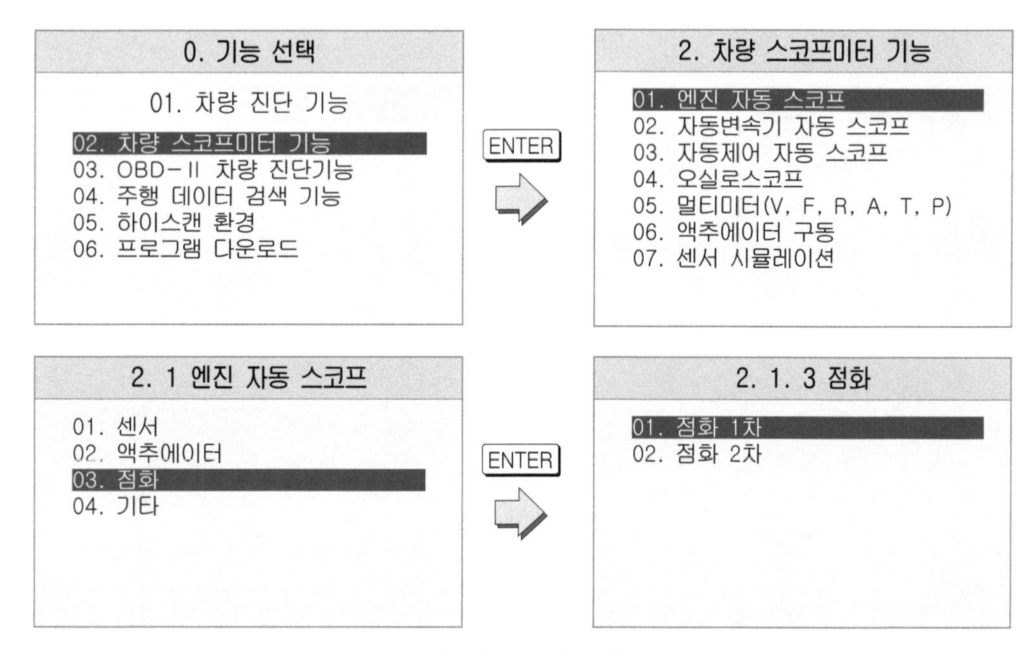

테스터 기능 선택 화면

3. 점화 1차 파형의 분석법

① **정상 파형** : 점화라인에 피크 전압이 약 300~400V 사이가 나오면 정상이며, 캠각의 크기는 차종에 따라 다르나 약 60도 정도이다.

② **연소실 압축 압력이 적은 경우** : 방전 시간이 매우 길고, 방전 전압이 낮다.

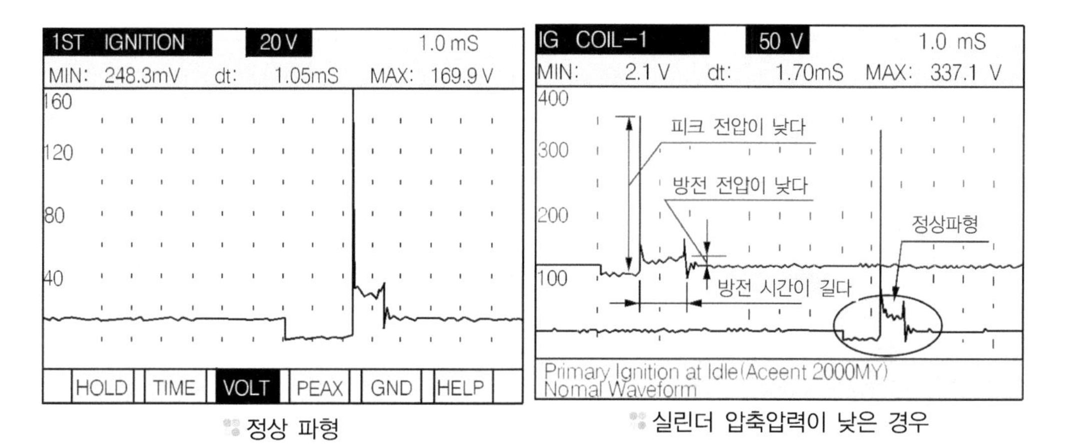

정상 파형 실린더 압축압력이 낮은 경우

③ **플러그 열가가 높은 경우** : 방전 전압이 높고, 방전시간이 짧다. 점화 플러그 열가가 너무 높은 것을(냉형) 사용하는 경우이다.

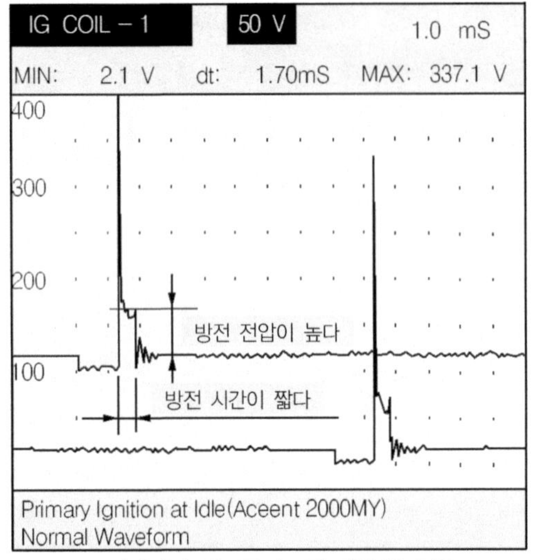

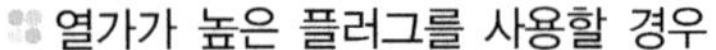
열가가 높은 플러그를 사용할 경우

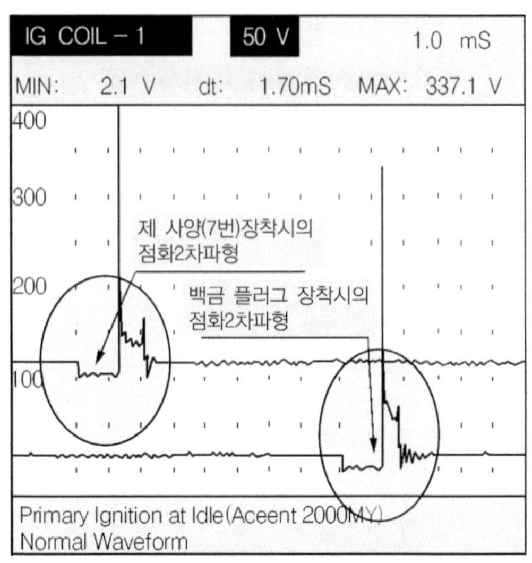

제규격품과 백금 플러그 사용의 비교

④ **플러그를 규정값 이 외의 것을 사용하였을 경우(저항값이 적은 것을 사용할 경우)** 방전 후 파형의 마무리가 깨끗해 보이지 않고 노이즈가 심하게 발생한다.

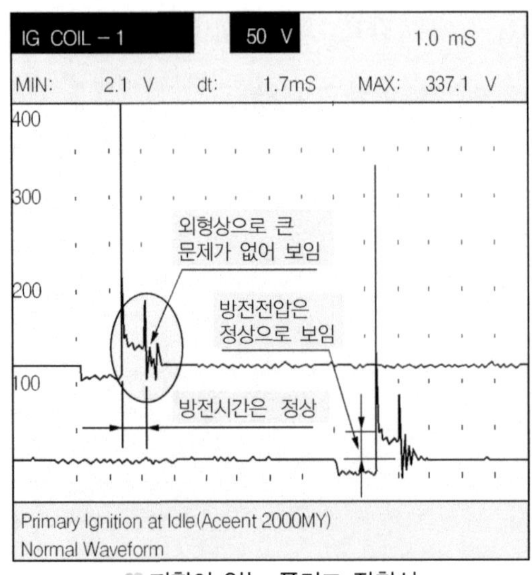

저항이 없는 플러그 장착시

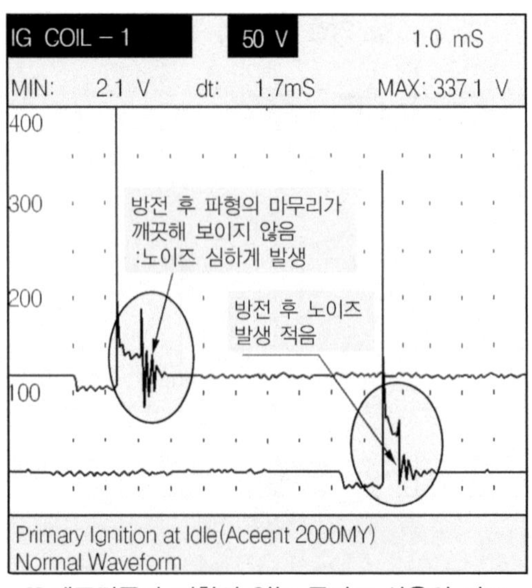

제규격품과 저항이 없는 플러그 사용의 비교

③ Hi-DS를 이용한 점화 1차 파형 측정법

1. 측정전 준비사항

① **파워 서플라이 전원을 켠다** -DC 전원 케이블 (+), (-)를 파워 서플라이에 연결 후(항시 연결시켜 놓는다) 파워 서플라이 전원 스위치를 ON으로 한다.

② **IB 스위치를 켠다** - 배터리 케이블을 IB에 연결하고, 다른 한쪽은 차량의 배터리(+), (-)단자에 연결한다. DC 전원 케이블을 IB에 연결한다. IB 스위치를 누른다.

③ **모니터와 프린터 전원을 켠다** - 전원 스위치를 ON으로 한다.

④ **PC 전원을 켠다** - PC 전원 스위치를 ON하면 부팅을 시작한다.

⑤ **Hi-DS 실행** - 부팅이 완료된 상태에서 모니터 바탕 화면에 Hi-DS 아이콘을 더블 클릭한다.

초기 화면

모니터 바탕 화면

⑥ **차종 선택** - 차종 선택 버튼을 클릭하여 차량의 정보를 입력한다.

㉮ **저장되어 있는 차량** : 차대번호(지공용), 차량번호(일반용) 창에 있는 해당 데이터를 클릭하면 저장되어 있는 정보가 자동 설정된다.

㉯ **새로운 차량** : 차대번호(지공용) 또는 차량번호(일반용) 창에서 일반 차량을 선택 후 고객정보와 차종을 입력한다.

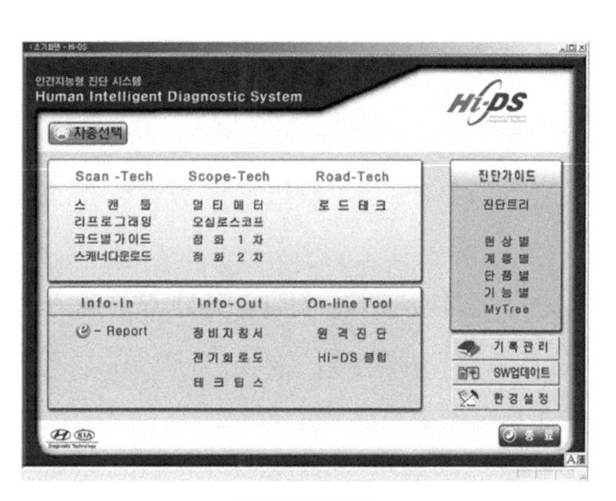

초기 화면

⑦ **차량 번호 및 차대 번호 입력**-글자를 붙여서 입력한다.

【예】 경기 55 마 3859를 경기55마3859로

⑧ 고객명, 전화번호, VIN 번호, 주행거리 입력 및 검색방법은 차량번호 입력, 검색하는 방법과 동일하다.

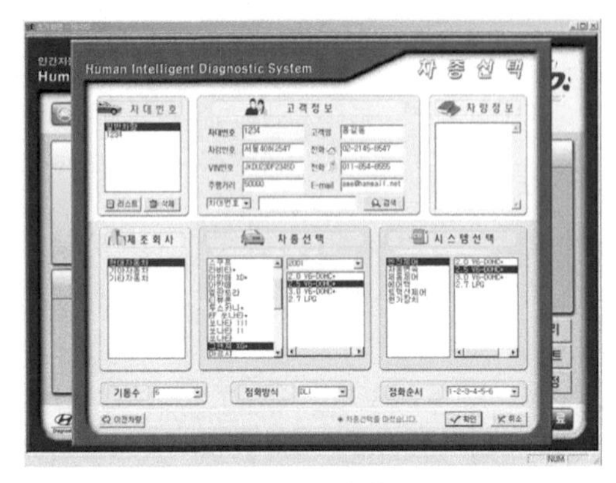

차량선택 창

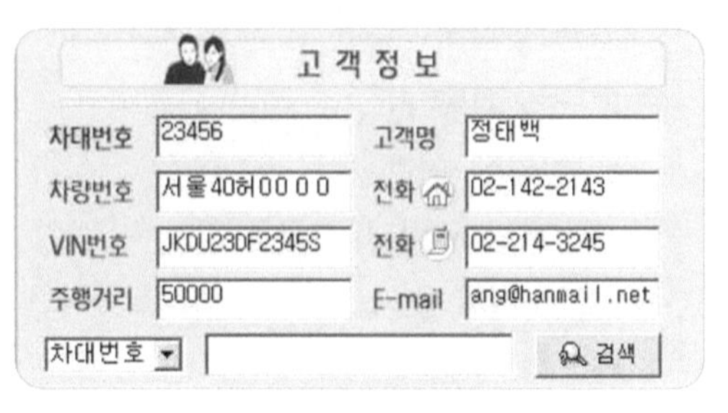

고객 정보 창

2. 측정 방법

① **채널 프로브 연결** : Hi-Scan Pro 참조

② **트리거 센서 연결** : 점화 1차 파형에서 엔진 RPM 및 실린더별 기준신호를 잡기 위해서는 트리거 센서를 1번 실린더 고압 케이블에 연결한다.

③ **환경 설정 버튼 클릭하여 환경을 설정한다.**

㉮ A(Reset) : 트랜드를 재시작할 때 사용한다.

㉯ B(Cyl ALL) : 트랜드 창에 전체 실린더를 선택하는 버튼이다.

㉰ D(1, 2, 3, 4, 5, 6, 7, 8) : 해당 실린더 번호를 나타낸다. 해당 번호를 클릭하면 그 실린더는 선택 화면에서 없어진다.

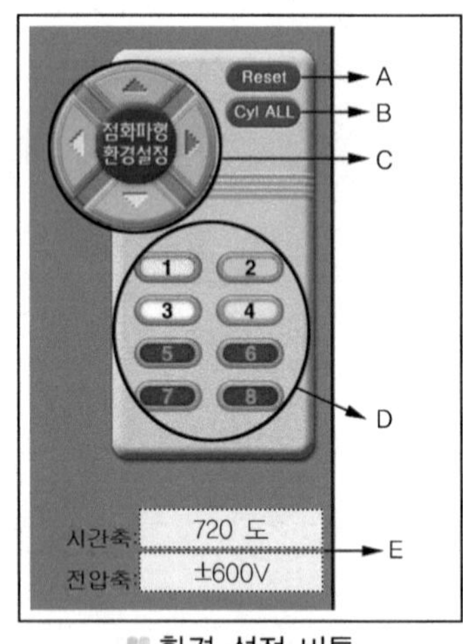

환경 설정 버튼

④ **차량을 시동을 건다** : 정상 작동 온도로 되어 있어야 진각을 정확하게 할 수 있다.

⑤ **직렬 파형 보기** : 툴 바에서 직렬파형 아이콘( )을 클릭한다.

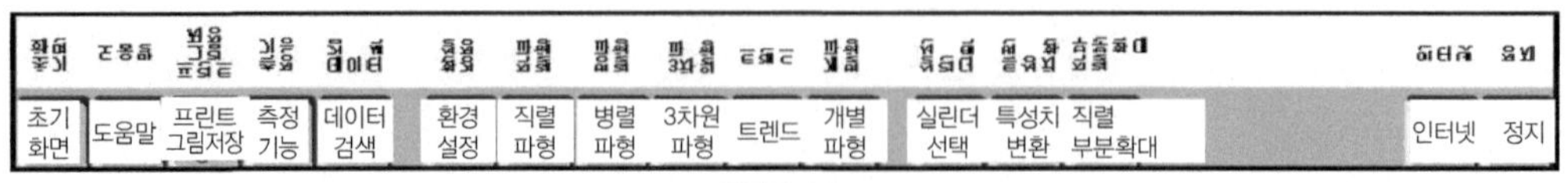

툴 바

㉮ 직렬 파형은 주로 실린더 간 피크 전압의 편차를 비교할 때 이용한다.

㉯ 피크 전압의 최고 높이가 화면 상단 이상으로 넘어가면 환경 설정에서 전압축의 레벨을 조정한다.

- 파형별 전압축 범위 : 직렬, 병렬, 3차원 트랜드, 개별 모드- 600V 까지

⑥ **이상 파형의 확대 보기** : 이상이 있는 실린더 파형을 확대하여 보고자 할 때는 툴바에서 확대버튼( ) 을 누른 후 원하는 부위에 대고 왼쪽 마우스를 누르면 확대 화면이 출력된다.(직렬파형에서만 가능하다)

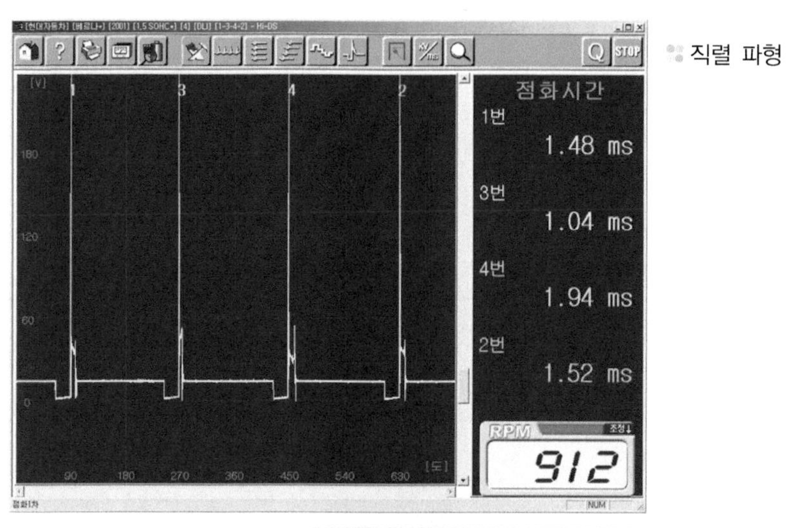

직렬 파형

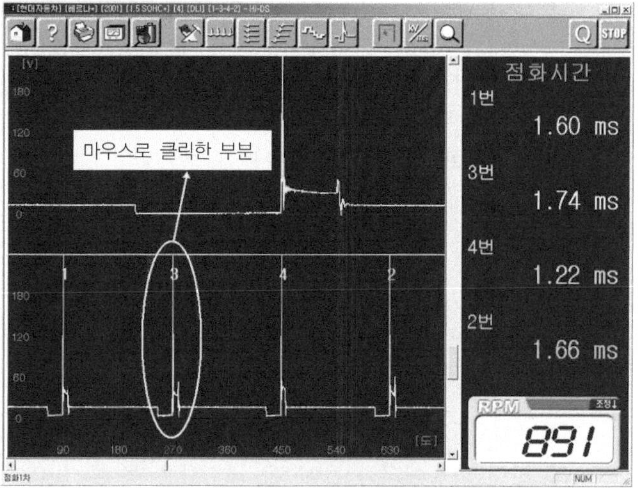

직렬 파형에서 이상 파형 확대보기

⑦ **측정 데이터값 보기** : 툴바에서 특성값 아이콘( )을 클릭 할 때 마다 점화시간 → 점화 전압 → 피크 전압 → TR OFF 전압 → 드웰 시간의 순서로 측정 데이터 값이 바뀐다.

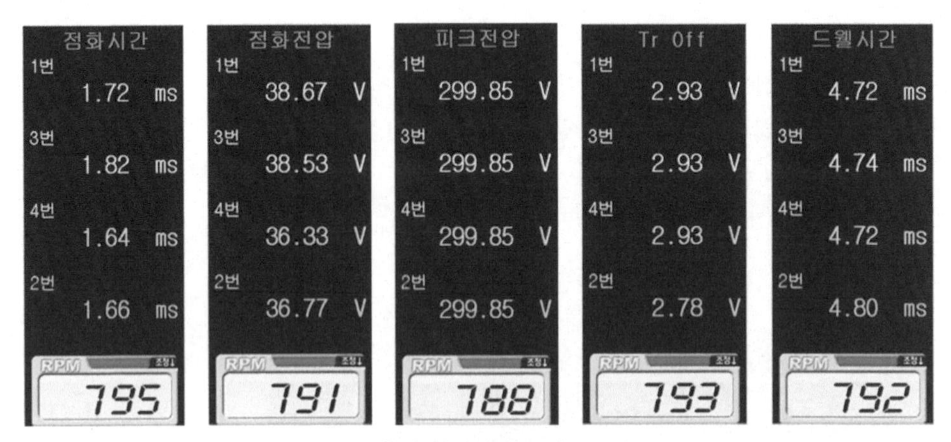

측정 데이터값 보기

⑧ **병렬파형 보기** : 툴바에서 병렬파형 아이콘 ( ) 을 클릭한다.

㉮ 병렬 파형은 드웰시간 및 점화시간 부위를 실린더별로 비교 분석할 때 이용한다.

㉯ 시간차 비교 분석 : 투 커서 A, B를 왼쪽 마우스와 오른쪽 마우스를 이용하여 이동시켜 가며 비교 분석한다.

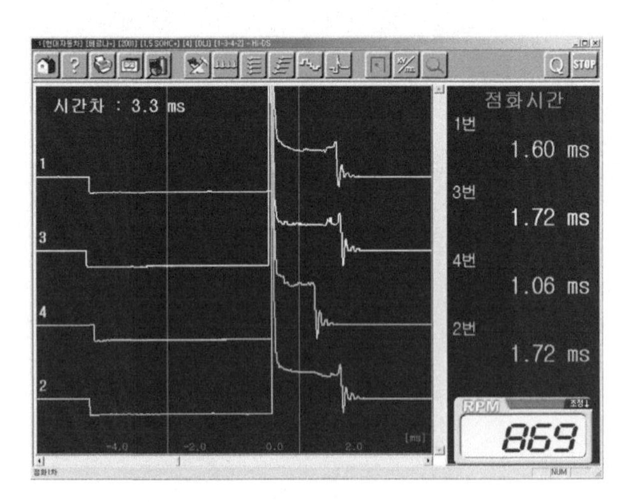

병렬 파형 보기

㉰ 환경 설정에서 시간 및 전압 레벨을 조정할 수 있다.

※ 파형별 시간축 범위

- 직렬 : 5ms, 10ms, 50ms, 150ms, 720도
- 병렬 : 5ms, 10ms, 20ms, 100%
- 3차원 : 5ms, 10ms, 20ms, 100%
- 트랜드 : 5ms, 10ms, 20ms, 100%
- 개 별 : 5ms, 10ms, 20ms, 100%

㉱ 직렬 파형에서와 같이 데이터 값을 볼 수 있다.

⑨ **3차원 파형보기** : 툴바에서 3차원 파형 아이콘( )을 클릭한다.

㉮ 직렬 파형과 병렬 파형의 함께 볼 수 있는 기능이다.

㉯ 직렬 파형에서와 같이 데이터 값을 볼 수 있다.

❹ 파형 진단

① **4번 고압 케이블이 플러그에서 이탈 되었을 때 :**
방전 시간이 짧고 서지 전압이 제일 증가 하였다.

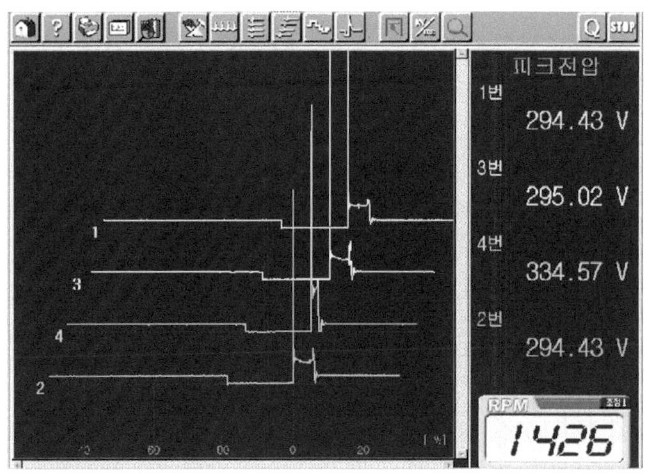

4번 고압 케이블이 플러그에서 이탈 되었을 때 3차원 파형

❺ MOT - 251를 이용한 점화 1차 파형 측정법

1. MOT 모니터 패널

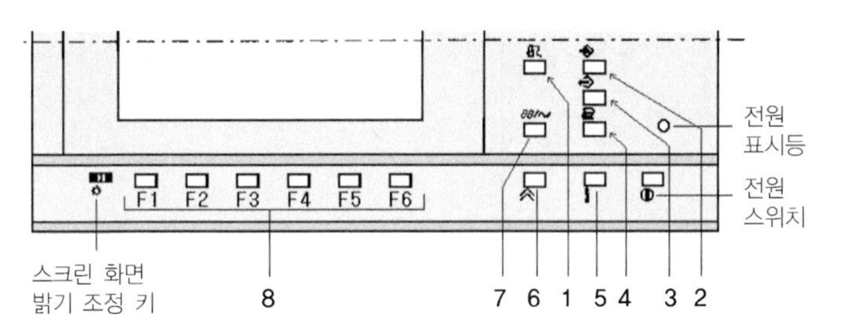

① 엔진 킬 버튼
② 파형 저장키
③ 부름 키
④ 프린터 키
⑤ 안내 키(헬프 키)
⑥ 리턴 키
⑦ 변환 키
⑧ 다기능 소프트 키

① **엔진 킬(kill) 스위치** : 점화를 차단시켜 시동이 되지 않도록 한다.

② **파형 저장 키** : 화면의 파형을 저장하기 위한 키
(최대 32화면을 저장시킬 수 있다.)

③ **부름 키** : 저장시킨 측정값 또는 파형을 읽어 볼 수 있다.

④ **프린터 키** : 측정값 또는 파형을 프린터 할

MOT 251 모니터의 구조

수 있다.(2초 이상 누른다.)

⑤ **헬프 키** : 파형 / 측정에 대한 설명을 볼 수 있다.

⑥ **리턴 키** : 언제든지 측정 프로그램에서 기본 화면으로 빠져 나올 수 있다.

⑦ **변환 키** : 측정 프로그램과 오실로스코프를 변환하면서 볼 수 있다.

⑧ **다기능 키** : 프로그램에 따라 단계적인 다양한 기능을 가지고 있다.

2. MOT 251 테스트 리드

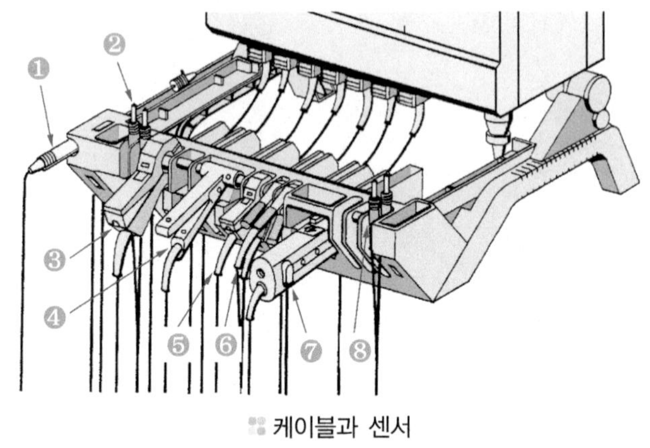

케이블과 센서

① 오일 온도 측정용
② 멀티 메터(전압, 저항, 분사시간)측정용
③ 전류 측정용
④ 싱글 회로 점화 장치(2차 파형 측 정) 및 DLI측정용
⑤ NO1.실린더 케이블 연결부
⑥ 배터리(전압/발전기 검사)연결부
⑦ 타이밍 라이트 연결부
⑧ 1차측 점화코일 연결부
⑨ TDC픽업 연결부
⑩ 프린터 커넥터
⑪ 배기가스 분석기(ETT)연결부
⑫ 차후 추가 기능을 위한 커넥터 소켓
⑬ 프로그램 모듈
⑭ 모니터와 측정 유닛 연결을 위한 내부 연결선

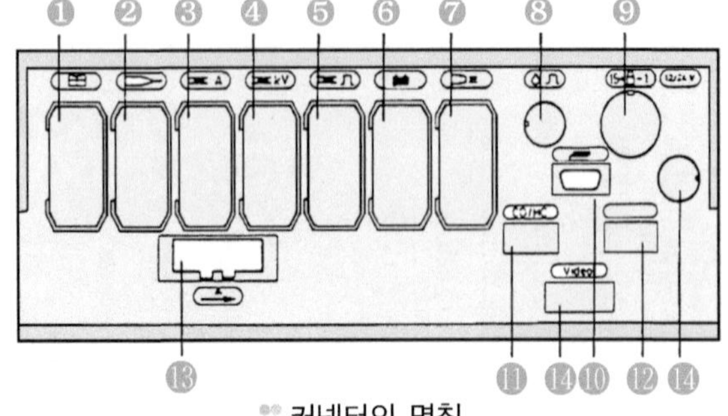

커넥터의 명칭

① **오일 온도 센서** : 엔진 오일의 온도를 감지하는 센서이며 오일 레벨 게이지를 뽑고 설치한다.

② **멀티 테스터 리드** : 전압, 전기 저항을 측정할 대 사용하며 분사실험은 파형 측정에서 본다.

③ **전류 측정 픽업** : 부하로 들어가는(스타터 모터, 인젝터, 점화 코일) 전류를 측정한다.

④ **용량성 클램프 픽업** : 점화 2차 파형을 측정하기 위한 것이며 점화 코일에서 배전기 중심단자 고압 케이블에 연결한다.(DLI 방식은 클램프가 다름)

⑤ **유도성 클램프 픽업** : 1번 실린더의 점화시기를 알아보기 위한 것이며 배전기에서 1번

점화 플러그로 가는 고압 케이블에 연결한다.

⑥ **배터리 선** : 배터리의 전원을 알아보기 위한 것이다.

㉮ 적색 클램프 : 배터리(+)터미널 연결

㉯ 흑색 클램프 : 배터리(−)터미널 연결

⑦ **타이밍 라이트** : 점화시기를 측정하기 위한 것이다.

⑧ **1차 픽업** : 1차 파형을 측정하기 위한 것이다.

㉮ 녹색 클립 : 점화 코일 (−)터미널에 연결

㉯ 노랑색 클립 : 점화 코일 (+)터미널에 연결

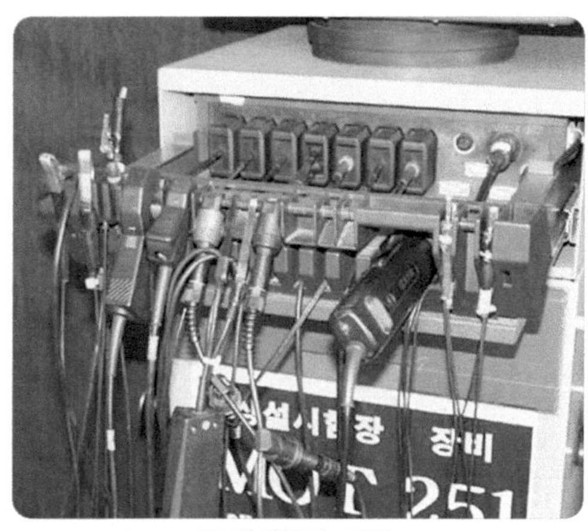

케이블과 센서

MOT 251 진단 장비

3. MOT 251 테스트 리드 연결 방법

점화 코일의 1, 2차 점화 전압 측정시 배선의 연결은 그림에서 ①, ②, ③, ④, ⑥번만 연결하면 된다.

① 배터리 테스트 배선의 흑색 클립을 배터리 (−)단자기둥에, 적색 클립은 배터리 (+)단자기둥에 연결한다.

② 1차 파형 측정 케이블의 노란색 클립을 점화 코일 (+)단자에, 녹색 클립은 점화 코일의 (−)단자에 연결한다.

③ 클램프 픽업을 점화 코일의 중심 케이블에 설치한다.

4. 배전기 없는 듀얼 점화 코일(DLI) MOT 251 테스트 리드 연결 방법

① 본체 플러그 ⑥번의 흑색 클립을 차량에 접지 또는 배터리의 ⊖ 터미널에 연결한다.

② 본체 플러그 ⑥번의 적색 클립을 배터리의 ⊕ 터미널에 연결한다.

1차 코일 어뎁터를 연결하여 사용하는 경우 ③, ④ 그리고 ⑤번의 연결은 필요 없다(별도로 차량별 1차 코일 커넥터 제공).

③ 본체 플러그 ⑧번의 노랑색 클립을 점화 코일의 ⊕(그림의 15) 단자에 연결한다(점화 1차 파형 측정).

④ 본체 플러그 ⑧번의 "cyl 1/A가 표시되어 있는 녹색 클립을 1번, 4번용 점화 코일의 ⊖(그림의 1) 단자에 연결한다(점화 1차 파형 측정).

⑤ 본체 플러그 ⑧번의 cyl 1/B가 표시되어 있는 녹색 클립을 2번, 3번용 점화 코일의 ⊖(그림의 1) 단자에 연결한다(점화 1차 파형 측정).

⑥ 본체 플러그 ⑤번의 유도형 클램프언 픽업을 1번 실린더 고압 케이블에 물린다.

⑦ 본체 플러그 ④번의 용량형 클램프언 픽업(DLI용)은 코일의 출력 극성에 따라 적색은 그림의 ⊕표기의 점화 2차 고압 케이블에, 흑색은 그림의 ⊖표기 점화 2차 고압 케이블에 끼운다.

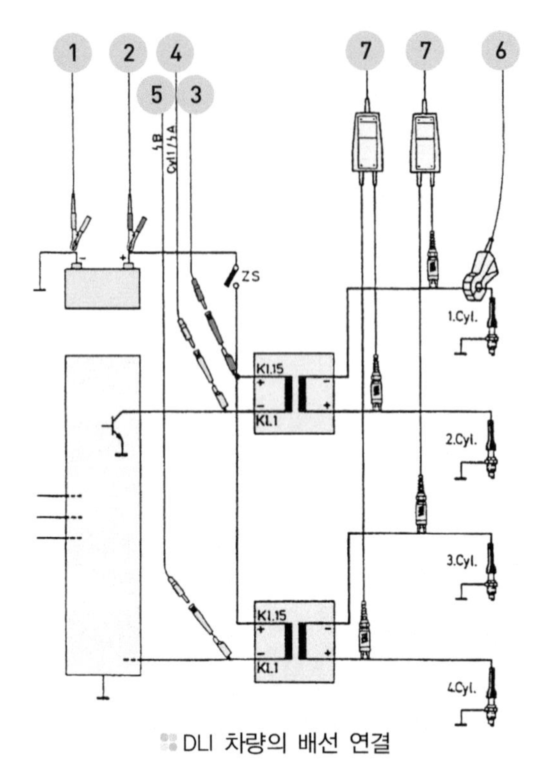

DLI 차량의 배선 연결

5. 점화 1차 파형 측정 방법

MOT 251의 스위치를 켜면 약 10초간 작동을 위한 준비를 한다. 아래 화면은 시스템 표시를 나타내는 기본 화면을 의미하며 필드 1에 기억된 엔진 형식이 화면에 나타난다.

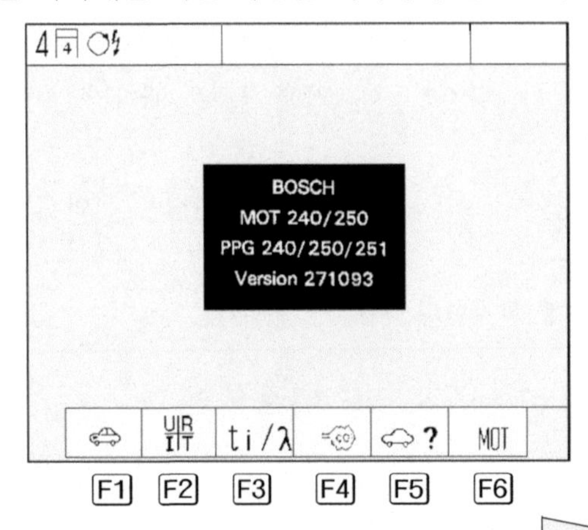

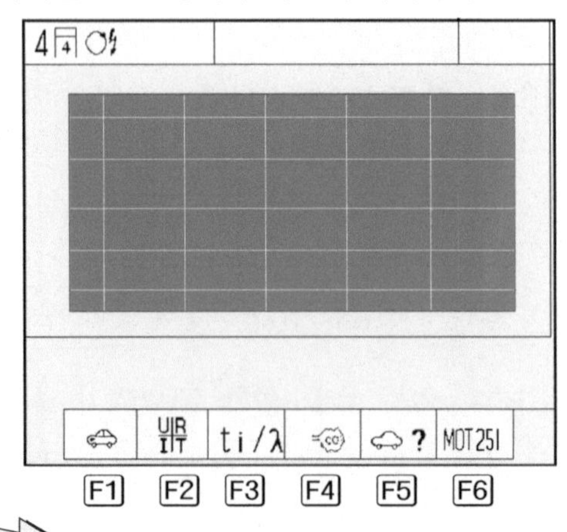

리턴을 누르면 시스템표시가 없어지고 「기본화면」 이 나온다.

F1 : 엔진 테스터
F2 : 멀티 테스터
F3 : 인젝션 테스터
F4 : 배기가스 분석기
F5 : 엔진제원 데이터
F6 : MOT251 – 기본조정

① 위에 화면에서 모니터 패널 변환키 7번 단자(측정값과 오실로스코프 변화키)를 눌러 파형 측정 화면에서 1차 파형 버튼을 눌리서 전압, 기준선 위치, 시간 버튼을 눌러서 조정한 다음 파형을 측정한다.

㉮ F1, F2 키는 1차 전압의 크기를 조정하는 버튼이다.

㉯ F3, F4 키는 기준점의 위치를 아래 위로 설정하는 버튼이다.

㉰ F5, F6 키는 파형 측정시간을 조정하는 버튼이다.

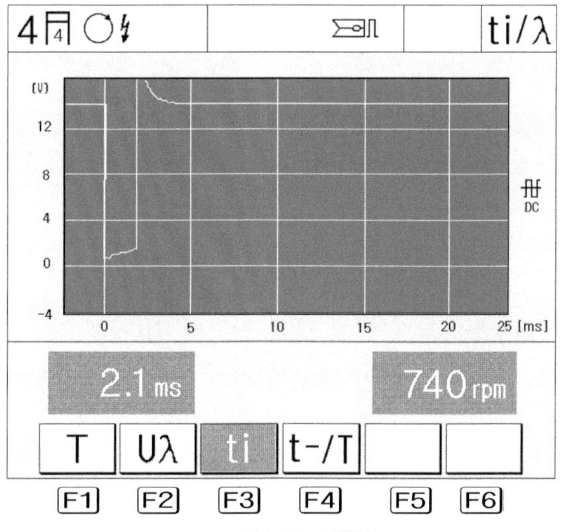

기본 화면 F3

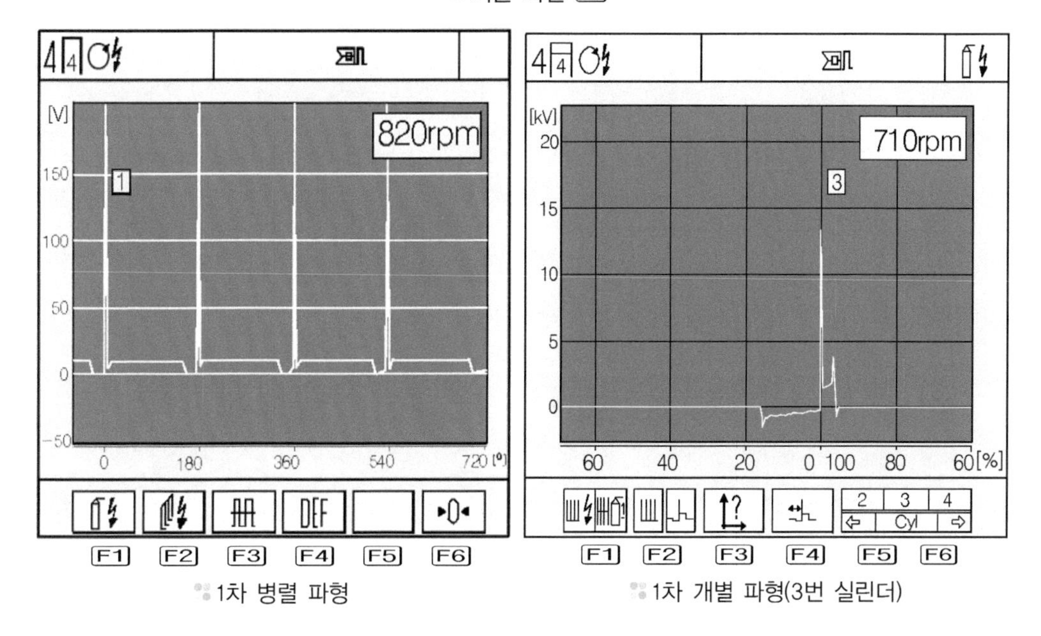

1차 병렬 파형

1차 개별 파형(3번 실린더)

7. 점화 1차 파형의 분석법

① **정상 파형** : 점화 라인에 피크 전압이 약 300~400V 사이가 나오면 정상이며, 캠각의 크기는 차종에 따라 다르나 약 60도 정도이다.

② **플러그 간극이 크다** : 스파크 라인이 높고 간격이 짧다.

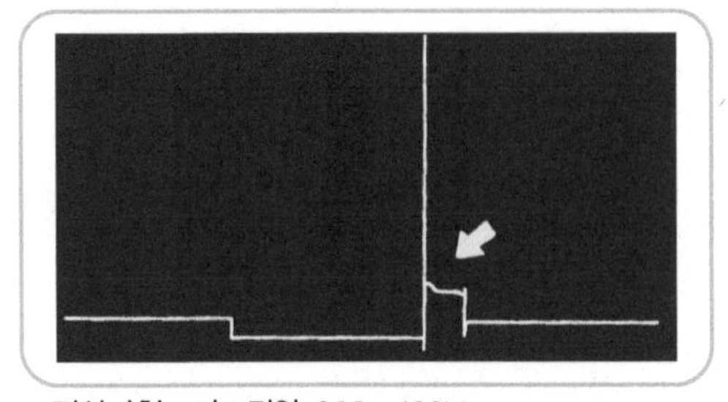

• 정상파형 : 피크전압 300~400V, 방전전압 약 30V, 방전시간 약 1.5ms이다

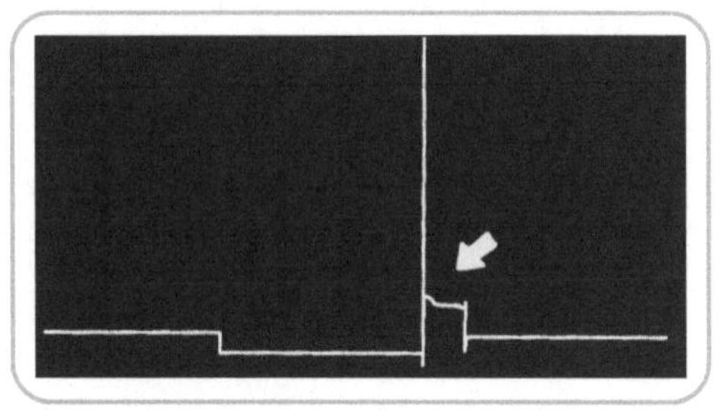

• 플러그 간극이 크다 : 스파크 라인이 높고 간격이 짧다.

③ **플러그 간극이 작다** : 스파크 라인이 낮고 간격이 길다.

④ **플러그 간극 훼손** : 스파크 라인이 낮고 간격이 넓으며, 움직임이 거의 없다.

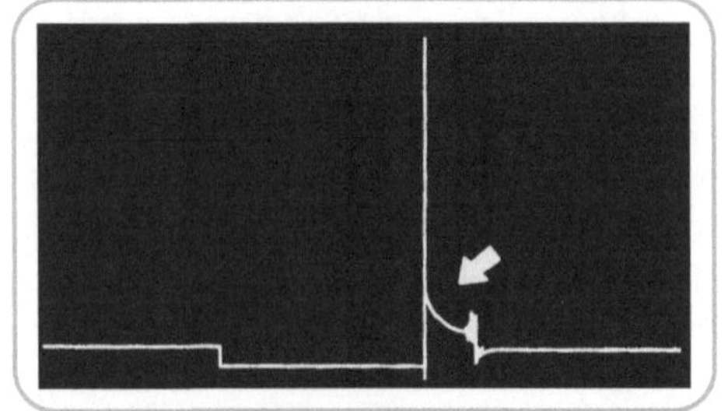

• 플러그 간극이 작다 : 스파크 라인이 낮고 간격이 길다.

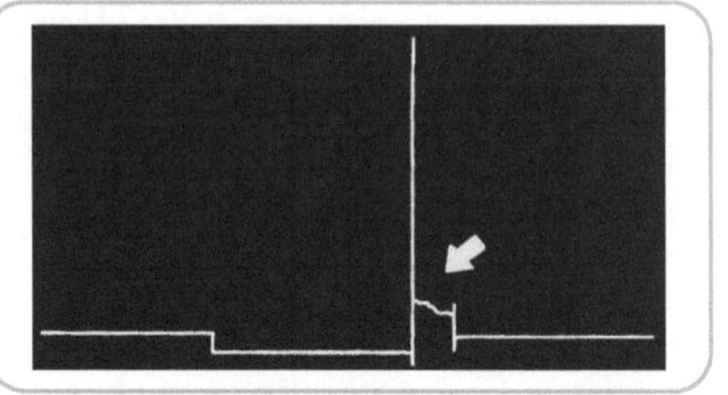

• 플러그 간극 훼손 : 스파크 라인이 낮고 간격 넓으며 움직임이 거의 없다.

⑤ **고압 케이블 불량** : 스파크 라인이 높고 간격이 좁다.

⑥ **점화코일 불량** : 감쇠부의 진동이 거의 없다.

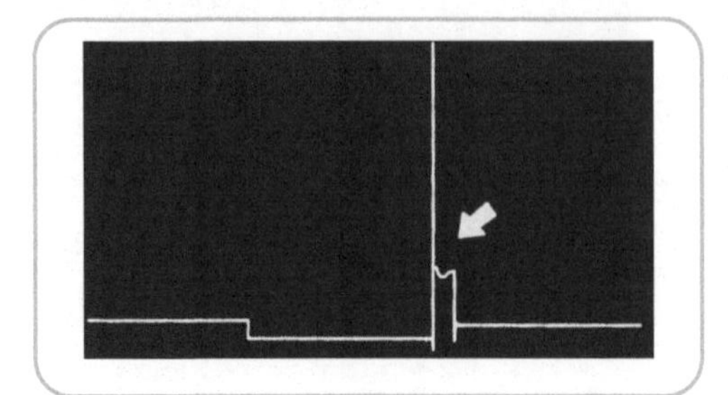

• 고압 케이블 불량 : 스파크 라인이 높고 간격이 좁다.

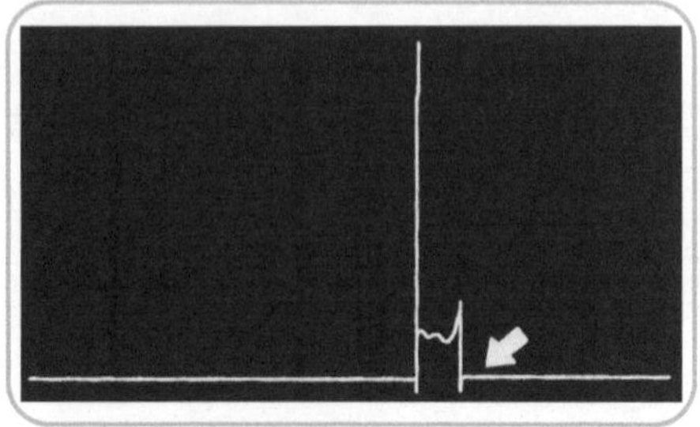

• 점화코일 불량 : 감쇠부의 진동이 거의 없다.

05 점화 2차 파형 분석

1 점화 2차 파형의 개요

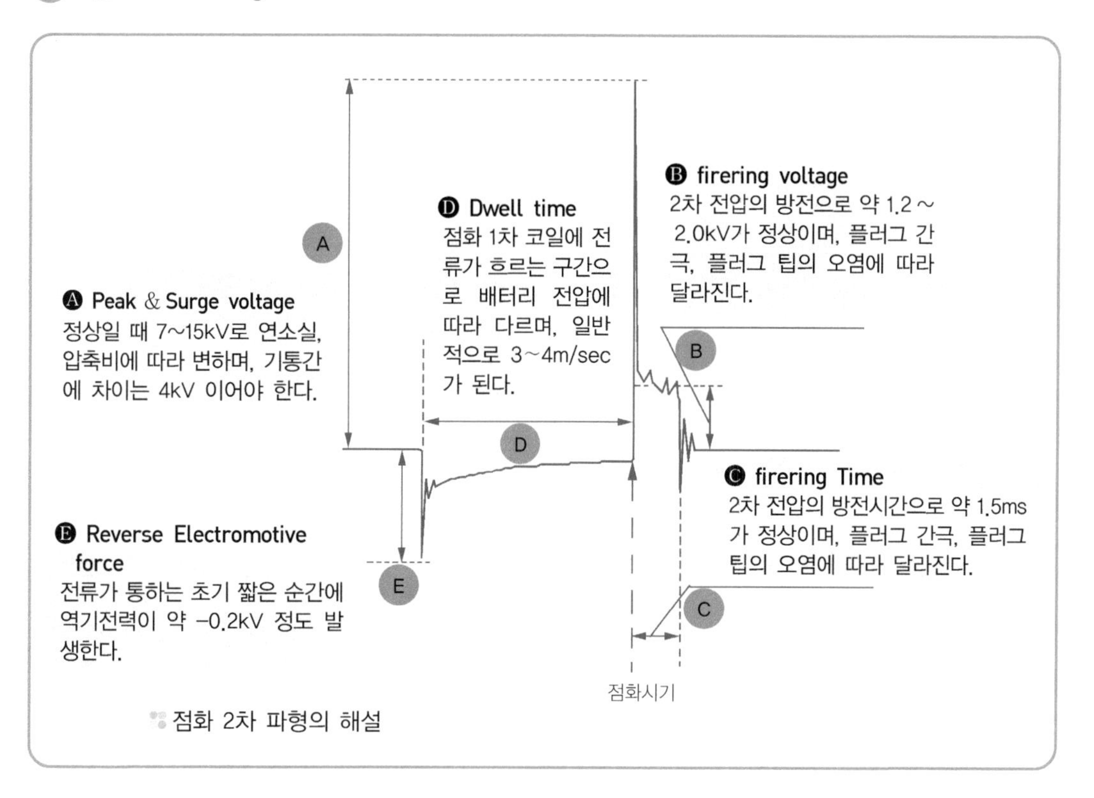

점화 2차 파형의 해설

① **피크 전압(서지전압 Ⓐ)** : 약 7~15KV가 나오며 연소실의 압축비에 따라 가변적이다. 다만 각 기통별로 차이가 적은 것이 균일한 화염 전파력을 생성한다는 데서 중요하다(기통 간에 차이가 4KV 이하이어야 한다)

② **방전 전압(Ⓑ)** : 2차 전압의 방전 전압으로 약 1.2~2.0KV가 정상이며, 플러그의 간극, 압축비, 플러그 팁의 오염상태에 따라 달라진다.

③ **방전 시간(Ⓒ)** : 2차 전압의 방전 전압으로 약 1.5mS가 정상이다. 플러그의 간극, 압축비, 플러그 팁의 오염상태에 따라 달라진다.

④ **드웰 시간(통전 시간 Ⓓ)** : 점화계통의 1차 코일에 전류가 통전하는 시간으로 약 3~4m/sec가 된다.

⑤ **역기전력(Ⓔ)** : 전류가 통하는 짧은 순간에 생기는 전압으로 약 -2KV 정도이다.

② Hi-Scan Pro를 이용한 점화 2차 파형 측정법

1. 테스터 선 연결하기

동시에 A, B 두 채널을 사용할 수 있으며, 점화 2차 전용 케이블을 플러그 배선(점화 코일에서 플러그로 가는 배선)에 연결하고 접지선을 차체에 연결한다.

하이스캔 프로 본체

하이스캔 프로 채널 선택 커넥터

픽업 케이블 연결

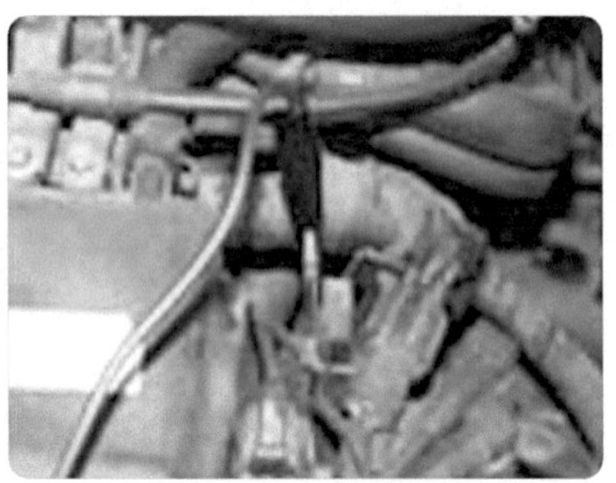

접지 케이블 연결

2. 테스터기 기능의 선택

0. 기능 선택

01. 차량 진단 기능
02. 차량 스코프미터 기능
03. OBD-Ⅱ 차량 진단기능
04. 주행 데이터 검색 기능
05. 하이스캔 환경
06. 프로그램 다운로드

2. 차량 스코프미터 기능

01. 엔진 자동 스코프
02. 자동변속기 자동 스코프
03. 자동제어 자동 스코프
04. 오실로스코프
05. 멀티미터(V, F, R, A, T, P)
06. 액추에이터 구동
07. 센서 시뮬레이션

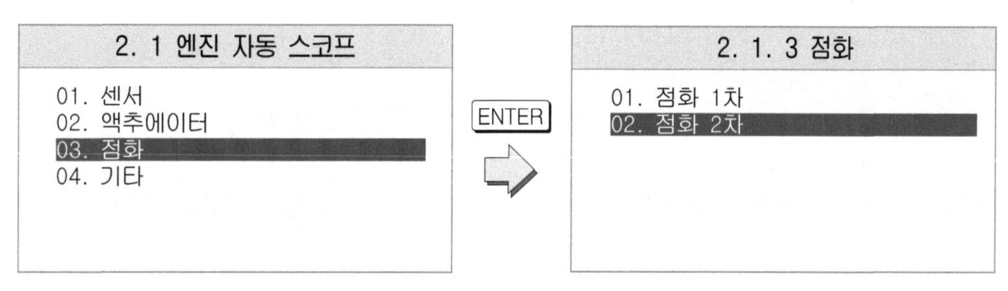

테스터 기능 선택 화면

3. 점화 2차 파형의 분석법

① 정상 파형

㉮ **피크 전압(서지전압)** : 약 7~15KV가 나오며 기통간에 차이가 4KV 이하이어야 한다.

㉯ **방전 전압**은 1.2~2.0KV가 정상이며, 플러그의 간극, 압축비, 플러그 팁의 오염상태에 따라 달라진다.

㉰ **방전 시간**은 약 1.5mS가 정상이다.

㉱ **드웰 시간(통전 시간)** : 점화계통의 1차 코일에 전류가 통전하는 시간으로 약 3~4mS가 된다.

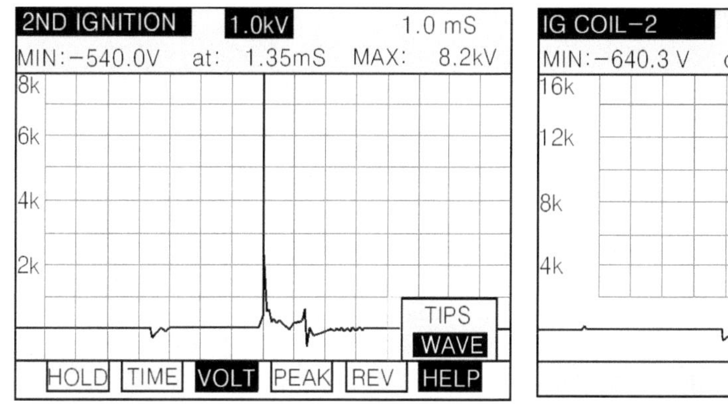

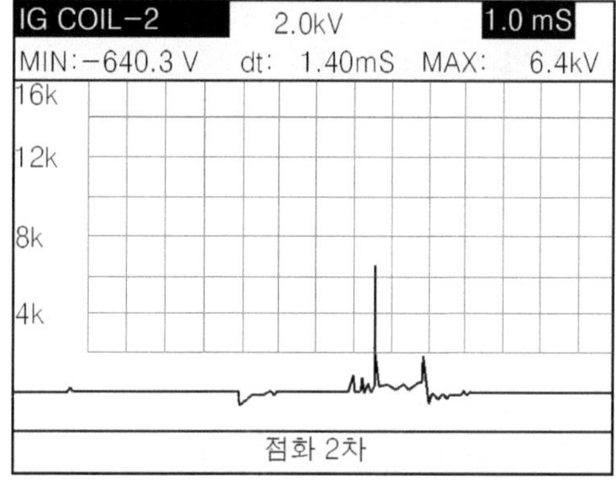

점화 2차 파형

② 방전 전압이 높고, 방전 시간이 짧은 경우의 원인(하이스캔 프로에서는 4개 실린더 파형 측정이 불가능하며, 아래 그림은 4채널 측정기에서 측정한 것을 설명한 것이다)

㉮ **플러그에 카본 부착이 많거나 간극이 넓을 때** : 피크 전압이 나올 때 플러그 팁 부분에 부착 된 카본에 흐르게 되면서 연료의 분자를 분리하는데 약해진다. 따라서 방전 전압을 높여주 게 된다.

㈏ **고압 케이블의 불량 이거나 연결 상태 불량일 때 :** 이 때는 피크 전압이 약해지면서 연료의 연료 분자를 분리시키는데 전기 에너지가 약해서 열전자 발생이 적으므로 저항이 큰 상태로 방전되기 때문이다.

㈐ **연료가 희박할 때 :** 연료의 분자를 분리하여 열전자를 발생시키는데 더욱 많은 전기 에너지를 필요로 하기 때문에 저항이 큰 상태로 방전되기 때문이다.

피크전압
방전시간
통전시간
방전전압
방전전압이 높고
방전시간이 짧다

방전 전압이 높고 방전 시간이 짧을 때의 파형

㈑ **압축비가 높은 경우 :** 연료의 분자를 분리하여 열전자를 발생시키는데 더욱 많은 전기 에너지가 필요하게 되어 정상 상태의 피크 전압에서는 열전자 발생이 적어 저항이 큰 상태로 방전되기 때문이다.

③ **서지 전압이 낮고, 방전 시간이 길은 경우의 원인**

㈎ **플러그 간극이 작을 때 :** 피크 전압이 나올 때 플러그 방전간극이 적으므로 전기적 에너지가 작아도 방전이 가능하므로 피크 전압이 낮게 나온다.

㈏ **연료가 농후 할 때 및 압축 압력이 낮은 경우 :** 전기적 방전이 잘되고 있으므로 실제 연료의 분자를 분리시킬 수 있는 방전시의 전기 에너지가 약하게 되므로 서지 전압이 낮아진다.

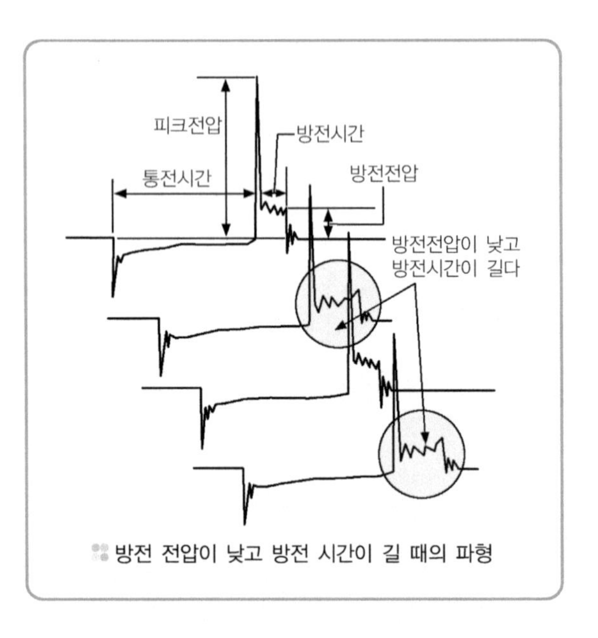

방전 전압이 낮고 방전 시간이 길 때의 파형

③ Hi-DS를 이용한 점화 2차 파형 측정법

1. 측정 방법

① **프로브를 연결한다.**

㉮ 배전기 타입 : 적색 프로브 3개 중 임의의 1개를 점화 코일과 배전기 사이에 연결한다.

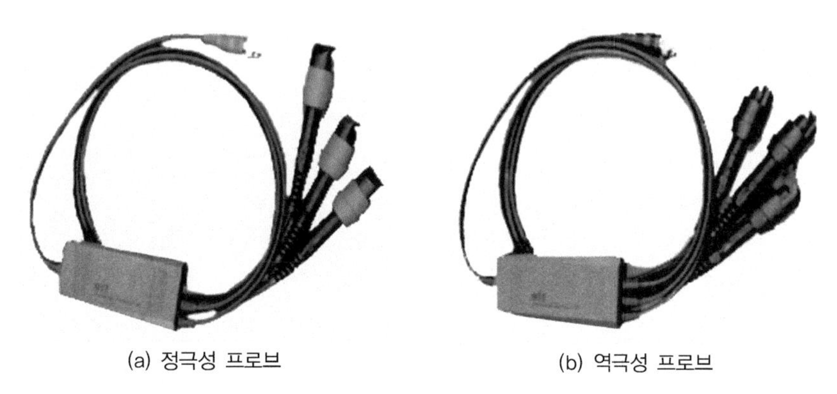

(a) 정극성 프로브 (b) 역극성 프로브

점화 코일과 배전기 연결 중심 단자의 위치

㉯ DLI 타입 : 적색 프로브를 정극성 고압선에 연결하고, 흑색 프로브를 역극성 고압선에 연결한다. 총 6기통 까지 측정이 가능하다.

> **TIP** ① 적색 프로브를 고압선에 장착하여 파형이 정상이면 정극성이고 거꾸로 나오면 역극성이다.
> ② DIS의 경우에는 점화 2차 프로브를 연결할 수 없으므로 측정이 불가능하다.

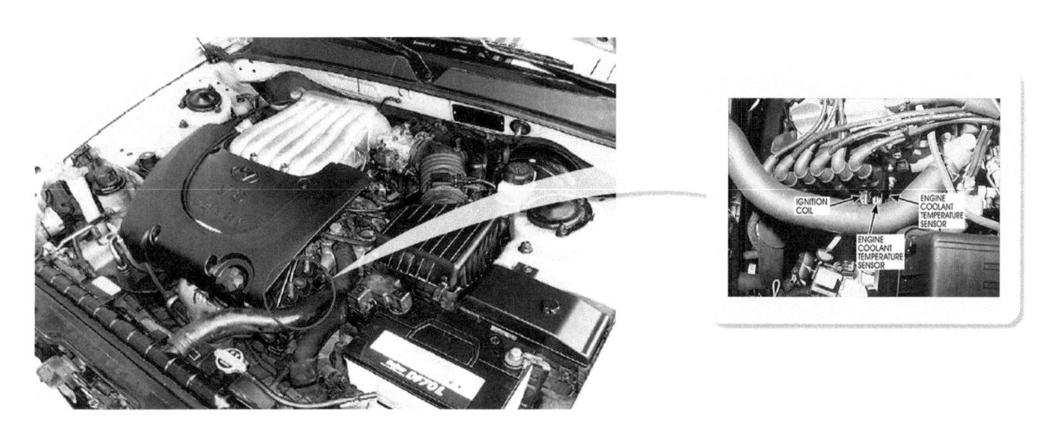

DLI 방식의 점화 코일(−)단자 위치

② **차량의 시동을 건다**(정상 작동 온도로 되어 있어야 진단을 정확하게 할 수 있다).

③ **직렬 파형 보기** – 툴바에서 직렬 파형 아이콘 을 클릭한다.

초기 화면	도움말	프린트 그림저장	측정 기능	데이터 검색	환경 설정	직렬 파형	병렬 파형	3차원 파형	트렌드	개별 파형	실린더 선택	특성치 변환	직렬 부분확대	인터넷	정지

툴 바

㉮ 직렬 파형은 주로 실린더간 피크 전압의 편차를 비교할 때 이용한다.

㉯ 피크 전압의 최고 높이가 화면 상단 이상으로 넘어가면 환경 설정에서 전압축의 레벨을 조정한다.

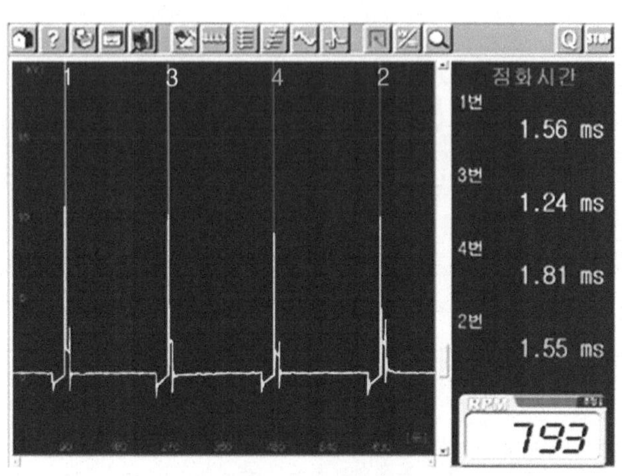

점화 2차 직렬 파형

④ **이상 파형의 확대 보기** : 이상이 있는 실린더 파형을 확대하여 보고자 할 때는 툴바에서 확대 아이콘 을 누른 후 원하는 부위에 대고 왼쪽마우스를 누르면 확대 화면이 출력된다.(직렬파형에서만 가능하다)

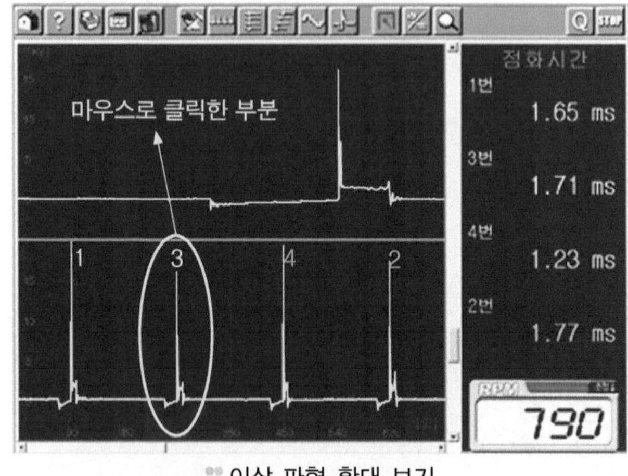

이상 파형 확대 보기

⑤ **병렬 파형 보기** – 툴바에서 병렬 파형 아이콘 을 클릭한다.

㉮ 병렬 파형은 드웰시간 및 점화시간 부위를 실린더 별로 비교 분석할 때 이용한다.

㉯ **시간차 비교 분석** : 투 커서 A, B를 왼쪽 마우스와 오른쪽 마우스를 이용하여 이동시켜 가며 비교 분석한다.

㉰ 환경 설정에서 시간 및 전압 레벨을 조정할 수 있다.

㉣ 직렬 파형에서와 같이 데이터 값을 볼 수 있다.

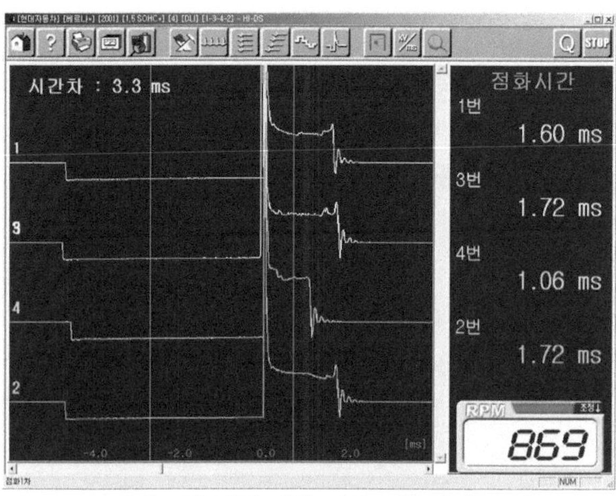

점화 2차 병렬 파형 이상 파형 확대 보기

⑥ **3차원 파형보기** – 툴바에서 3차원 파형 아이콘 [아이콘] 을 클릭한다.

㉮ 직렬 파형과 병렬 파형을 함께 볼 수 있는 기능이다.

㉯ 직렬 파형에서와 같이 데이터 값을 볼 수 있다.

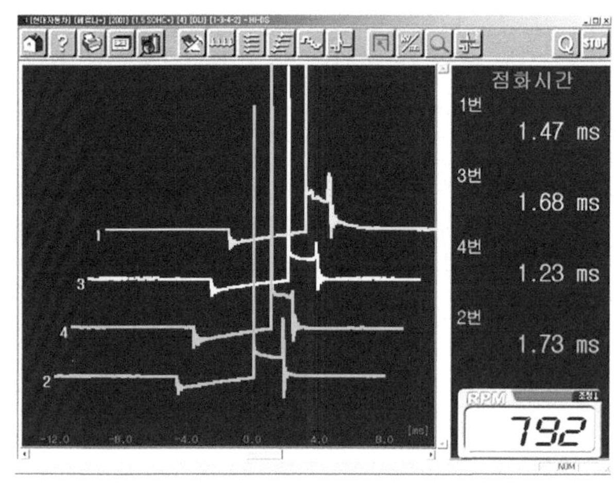

점화 2차 3차원 파형

⑦ **점화 2차 개별 파형**

㉮ 개별 파형 모드로 전환 하려면 개별 파형 아이콘 [아이콘] 을 클릭한다.

㉯ 점화 2차 파형을 하나씩 개별적으로 보고자 할 때는 실린더 선택 아이콘인 [아이콘] 을 클릭을 한다. 한 번씩 누를 때 마다 전화순서에 따라 볼 수 있다.

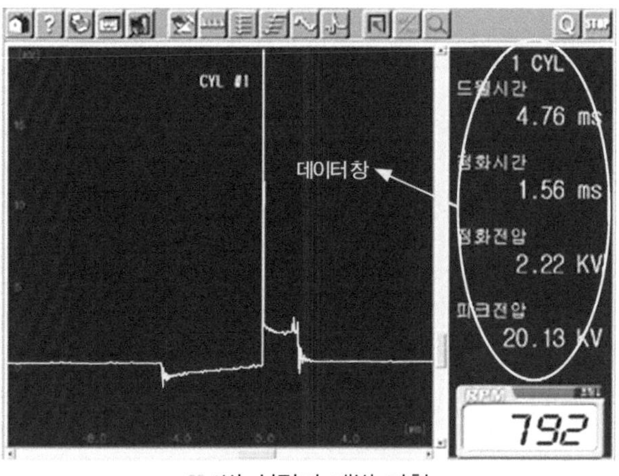

1번 실린더 개별 파형

2. 점화 2차 파형의 분석(1)

① **압축 압력 저하** : 2번 실린더 밸브 시트 링이 침하되어 압축가스가 누출되면서 공전시 부조현상이 발생한다.

② **점화 코일 불량** : 점화 코일이 다른 차종의 코일이 장착되어 있으며 공전시에는 아무런 결함이 없으나 가속순간 불량이 일어난다.

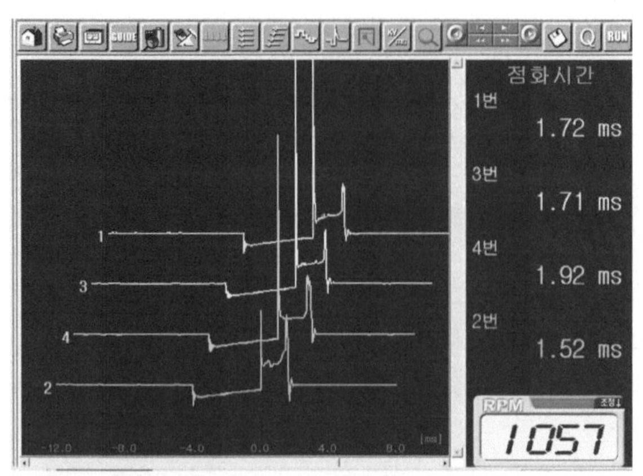

2번 실린더 압축압력 저하 파형

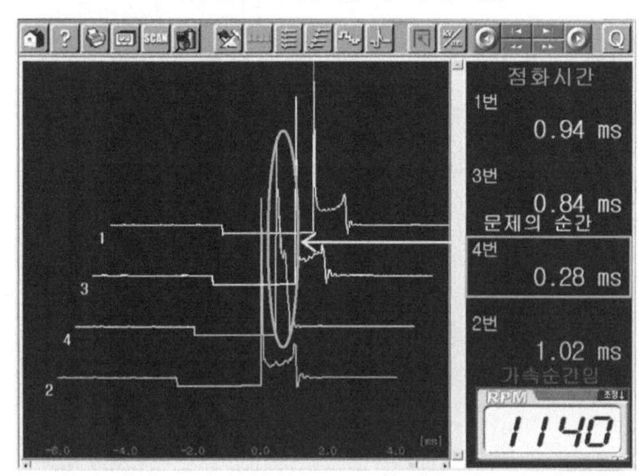

점화 코일 불량의 파형

4 MOT - 251를 이용한 점화 2차 파형 측정법

1. 측정방법

MOT 251의 스위치를 켜면 약 10초간 작동을 위한 준비를 한다. 아래 화면은 시스템 표시를 나타내는 기본화면을 의미하며 필드 1에 기억된 엔진 형식이 화면에 나타난다.

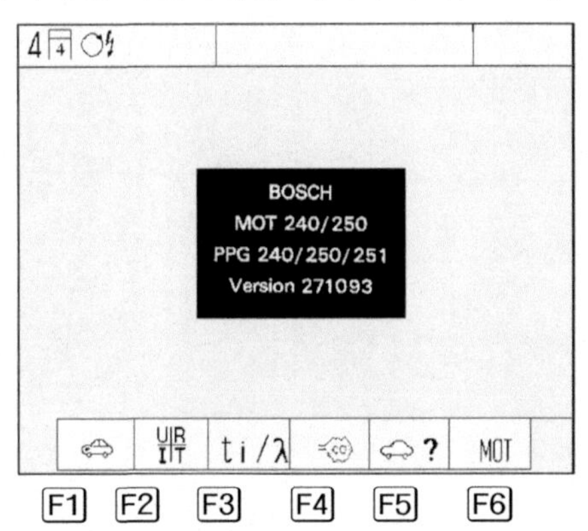

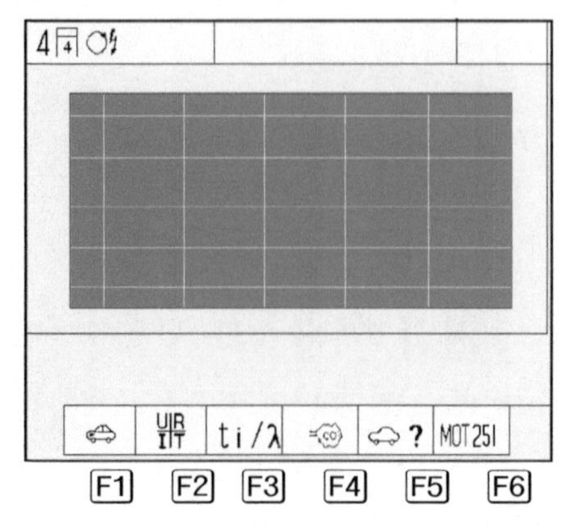

리턴을 누르면 시스템표시가 없어지고 「기본화면」 이 나온다.

F1 : 엔진 테스터　　F2 : 멀티 테스터　　F3 : 인젝션 테스터
F4 : 배기가스 분석기　　F5 : 엔진제원 데이터　　F6 : MOT251 - 기본조정

① 위에 화면에서 모니터 패널 변환키 7번 단자(측정값과 오실로스코프 변화키)를 눌러 파형 측정 화면에서 2차 파형 버튼을 눌러서 전압, 기준선 위치, 시간 버튼을 눌러서 조정한 다음 파형을 측정한다.

㉮ F1, F2 키는 2차 전압의 크기를 조정하는 버튼이다.

㉯ F3, F4 키는 기준점의 위치가 아래 위로 설정하는 버튼이다.

㉰ F5, F6 키는 파형 측정시간을 조정하는 버튼이다.

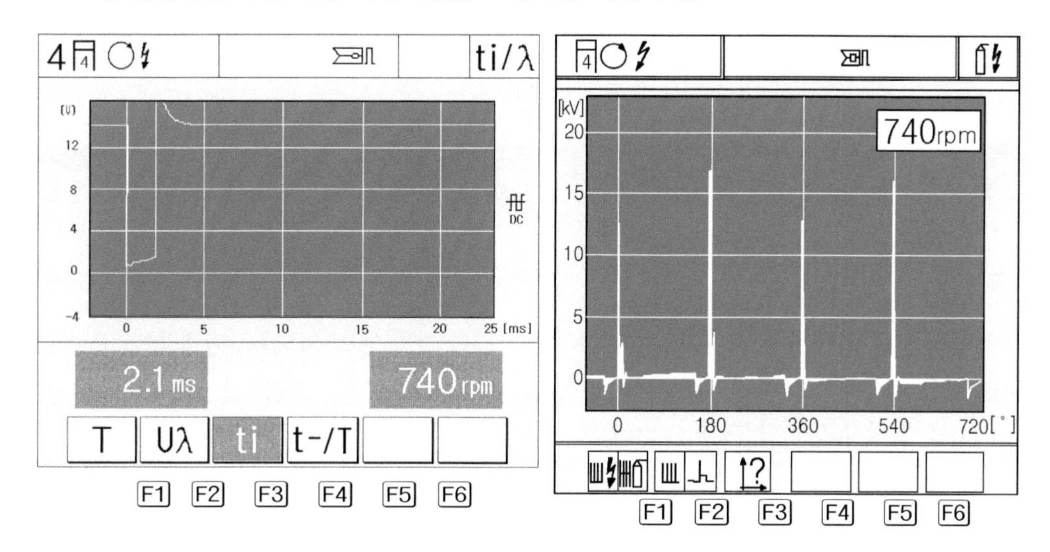

2. 점화 2차 파형의 분석(2)

① **혼합기 농후, 희박** : 실린더간 점화 전압의 높고 낮음에서 차이가 난다.

② **점화 플러그 갭의 크기가 다르다** : 점화 전압이 규정보다 5KV 이상 높거나 실린더간 4KV 이상 차이가 난다.

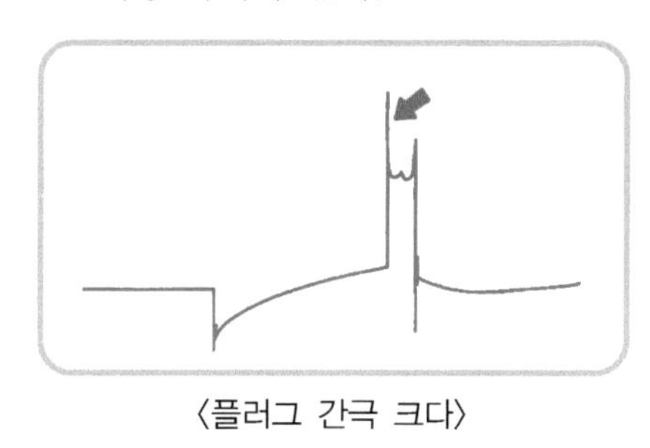

〈플러그 간극 크다〉

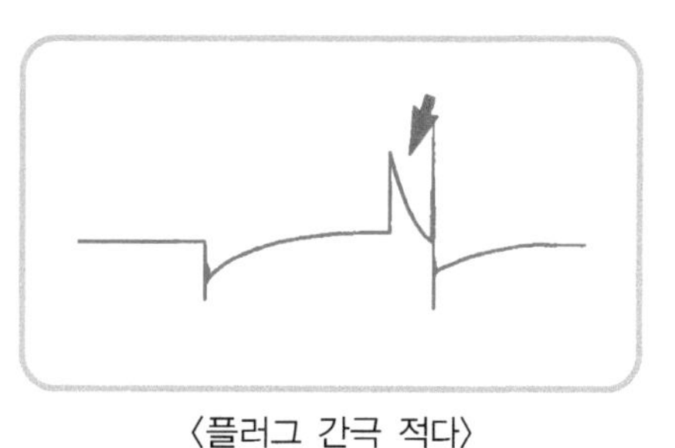

〈플러그 간극 적다〉

③ **고압 케이블 절연 불량** : 점화 전압이 높아지고 점화 라인이 짧아진다.
④ **점화 플러그 오염** : 점화 라인의 경사가 심하며 불안정하고 때로는 진동이 작게 나타나기도 한다.
⑤ **고압회로의 절연 파괴** : 점화 전압과 점화 라인이 낮아진다.

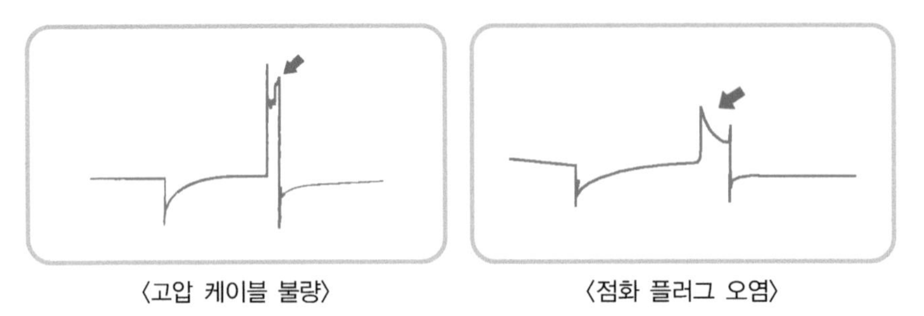

〈고압 케이블 불량〉 〈점화 플러그 오염〉

06 ECU 교환

1 ECU 교환방법

ECU의 설치 위치는 EF쏘나타, 아반떼XD는 운전석 좌측 인스투르먼트 아래쪽에, 쏘나타, 르망 등은 동승석 오른쪽에 설치되어 있다.

ECU를 탈착하고자 할 때에는 먼저 배터리 (−)단자의 케이블을 탈거한 후 작업하도록 한다.

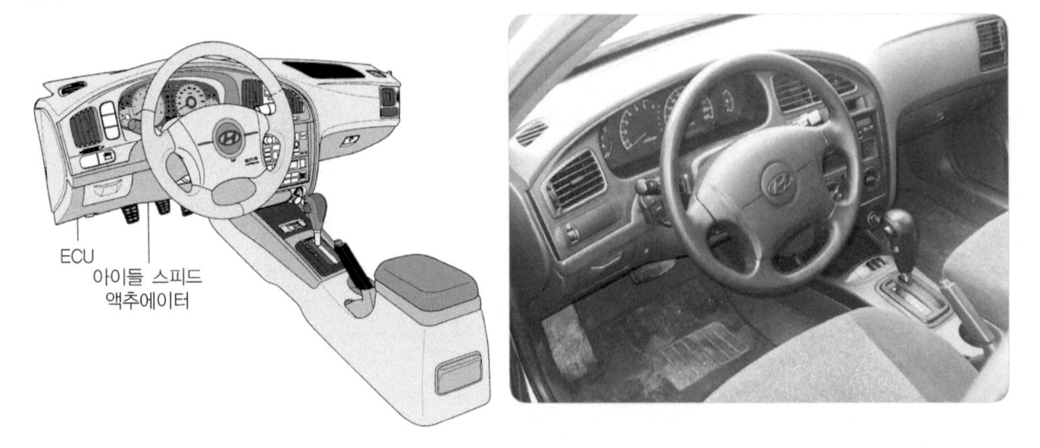

② 차종별 ECU 설치위치

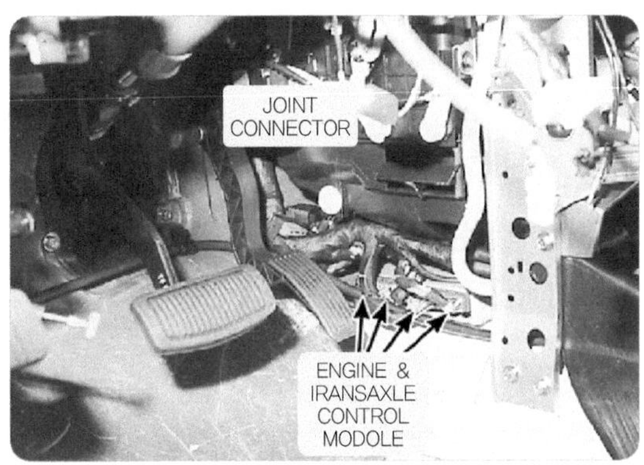

그랜저 XG 3.0

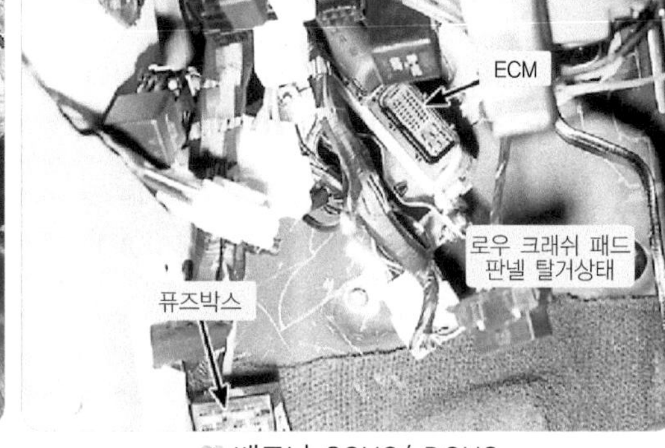

베르나 SOHC/ DOHC

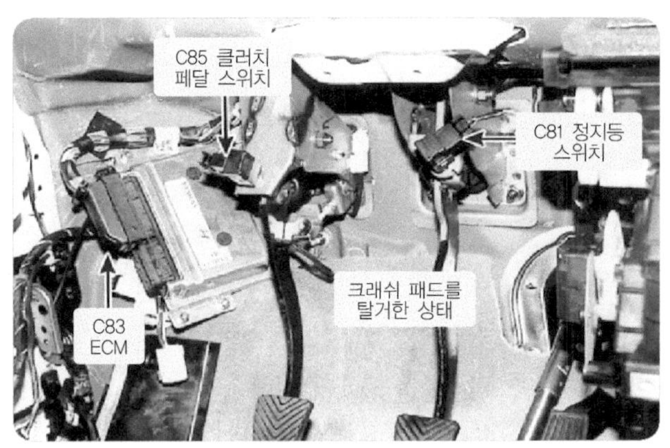

아반떼 XD 2.0

07 파워 TR 동작시험

① 파워 TR의 기능

파워 트랜지스터는 흡기다기관에 부착되어 컴퓨터(ECU)의 신호를 받아 점화 코일에 흐르는 1차 전류를 ON, OFF하는 NPN형 트랜지스터이다. 구성은 컴퓨터에 의하여 제어되는 IB단자(베이스), 점화코일과 접속되는 OC단자(컬렉터), 그리고 접지된 G단자(이미터)로 구성되어 있다.

② 시뮬레이터에서의 파워 트랜지스터 동작시험

① 파워 TR ①, ②단자에 5V 건전지를 연결하는데 ①번 단자에는 동작 시험하기 전에는 끊어둔다.

② 파워 TR ③단자 (Ⓒ)와 점화 코일 ⊖단자를 연결한다.

③ 배터리 ⊕단자와 점화 코일 ⊕단자를 연결한다.

④ 점화 코일에 케이블을 연결하고 점화 플러그에 연결한 다음 어스를 시킨다.

⑤ 5V ⊕전원을 파워 TR ①번 (Ⓑ) 베이스 단자에 인가하였을 때 점화 플러그에 불꽃이 나오는가를 확인한다.

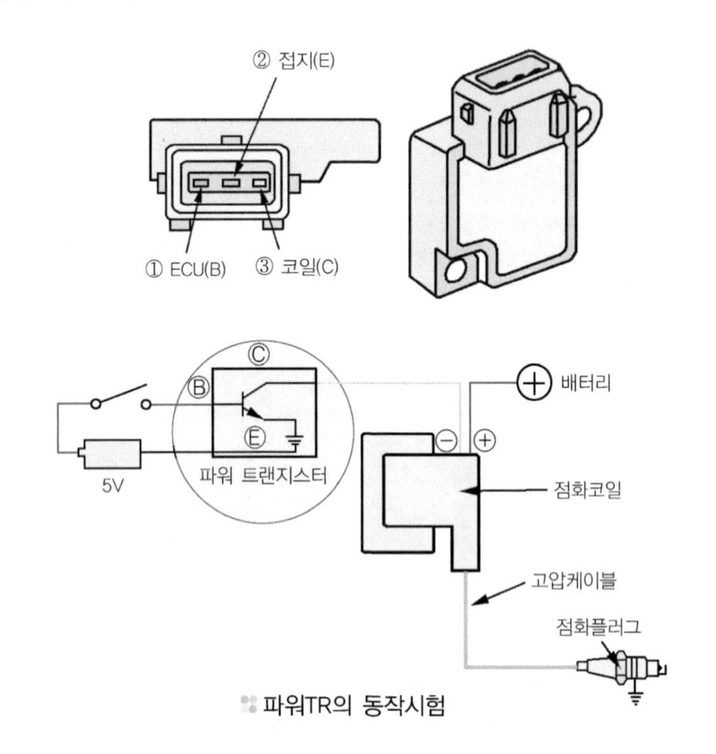

파워TR의 동작시험

③ 차상에서의 불꽃시험

① 스파크 플러그를 분리한다.

② 분리된 스파크 플러그에서 하이텐션 코드를 끼운다.

③ 절연된 플라이어를 사용하여 스파크 플러그를 잡고 차체에서 6~8mm를 유지한다.

④ 엔진을 크랭킹시키면서 스파크 플러그에서 강한 청색 불꽃이 튀는지 확인한다.

⑤ 불꽃이 안 튀기거나 약하면 점화장치를 점검한다.

알아두기

★ **주의사항**

① 불꽃의 전압이 높기 때문에(1,5000~25,000V) 감전되지 않도록 주의한다.
② 스파크 플러그와 접지의 간극이 클수록 감전의 위험이 크다.
③ 스파크를 튀길 때 화재의 위험에 주의한다.

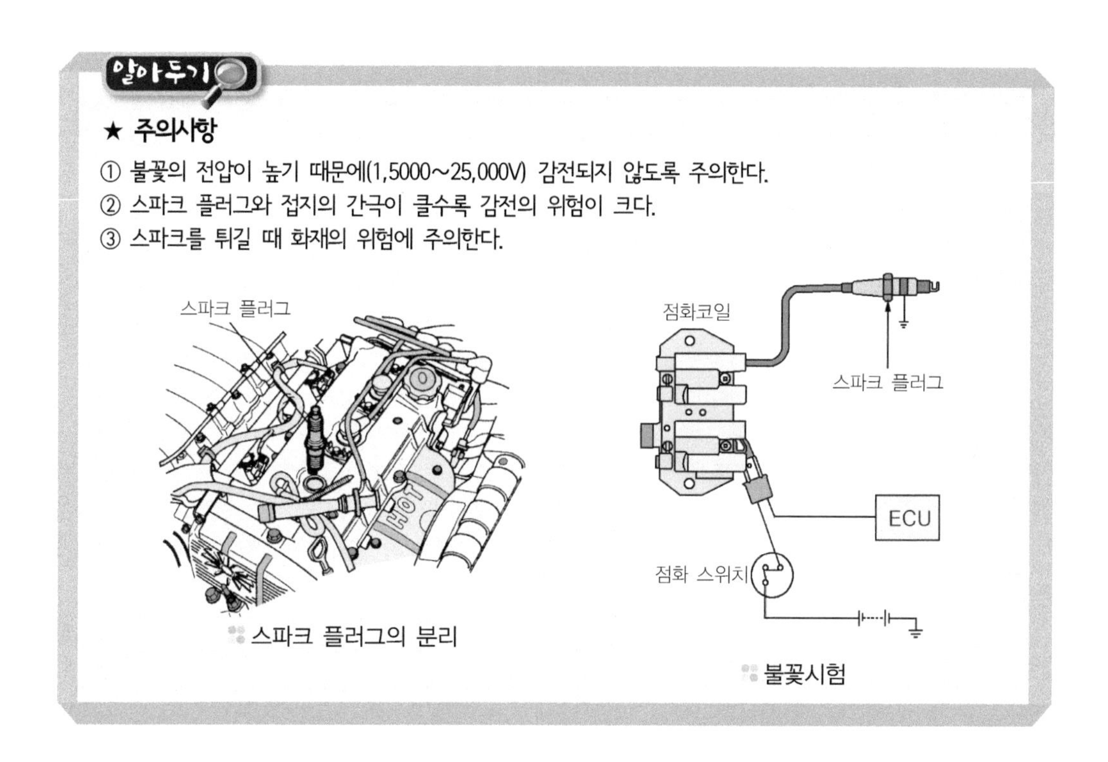

스파크 플러그의 분리

불꽃시험

4 불꽃시험 방법 블록선도

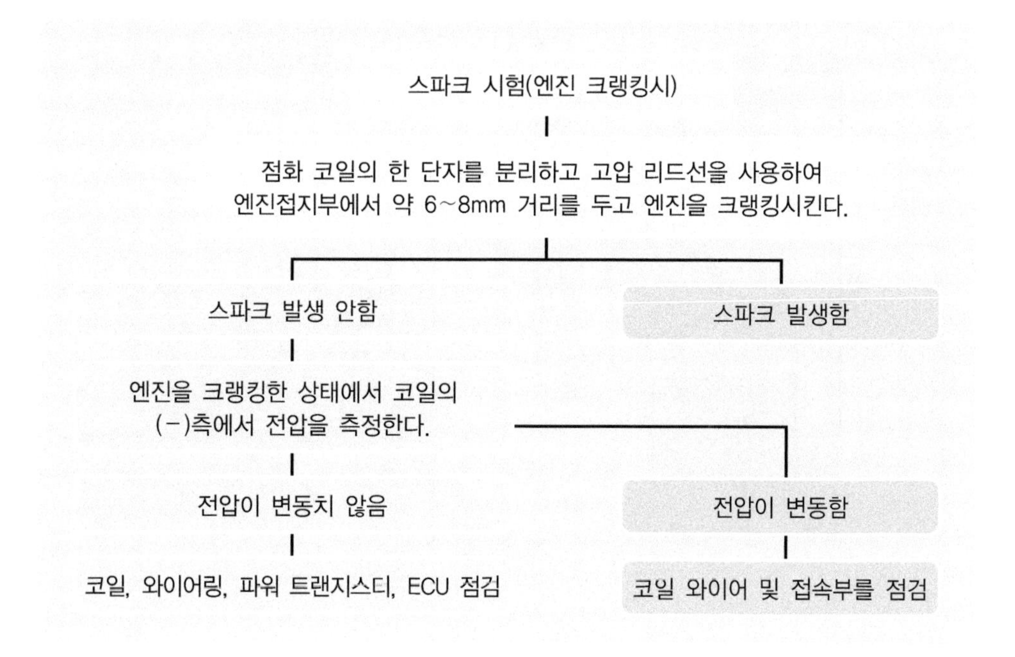

08 점화회로 점검

1 HEL 방식 회로의 흐름

HEI 방식의 회로도 전류의 흐름은 DLI와 거의 동일하며 다만 2차 코일에 유도된 고전압을 디스트리뷰터를 통해 각 점화 플러그로 보내진다.

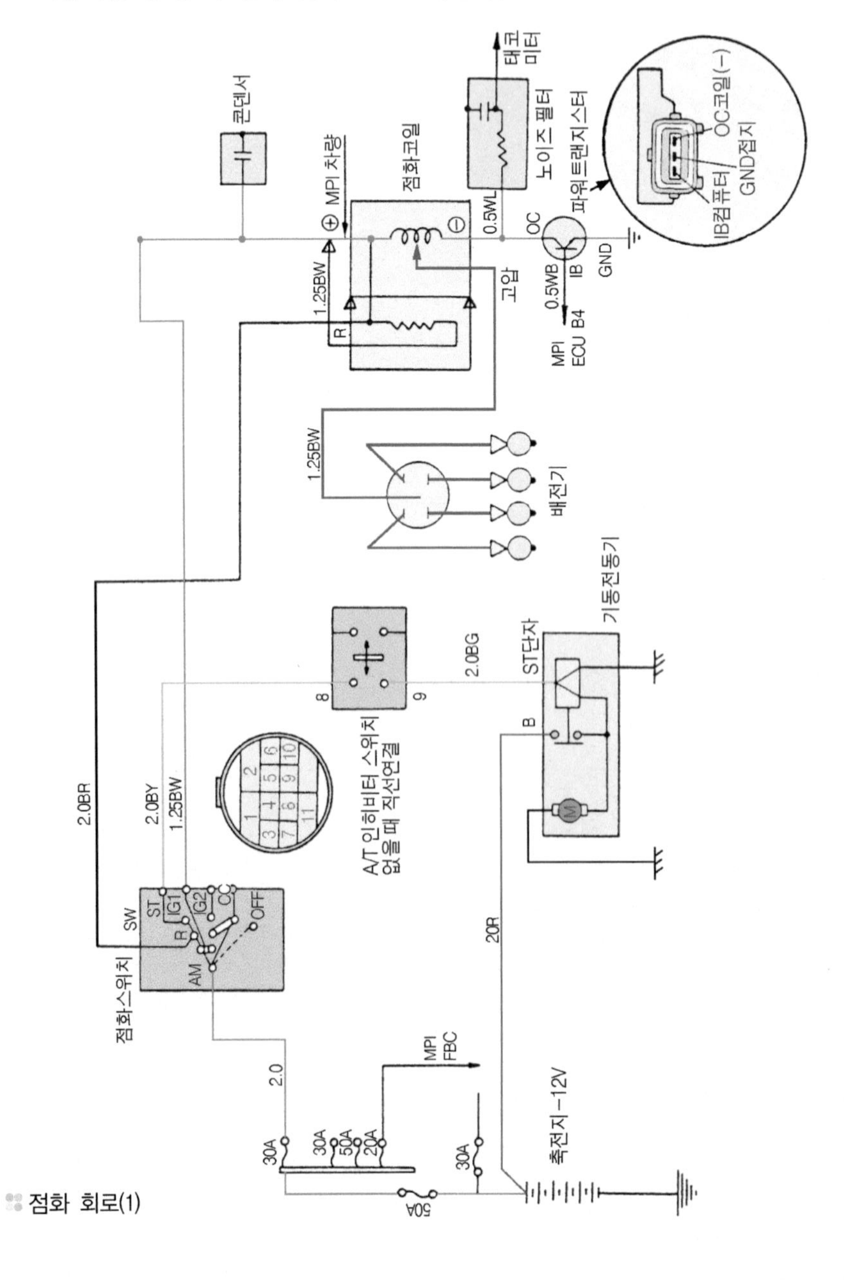

점화 회로(1)

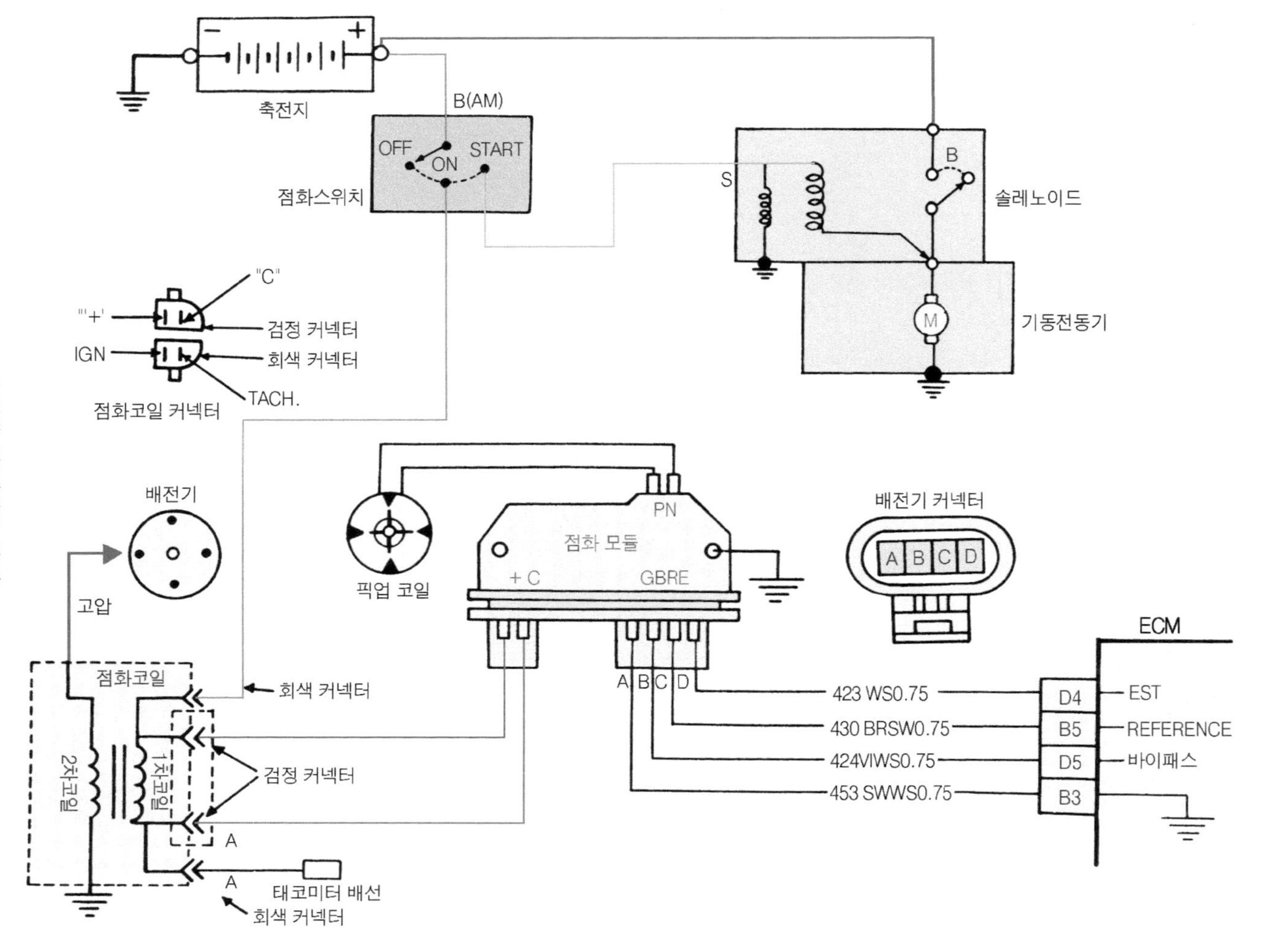

축전지
B(AM)
OFF
ON
START
점화스위치
S
B
솔레노이드
M
기동전동기
"C"
"+"
검정 커넥터
IGN
회색 커넥터
TACH.
점화코일 커넥터
배전기
고압
픽업 코일
PN
점화 모듈
+ C
GBRE
배전기 커넥터
A
B
C
D
ECM
점화코일
회색 커넥터
2차코일
1차코일
검정 커넥터
A
A
태코미터 배선
회색 커넥터
A
B
C
D
423 WS0.75
430 BRSW0.75
424VIWS0.75
453 SWWS0.75
D4
B5
D5
B3
EST
REFERENCE
바이패스

점화 회로(대우 차종)

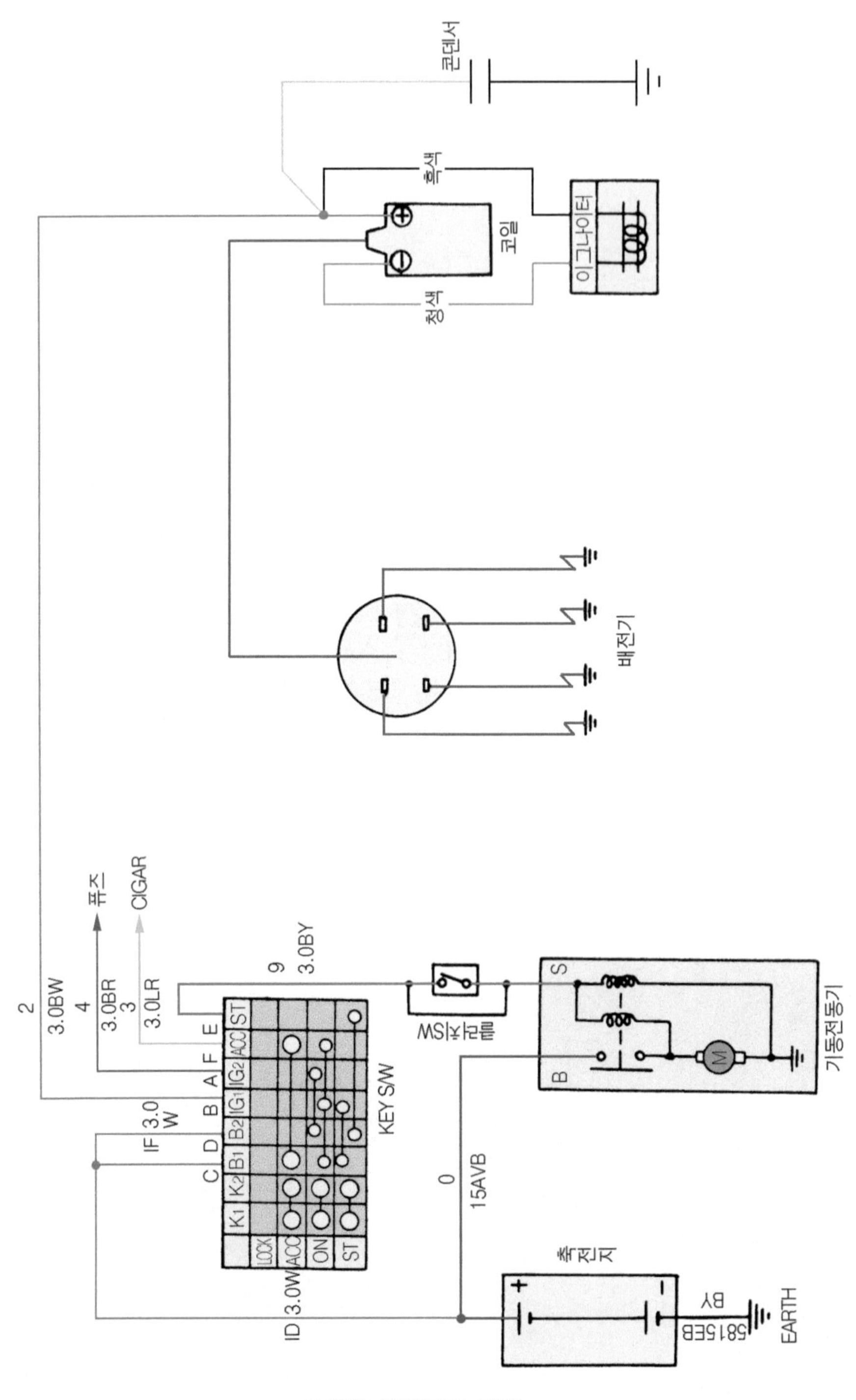
콘덴서
흑색
코일
이그나이터
청색
배전기
2
3.0BW
4
3.0BR
3
3.0LR
퓨즈
CIGAR
9
3.0BY
C D B A F E
K1 K2 B1 B2 IG1 IG2 ACC ST
LOCK
ACC
ON
ST
KEY S/W
IF 3.0 W
ID 3.0W
S
B
M
기동전동기
0
15AVB
축전지
EARTH

점화 회로(기아 차종)

2 DLI 방식의 회로

배터리에서 메인 퓨즈, 퓨즈블 링크를 지나 점화 스위치에 있던 전원은 점화 스위치가 ON 되면 점화 1차 코일에 도달 ECU 내부의 파워 트랜지스터로 들어간다. 이때 크랭크각 센서로부터 신호를 받은 ECU가 연산하여 ECU 내부의 파워 트랜지스터 베이스에 전원을 단속하여 2차 코일에 고전압을 형성하게 하고 점화 코일로부터 2차 코일에 유도된 전류는 직접 각 점화 플러그를 통해 실린더에 전원을 공급한다.

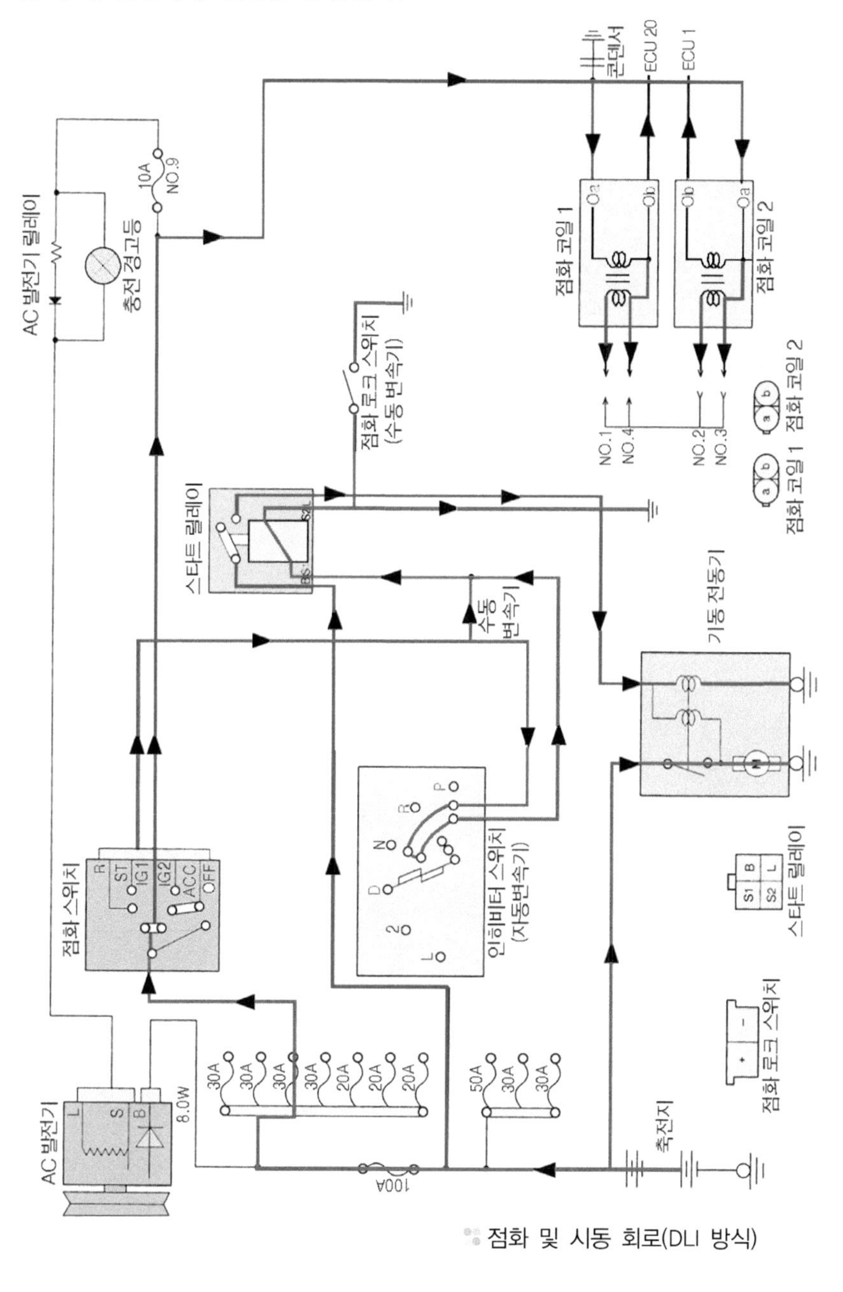

점화 및 시동 회로(DLI 방식)

09 컨트롤 릴레이 점검

① 메인 컨트롤 릴레이 기능

컨트롤 릴레이는 ECU, 연료펌프, 인젝터, AFS 등에 배터리 전원을 공급하는 장치이다. 그리고 컨트롤 릴레이에 배터리 전압을 직접 연결할 때 정확하게 단자에 연결하여야 하며, 만일 잘못 연결하면 릴레이가 손상된다.

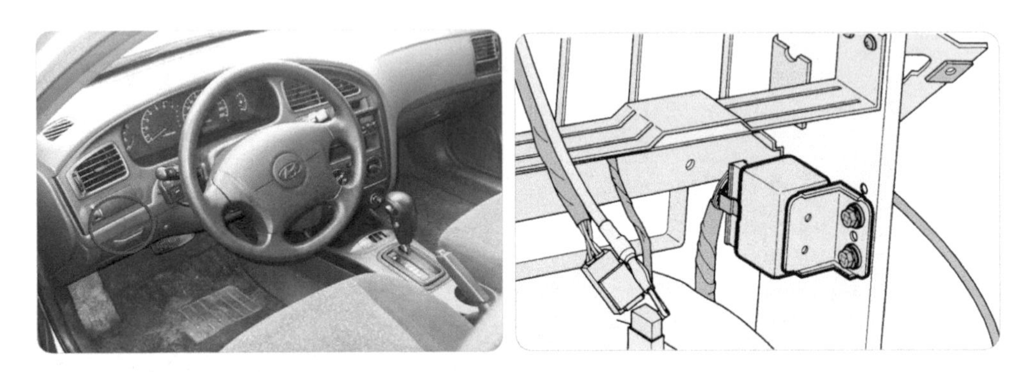

메인 컨트롤 릴레이 설치위치

② 메인 컨트롤 릴레이 점검

1. A형 컨트롤 릴레이 점검

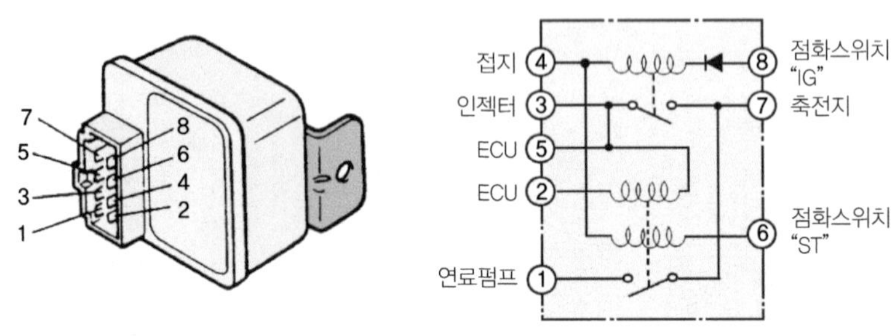

A형 컨트롤 릴레이

① 코일 L_1 및 L_2

상 태	측정 터미널	규정 저항값	비고
여자가 안됨	1과 7	∞Ω	여자가 되는 것은 터미널 4와 6또는 2와 5사이에 전압이 흐르는 것을 의미한다.
	2와 5, 2와 3	약 95Ω	
	6과 4	약 35Ω	
여자가 됨	1과 7	0Ω	

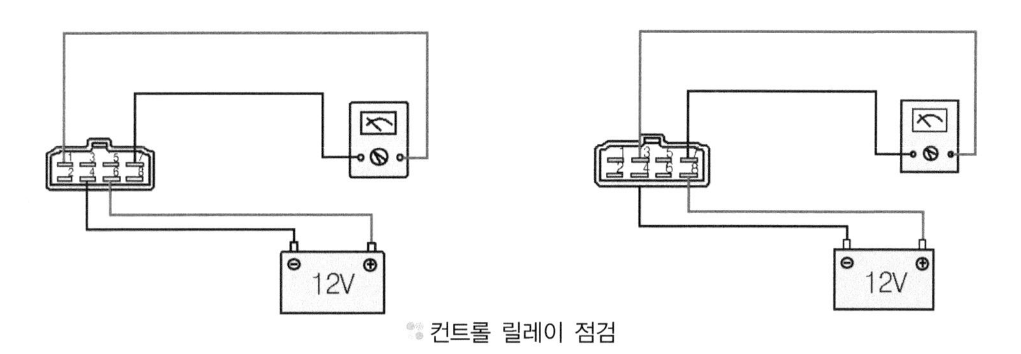

컨트롤 릴레이 점검

② **코일 L_3**

상　　태	측정 터미널	규정 저항값	규정 저항값
여자가 안됨	3과 7	∞Ω	여자가 되는 것은 터미널 8과 4사이에 전압이 흐르는 것을 의미한다.
	4 → 8	∞Ω	
	4 ← 8	약 140Ω	
여자가 됨	3과 7	0Ω	

2. B형 컨트롤 릴레이 점검

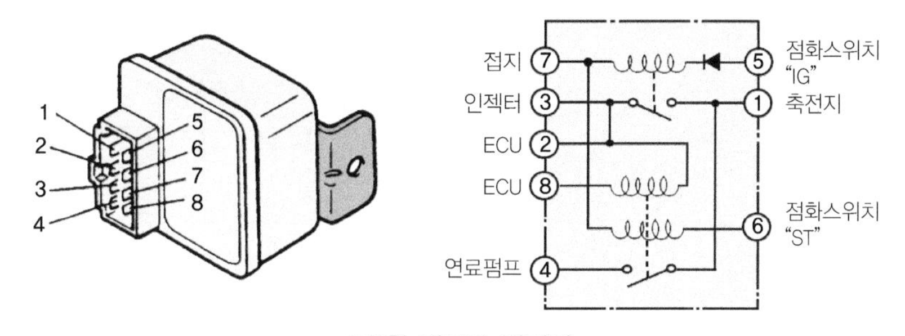

B형 컨트롤 릴레이

① **코일 L_1 및 L_2**

상 태	측정 터미널	규정 저항값	규정 저항값
여자가 안됨	1~4	통전 안됨(∞Ω)	여자가 되는 것은 터미널 6과 7사이에 전압이 흐르는 것을 의미한다.
	3~8	통전됨(약 95Ω)	
	2~8		
	6~7	통전됨(약 35Ω)	
여자가 됨	1~4	통전됨(0Ω)	

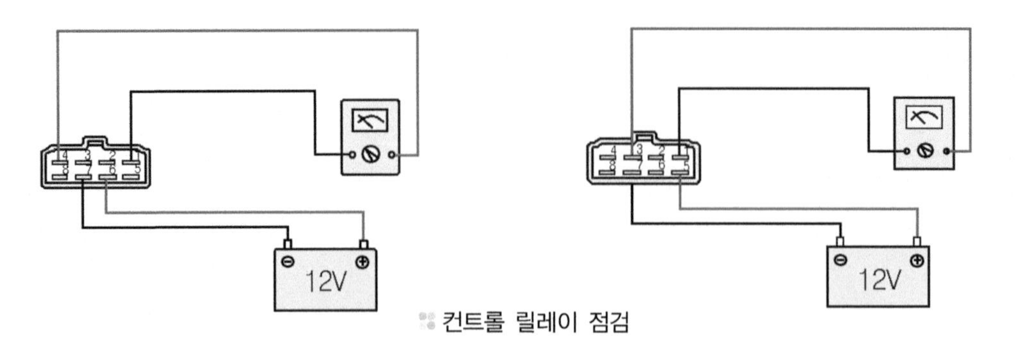

컨트롤 릴레이 점검

② **코일 L_3**

상 태	측정 터미널	규정 저항값	규정 저항값
여자가 안됨	1 ~ 3	통전 안됨(∞Ω)	여자가 되는 것은 터미널 5와 7에 전압이 걸리는 것을 의미한다. 결과가 규정과 일치하지 않을 때는 컨트롤 릴레이를 교환해야 한다.
	7 → 5	통전 안됨(∞Ω)	
	7 ← 5	통전됨(0Ω)	
여자가 됨	1 ~ 3	통전됨(0Ω)	

3. C형 컨트롤 릴레이 점검

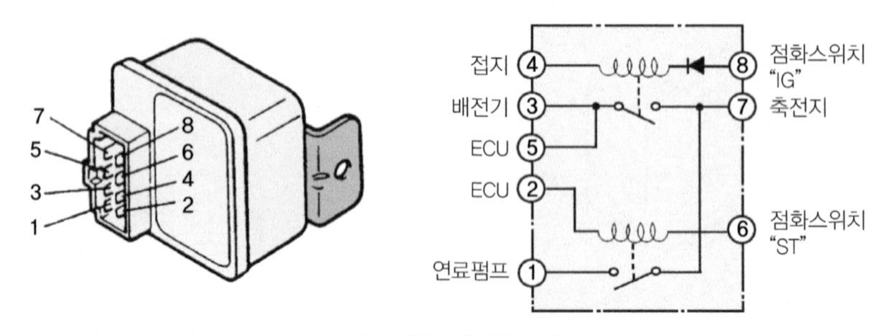

C형 컨트롤 릴레이

① **코일 L_1 및 L_2**

상 태	측정 터미널	규정 저항값
여자가 안됨	1 − 7	통전 안됨(∞Ω)
	2 − 6	통전됨(약 95Ω)
여자가 됨	1 − 7	통전됨(0Ω)

상 태	측정 터미널	규정 저항값
여자가 안됨	3 − 7	통전 안됨(∞Ω)
	4 → 8	통전 안됨(∞Ω)
	4 ← 8	통전됨(1~MΩ)
여자가 됨	3 − 7	통전됨(0Ω)

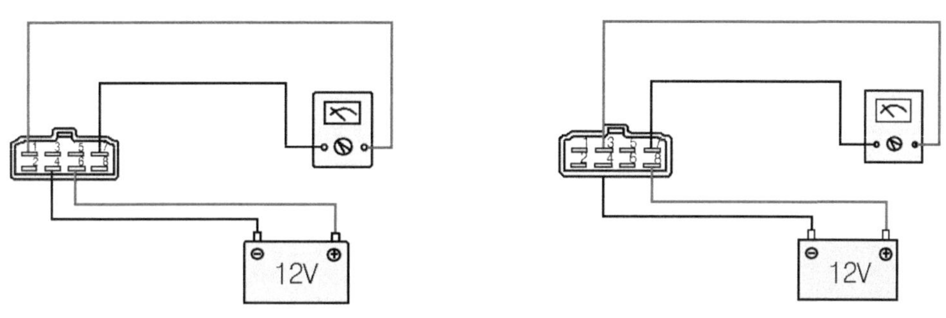

컨트롤 릴레이 점검

4. D형 컨트롤 릴레이 점검

D형 컨트롤 릴레이

① 컨트롤 릴레이의 터미널 6에 12V 전원공급 ⊕터미널을 연결시키고, 터미널 8에 ⊖터미널을 떼었다 붙였다 하여 터미널 2와 1의 전압을 측정한다.

터미널 8과 12V(−)터미널	터미널 2	터미널 1
연 결	12V	12V
분 리	0V	0V

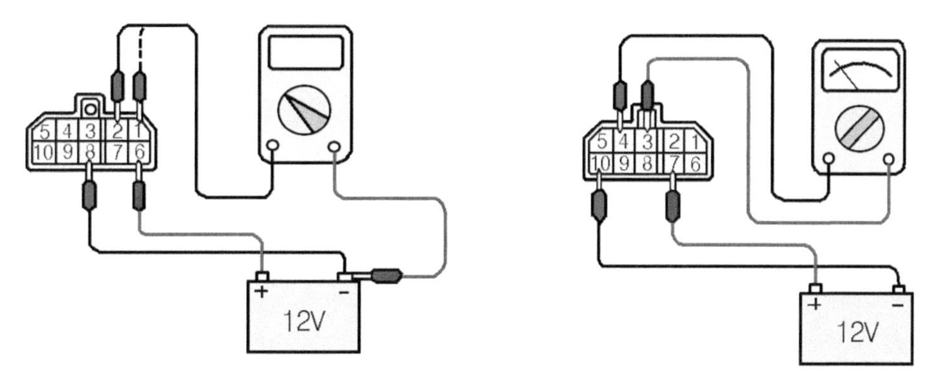

컨트롤 릴레이 점검

② 컨트롤 릴레이의 터미널 10에 전원공급 ⊖터미널을 연결시키고, 터미널 7에 ⊕터미널을 떼었다 붙였다 하여 터미널 3과 4의 통전성을 점검한다.

터미널 7과 12V(+)터미널	터미널 3과 터미널 4
연 결	통전됨
분 리	통전안됨

③ 컨트롤 릴레이의 터미널 3에 12V 전원공급 ⊕터미널을 연결시키고, 터미널 9에 ⊖터미널을 떼었다 붙였다 하여 터미널 4의 전압을 측정한다.

터미널 9와 12V(−)터미널	터미널 4
연 결	12V
분 리	0V

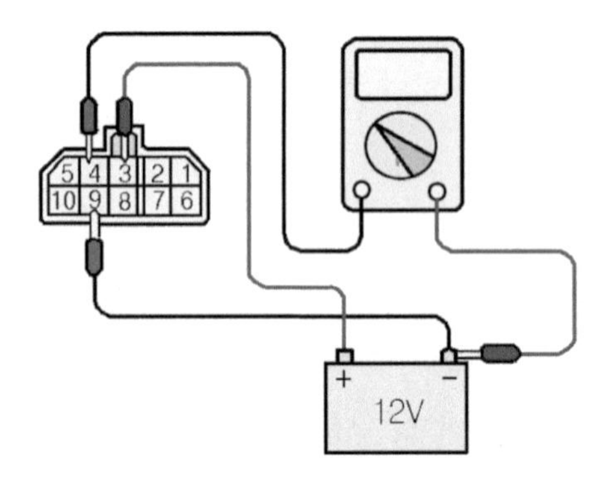

컨트롤 릴레이 점검

제5장

충전장치 정비

01 AC 발전기 교환 및 구동 벨트 장력 점검

1 AC 발전기 탈·부착 순서

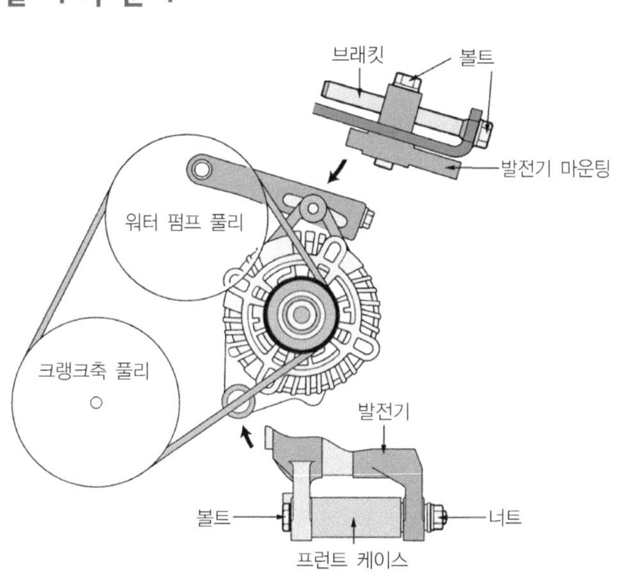

구동 벨트의 장착위치

① 배터리 ⊖단자의 케이블을 분리한다.
② 발전기 B단자의 와이어를 분리하고 L.R 커넥터를 분리한다.
③ 발전기의 장력 조정 볼트와 발전기 고정 볼트를 푼다.
④ 발전기를 안쪽으로 밀어서 구동 벨트를 분리한다.

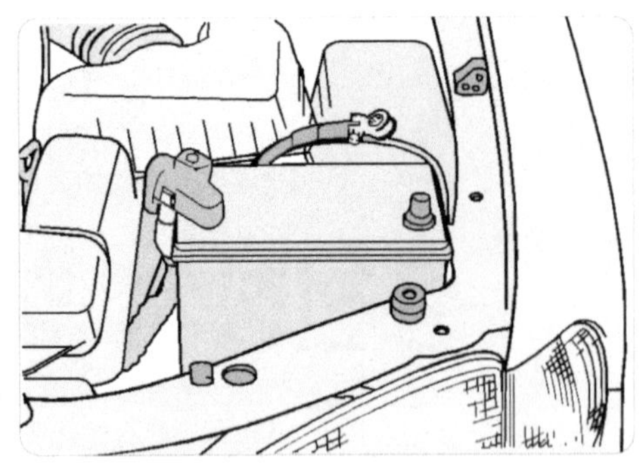

배터리 ⊖단자 케이블 분리

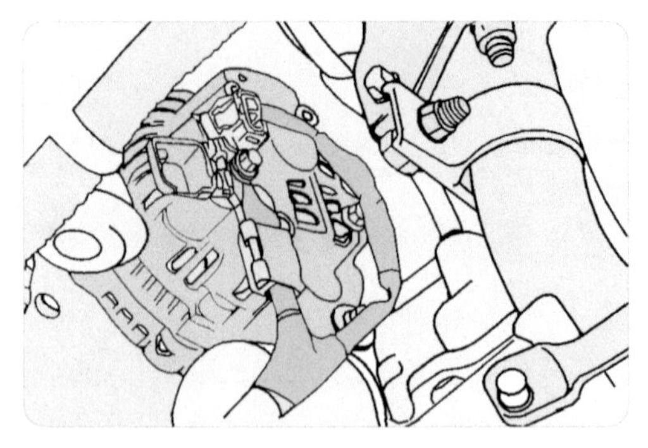

B단자와 커넥터 분리

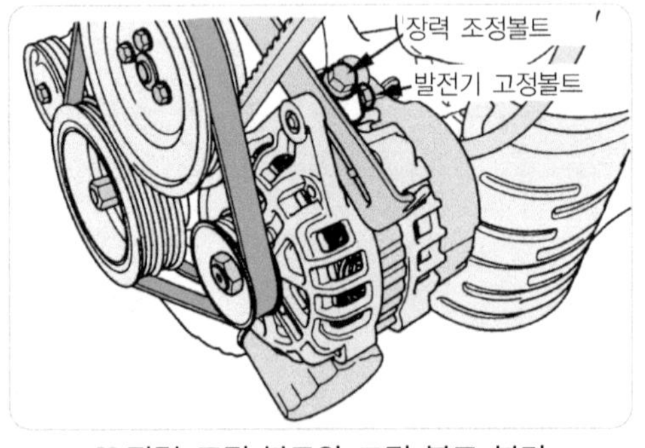

장력 조정 볼트와 고정 볼트 분리

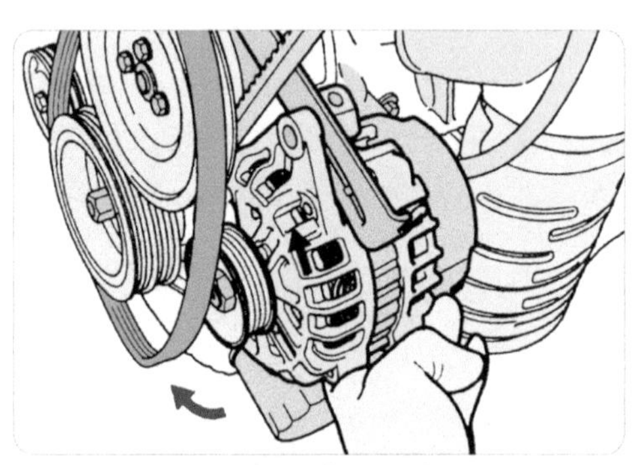

구동 벨트 분리

⑤ 발전기의 설치 볼트를 풀어서 발전기를 탈거한다.

⑥ 장착은 탈거의 역순이다.

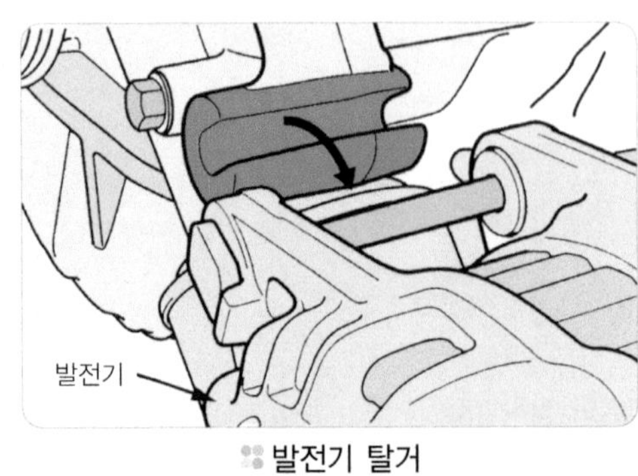

발전기 탈거

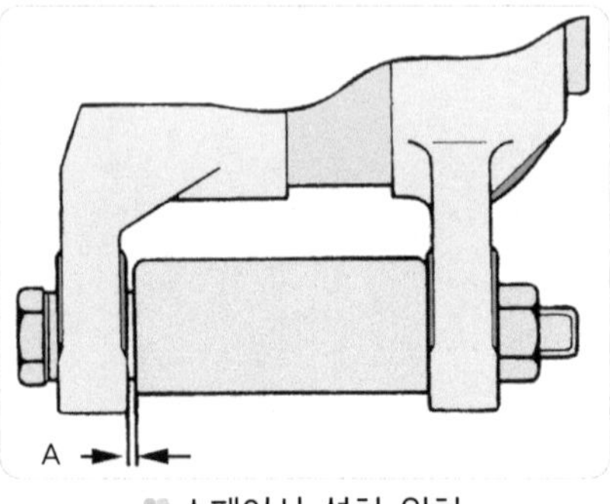

스페이서 설치 위치

1. 발전기를 위치시킨 후 서포트 볼트를 끼운다. 이때 너트는 끼우지 않는다.
2. 발전기를 앞으로 민 후 그림 “A” 부위와 같이 발전기 프런트 레그 및 프런트 케이스 사이에 몇 장의 스페이서(두께 1mm)를 끼워야 하는지 결정한다.
3. 스페이서를 끼운 후 너트를 체결한다.

차종	장력		차종	장력	
	신품	구품		신품	구품
벨로스터 JS 1.6	100~110kgf	72~82kgf	K3 YD 1.6	70~80kgf	50~60kgf
모닝 TA 1.0	100~110kgf	69~79kgf	K5 JF 1.6	100~110kgf	72~82kgf
쏘울 PS 1.6	100~110kgf	72~82kgf			

2 구동 벨트 장력 조정

1. 유격 점검 방법

① 워터펌프 풀리와 AC 발전기 풀리 사이를 10kgf의 힘으로 누른다.

② 벨트를 누르면서 벨트의 유격을 점검한다.

③ 벨트의 처짐량은 신품 벨트는 5.5~7.0mm, 사용중인 벨트는 8.0mm이면 정상이다.

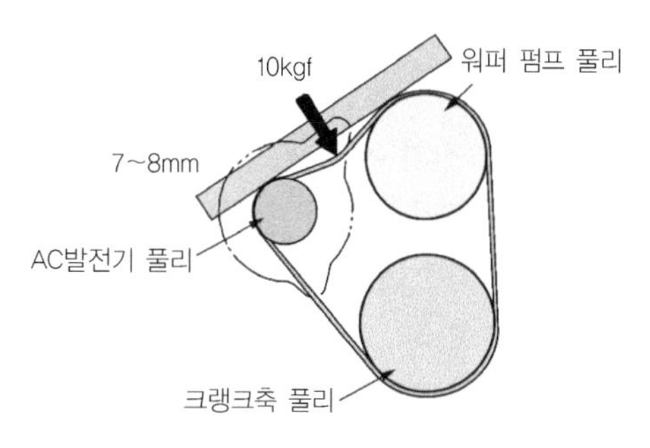

구동 벨트 유격 점검

2. 장력 게이지를 사용할 경우

① 게이지의 훅(hook)과 스핀들 사이에 벨트를 끼워 넣고 장력 게이지의 핸들을 누른다.

② 핸들을 놓고 게이지의 눈금을 읽는다. 이때 신품 벨트는 50~70kgf, 사용 중인 벨트는 40kgf이면 정상이다.

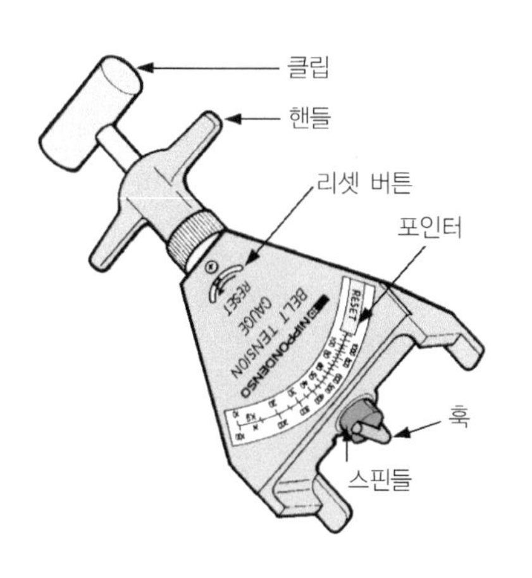

장력 게이지

장력 게이지 사용 방법

3. 장력 조정 방법

① AC 발전기 지지 볼트 "A"의 너트와 조정 고정 볼트 "B"를 푼다.

② 장력 조절 볼트를 풀거나 조이면서 벨트의 장력을 조정한다.

③ 볼트 "B"를 조인 후(조임 토크 : 1.2~1.5kgf·m), 너트 "A"(조임 토크 : 2.0~2.5kgf·m)로 조인다.

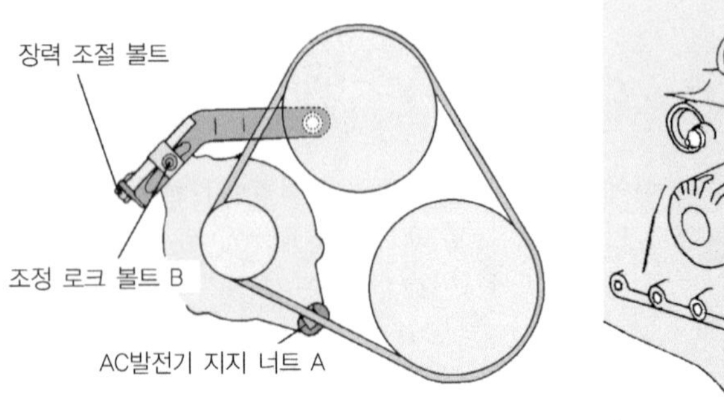

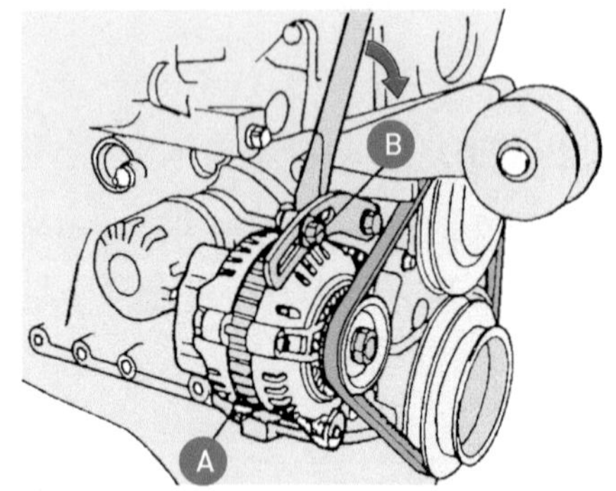

구동벨트 장력 조정 위치

③ 차종별 구동 벨트

엘란트라

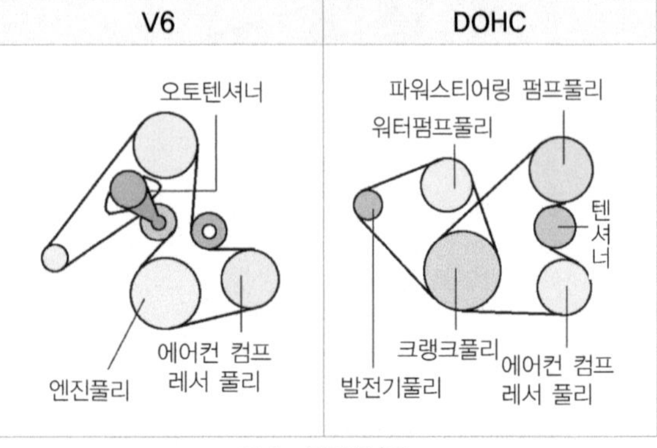

뉴 EF쏘나타

02 충전 전류와 전압 측정

1 발전기 출력 배선의 전압 강하 시험

이 시험은 발전기의 B단자와 배터리 (+)단자 사이의 배선 접촉상태를 확인하는 시험이다.

1. 준비 작업

① 점화 스위치를 OFF시킨다.
② 배터리 (−)단자 기둥의 케이블을 분리한다.
③ 발전기 B단자에서 배선을 분리한다.
④ 그림과 같이 전류계와 전압계를 연결한다. 이 때 전류계와 전압계 단자의 접속에 주의하여야 하며, 발전기 B단자에 접속되었던 배선을 전류계 (−)케이블을 연결한다.
⑤ 분리했던 배터리의 (−)단자의 케이블을 연결한다.

2. 전압 강하 시험

① 엔진을 시동한다.
② 전류계의 눈금이 20A가 되도록 엔진의 회전속도를 높인다.
③ 전압계의 눈금을 판독한다.
④ 측정 후 모든 스위치를 원위치 시킨다.

발전기 출력 배선 전압 강하 시험

3. 판 정

① 규정 전압이하이면 정상이다. 배선 전압 강하의 규정값은 0.2V이하이다.
② 규정 전압 이상이면 케이블의 접촉상태, 퓨저블 링크의 접촉 불량이다.

2 발전기 충전(출력) 전류 시험

이 시험은 발전기의 충전(출력) 전류가 정격 전류와 일치하는지를 확인하는 시험이다.

1. 준비 작업

① 차량에 부착된 배터리가 정상인가를 확인한다. 충전 전류를 측정할 때에는 약간 방전

된 배터리를 사용하는 것이 좋다. 완전 충전된 배터리는 충전 전류의 측정이 불확실하다.

② 점화 스위치를 OFF로 한다.

③ 배터리의 (−)단자 기둥의 케이블을 분리한다.

④ 발전기의 B단자에서 충전 배선을 분리한다.

⑤ 그림과 같이 전류계와 전압계를 연결한다.

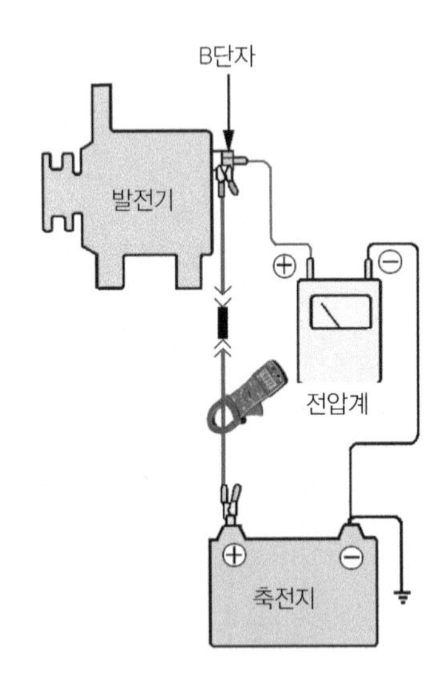

클램프 미터를 이용한 측정 방법

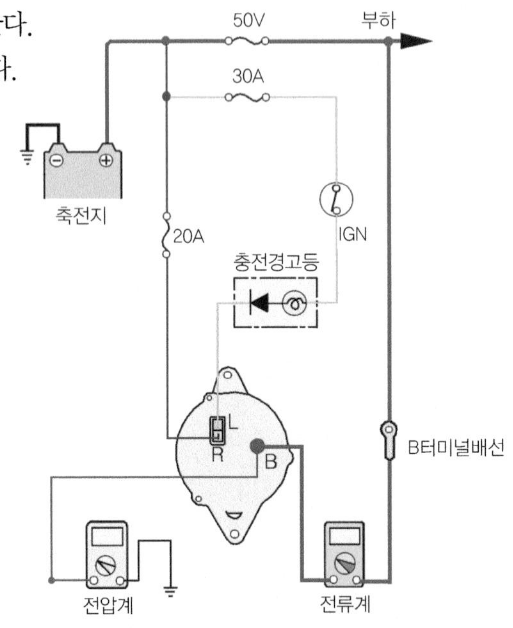

전류계를 이용한 측정 방법

2. 충전(출력) 전류 시험

① 분리했던 배터리 (−)단자 기둥의 케이블을 연결하고 점화 스위치를 ON으로 하여 전압계가 배터리 전압과 동일한지를 확인한다. 배터리 전압과 동일하지 않으면 퓨저블 링크, 충전계통의 배선 접촉 불량 등을 점검한다.

② 전조등 스위치를 ON으로 하여 3분 정도 방전시킨다.

③ 엔진을 시동한다. 이때 에어컨이나 히터 송풍기를 High로 켠다.

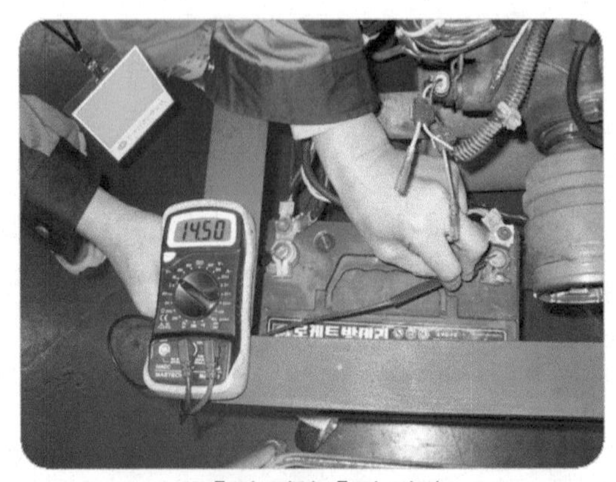

충전 전압 측정 방법

④ 엔진의 회전속도를 2000~2500rpm으로 높인다.

⑤ 전류계와 전압계의 눈금을 판독한다. 엔진 시동 후 충전 전류가 떨어지므로 시험을 신속하게 실시한다.
⑥ 측정 후 모든 상태를 원위치 시킨다.
⑦ 충전 전류는 정격 전류의 70%이상이면 정상이다. 정격 출력값은 발전기 보디에 설치되어 있는 명판에 표시되어 있다.

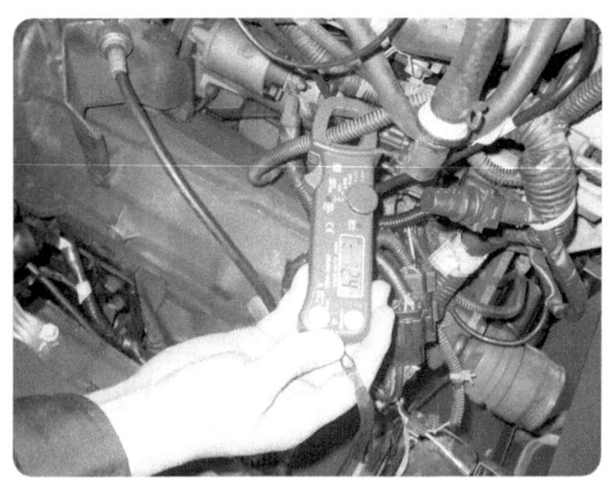

충전 전류 측정 방법

3 발전기 조정 전압 시험

이 시험은 전압 조정기가 전압을 적절히 조정하는지를 확인하는 시험이다.

1. 준비 작업

① 차량에 설치된 배터리가 정상인지를 확인한다.
② 점화 스위치를 OFF시킨다.
③ 배터리 (−)단자 기둥의 케이블을 분리한다.
④ 그림과 같이 전압계와 전류계를 연결한다.

2. 조정 전압 시험

① 배터리 (−)단자 기둥의 케이블을 연결하고, 점화 스위치를 ON으로 하였을 때 전압계가 배터리 전압과 동일한지를 점검한다. 이때 매우 낮거나 0V이면 배터리 (+)단자와 L단자 사이에 접촉 불량 또는 단선된 상태이다.
② 엔진을 시동한다. 이때 모든 전장품은 OFF시킨다.

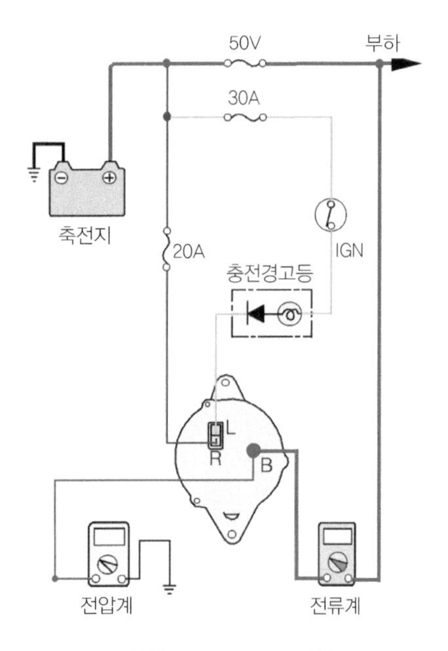

발전기 조정 전압 시험

③ 엔진 회전속도를 2000~2500rpm으로 상승시킨다.
④ 전류계가 10A이하로 떨어질 때 전압계 눈금을 판독한다. 전류계가 10A이상이면 배터리가 충전부족으로 규정 전압보다 낮다.
⑤ 조정 전압이 정격 전압 범위이면 정상이다.

■ 교류 발전기 출력 성능 특성

차종	정격 전류	정격 출력	회전수 (rpm)	차종	정격 전류	정격 출력	회전수 (rpm)
I30 PD 1.6	130A	13.5V	1000~18000	K3 BD 1.6	110A	13.5V	1000~18000
I30 PD 1.4	130A	13.5V	1000~18000	K3 YD 1.6	110A	13.5V	1000~18000
I40 VF 1.7	130A	13.5V	1000~18000	K5 JF 1.6	130A	13.5V	1000~18000
I40 VF 2.0	120A	13.5V	1000~18000	K5 JF 2.0	120A	13.5V	1000~18000
벨로스터 JS 1.4	130A	13.5V	1000~18000	K7 YG 2.5	150A	13.5V	1000~18000
벨로스터 JS 1.6	130A	13.5V	1000~18000	K7 YG 3.0	180A	13.5V	0~18000
싼타페 TM 2.0	150A	13.5V	1500~18000	레이 TAM 1.0	90A	13.5V	1000~18000
싼타페 TM 2.2	180A	13.5V	1000~18000	모닝 TA 1.0	70A	13.5V	1000~18000
쏘나타 YF 2.0	130A	13.5V	1000~18000	모하비 HM 3.0	180A	13.5V	1000~18000
쏘나타 LF 2.0	150A	13.5V	1000~18000	스포티지 QL 1.6	150A	13.5V	1000~18000
쏘나타 LF 1.7	130A	13.5V	1000~18000	스포티지 QL 2.0	180A	13.5V	1000~18000
쏘나타 LF 1.6	130A	13.5V	1000~18000	쏘울 PS 1.6	130A	13.5V	1000~18000
아반떼 MD	130A	13.5V	1000~18000	쏘울 SK3 1.6	130A	13.5V	1000~18000
엑센트 RB 1.6	120A	12V	1000~18000	프라이드UB 1.4	120A	12V	1000~18000
엑센트 RB 1.4	90A	13.5V	1000~18000	프라이드UB 1.6	110A	13V	1000~18000

4 벤치 테스터를 이용한 발전기 시험

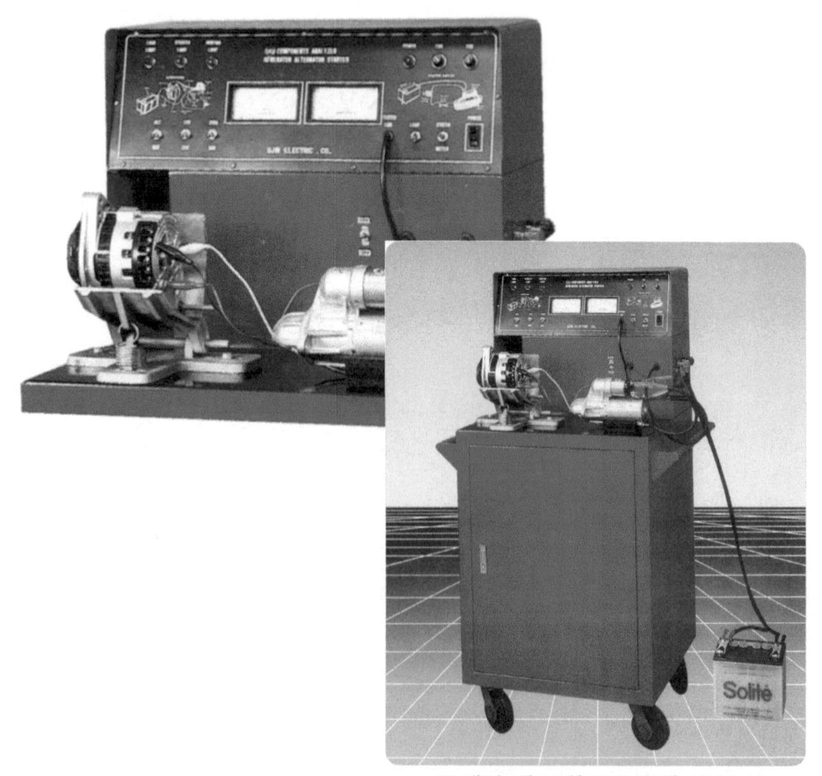

벤치 테스터(UJIN 802) 테스터

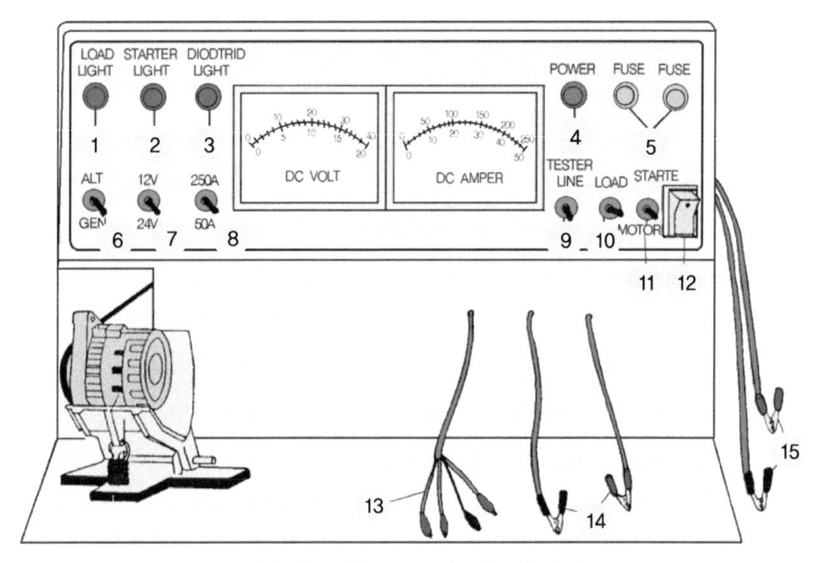

벤치 테스터(UJIN 802) 테스터 패널

① 배터리 테스트 리드선의 적색 클립은 배터리 (+)단자 기둥에, 흑색 클립은 (−)단자 기둥에 연결한다.
② 발전기 선택 스위치(❻번)를 ALT방향으로 선정한다.
③ 전압 선택 스위치(❼번)를 12V방향으로 선택한다.
④ 전류 선택 스위치(❽번)를 50A방향으로 선정한다.
⑤ 발전기 테스터 리드선(⓭번)을 다음과 같이 연결한다.
　㉮ 적색 클립은 발전기 출력 (B)단자에 연결한다.
　㉯ 흑색 클립은 발전기 몸체에 접지시킨다.
　㉰ 백색 클립은 발전기 L단자에 연결한다.
⑥ 리드선을 연결한 다음 파워 스위치(⓬번)를 ON으로 한다. 이때 다이오드 램프(❸번)가 점등된다. 이 상태에서 모터 스위치(⓫번)를 모터방향으로 선택한다. 이때 다이오드 램프가 소등된다. 만약 발전기 조정기가 불량하면 다이오드 램프가 소등되지 않으며, 정상이면 스타트 모터 램프(❷번)가 점등된다.
⑦ 테스트 라인 스위치(❾번)를 현대 및 기아 차량은 위쪽(↑)으로 올리고, 대우 차량은 아래쪽(↓)으로 내리고 점검한다. 다만 대우 차량의 경우 정상이면 다이오드 램프(❸번)가 소등되나 스타트 모터 램프(❷번)는 점등되지 않는다. 그러나 현대 및 기아 차량은 점등된다.

⑧ **판 정**

　㉮ 전압계가 13.5～14.5V이면 정상이다.

㉯ 로드 스위치를 ON으로 하면 전류계가 상승한다. 정상이면 30A이다.

㉰ 30A보다 ±5% 이상이면 발전기 조정기 불량이며, 이하이면 스테이터 코일 및 다이오드를 점검하여야 한다.

5 Hi-DS를 이용한 발전기 충전 전압 시험

1. Hi-DS 테스터 연결법

① **배터리 전원선** : 붉은색을 ⊕, 검은색을 ⊖에 연결한다.

② **멀티미터 프로브** : 붉은색 컬러 프로브를 발전기 "B" 단자에, 흑색 프로브를 차체에 접지한다.

2. 측정 순서

① 엔진을 워밍업 시킨 후 공회전 시킨다.

② Hi-DS 초기 화면에서 차종을 선택하여 차량 제원을 설정한 후 확인 버튼을 누른다.

③ 멀티 미터 항목을 선택한다.

초기 화면

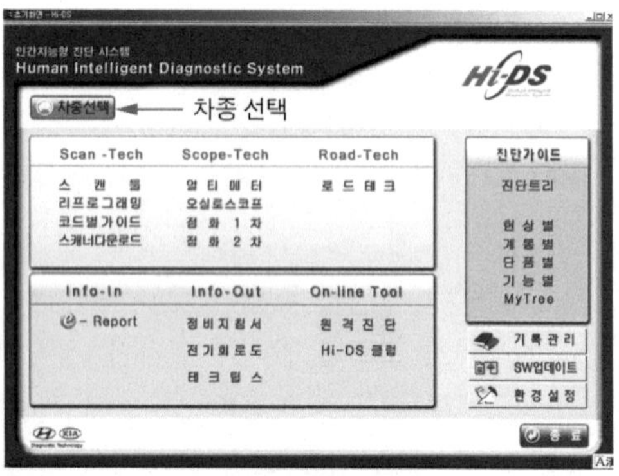

차종 선택 화면

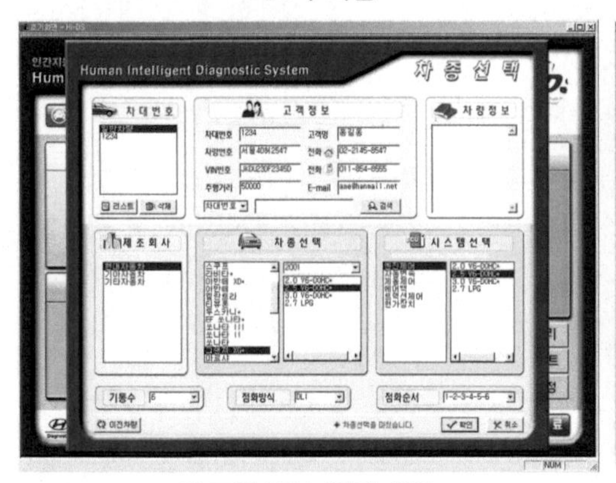

고객 정보 입력 화면

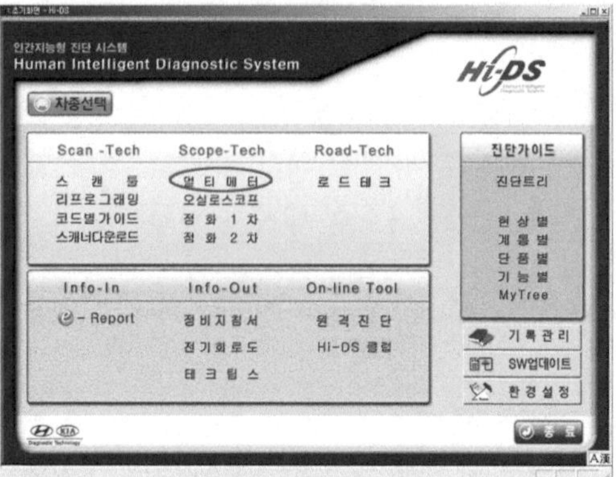

멀티미터 선택 화면

④ 멀티미터 화면의 툴바에서 전압 아이콘 V 을 클릭하면 전압 측정모드로 이동한다.

⑤ 발전기 정격 출력 회전수가 될 때까지 엔진 회전수를 올리고 발전기 B단자에 (+)리드선을 접지에 (-)리드선을 대고 충전 전압을 측정한다.

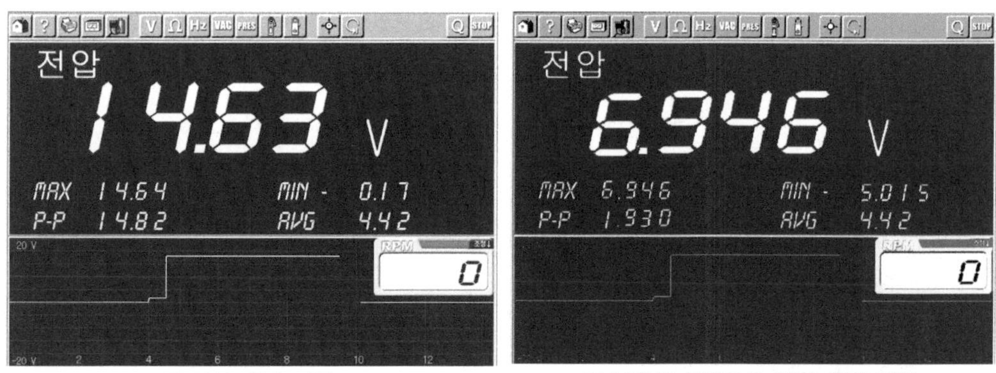

정상 출력 전압

브러시 불량으로 인한 출력 전압

6 Hi-DS를 이용한 발전기 충전 전류 시험

1. Hi-DS 테스터 연결법

① **배터리 전원선** : 붉은색을 ⊕, 검은색을 ⊖에 연결한다.

② **대전류 프로브** : 대전류 프로브를 발전기 "B" 단자에 건다. 화살표가 배터리 방향을 향하도록 한다.

훅 미터 설치 위치

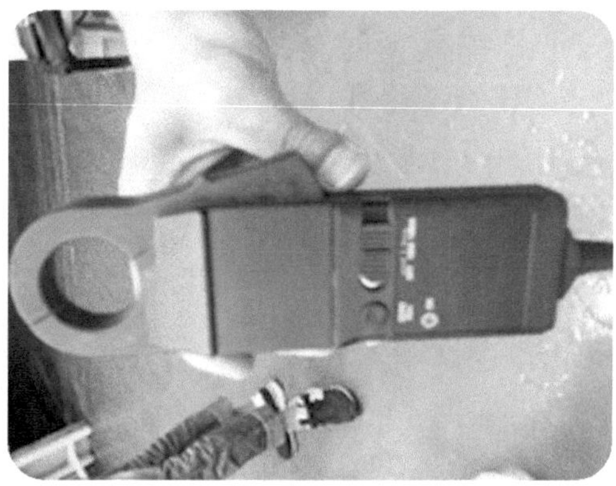

대전류 프로브

2. 측정 순서

① 엔진을 워밍업 시킨 후 공회전 시킨다.

② Hi-DS 초기 화면에서 차종을 선택하여 차량 제원을 설정한 후 확인 버튼을 누른다.

③ 멀티 미터 항목을 선택한다.

④ 멀티미터 화면의 툴바에서 대전류 아이콘 을 클릭하면 전류 측정모드로 이동한다.

⑤ 대전류 프로브를 발전기 B 단자에 화살표를 배터리 방향으로 걸고 측정값을 읽는다.

초기 화면

차종 선택 화면

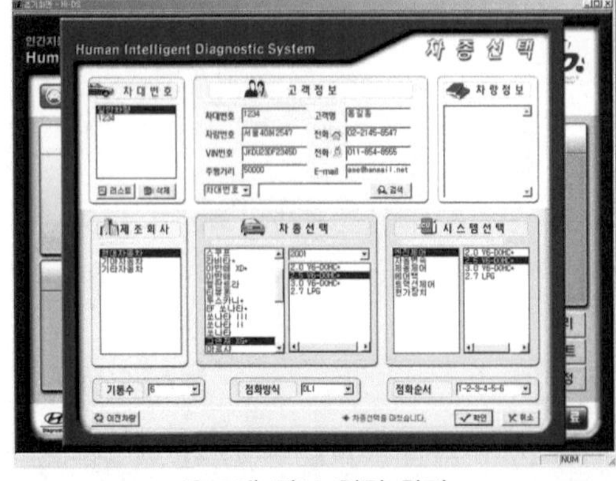

고객 정보 입력 화면

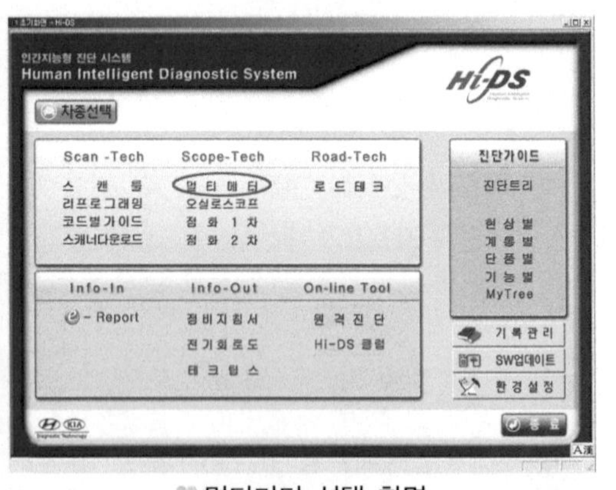

멀티미터 선택 화면

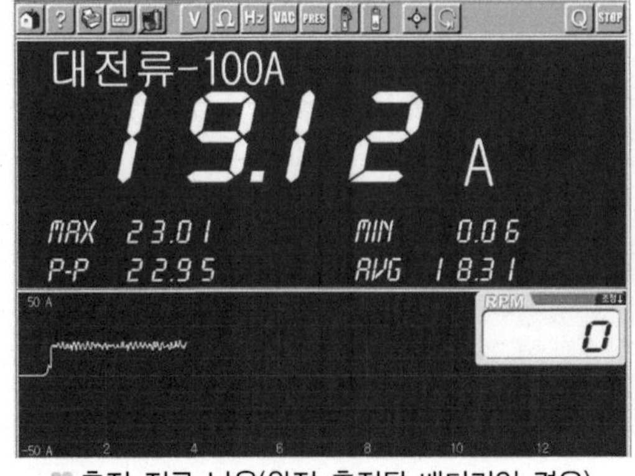

충전 전류 낮음(완전 충전된 배터리일 경우)

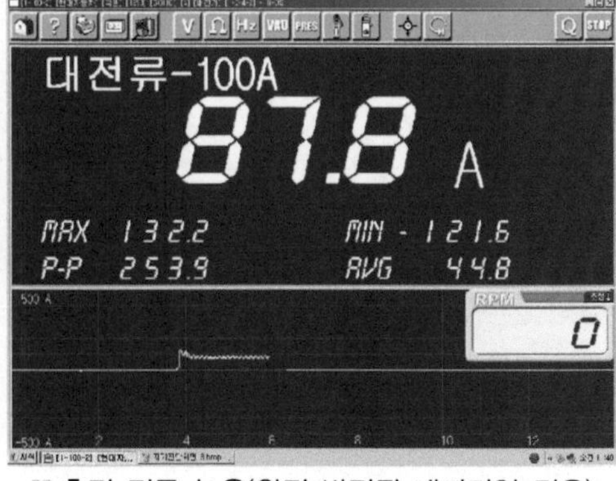

충전 전류 높음(완전 방전된 배터리일 경우)

3. 판정

① 정격 전류의 70% 이상이면 정상이다. 그러나 시험장에서는 대부분 충전이 된 상태에서 측정하기 때문에 약 20~30A 정도가 충전전류로 나온다.

7 차종별 B 단자 위치

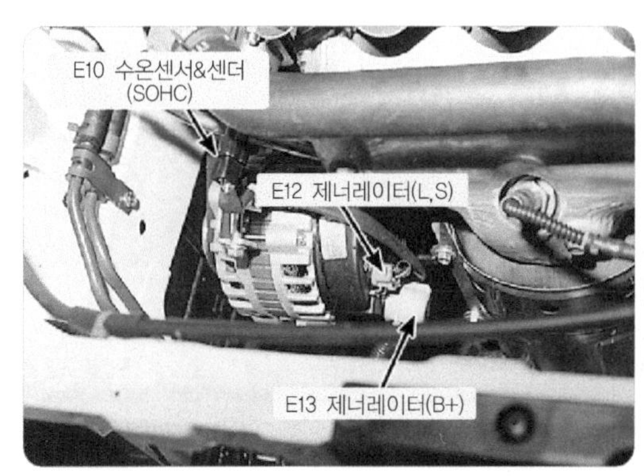

베르나

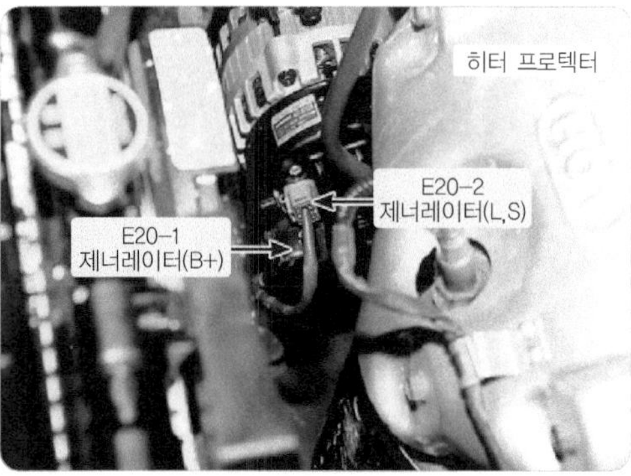

아반떼 XD

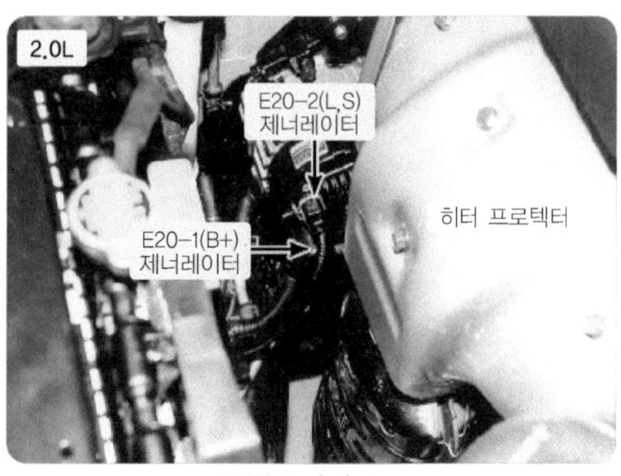

투스카니 2.0

03 발전기 출력 파형 점검

1 Hi-DS를 이용한 발전기 충전전류 파형 검사 방법

1. 테스터 연결법

① **배터리 전원선** : 붉은색을 ⊕, 검은색을 ⊖에 연결한다.

② **오실로스코프 프로브** : 컬러 프로브를 발전기 출력 단자에, 흑색 프로브를 차체에 접지한다.

2. 측정 순서

① 엔진을 워밍업 후 공회전 시킨다.

② Hi-DS 초기 화면에서 차종을 선택하여 차량 제원을 설정한 후 확인 버튼을 누른다.

③ 오실로스코프 항목을 선택한다.

초기 화면

차종 선택 화면

고객 정보 입력 화면

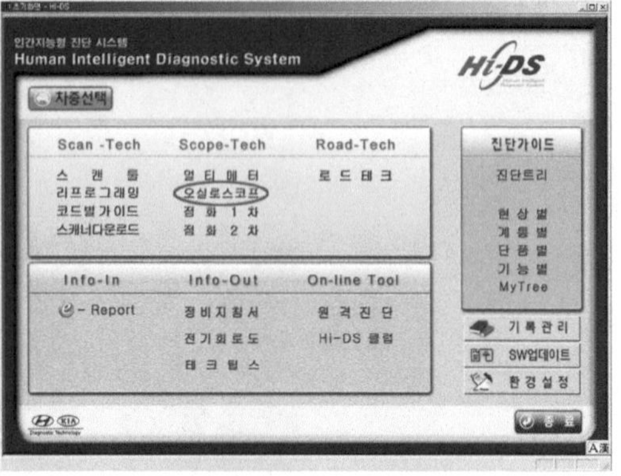

오실로스코프 선택 화면

④ 환경 설정 버튼 을 눌러 측정 제원을 설정한다(UNI, 10V, DC 시간축 : 1.0~1.5ms, 일반선택). 모니터 하단의 채널 선택을 발전기 출력단자에 연결한 채널 선으로 선택한다.

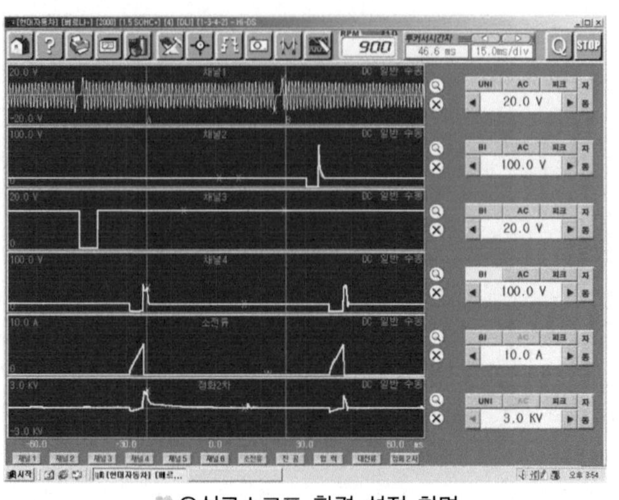

오실로스코프 환경 설정 화면

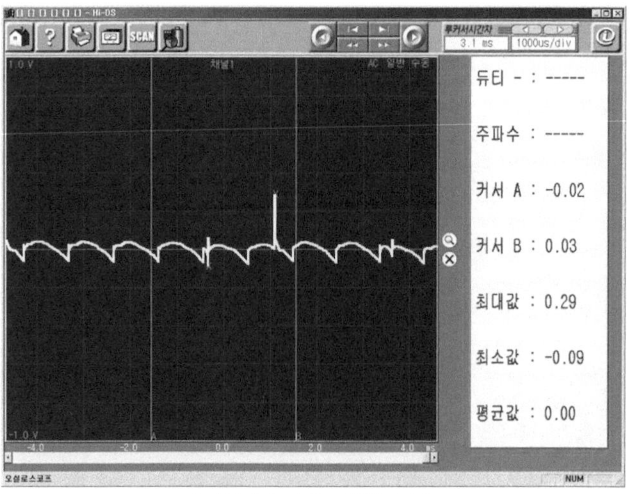

발전기 출력 측정 화면

(3) 파형의 분석

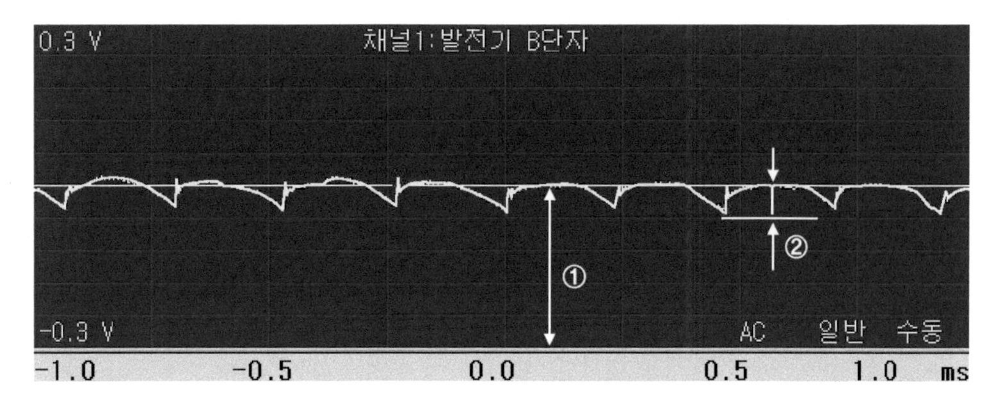

① **충전 전압(①)** : 충전전압을 나타내고 있으며(13.8~14.8V) 일직선을 나타내야 한다. 산이 하나가 빠져 있으면 다이오드의 불량이다. 날카로운 잡음이 있으면 슬립링의 오염으로 볼 수 있다.

② **피크 전압(②)** : 산과 골 사이의 p-p 전압은 500mV 이하이어야 하며, 그 이상이면 전압 조정기의 제너 다이오드의 불량으로 볼 수 있다.

② Hi-DS 스캐너를 이용한 발전기 충전 전류파형 검사방법

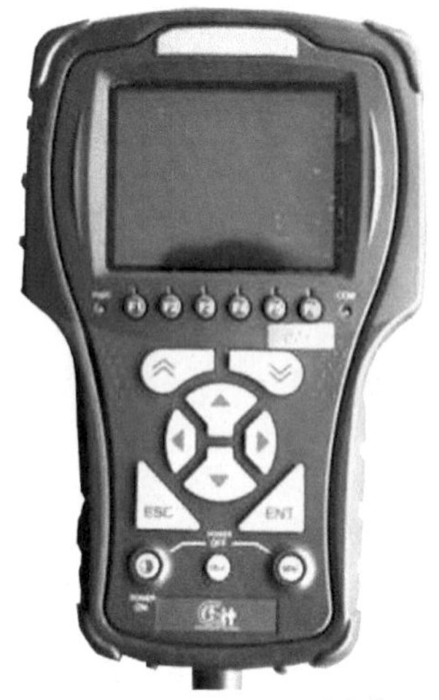

Hi-DS Scanner 본체

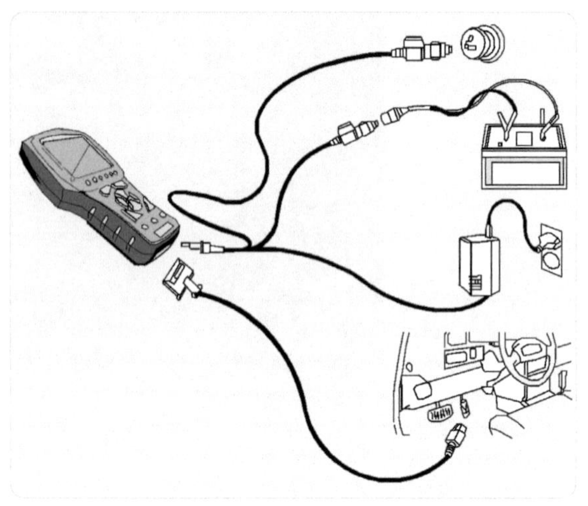

Hi-DS Scanner 스캐너 배선

1. 테스터 연결법

① **배터리 전원선** : 붉은색을 ⊕, 검은색을 ⊖에 연결한다.

② **멀티 테스터 리드** : 테스터 리드를 발전기 "B" 단자에 연결하고 접지선을 엔진 본체에 접지시킨다.

2. 측정 순서

① 엔진을 워밍업 후 공회전 시킨다.

② **전원 ON** : Hi-DS 스캐너에 전원을 연결한 후 POWER ON 버튼(◉)을 선택하면 LCD 화면에 제품명 및 제품 회사의 로고가 나타나며, 3초 후 제품명 및 소프트웨어 버전 출력의 화면이 나타난다. 이때 Enter 버튼(ENT)을 누르면 기능선택 화면으로 진입된다.

제품명 및 회사 로고

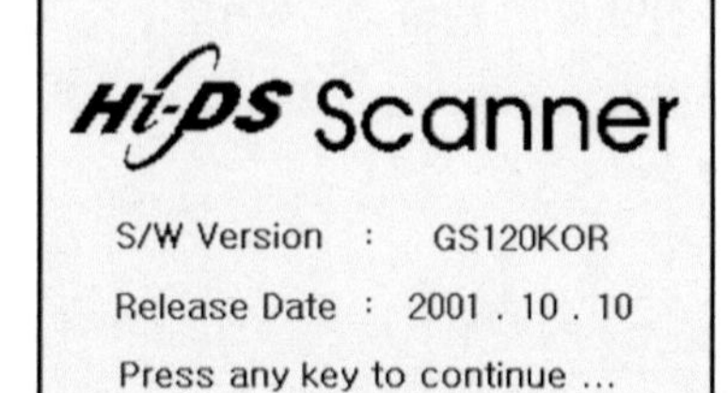

소프트웨어 버전

③ 기능 선택 화면에서 커서를 2번 스코프/미터/출력 위에 놓고 엔터키를 누르면 공구상자 모드로 들어가게 되고 다시 커서를 1번 오실로스코프 위에 놓고 엔터키를 누르면 스코프 모드로 들어가게 된다.

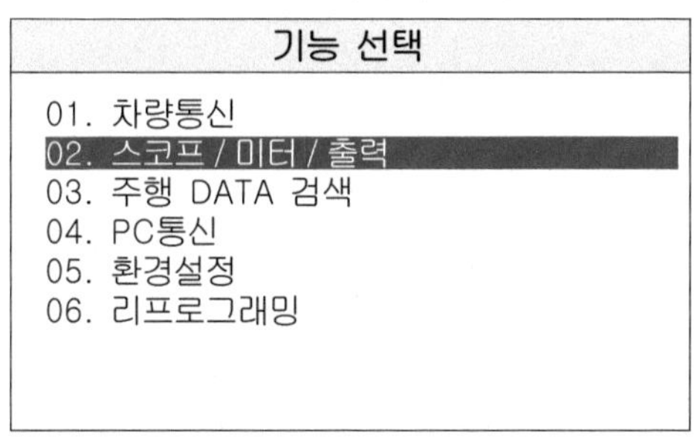

기능 선택 화면

스코프/미터/출력

01. 오실로스코프
02. 자동설정스코프
03. 접지/제어선 테스트
04. 멀티미터
05. 액추에이터 구동
06. 센서 시뮬레이션
07. 점화파형
08. 저장화면 보기

오실로 스코프 화면

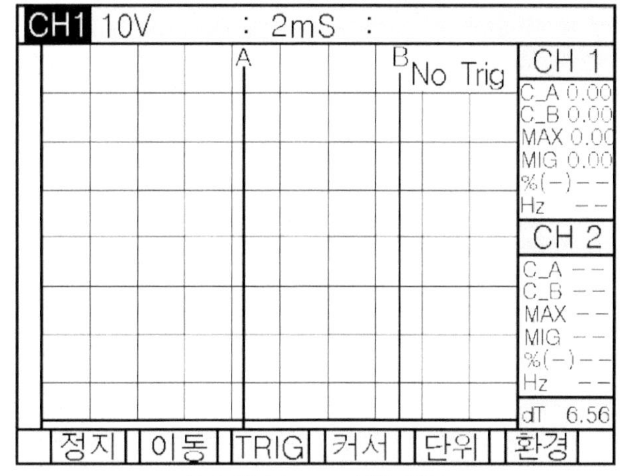

오실로스코프 실행 화면

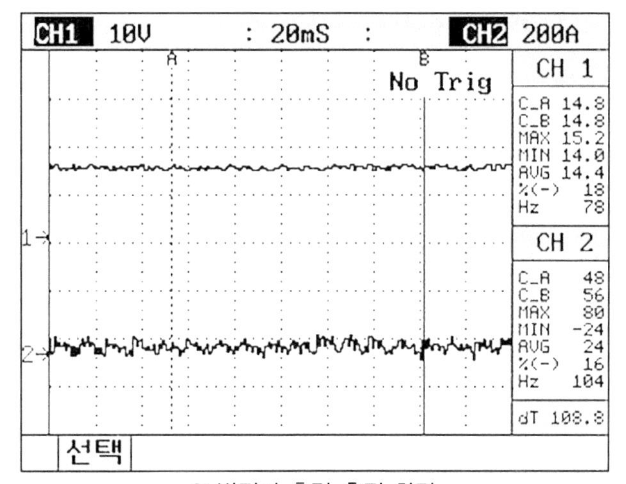

빌전기 출력 측정 화면

04 발전기 분해조립 및 점검

1 발전기 분해 순서

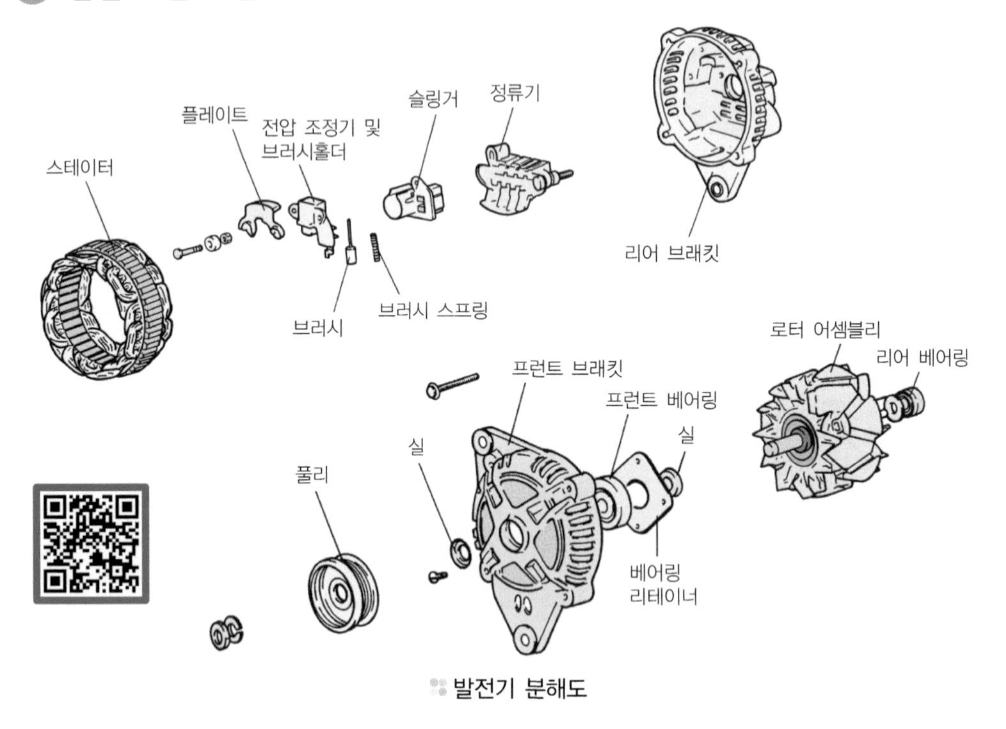

발전기 분해도

① 관통 볼트를 푼다.

② 프런트 브래킷과 스테이터 사이를 드라이버로 분리한다.
이때 스테이터 코일이 손상되지 않도록 주의한다.

③ 로터를 바이스에 고정하고 풀리 고정 볼트를 푼다.

④ 리어 브래킷과 스테이터를 분리한다.

⑤ 다이오드와 브러시 홀더의 납땜부분을 분리한다.

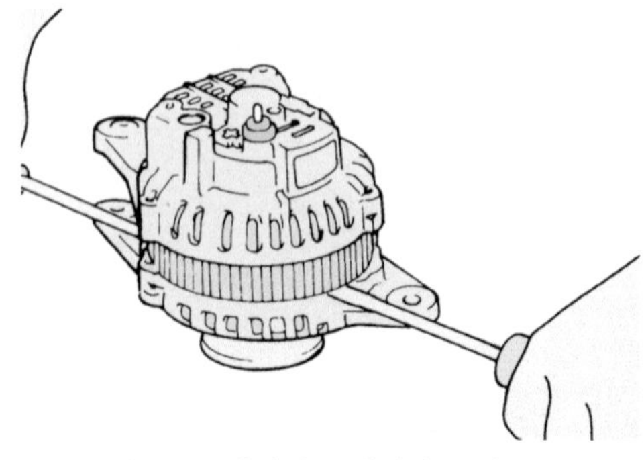

브래킷과 스테이터 분리

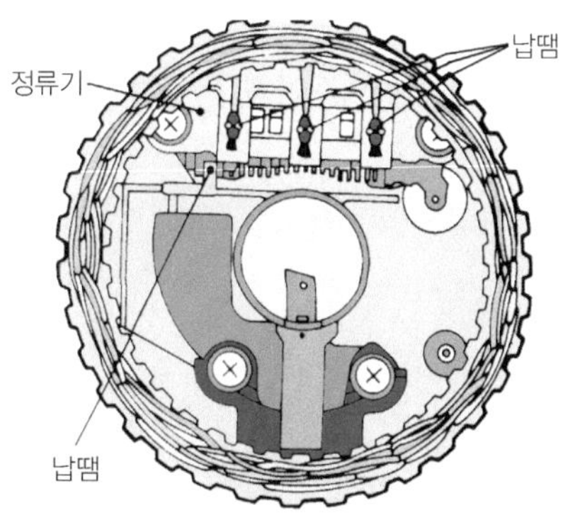

다이오드와 브러시 홀더의 납땜 분리

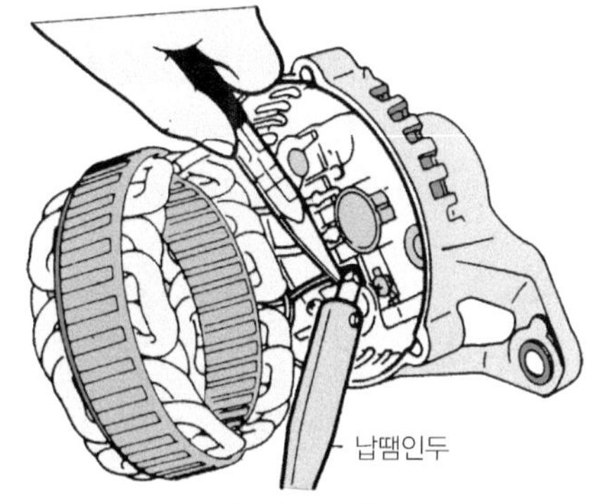

납땜 인두 사용 방법

2 발전기 조립 순서

① 신품 브러시를 납땜할 때에는 브러시가 홀더에 조금 들어가도록 하고 납땜한다.
② 로터를 리어 브래킷에 조립할 때에는 리어 브래킷에 있는 작은 구멍으로 철사를 끼운다.
③ 로터를 조립한 다음 철사를 빼낸다.

3 로터 점검

1. 로터 코일 단선 시험

슬립링과 슬립링 사이의 저항을 멀티 테스터로 점검한다. 이때 규정 저항값 이내이면 정상이다.

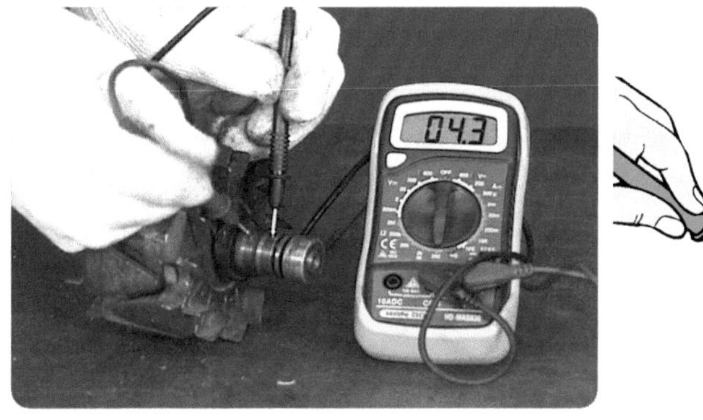

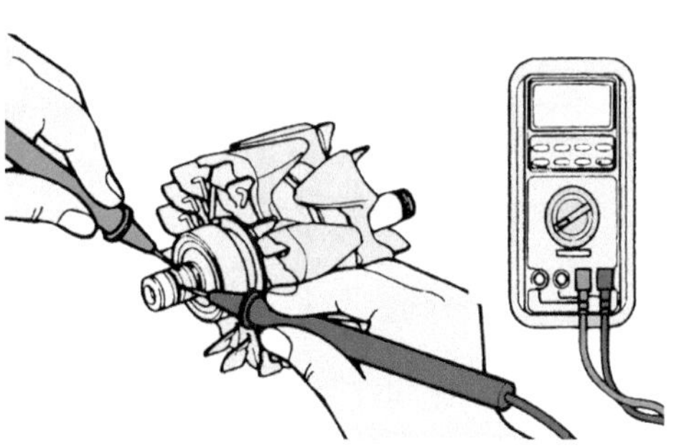

로터 코일 단선 시험

2. 로터 코일 접지 시험

로터 철심과 슬립링 사이의 도통여부를 멀티테스터로 점검한다. 이때 저항값이 ∞이면 정상이다.

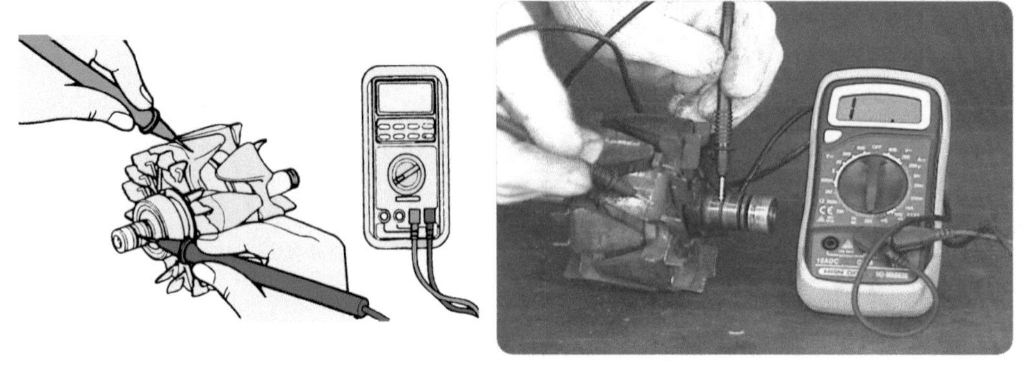

로터 코일 접지 시험

4 스테이터 점검

1. 스테이터 코일의 단선 시험

다이오드와 분리된 상태에서 코일 끝 부분을 각각 멀티 테스터로 점검한다. 이때 코일 사이가 서로 통전되어야 정상이다.

2. 스테이터 코일 접지 시험

각각 코일의 끝 부분과 스테이터 철심 사이의 도통을 점검한다. 이때 저항값이 ∞이면 정상이다.

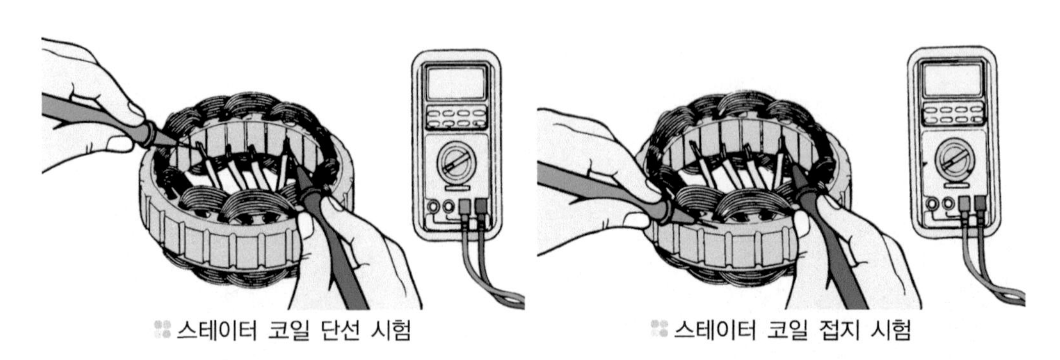

스테이터 코일 단선 시험　　스테이터 코일 접지 시험

3. 다이오드 점검

① **(+) 다이오드 점검** : (+) 히트 싱크와 스테이터 코일 리드선이 접속되었던 단자와의 통전성을 점검한다. 이때 한쪽 방향으로만 통전되어야 하며 양쪽 방향으로 모두 통전되면 파손된 상태이다.

② **(−) 다이오드 점검** : (−) 히트 싱크와 스테이터 코일 리드선이 접속되었던 단자와의 통전성을 점검한다. 이때 한쪽 방향으로만 통전되어야 하며 양쪽 방향으로 모두 통전되면 파손된 상태이다.

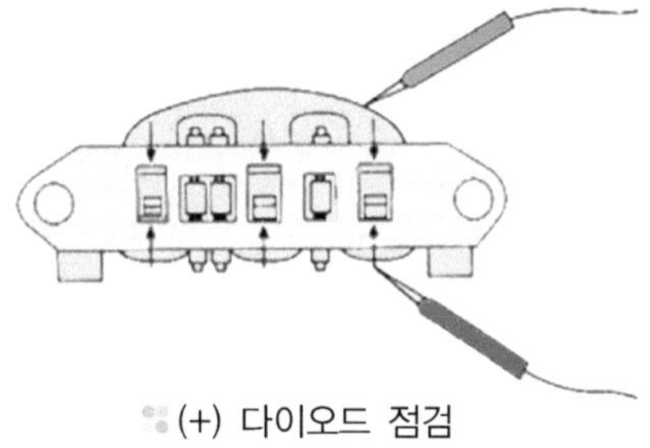

(+) 다이오드 점검

③ **트리 다이오드 점검** : 각 다이오드(3개)의 양 끝에 테스터 리드를 바꾸어가면서 접속하여 한쪽 방향으로만 통전되어야 한다.

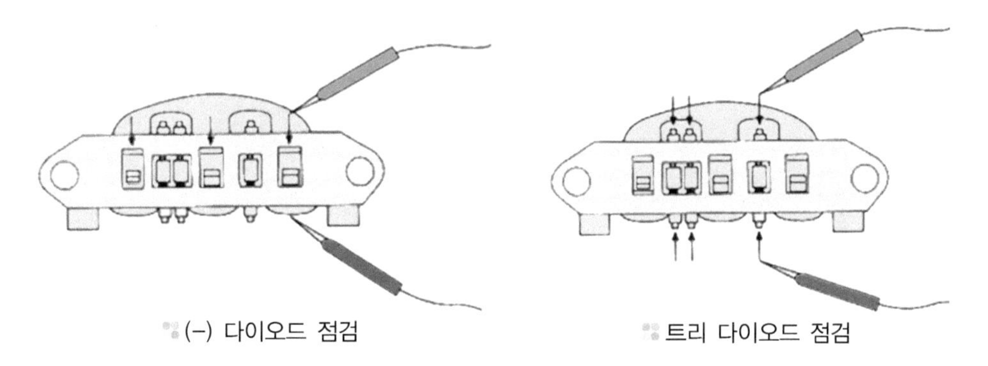

(−) 다이오드 점검　　　트리 다이오드 점검

05 충전 회로 점검

1 충전 회로 점검

1. 발전기 단자의 기능

① **L 단자** : 충전 경고등 제어 단자로서 시동 초기에는 배터리에서 전원이 발전기의 로터 코일과 전압 조정기를 경유하여 접지되기 때문에 충전 경고등이 점등된다. 시동 후에는 발전기의 트리오 다이오드를 통하여 출력되기 때문에 충전 경고등이 소등된다.

② **S 단자(또는 R 단자)** : 전압 조정기의 신호 전압과 같은 역할을 하는 전압 조정기의 제어 단자로 배터리 전압을 전압 조정기에 공급하는 단자이다.

③ **B 단자** : 발전기의 출력 단자로서 엔진이 회전되면 13.8~14.8V의 전압이 출력되어 배터리 및 전장품에 공급된다.

2. 충전 회로 전류의 흐름 – 아반떼 XD

① 점화 스위치(+) – 점화 스위치 ON(Ⓐ) – 발전기 2번 단자(R단자–Ⓑ) – 로터 코일(Ⓒ) – 접지(Ⓓ)

② 스테이터 코일 발생 전류(ⓐ) – 제너레이터 퓨즈블 링크(ⓑ) – 배터리(ⓒ)

③ 배터리(+)(ⓐ)– 기동 전동기 B단자(ⓑ)–접지

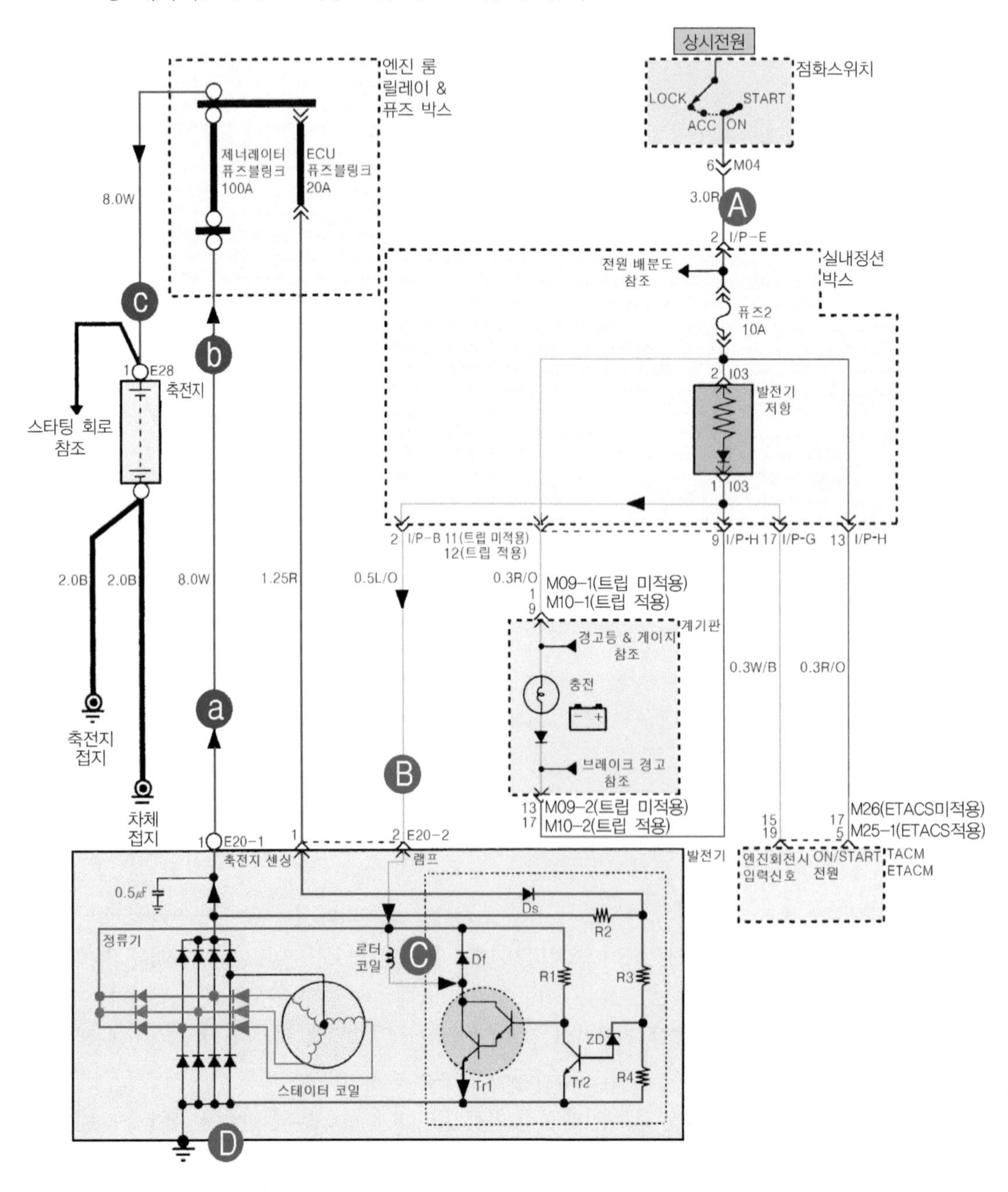

2 충전 회로의 기본 점검

① 발전기 B 단자

㉠ 엔진 정지 상태에서 멀티미터를 이용하여 발전기 B 단자의 전압을 점검한다.

㉡ 정 상 : 배터리 전압이 검출된다.

㉢ 단 선 : 전압이 검출되지 않는다.

- 발전기 B 단자에서부터 배터리 ⊕ 단자간의 단선을 점검한다.
- 발전기 퓨저블 링크(100A)의 단선 및 접촉 상태를 점검한다.
- 배터리 케이블의 접촉 상태를 점검한다.

② 발전기 S(또는 R)단자

㉠ 엔진 정지 상태에서 멀티미터를 사용하여 발전기 S 단자의 전압을 점검한다.

㉡ 정 상 : 배터리 전압이 검출된다.

㉢ 단 선 : 전압이 검출되지 않는다.

- 발전기 S 단자에서부터 배터리 ⊕ 단자간의 단선을 점검한다.
- ECU 퓨저블 링크(20A)의 단선 및 접촉 상태를 점검한다.
- 배터리 케이블의 접촉 상태를 점검한다.

③ 발전기 L단자

㉠ 점화 스위치 ON(엔진 정지)상태에서 멀티미터를 사용하여 발전기 L 단자의 전압을 점검한다.

㉡ 정 상 : 배터리 전압이 검출된다.

㉢ 단 선 : 전압이 검출되지 않는다.

- 발전기 L 단자에서부터 점화 스위치 및 배터리 ⊕ 단자간의 단선을 점검한다.
- 2번 퓨즈(실내 퓨즈 박스)의 단선 및 접촉 상태를 점검한다.
- 발전기 레지스터의 단선 및 접촉 상태를 점검한다.
- 점화 스위치의 작동 상태를 점검한다.
- 배터리 ⊕ 단자에서부터 점화 스위치까지 배선 및 점화 퓨저블 링크(30A)의 접촉 및 단선을 점검한다.

④ 충전 경고등이 점등되지 않는 경우의 점검

㉮ 점화 스위치 ON(엔진 정지)상태에서 멀티미터를 사용하여 발전기 L 단자에 적색 검침봉을, 차체에 흑색 검침봉을 접지시켜 전압을 측정한다.

㉯ 배터리 전압이 검출되는 경우는 배터리 전압이 너무 낮아 점등되지 않는다.

㉰ 전압이 검출되지 않는 경우

- 충전 경고등의 단선 여부를 점검한다.

- 충전 경고등에서부터 발전기 L 단자까지 배선의 단선 여부를 점검한다.

⑤ 엔진 시동 후 충전 경고의 점검

㉮ 발전기 L 단자의 커넥터를 분리시켰을 때 소등이 되는 경우
- 발전기 B 단자의 출력 전압을 점검한다.
- 발전기의 출력 전압이 B 단자에서 13.8~14.8V, L 단자에서 10~13.5V 보다 낮다.
- 발전기를 교환한다.

㉯ 발전기 L 단자의 커넥터를 분리시켰을 때 소등되지 않는 경우 충전 경고등에서 부터 L 단자 사이의 접지 상태를 점검한다.

3 고장현상과 원인

현 상	가능한 원인	조 치
점화 스위치를 ON 위치에 놓고 엔진을 껐을 때 충전 경고등이 점등되지 않는다.	퓨즈가 끊어짐	퓨즈 점검
	전구가 끊어짐	전구 교환
	와이어링 연결부가 풀림	느슨해진 연결부를 재조임
	전압 레귤레이터 결함	알터네이터 교환
엔진의 시동을 걸었을 때도 충전 경고등이 소등되지 않는다. (배터리를 자주 충전시켜야 한다.)	구동 벨트가 느슨하거나 마모됨	구동 벨트의 장력 조정 혹은 교환
	퓨즈가 끊어짐	퓨즈 교환
	퓨즈블 링크가 끊어짐	퓨즈블 링크 교환
	전압 레귤레이터 혹은 알터네이터 결함	알터네이터 점검
	와이어링 결함	와이어링 수리
	배터리 케이블의 부식, 마모	수리 혹은 배터리 케이블 교환
과충전 된다.	전압 레귤레이터 결함	알터네이터 점검
	전압 감지 와이어링의 결함	와이어링의 교환
배터리가 방전된다.	구동 벨트가 느슨하거나 마모됨	구동 벨트의 장력 조정 혹은 교환
	와이어링 접속부의 느슨해짐	느슨해진 연결부를 재조임
	회로의 단락	와이어링 수리
	퓨즈블 링크가 끊어짐	퓨즈블 링크 교환
	접지불량	수리
	전압 레귤레이터 결함	알터네이터 점검
	배터리의 수명이 다됨	배터리 교환

제 6 장

등화장치

01 다기능(콤비네이션) 스위치 교환

1 다기능 스위치의 작동요소

1. 설치위치

다기능 스위치의 설치위치 (체어맨)

와이퍼 스위치의 설치위치 (체어맨)

2. 스위치의 작동

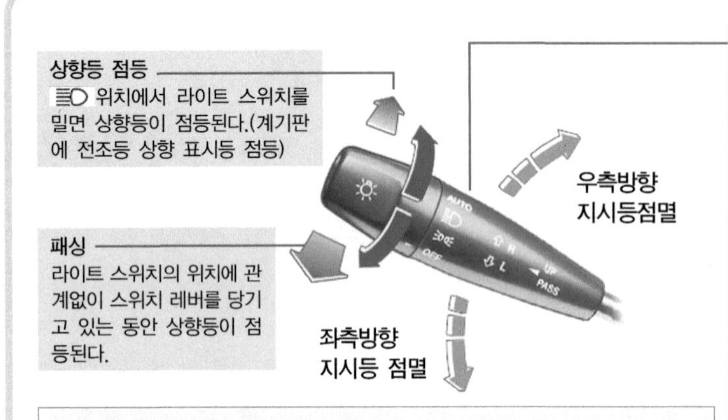

전조등 및 미등 스위치

AUTO (미등/전조등 자동 작동)
오토라이트 센서로부터 받은 빛의 조도에 따라 전조등과 미등이 자동으로 점등/소등된다.

≣D (전조등 점등)
전조등, 차폭등, 미등, 번호판등, 프런트 안개등(프런트 안개등 스위치 ON상태), 기타 실내조명등이 점등된다.

ƎDOƐ (미등 점등)
차폭등, 미등, 번호판등, 프런트 안개등(프런트 안개등 스위치 ON상태), 기타 실내조명이 점등된다.

OFF (라이트 소등)
라이트가 소등된다.

배터리 세이버(라이트 자동 소등 기능)
부주의로 종종 미등을 켜놓은 상태로 차량을 이탈하여 배터리가 방전되는 경우가 있다. 이러한 경우를 방지하기 위해 배터리 세이버 기능을 두었다.
- 미등을 켜놓은 채로 차량키를 탈거한 후 차량에서 이탈할 경우(운전석 도어를 열고 닫은 경우)미등은 자동 소등 된다.
- 미등을 다시 켜고자 할 때는 차량키를 삽입한 상태에서 시동키를 Acc, on위치로 하거나 라이트 스위치를 껐다가 다시 미등 작동위치로 둔다.

라이팅 스위치의 작동(체어맨)

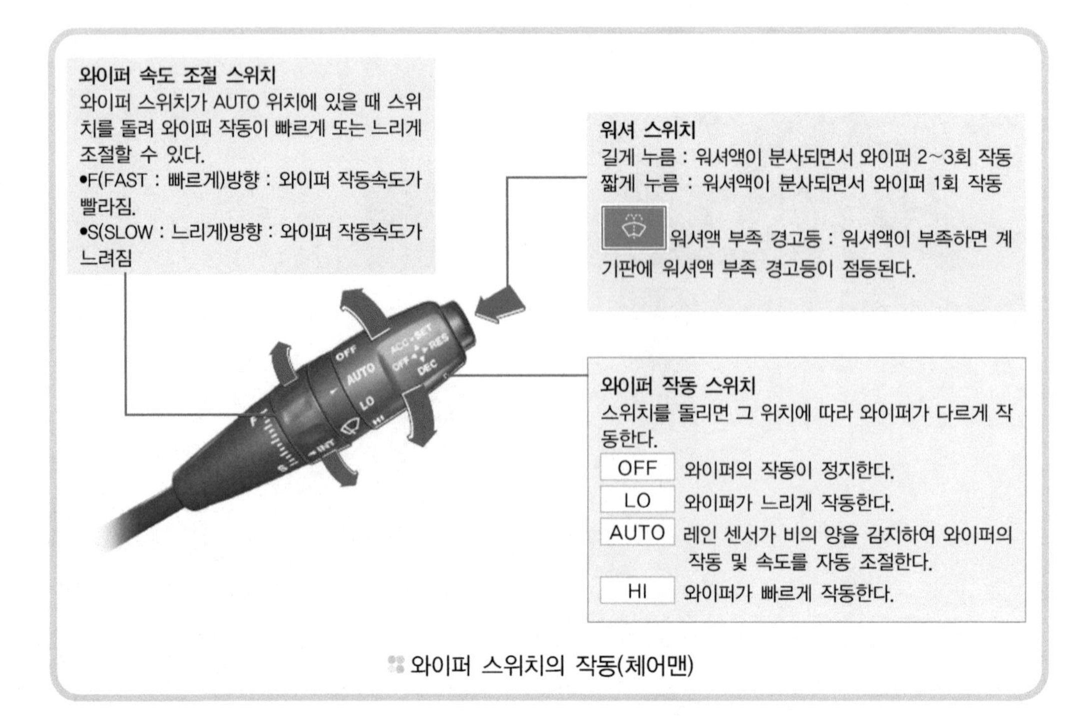

와이퍼 스위치의 작동(체어맨)

2 운전석 계기판의 작동 기호

① **라이팅 스위치를 1단으로 하였을 때** : 계기판 점등한다.

② **라이팅 스위치를 2단으로 하고 아래로 내렸을 때(당겼다 놓았다 할 때)** : 전조등 상향등 (17)

③ **라이팅 스위치를 시계방향, 반 시계방향으로 돌렸을 때** : 방향지시 표시등(3/4)

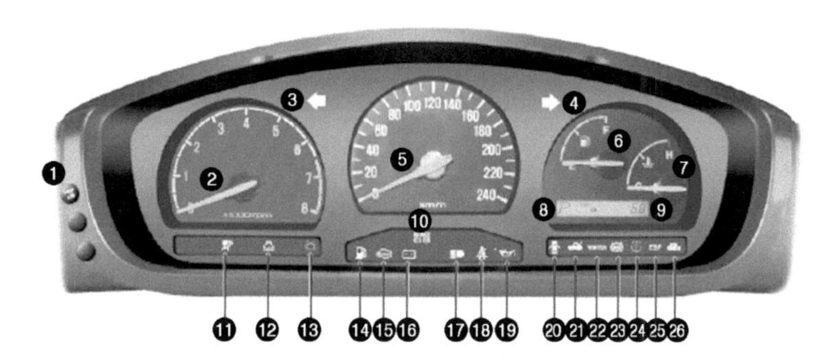

운전석 계기판(체어맨)

1.TRIP A/B 버튼
2. 엔진 회전수 게이지
3. 좌측 방향지시 표시등
4. 우측 방향지시 표시등
5. 속도 게이지
6. 연료 게이지
7. 냉각수 온도 게이지
8. 기어 선택레버 위치 표시
9. 구간거리 및 적산 거리계
10. 주차 브레이크 및 브레이크 오일 경고등
11. 에어백 경고등
12. 냉각수 부족 경고등
13. 프런트 브레이크 패드 마모 경고등
14. 연료부족 경고등
15. 엔진 점검 경고등
16. 충전 경고등
17. 전조등 상향등 표시등
18. 시트벨트 경고등
19. 엔진 오일 경고등
20. 오어 열림 경고등
21. 트렁크 열림 경고등
22. WINTER 모드 표시등
23. ABS 경고등
24. 워셔액 부족 경고등
25. ESP 경고등
26. 크루즈 컨트롤 표시등

3 다기능 스위치 교환

① 혼 패드와 혼 스위치를 분리한다.

② 조향핸들 고정 너트를 풀고 떼어낸다.

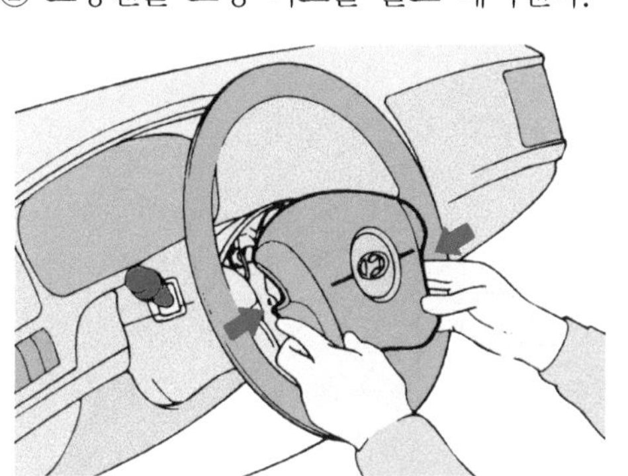

혼 패드와 스위치 분리

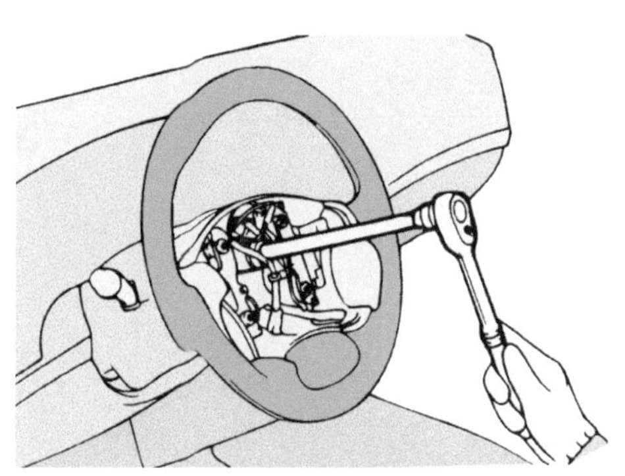

조향핸들 탈착

③ 조향 칼럼 덮개를 분리한다.
④ 케이블 밴드를 분리하고 커넥터를 분리한다.
⑤ 다기능 스위치를 탈거한다.

조향 칼럼 덮개 분리

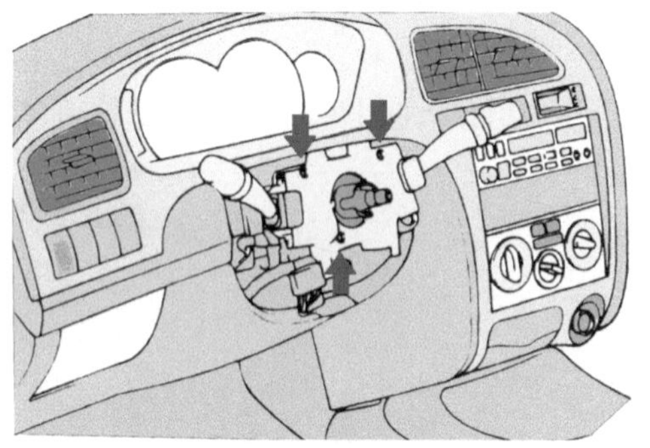

다기능 스위치 탈착

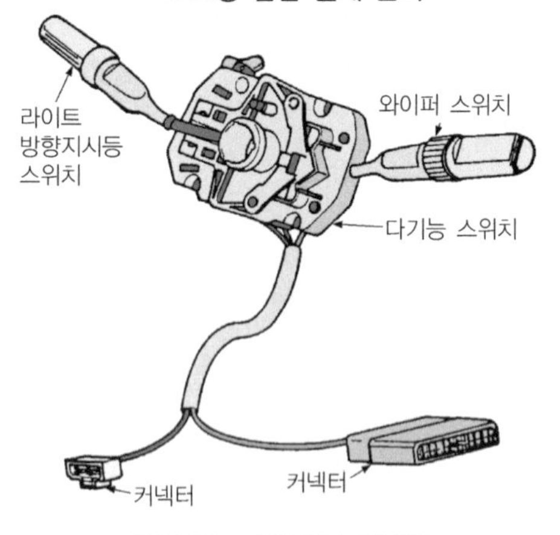

다기능 스위치와 커넥터

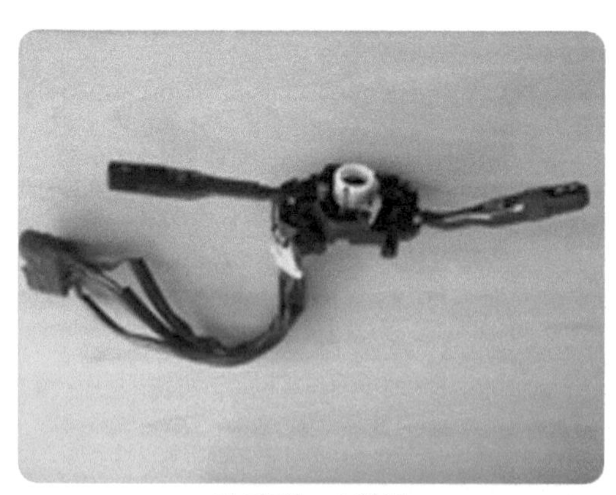

다기능 스위치

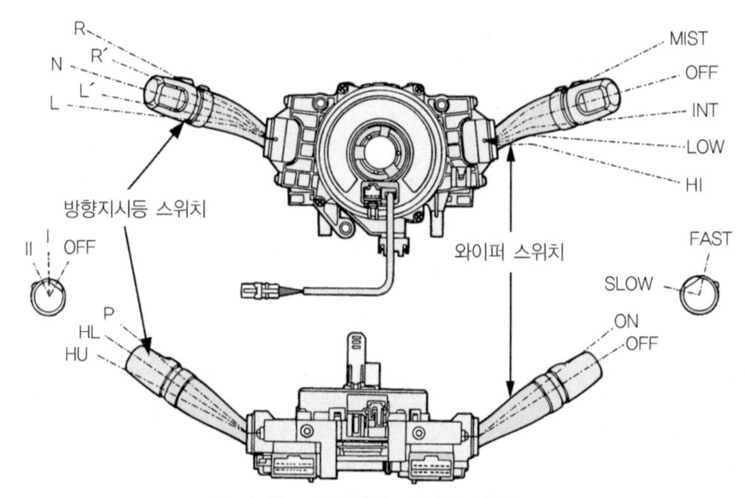

다기능 스위치와 커넥터 단면도

02 전조등(Head Light) 탈부착

1 전조등 교환

1. 아반떼 XD 전조등 교환 방법

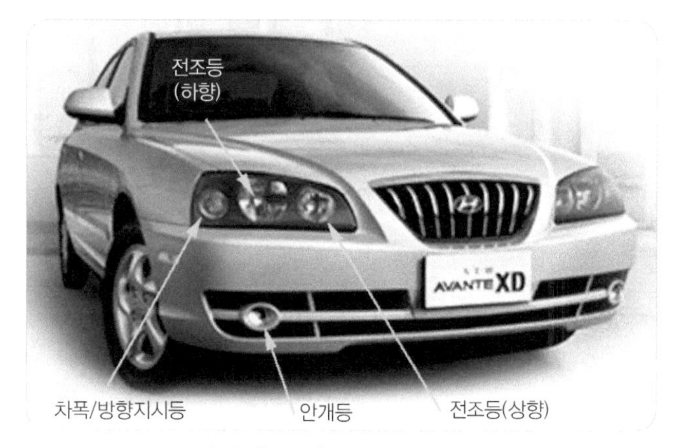

아반떼(4등식) 전조등 설치 위치

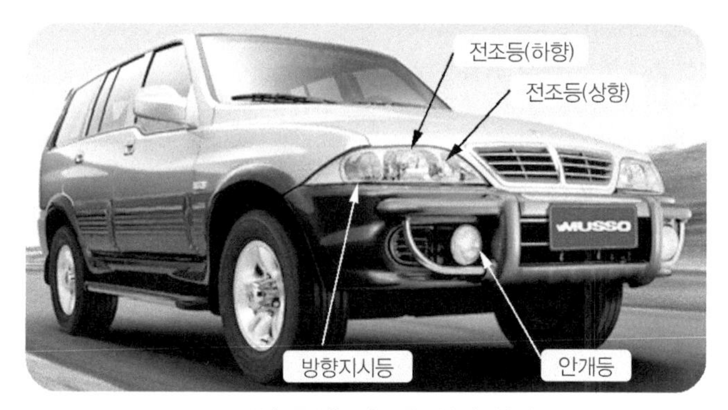

무쏘(4등식) 전조등 설치 위치

① 배터리 ⊖ 터미널을 분리시킨다.
② 볼트 3개를 프런트 콤비네이션 램프 어셈블리를 탈거한다.
③ 전조등 커넥터를 분리하고 상향 및 하향 램프를 탈거한다.
④ 장착은 탈거의 역순에 따른다.

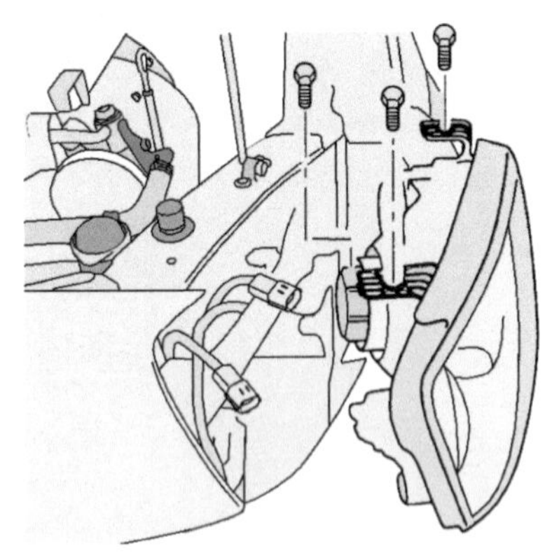

전조등 설치 볼트 탈거

전조등 설치 볼트 위치

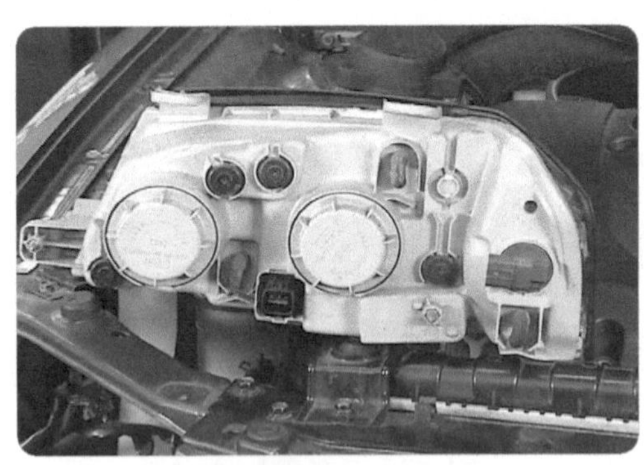

전조등 어셈블리 뒷면 설치 위치

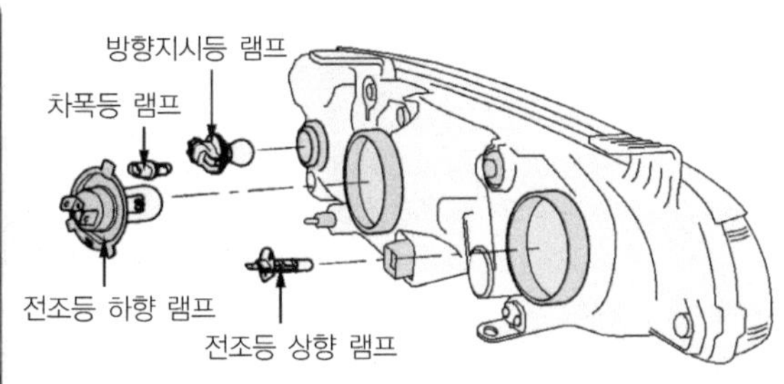

상향 전구 및 하향 전구 탈거

2. 무쏘 전조등 교환 방법

① 배터리 ⊖ 터미널을 분리시킨다.

② 전조등 고정 볼트 2개를 풀어 전조등을 분리한다.

③ 커넥터를 탈거한다.

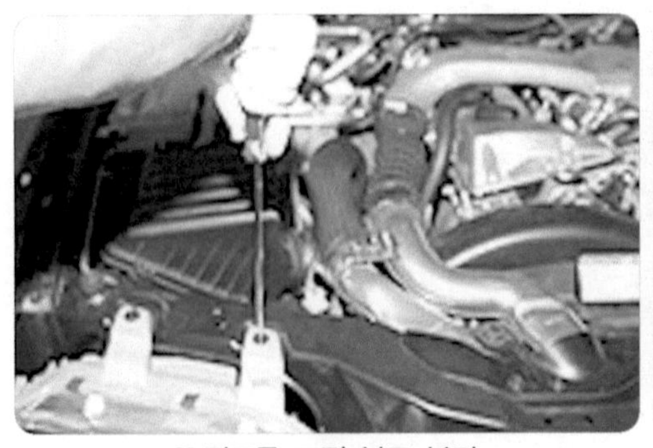

전조등 고정 볼트 분리

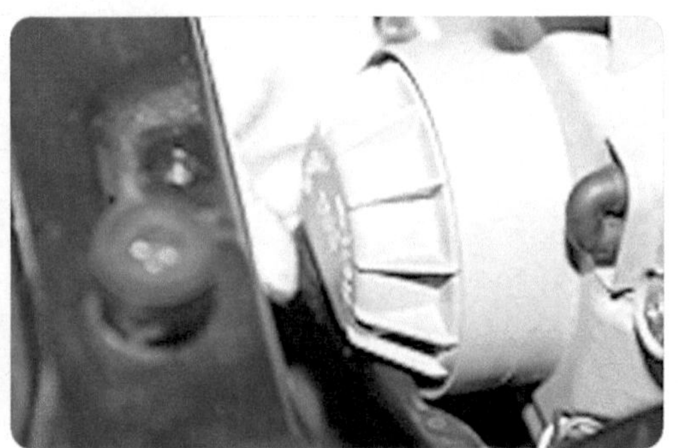

커넥터를 탈거

④ 전조등 어셈블리를 탈거한다.
⑤ 더스트 커버를 분리한다.

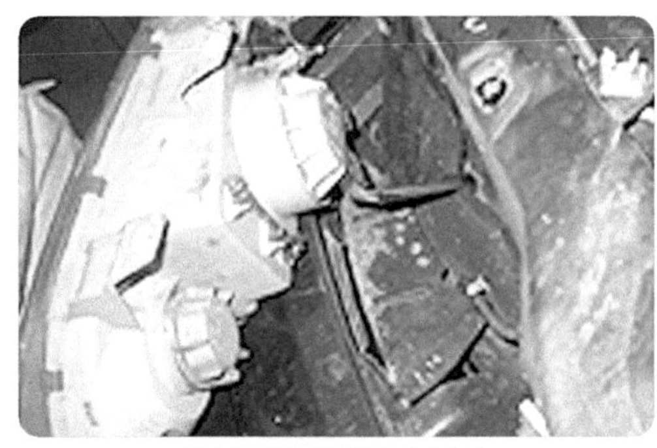
전조등 어셈블리 탈거

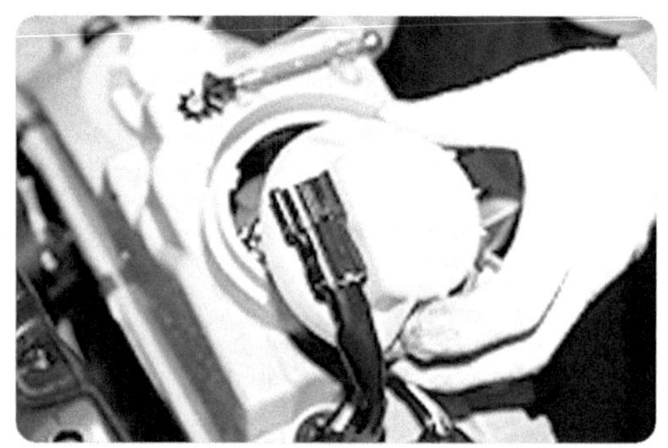
더스트 커버 분리

⑥ 고정 스프링의 눌러서 분리한다.
⑦ 전구를 교환한다.

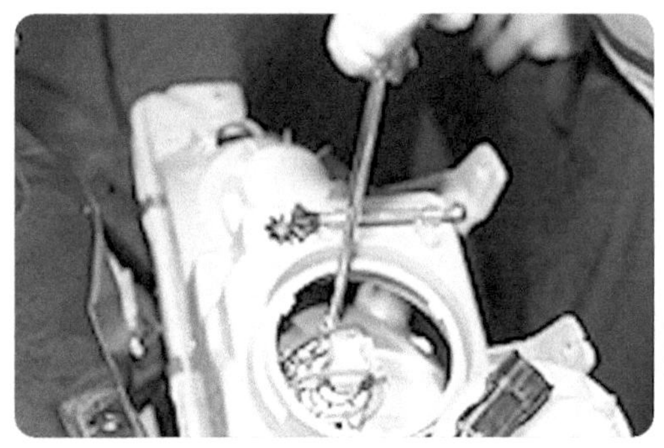
고정 스프링의 분리

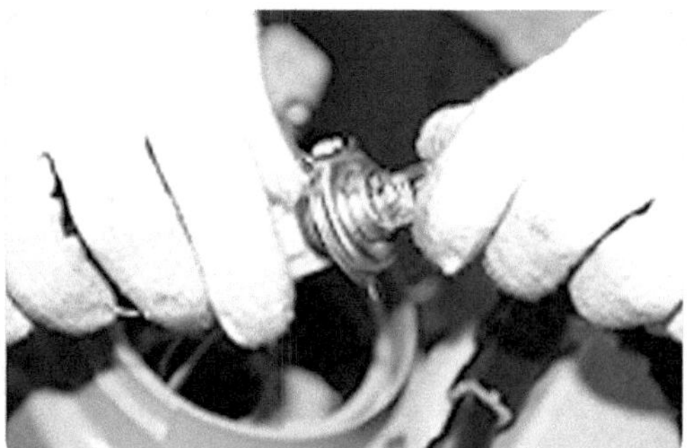
전구 교환

2 전조등 초점 정렬

① 운전자, 예비 타이어, 공구, 냉각수, 연료를 제외한 차량의 적재물을 제거하고 타이어 공기압력을 규정에 맞춘다.
② 차량을 지면이 편평한 곳에 주차시킨다.
③ 앞쪽과 뒤쪽의 범퍼를 여러 차례 눌렀다 놓아 현가 스프링에 이상이 없는지 점검한다.

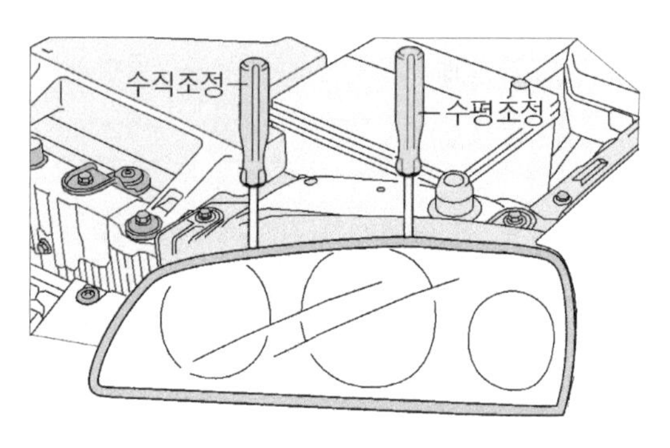

전조등 초점 정렬

④ 렌즈를 깨끗이 닦아 이물질이 없도록 한다.
⑤ 전조등의 광축 중심을 통과하는 수평선과 수직선을 그린다.
⑥ 배터리가 정상인 상태에서 전조등의 초점을 점검하여 규정을 벗어나면 조정 볼트로 조정하여 규정값에 맞도록 정렬시킨다.

3 전조등 조사방향 확인(육안검사)

① 타이어를 규정 공기압으로 하고 운전자, 예비 타이어, 공구를 제외한 모든 부하를 제거한다.
② 편평한 지면에 자동차를 위치시킨다.
③ 수직선(각 전조등의 중앙을 통해 지나는 수직선)과 수평선(각 전조등의 중앙을 지나는 수평선)을 스크린에 그린다.

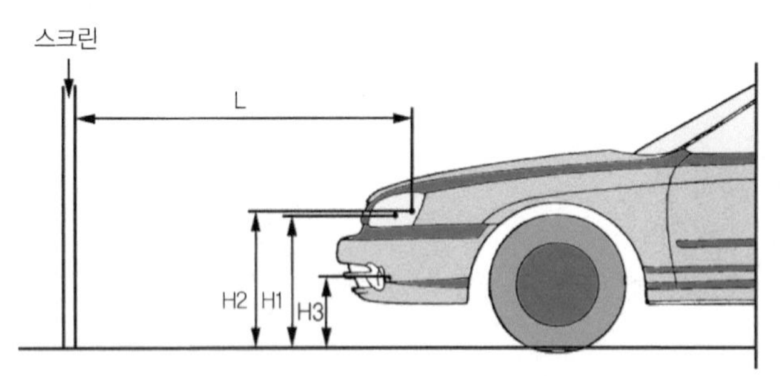

W1
W2
W3

H1 : 전조등 지상고(상향등)
H2 : 전조등 지상고(하향등)
H3 : 안개등 지상고

W1 : 전조등 사이의 폭(상향등)
W2 : 전조등 사이의 폭(하향등)
W3 : 안개등 사이의 폭

L : 전조등 중심과 스크린 사이의 거리

④ 전조등과 배터리를 정상 위치에 놓고 전조등을 정렬시킨다.
⑤ 조정 노브를 사용하여 로 빔의 수평과 수직 조정을 대상 차량의 표준값으로 조정한다.

위 치	H1	H2	H3	W1	W2	W3	L	비 고
공차 상태	632mm	651mm	333mm	840mm	1,124mm	1,217mm	3,000mm	
1인 승차 상태	619mm	639mm	321mm	840mm	1,124mm	1,217mm	3,000mm	

상향등을 켠 상태에서 가장 밝은 부위가 아래 빗금친 부분의 허용 범위 내에 들어오도록 조정한다.

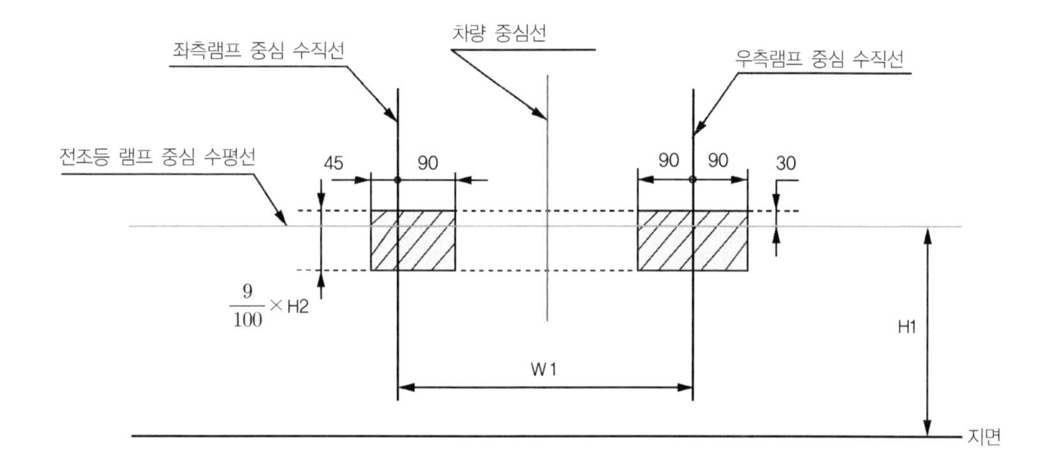

프런트 안개등을 켠 상태에서 컷 오프(cut-OFF) 선이 아래 빗금친 부분의 허용 범위 내에 들어오도록 조정한다.

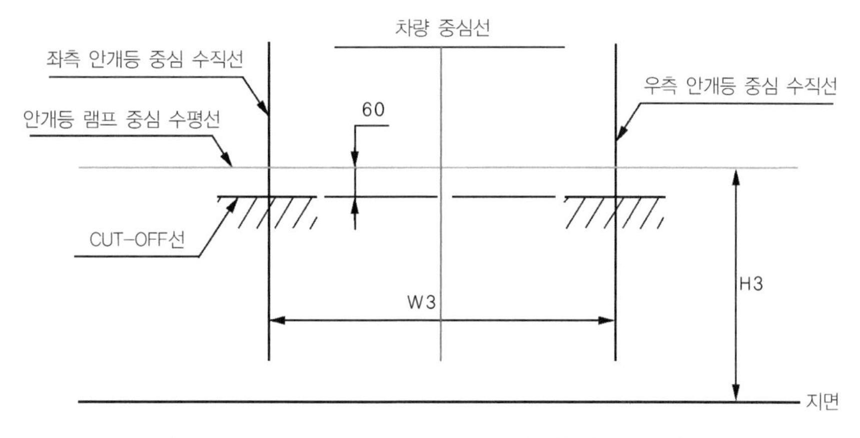

※ 각 차량의 데이터는 실기 시험장의 대상 차량의 정비지침서를 참조할 것. [※ 데이터 : 아반떼 XD]

03 전조등 회로 점검

1 전조등 회로의 점검

멀티 테스터 및 테스트 램프를 이용하여 배터리 전압 및 단자·커넥터 및 퓨즈의 단선에 대하여 다음과 같이 점검한다.

① 배터리 전압 및 단자 기둥과 케이블의 접속 상태를 점검한다.

② 메인 퓨저블 링크(100A) 및 배터리 (+)단자 기둥과의 접속 상태를 점검한다.

③ 보조 퓨저블 링크(30A : 점화 스위치 전원 공급용 퓨즈 및 40A : 전조등 릴레이 전원 공급용)단선 점검 및 접촉 상태를 점검한다.
④ 점화 스위치의 접촉 상태 및 커넥터의 접촉 상태를 점검한다.
⑤ 퓨즈 박스 내의 전조등 퓨즈(20A) 단선 및 접촉 상태를 점검한다.
⑥ 전조등 스위치의 접촉 상태 및 커넥터의 접촉 상태를 점검한다.
⑦ 디머/패싱 스위치의 접촉 상태 및 커넥터 접촉 상태를 점검한다.
⑧ 전조등 릴레이 및 릴레이 소켓의 접촉 상태를 점검한다.
⑨ 전조등 필라멘트의 단선 점검 및 커넥터 접촉 상태를 점검한다.

2 전조등 회로의 고장진단

1. 전조등 조작방법

① **전조등 스위치** : 레버를 1단으로 돌리면 주차등, 미등 및 번호판등이 점등되며, 2단으로 돌리면 주차등, 미등, 번호판등과 함께 전조등이 점등된다.

전조등 스위치(다기능 스위치)

② **원등(상향등) 스위치** : 스위치 레버를 조향 핸들의 축을 따라 아래로 내리면 원등이 작동된다.

③ **패싱 라이트 스위치** : 추월이나 주의를 주기 위해 사용하는 전조등의 깜박거림은 스위치 레버를 조향 핸들의 축을 따라 위로 올리면 원등이 켜지고 놓으면 소등된다(전조등 스위치가 "OFF" 일 때도 작동된다).

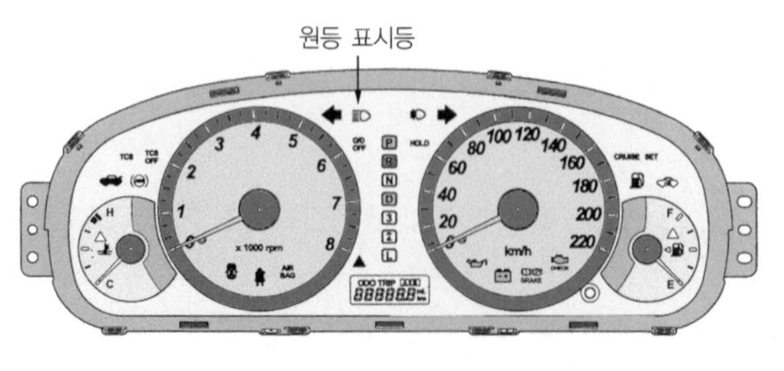

운전석 계기판에서 원등 표시등 위치

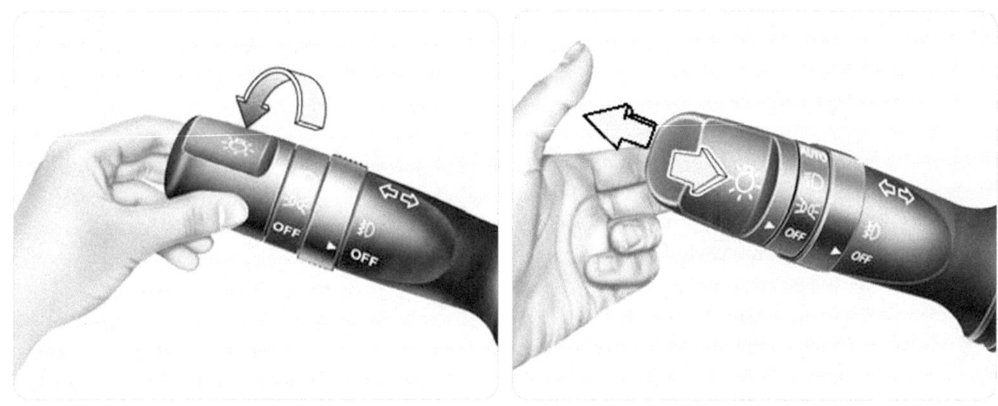

(a) 전조등 점등　　(b) 원등/ 근등 점등

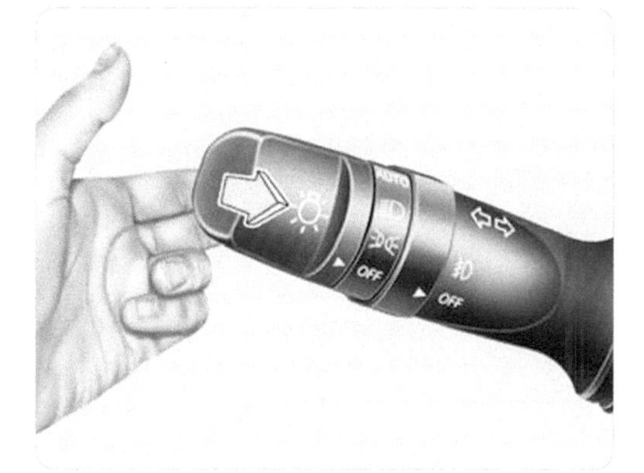

(c) 패싱 라이트 점등

전조등 스위치

2. 전조등의 고장 진단

고장상태	고장 내용
전조등 모두가 점등되지 않는다.	• 배터리의 불량, 터미널의 연결 상태 불량 • 콤비네이션 S/W 불량 및 커넥터 연결 상태 불량 • 전조등 릴레이 및 전조등 퓨즈 불량 • 전조등의 전구 불량 및 커넥터 연결 상태 불량 • 배선의 단선 및 단락
전조등 한 곳만 점등된다.	• 전조등 퓨즈(좌, 우 따로 있는 경우)의 불량 • 전조등 전구 불량 및 커넥터 연결 상태 불량 • 배선의 단선 및 단락

③ 작동시의 회로도

1. 전조등 스위치 Ⅱ단을 작동하기 전 전류의 흐름

① 배터리 전원에서 30A 퓨저블 링크를 경유하여 2.0RY선을 거쳐 전조등 릴레이 B단자에 대기하게 된다.

② 또 하나의 라인은 점화 스위치 전까지 와 있게 된다.

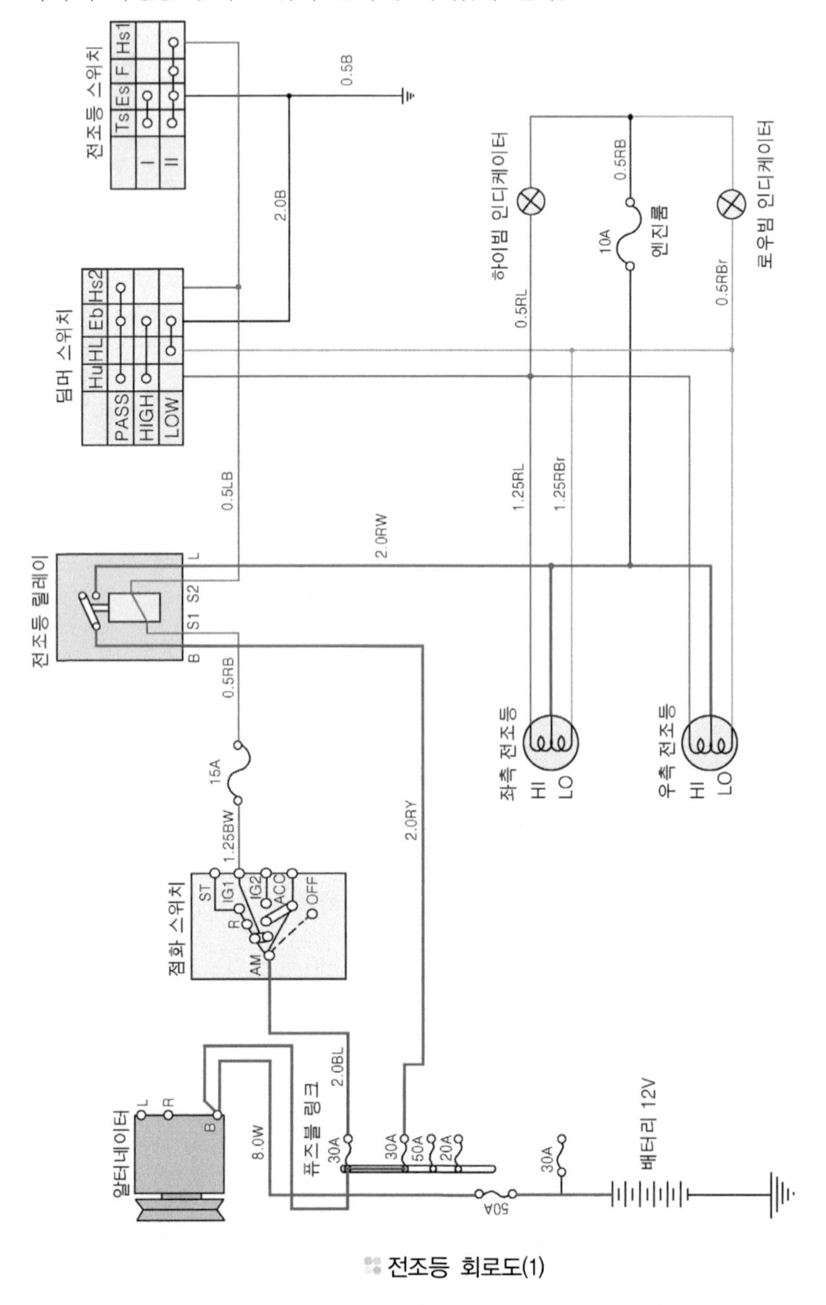

전조등 회로도(1)

2. 전조등을 켠 상태에서의 전류의 흐름

① 점화 스위치까지 와 있던 전원은 전조등 스위치 Hs1, Es단자를 거쳐 접지되어 전조등 릴레이의 B과 L단자를 연결하게 된다.

② 30A퓨즈를 거쳐 B단자까지 와 있던 전류는 L단자를 거쳐 전조등을 점등시키고 패싱 스위치를 거쳐 접지 된다.

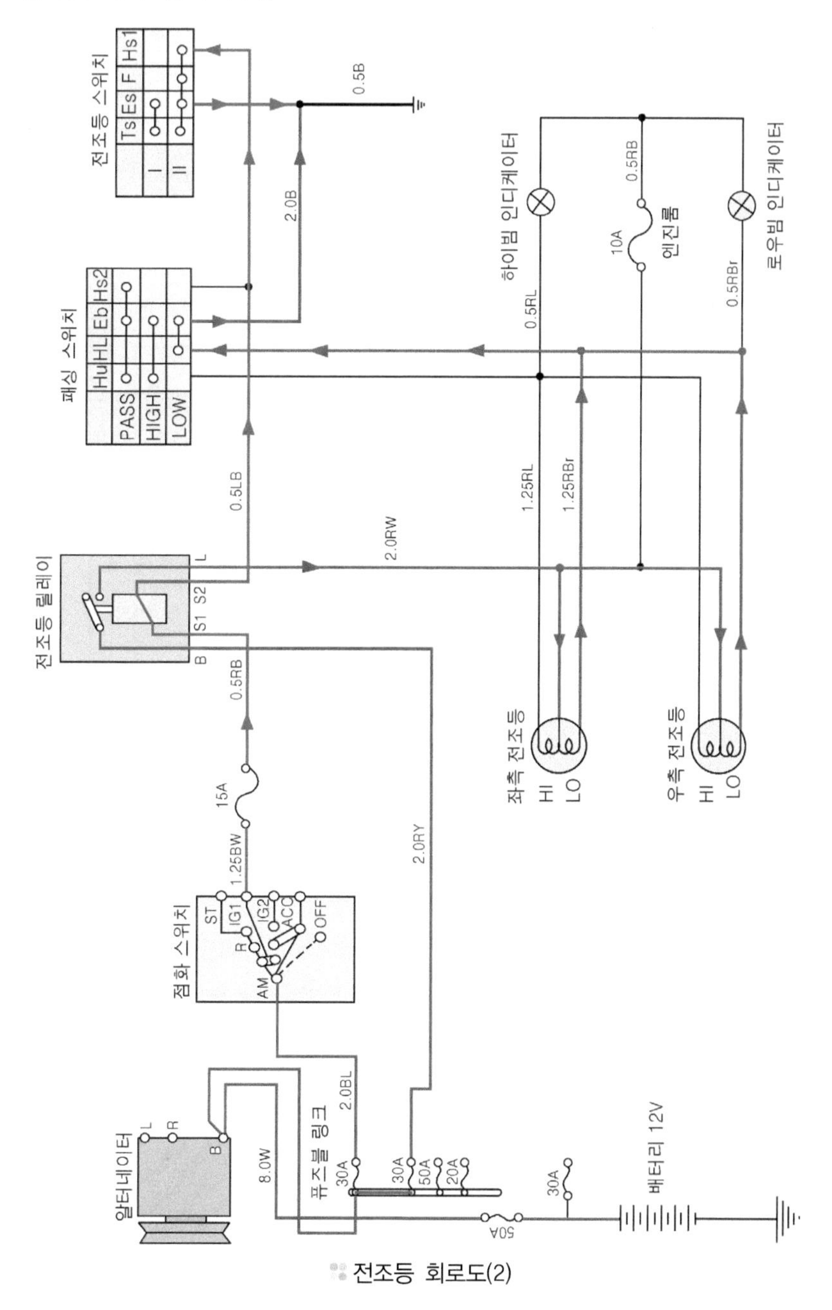

전조등 회로도(2)

3. 패싱 스위치를 작동시켰을 때 전류의 흐름

패싱 스위치를 작동시켰을 경우에는 전조등 스위치를 거쳐 접지되던 전류가 패싱 스위치 Hs2, Es단자가 연결되어 전조등이 점등된다. 따라서 전조등 스위치를 거치지 않고도 전조등 릴레이의 B와 L단자가 연결되어 전조등이 점등된다.

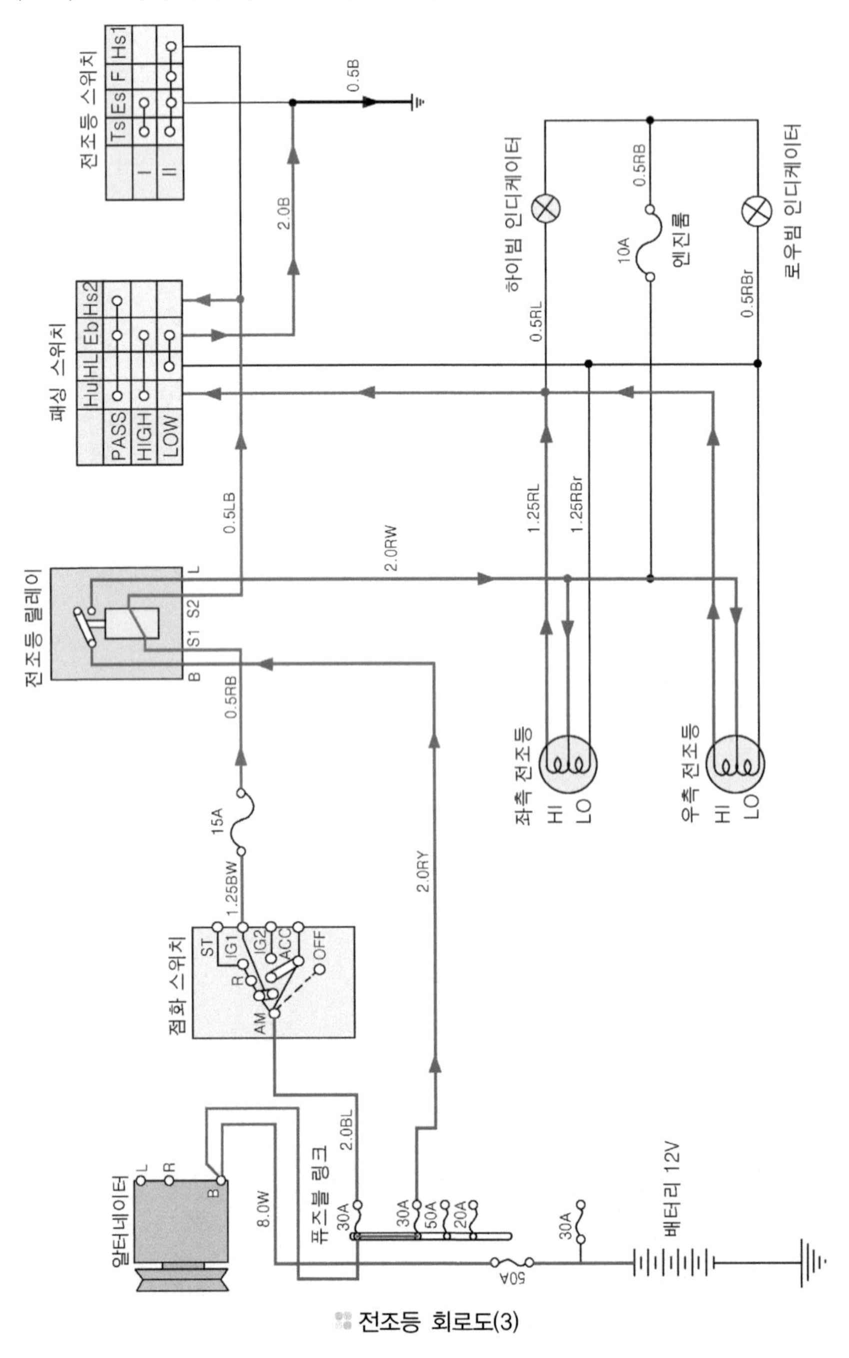

전조등 회로도(3)

4. 전조등 회로도(아반떼 XD)

① 이그니션 스위치 IG2(+) – 실내 정션 박스10A(A) – 전조등 릴레이(LOW)5번 단자(B) – 다기능 스위치 15번 단자(C) – 라이트 스위치 점등–HEAD(D)– 디머/ 패싱 스위치LOWON (E)–접지(F)

② 전조등 퓨저블 링크 100A – 전조등 퓨즈(LOW)(가) – 전조등 릴레이(LOW)1번 단자(나) – 전조등(LOW)(다)– 접지(라)

③ 이그니션 스위치 IG2(+) – 실내 정션 박스10A(A) – 전조등 릴레이(HIGH)5번 단자(a) – 다기능 스위치 2번 단자(b) – 디머/ 패싱 스위치HIGH ON (c)–접지(F)

④ 전조등 퓨저블 링크 100A – 전조등 퓨즈(HIGH)(A) – 전조등 릴레이(HIGH)1번 단자(B) – 전조등(HIGH)(C)– 접지(라)

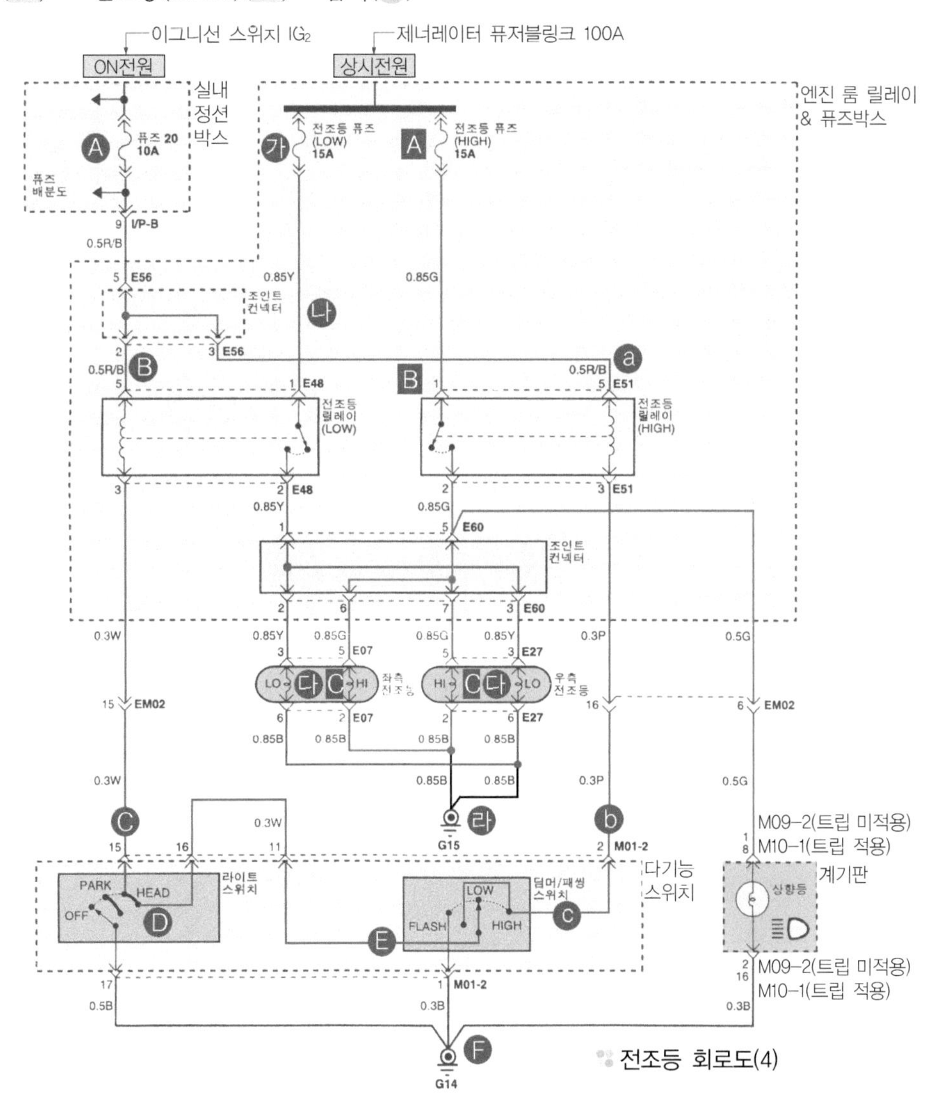

전조등 회로도(4)

5. 전조등 회로도(쏘나타Ⅲ)

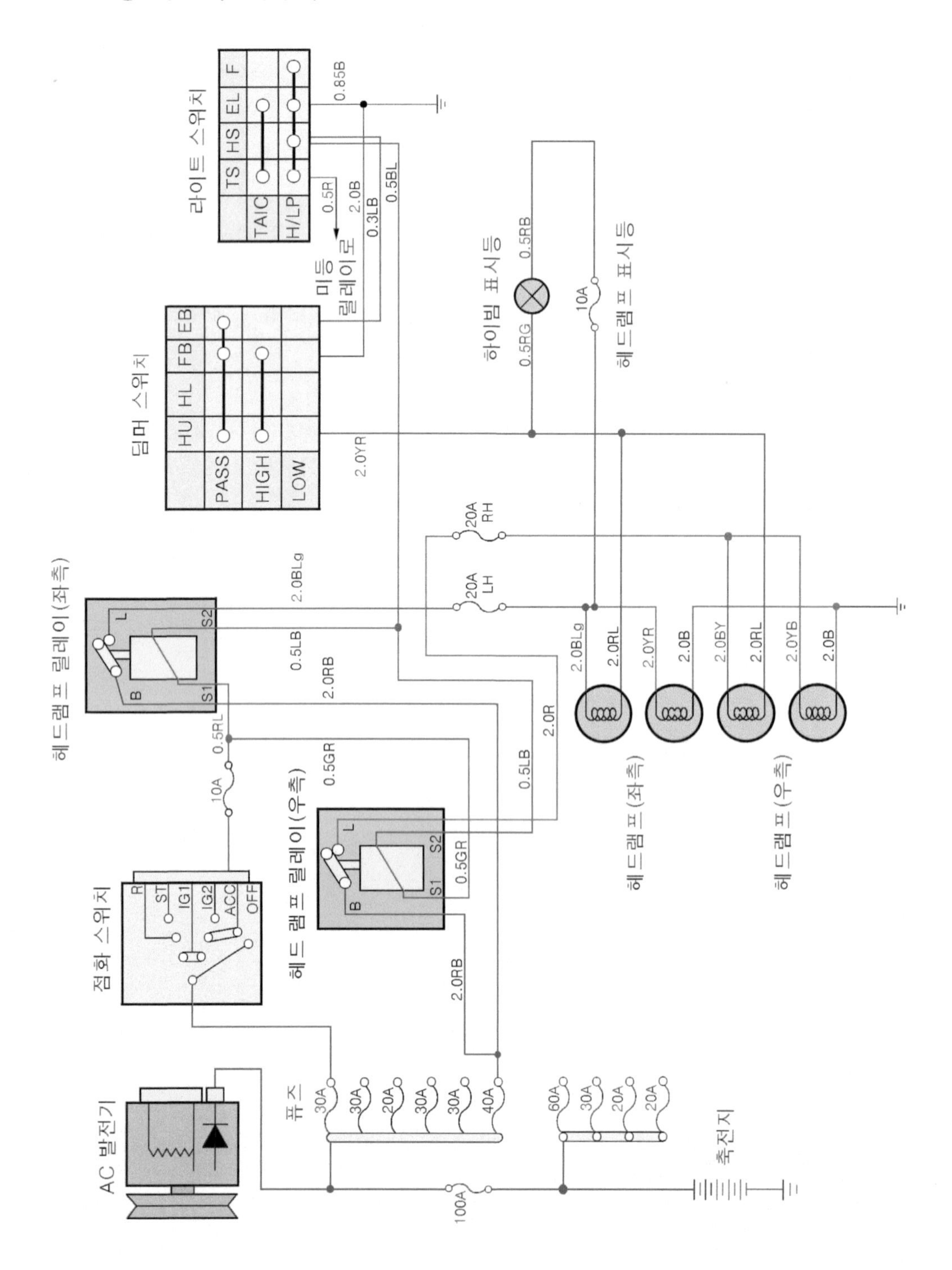

6. 전조등 회로(NF 쏘나타)

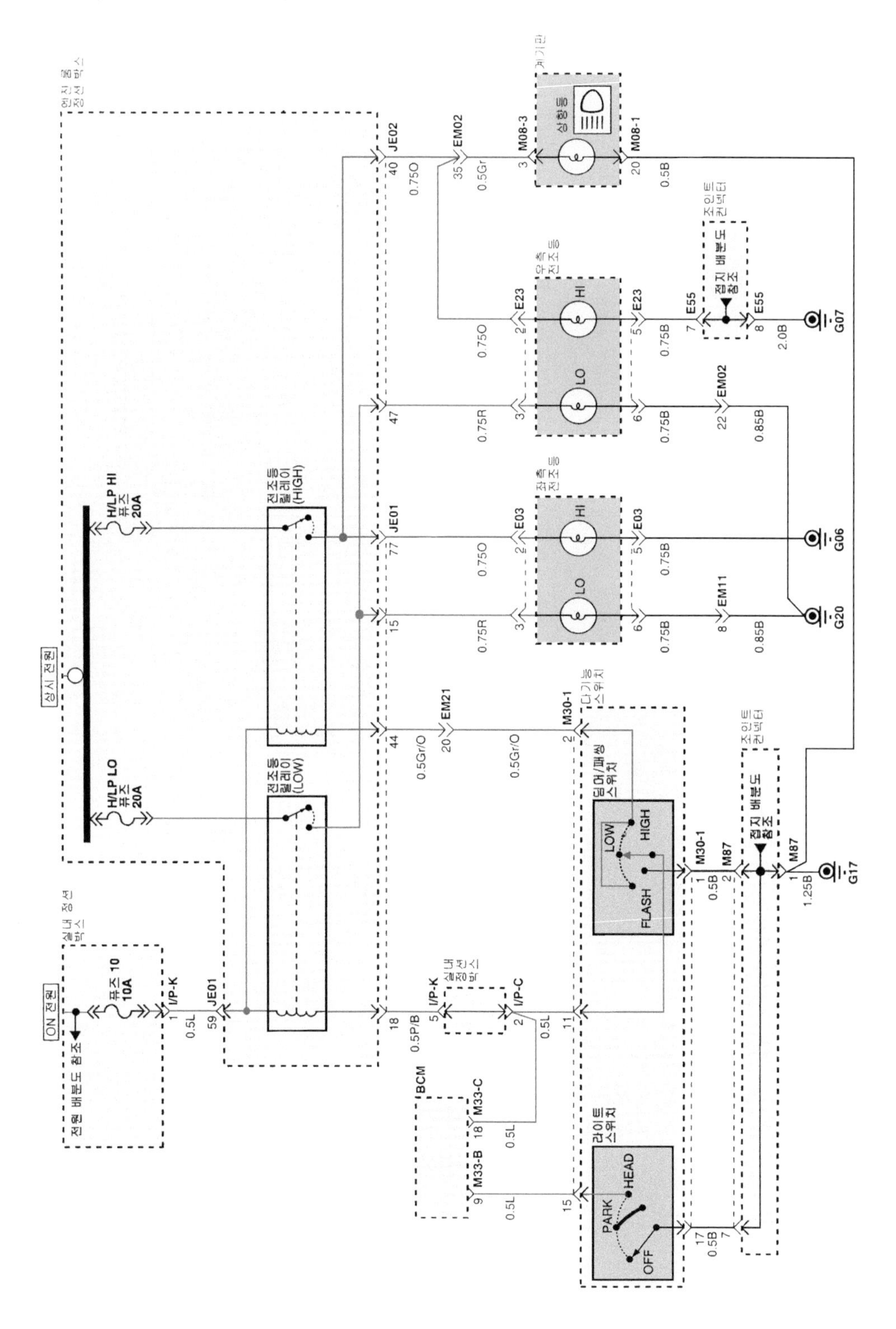

④ 전조등 릴레이 및 퓨즈의 점검(아반떼 XD)

1. 전조등 릴레이 및 퓨즈의 설치위치

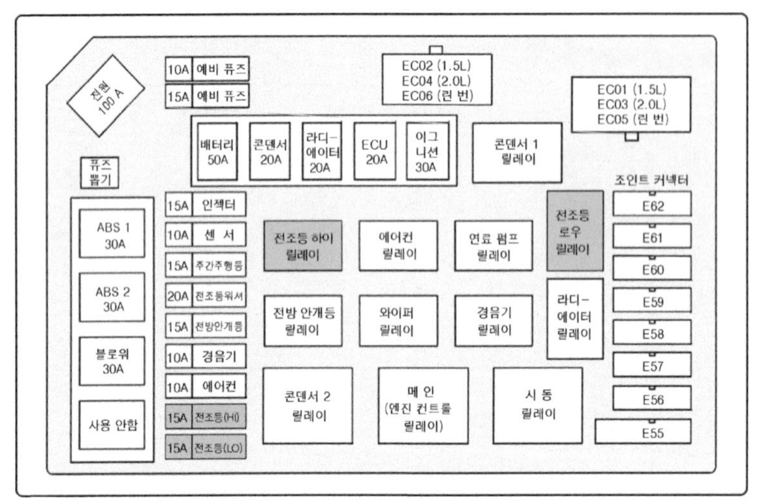

릴레이 박스에서의 전조등 퓨즈 점검

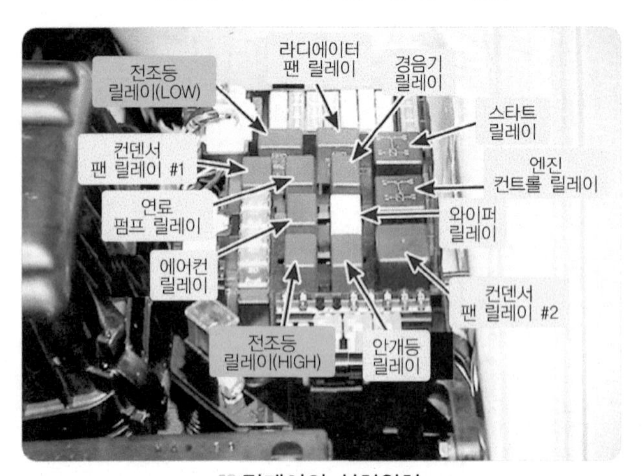

릴레이의 설치위치

2. 전조등 릴레이의 고장진단

① **3단자 릴레이** : 단자 사이의 도통을 점검하여 서로 통하는 것 중 하나는 B단자 다른 하나는 S단자이고 나머지는 부하쪽 L단자이다.

터미널 / 상태	B	S	L
전원공급안됨	○──	──○	
전원공급됨	⊕···· ○──	····⊖ ──	 ──○

※ ○──○ 터미널간의 통전을 나타낸다.
⊕···⊖ 전원공급 단자를 나타낸다.

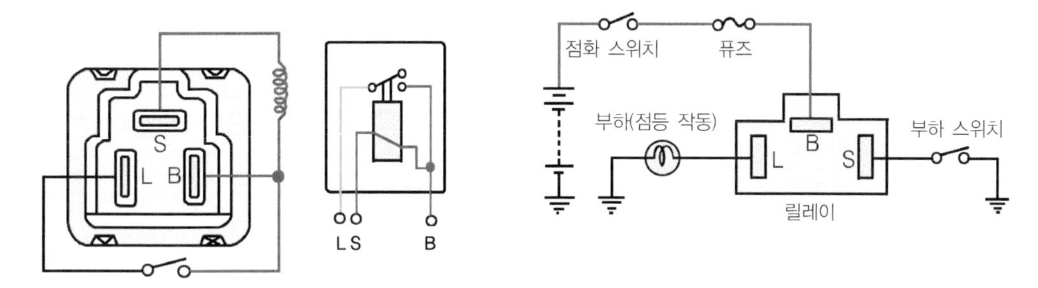

3단자 릴레이 회로 및 단자간 도통시험

② **4단자 릴레이** : 단자 사이의 도통을 점검하여 서로 통하는 것 중 하나는 S_1 단자, 다른 하나는 S_2 , 도통하지 않는 나머지 두 단자 중 하나는 B단자 다른 하나는 부하측 L단자이다.

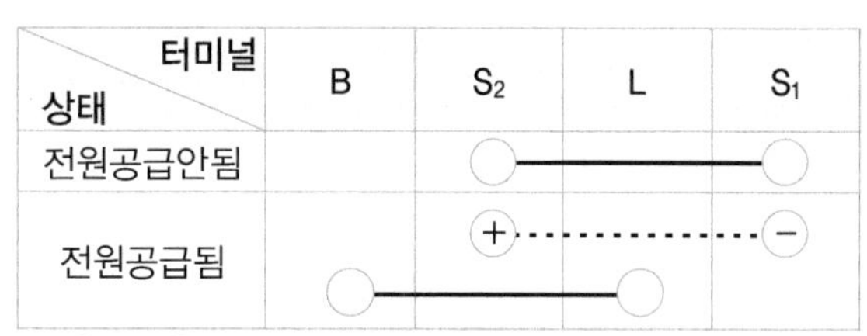

상태 \ 터미널	B	S_2	L	S_1
전원공급안됨		○ ──────────		○
전원공급됨		(+) · · · · · · · ·		(−)
	○ ──────────		○	

※ ○──○ 터미널간의 통전을 나타낸다.
(+)···(−) 전원공급 단자를 나타낸다.

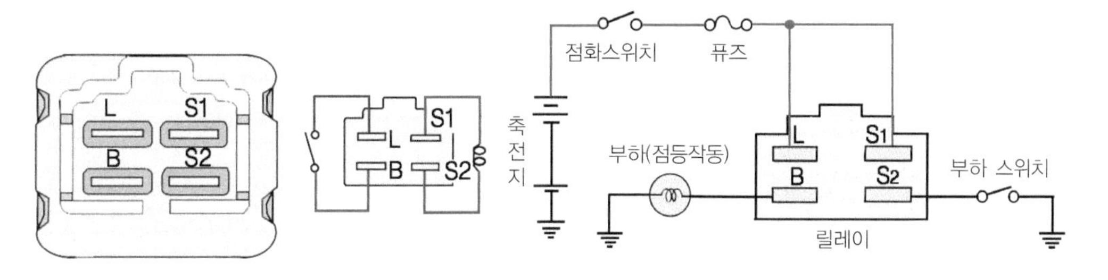

4단자 릴레이 회로 및 단자간 도통시험

③ **5단자 릴레이** : 단자 사이의 도통을 점검한다. 1번(S_1) 단자는 전조등 스위치에, 2번(S_2) 단자는 접지에, 3번 단자는 배터리(B), 5번 단자는 전조등(L) 단자이다.

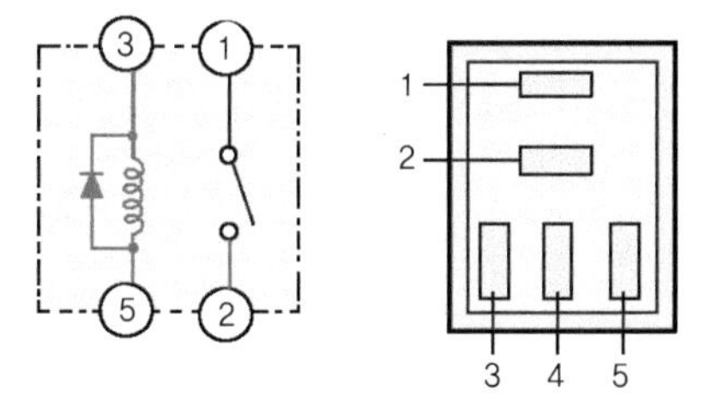

5단자 릴레이 회로 및 단자간 도통시험

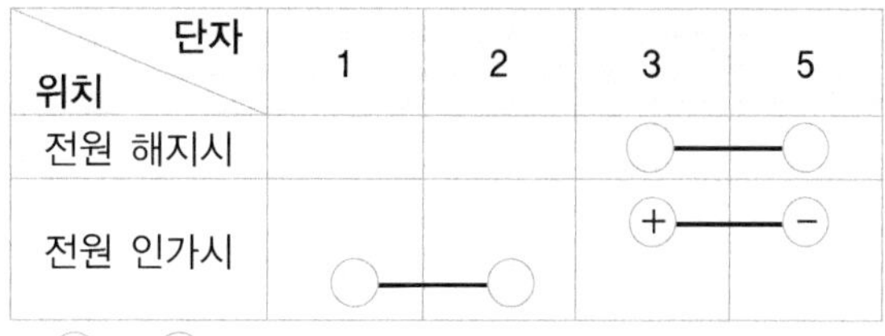

위치 \ 단자	1	2	3	5
전원 해지시			○ ──────	○
전원 인가시			(+) ──────	(−)
	○ ──────	○		

※ ○──○ 단자 사이에 도통을 의미한다.
(+)──(−) 전원 공급을 의미한다.

3. 전조등 스위치(다기능 스위치)-아반떼 XD

터미널 사이의 스위치를 작동시키면서 통전성을 점검한다.

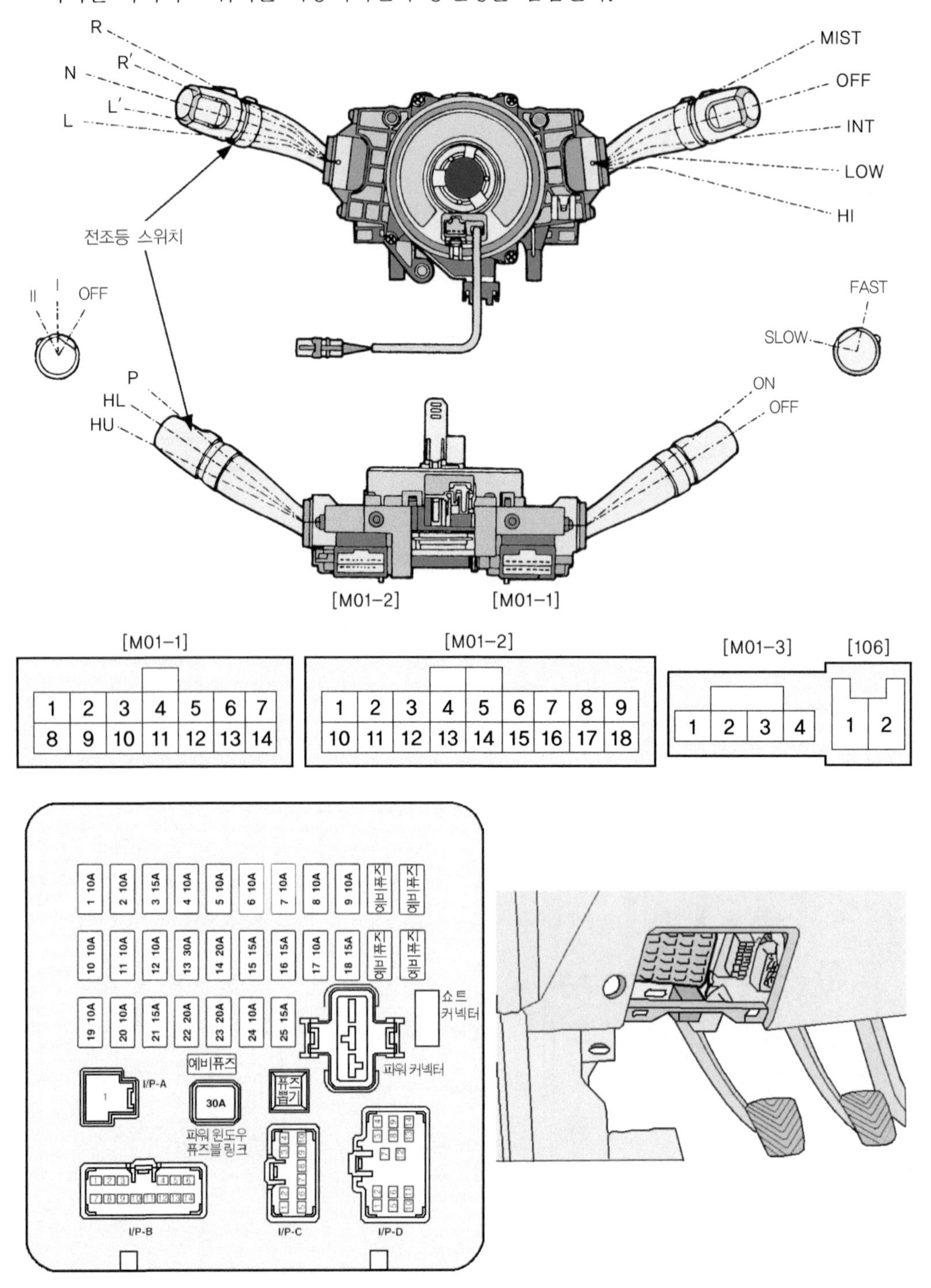

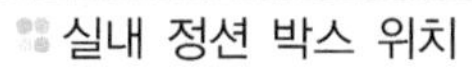
실내 정션 박스 위치

실내 정션 박스 내부의 퓨즈

■ 다기능 스위치 커넥터의 전조등 관련 번호

커넥터번호	핀번호	명 칭	커넥터번호	핀번호	명 칭
M01-2	1	전조등 패싱 스위치	M01-1	1	와이퍼 하이(Hi)
	2	전조등 하이빔 전원		2	와이퍼 로(Low)
	3			3	와이퍼 정지(P)
	4			4	미스트 스위치
	5			5	와이퍼 & 워셔 접지
	6			6	간헐 와이퍼
	7	우측 방향지시등 스위치		7	프런트 워셔 스위치
	8	플레셔 유닛 전원		8	
	9	좌측 방향지시등 스위치		9	
	10	전조등 로빔 전원		10	
	11	딤머 & 패싱 접지		11	
	12			12	
	13			13	간헐 와이퍼 볼륨
	14	미등 스위치		14	간헐 와이퍼 접지
	15	전조등 스위치	I06	1	인플레이터(Low)
	16			2	인플레이터(Hi)
	17	점등 스위치 접지	M10-3	1	혼(B)
	18			2	

① 전조등 스위치 단자간 점검(커넥터 번호 : M01-2)

위치 \ 단자	14	15	17
OFF			
I	○	──	○
II	○	○	○

② 디머와 패싱 스위치 단자간 점검(커넥터 번호 : M01-2)

위치 \ 단자	1	2	10	11
HU(상향)		○		○
HL(하향)			○	○
P(패싱)	○	○		○

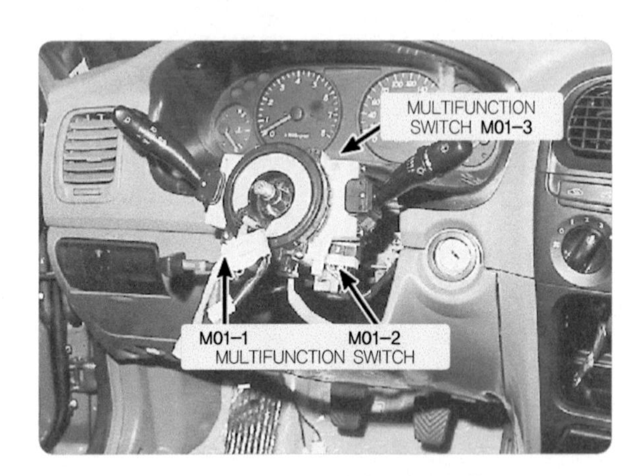

다기능 스위치 단자간 통전시험

4. 전조등 전구 및 연결 상태의 점검

전조등의 커넥터가 연결된 상태 및 전구의 이상 유무를 점검한다. 점등되었던 전구를 손으로 잡지 말고 떨어트리지 않도록 주의한다.

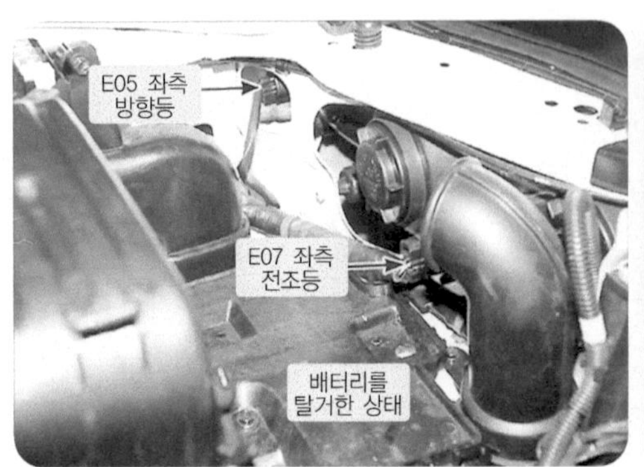

전조등 전구 및 커넥터 연결 상태 점검

전조등 정상 작동 상태

오른쪽 전조등 작동 불능

5. 전조등 램프(전구)의 교환

① 전조등의 점등 상태를 확인한다.
② 더스트 커버 위치를 확인한다.
③ 더스트 커버를 반시계방향으로 돌려 탈거한다.
④ 전조등 램프 커넥터를 분리한다.
③ 더스트 커버를 반시계방향으로 돌려 탈거한다.
④ 전조등 램프 커넥터를 분리한다.
⑤ 안전 스프링의 고리를 누르고 반시계방향으로 민다.
⑥ 안전 스프링을 탈거한다.
⑦ 전조등 램프를 탈거한다.
⑧ 탈거한 램프를 점검하여 단선된 경우 교환한다.

전조등의 점등 상태 확인

더스트 커버 위치 확인한다.

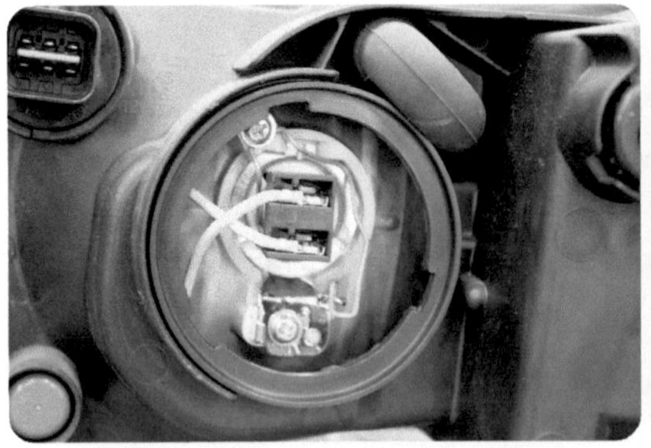

더스트 커버를 반시계방향으로 돌려 탈거

전조등 램프 커넥터 분리

안전 스프링의 고리를 누르고 반시계방향으로 민다.

안전 스프링 탈거

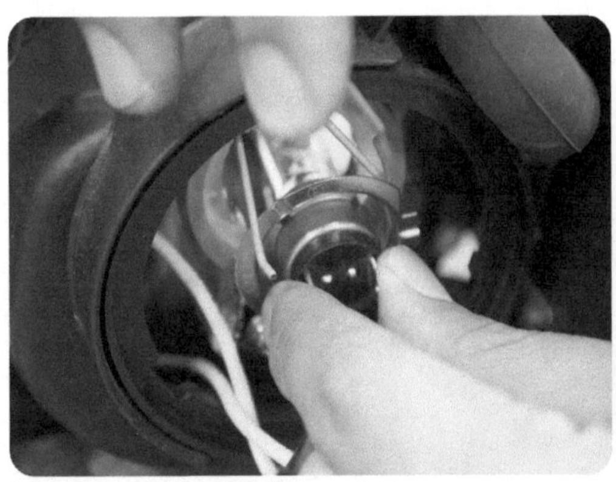

전조등 램프 탈거

탈거한 램프를 점검하여 단선된 경우 교환

04 전조등 시험

1 전조등 시험의 개요

자동차관리법 시행규칙 제73조 관련 검사기준 및 검사방법 의한 검사기준은 표와 같다.

<table>
<tr><th>항 목</th><th>검 사 기 준</th><th>검 사 방 법</th></tr>
<tr><td rowspan="4">등화장치</td><td>(1) 광도(최고속도가 매시 25km 이하인 자동차를 제외한다)는 다음 기준에 적합할 것
(가) 2등식 : 15,000cd 이상
(나) 4등식 : 12,000cd 이상</td><td rowspan="2">좌·우측 전조등의 광도와 주광축의 진폭을 전조등시험기로 측정</td></tr>
<tr><td>(2) 주광축의 진폭은 10미터 위치에서 다음 수치 이내일 것
<table><tr><th>구분</th><th>상</th><th>하</th><th>좌</th><th>우</th></tr><tr><td>좌측</td><td>10cm</td><td>30cm</td><td>15cm</td><td>30cm</td></tr><tr><td>우측</td><td>10cm</td><td>30cm</td><td>30cm</td><td>30cm</td></tr></table></td></tr>
<tr><td>(3) 정위치에 견고히 부착되어 작동에 이상이 없고, 손상이 없어야 하며, 등광색이 성능기준에 적합할 것</td><td>전조등·방향지시등·번호등·제동등·후퇴등·차폭등·후미등·안개등·비상점멸표시등·그 밖의 등화장치의 점등·등광색 및 설치상태의 확인</td></tr>
<tr><td>(4) 성능기준에서 정하지 아니한 등화 및 금지등화가 없을 것</td><td>성능기준에 위배되는 등화설치여부 확인</td></tr>
</table>

2 투영식 전조등 테스터기

투영식은 3m의 측정 거리에서 투영 스크린에 전조등의 상을 투영시켜 측정하는 방식이다. 투영식은 그림과 같이 수광부는 중앙에 집광 렌즈, 상·하, 좌·우에 4개의 광전지를 부착하여 전조등의 상을 집광 렌즈, 광도용 광전지 및 반사경을 통해 투영 스크린에 투영 하도록 되어 있다.

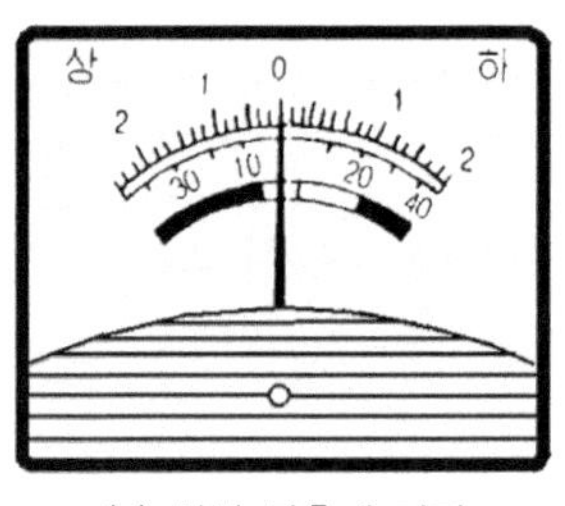

(a) 상하 광축계 미터

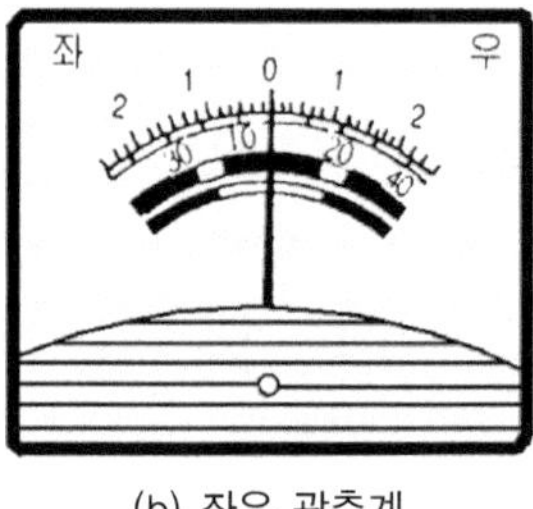

(b) 좌우 광축계

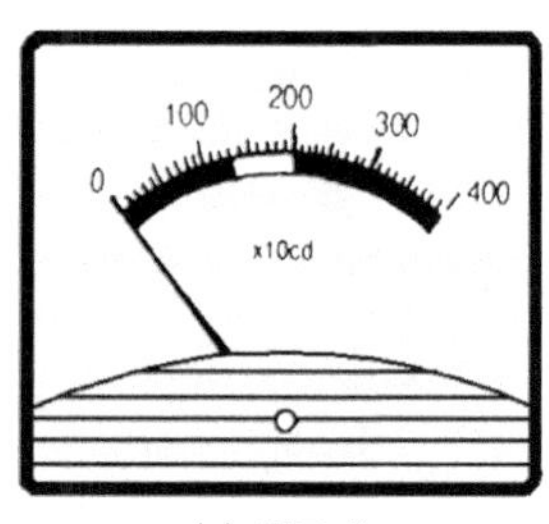

(c) 광도계

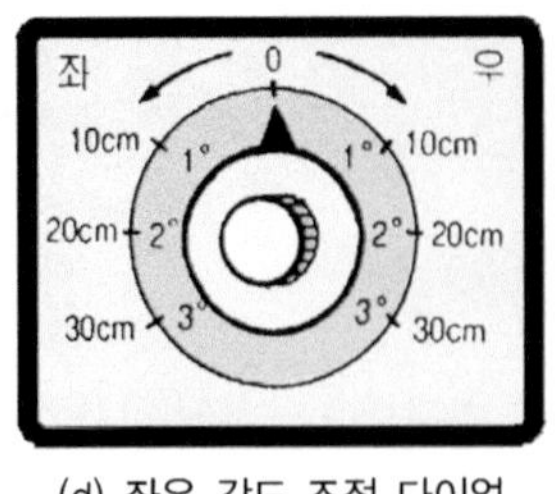

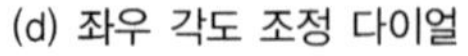
(d) 좌우 각도 조정 다이얼

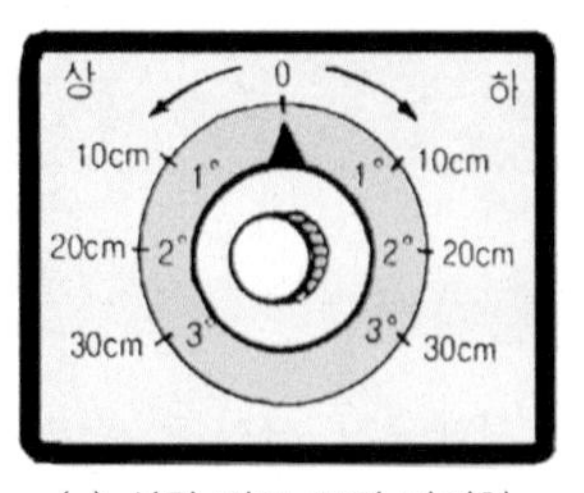

(e) 상하 각도 조정 다이얼

투영식 전조등 시험기의 계기판

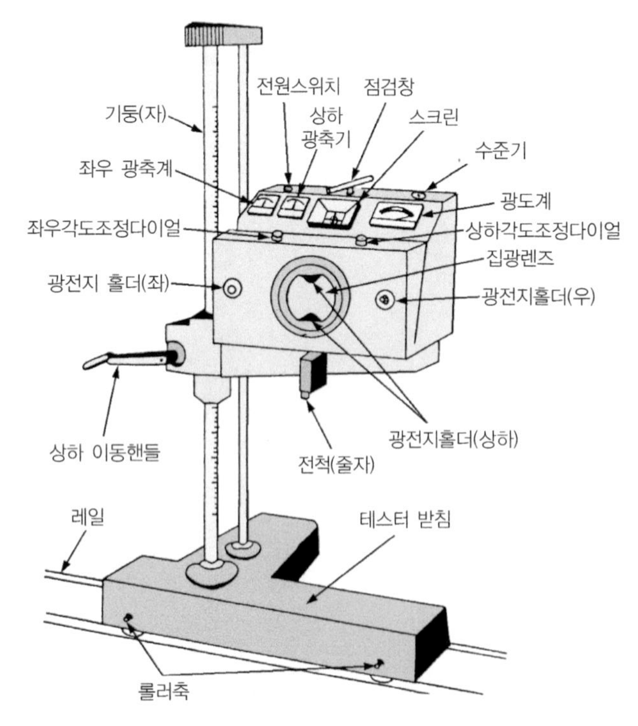

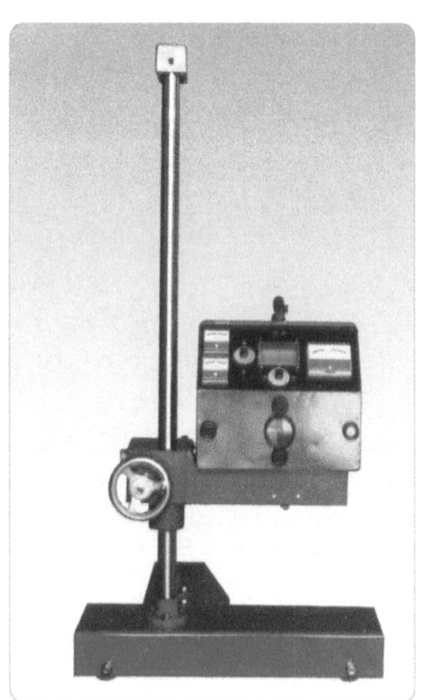

1. 사용 설명

① **기둥(자)** : 시험기 몸체를 지지하는 기둥으로 옆면에는 높이를 표시하는 눈금이 그려져 있다.

② **상하 이동 핸들** : 시험기 몸체를 상하로 이동시킬 때 사용한다.

③ **줄자(전척)** : 시험기와 자동차 전조등 사이의 거리를 측정할 때 사용한다.

④ **점검창** : 시험기와 자동차가 일치되었는가를 점검할 때 사용하는 것이며, 일치되지 않았을 경우에는 수평 조정기로 조정한다.

⑤ **수준기** : 시험기가 수평으로 설치되었는지를 점검하는 수포가 들어 있다.

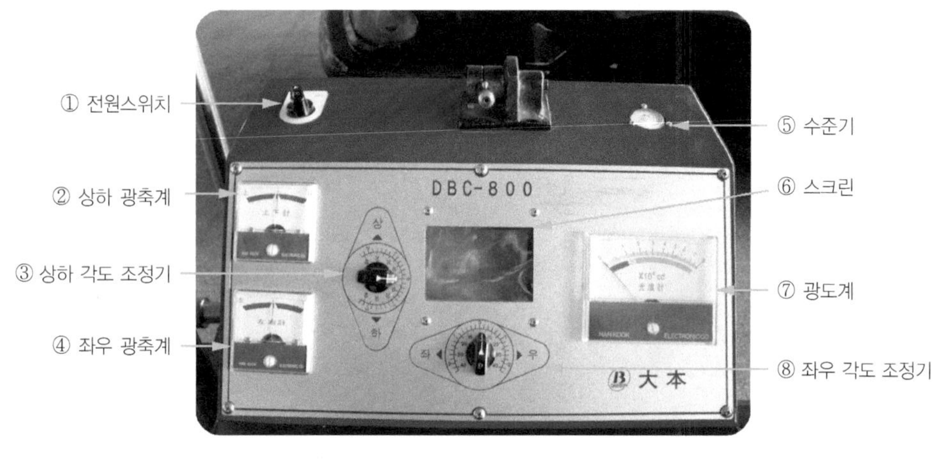

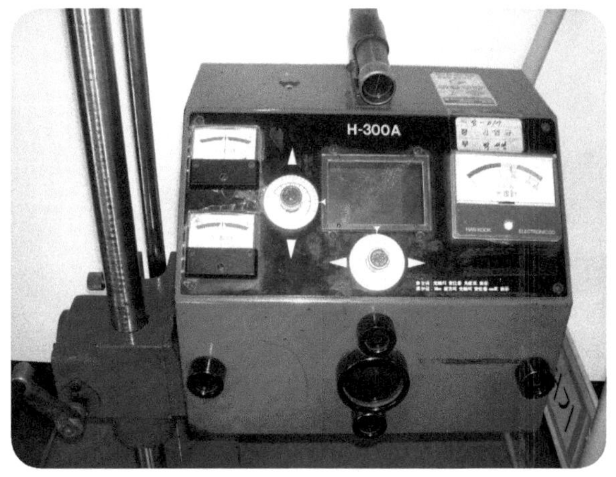

투영식 전조등 시험기 패널

⑥ **전원 스위치**

⑦ **집광 렌즈** : 전조등의 빛을 받아들이는 부분이다.

⑧ **좌우 광축계** : 광축이 좌우로 비추는 양을 각도 또는 cm로 나타낸다.

⑨ **상하 광축계** : 광축이 상하로 비추는 양을 각도 또는 cm로 나타낸다.

⑩ **광도계** : 광축의 광도(Cd)를 나타내는 계기이다. (수치×10Cd)

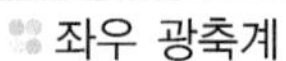
좌우 광축계

상하 광축계

광도계

⑪ **스크린** : 전조등 중심을 볼 수 있는 부분이다.
⑫ **좌우 조정 다이얼** : 좌우 각도 또는 cm를 맞추는 다이얼이다.
⑬ **상하 조정 다이얼** : 상하 각도 또는 cm를 맞추는 다이얼이다.

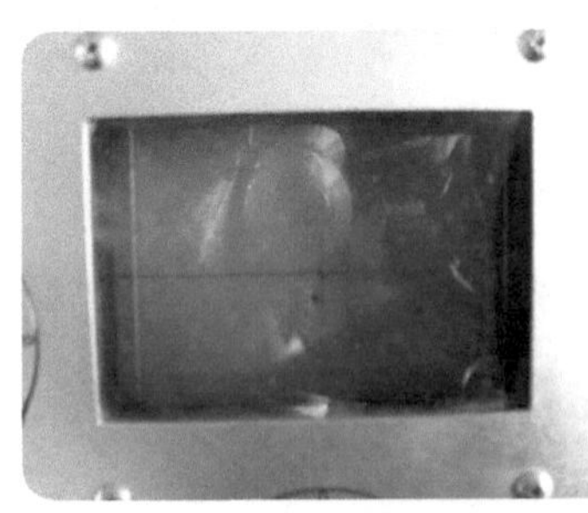
스크린

좌우 조정 다이얼

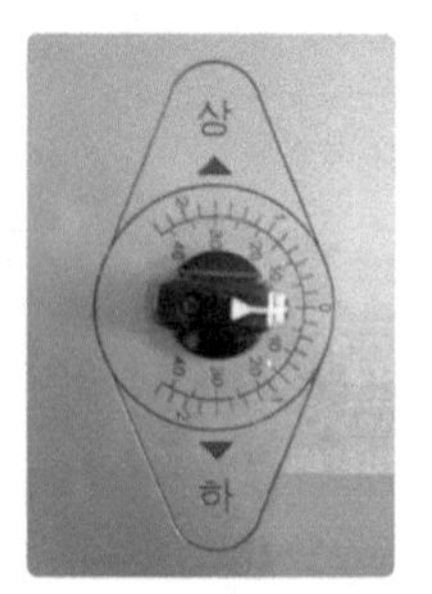

상하 조정 다이얼

2. 측정 조건

① 타이어 공기 압력을 규정 압력으로 한다.
② 배터리 성능이 정상이어야 한다.
③ 시험기가 수평인지를 수준기로 확인한다.
④ 전조등의 이상 유무를 점검한 후 운전자 1인 승차한다.
⑤ 시험하고자 하는 자동차를 시험기와 직각으로 3m가 되도록 진입시킨 다음 중심점 2개가 일직선상에 보이도록 수평 조정 나사로 조정한다.
⑥ 점검창 정대용 파인더로 보닛 위에 중심점 2개가 일직선상에 보이도록 수평 조정 나사로 조정한다.
⑦ 좌우·상하 조정 다이얼을 0에 맞춘다.

3. 측정 방법

① 전조등을 상향(하이 빔)으로 점등한다.
② 시험기 몸체를 좌우로 조정하고, 상하 이동 핸들을 돌린 후 스크린을 보아 전조등의 중심점(검은 색으로 보임)이 "+" (십자)의 중심에 오도록 조정한다.
③ 기둥의 눈금을 읽는다.

(하향 진폭 : 전조등의 높이 $\times \frac{3}{10}$)

④ 시험기 몸체를 좌우로 밀고, 상하 이동 핸들을 돌려 좌우·상하 광축계의 지침이 "0" 에 오도록 조정한다.

헤드라이트 높이 측정

⑤ 스크린을 보아 전조등의 중심점을 스크린 "+"(십자)의 중심에 오도록 좌우·상하 조정 다이얼로 조정한다.

⑥ 좌우 조정 다이얼의 값과 상하 조정 다이얼의 값을 읽고 기록한다 (각도 또는 cm로 기록).

⑦ 액셀러레이터 페달을 밟아 엔진의 회전속도를 2,000rpm 정도로 하여 광도계의 눈금을 읽고 기록한다.

3 집광식 전조등 테스터기

집광식은 1m 이하의 측정 거리에서 전조등의 광을 렌즈로 모아서 측정하는 방식이다.

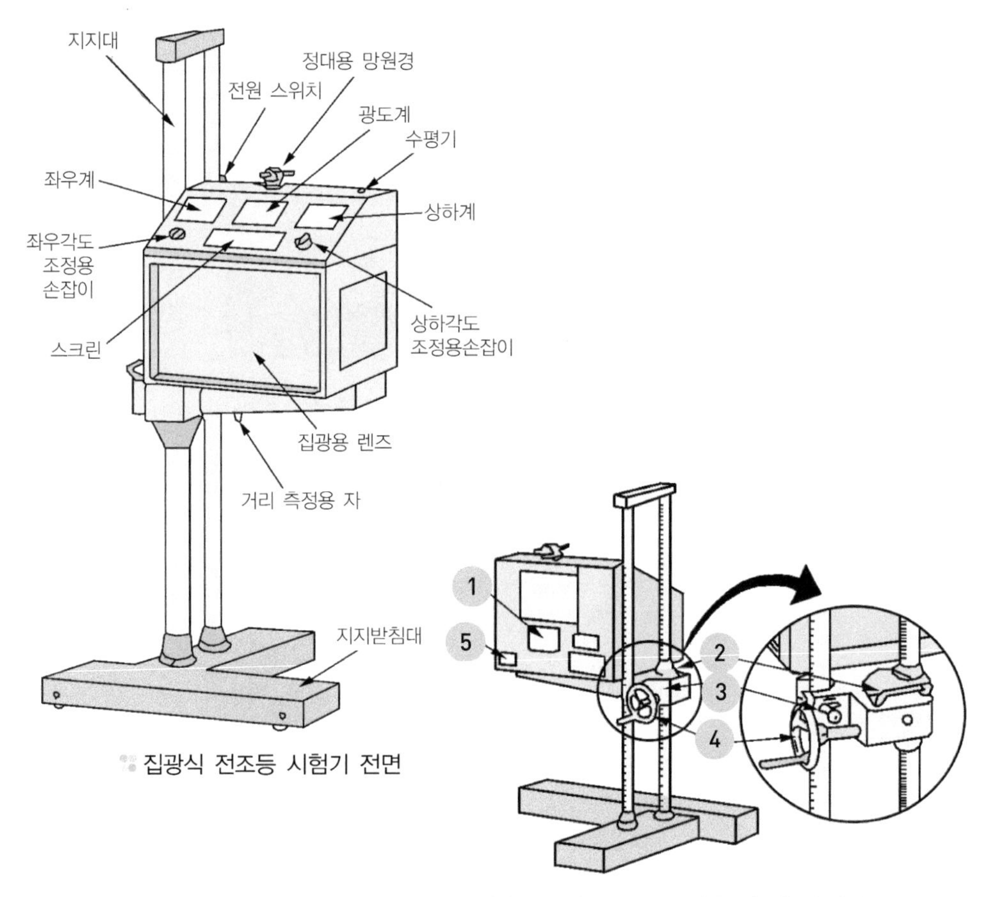

집광식 전조등 시험기 전면

집광식 전조등 시험기 후면

1. 측정 준비

① 차량과 테스터가 나란히 수평이 되도록 차량을 진입시킨다.

② 차량과 테스터 거리는 1m(테스터에 설치된 거리 측정용자 활용, 9.88mm)

③ 테스터 수평 맞추기(수준기와 레일 볼트 활용)

④ **시험차량은 최상의 상태** : 배터리 완충, 타이어 표준 공기압, 차량 바운싱으로 스프링 정렬

⑤ 차량의 중심점 2곳을 표시(보닛의 앞뒤)하고 정대용 스코프로 중심점 2곳이 일직선상에 오도록 정대장치용 손잡이로 조정한다.

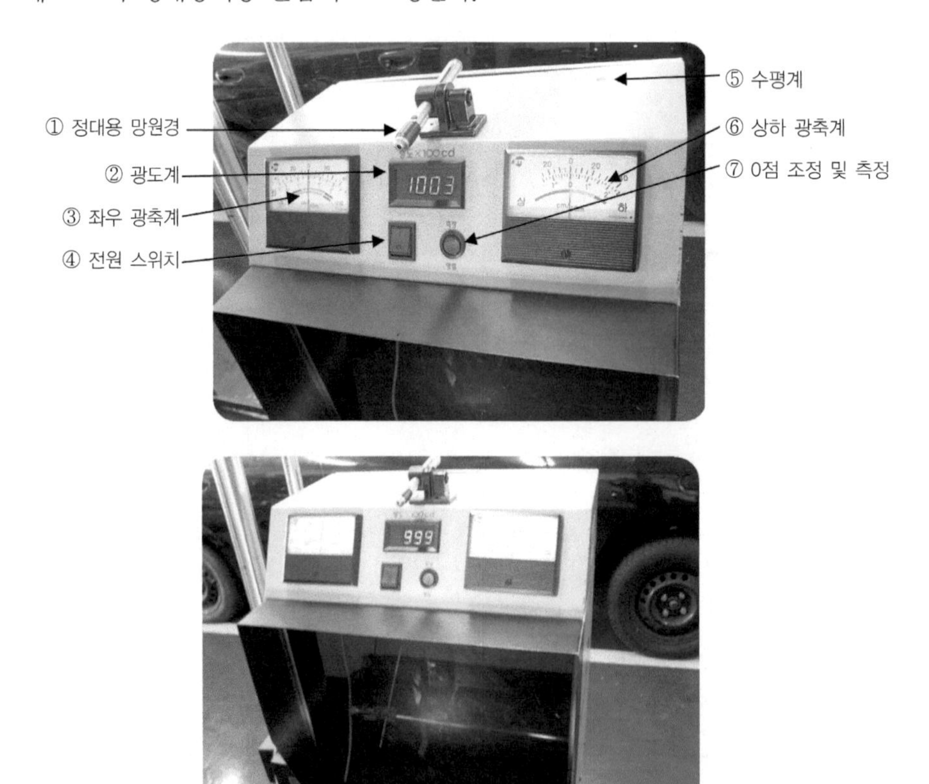

투영식 전조등 시험기 패널

⑥ 테스터의 상하좌우 각도 조절 다이얼을 0으로 맞춘다.

⑦ 차량은 공회전(단, 광도 측정시 2,000rpm), 공차 상태, 운전자 1인 승차

⑧ 전조등 하이빔(주행시)을 점등시켜 빛이 테스터 렌즈 면에 집중되는 위치까지 이동. 단, 측정하지 않는 램프는 빛 가리개로 가림.

⑨ 테스터 전원 스위치를 **'체크 전원'** 위치로 돌려 전원을 체크한다. 이때 광도계 지침이 녹색 영역 안에 있으면 정상이고, 녹색 영역을 벗어나면 건전지가 소모되었으므로 테스터 후면의 건전지 장착구의 건전지를 모두 교환한다.

2. 측정 3단계

① 높이 측정

㉮ 전원 스위치를 '800-on' 선정
(단, 광도가 40,000cd 이하일 경우 '400-on' 에 맞춤)

㉯ 후면의 영상 스크린의 보호 덮개를 열고 상을 스크린 중심에 맞도록 테스터를 움직인다.

㉰ 높이 측정

② 광축 측정

㉮ 상하좌우 광축계의 지침이 중앙에 오도록 각도 조정 다이얼을 돌린다.

㉯ 이때 각도 조정 다이얼의 위치를 측정한다.

③ 광도 측정

㉮ 2,000rpm

㉯ 광도측정(이때, 광도계 내의 레인지(range) 표시 램프(40,000cd or 80,000cd)가 점등되어 있는 폭의 광도 눈금을 읽는다. 그리고 집광 렌즈에 들어오는 빛을 차단하지 않도록 주의한다.

투영식 좌우 광축계

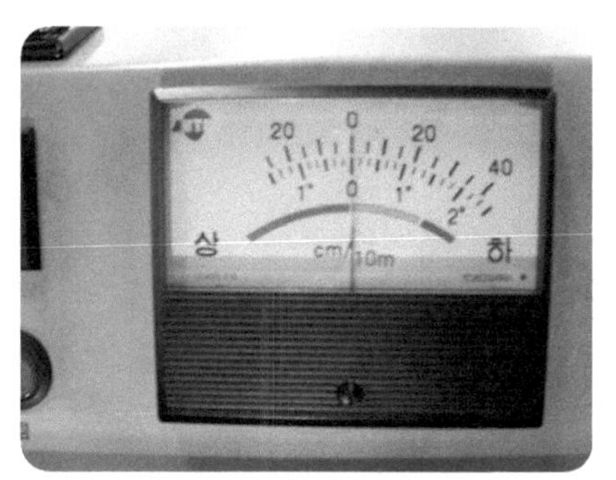

투영식 상하 광축계

3. 조 정

① 좌우 각도 조정 다이얼 0에 맞추고 상하 각도 조정 다이얼을 하 5~10cm로 맞춘다.

② 테스터를 움직여 상을 영상 스크린 중심에 오도록 일치시킨다.

③ 전조등 상하・좌우 조정 나사를 회전시켜 상하・좌우 지침이 0에 오도록 조정한다.

투영식 스크린 모습

4 결과 및 판정

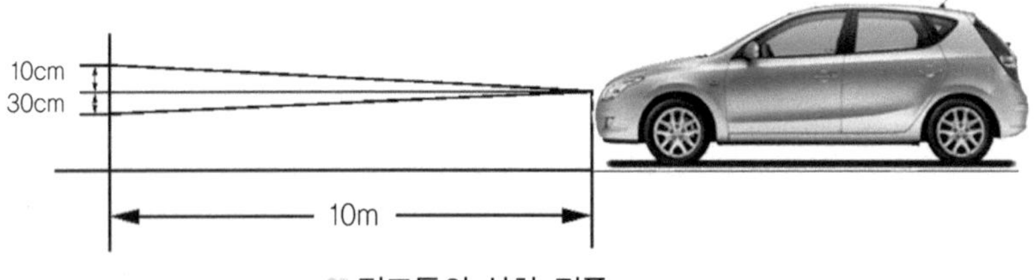

전조등의 상하 진폭

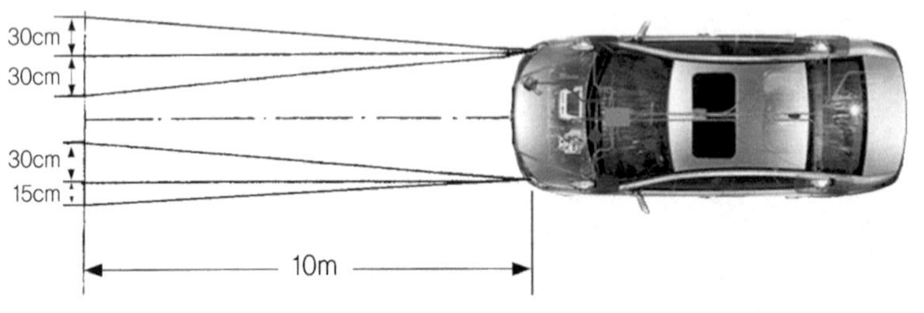

전조등의 좌우 진폭

■ 전조등 광도, 광축 검사 기준값

항 목		검사 기준값
광 도	2등식	15,000cd 이상
	4등식	12,000cd 이상
좌우진폭	좌측등	좌진폭 : 15cm 이내, 우진폭 : 30cm 이내
	우측등	좌진폭 : 30cm 이내, 우진폭 : 30cm 이내
상하진폭	좌측등	상진폭 : 10cm 이내, 하진폭 : 30cm 이내
	우측등	

5 광축의 조정법

전조등 뒷면이나 윗면에 조절용 나사, 좌우 조절용 나사가 있으므로 좌우로 돌리면서 광축을 조정한다.

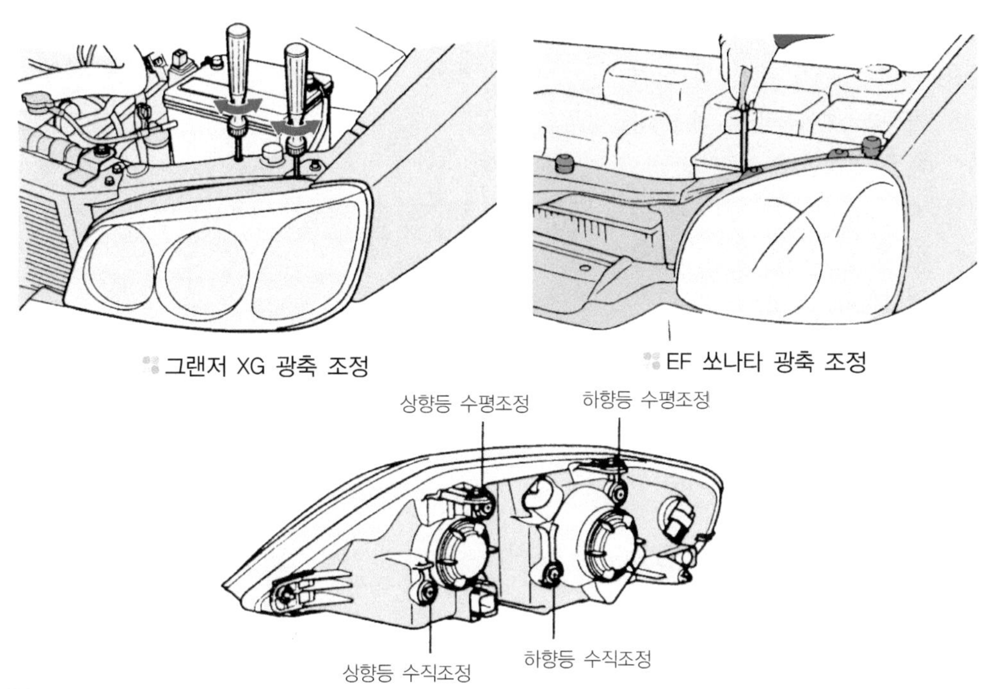

그랜저 XG 광축 조정

EF 쏘나타 광축 조정

투스카니 광축 조정 나사 위치

6 차종별 전조등

05 미등/ 번호등 회로 점검

1 미등/ 번호등 회로 점검 순서

① 배터리 단자 전압 및 단자 기둥과 케이블과의 접속 상태를 점검한다.

② 배터리 (+)단자 기둥과 메인 퓨즈 50A의 접속 상태를 점검한다.

③ 퓨저블 링크의 30A 퓨즈의 접속 상태를 점검한다.

④ 전조등 스위치를 1단으로 한 후 미등 스위치 커넥터의 접속 상태를 점검한다.

⑤ 미등 릴레이 커넥터의 접속 상태와 릴레이 접점 상태를 점검한다.

⑥ 퓨즈 박스 내의 퓨즈를 점검한다.

⑦ 좌·우 미등 커넥터와 램프를 점검한다.

⑧ 번호등 커넥터와 램프를 점검한다.

아반떼 미등 설치 위치(앞면)

아반떼 미등 설치 위치(뒷면)

2 미등/ 번호등 회로의 고장진단

1. 미등/ 번호등등 조작방법

① **전조등 스위치** : 레버를 1단으로 돌리면 주차등, 미등 및 번호판등이 점등된다.

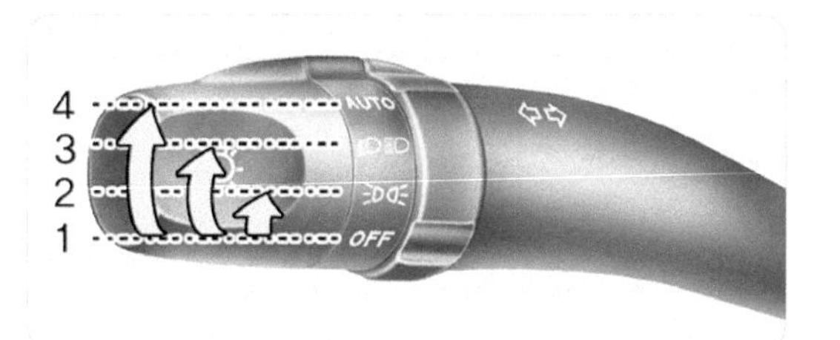

· 1단 : OFF · 2단 : 미등
· 3단 : 전조등 · 4단 : 미등/라이트 자동

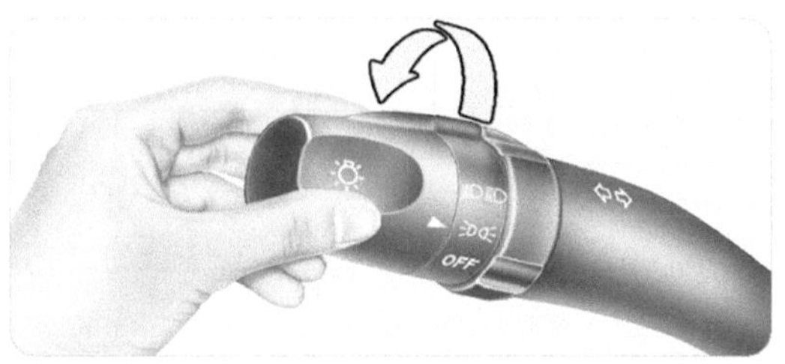

· 1단 : 미등, 차폭등, 번호판등, 계기판 등이 조명된다.

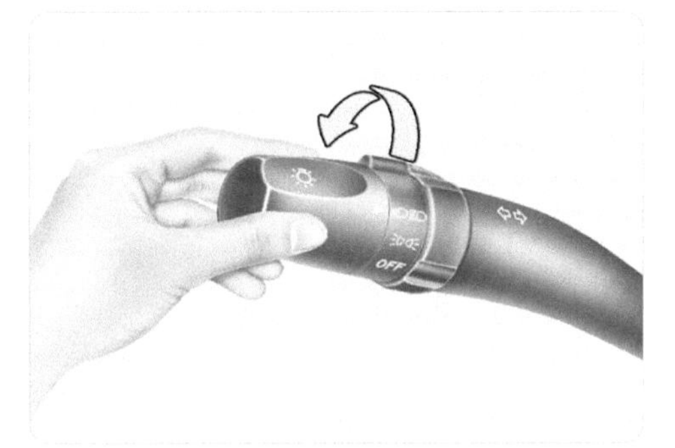

2단 전조등 점등

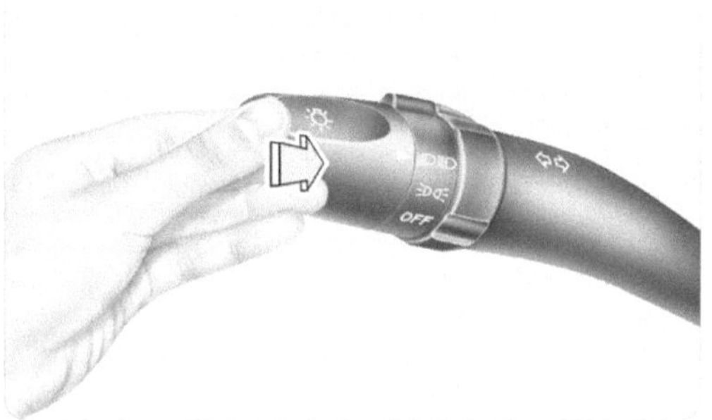

전조등 상향(아래로 내림)

2. 미등/ 번호등의 고장 진단

고장상태	고장 원인
미등과 번호등 모두 점등되지 않는다.	① 배터리의 불량 및 터미널 연결 상태 불량 ② 콤비네이션 S/W 불량 및 커넥터 연결 상태 불량 ③ 퓨즈 및 릴레이 불량 ④ 접지 상태 불량 및 전구의 손상
미등은 점등되나 번호등이 점등되지 않는다.	① 번호등 퓨즈 불량 ② 전구 및 접지상태 불량
미등 일부가 점등되지 않는다.	① 전구 및 접지상태 불량

3 미등/ 번호등의 고장진단

1. 전조등 스위치에서 Ⅰ 작동(미등)전 전류의 흐름

① 배터리 전원에서 30A 퓨즈블 링크를 거쳐 2.0RY선을 거쳐 미등 릴레이 B단자에 대기하게 된다.

② 또 하나의 라인은 S_1 단자에서 S_2 단자를 거쳐 0.3R선을 따라 라이트 스위치 TS단자에 대기한다.

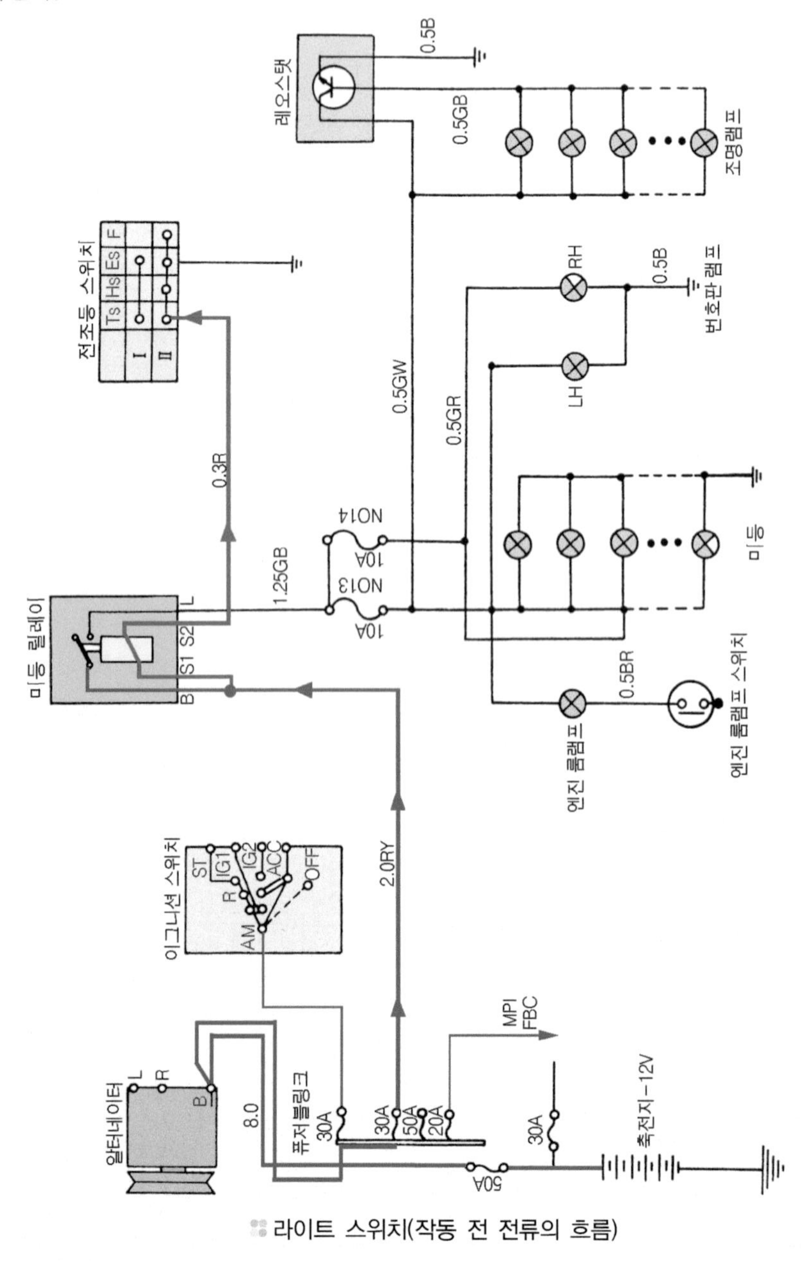

라이트 스위치(작동 전 전류의 흐름)

2. 미등 스위치 작동 후 전류의 흐름

① 미등 스위치 작동 전 라이트 스위치 TS단자까지 와 있던 전원이 라이트Ⅱ스위치(미등 스위치)를 작동시켜 ES단자를 전원은 접지 된다.

② S_1 과 S_2 의 전류 흐름으로 인해 전자장의 발생으로 릴레이 B단자와 L단자는 연결되고 1.25GB선을 통해 퓨즈 13번과 14번에 도착하게 된다.

③ 퓨즈를 통해 각 전원은 각각의 미등과 번호등으로 연결되어 점등된다.

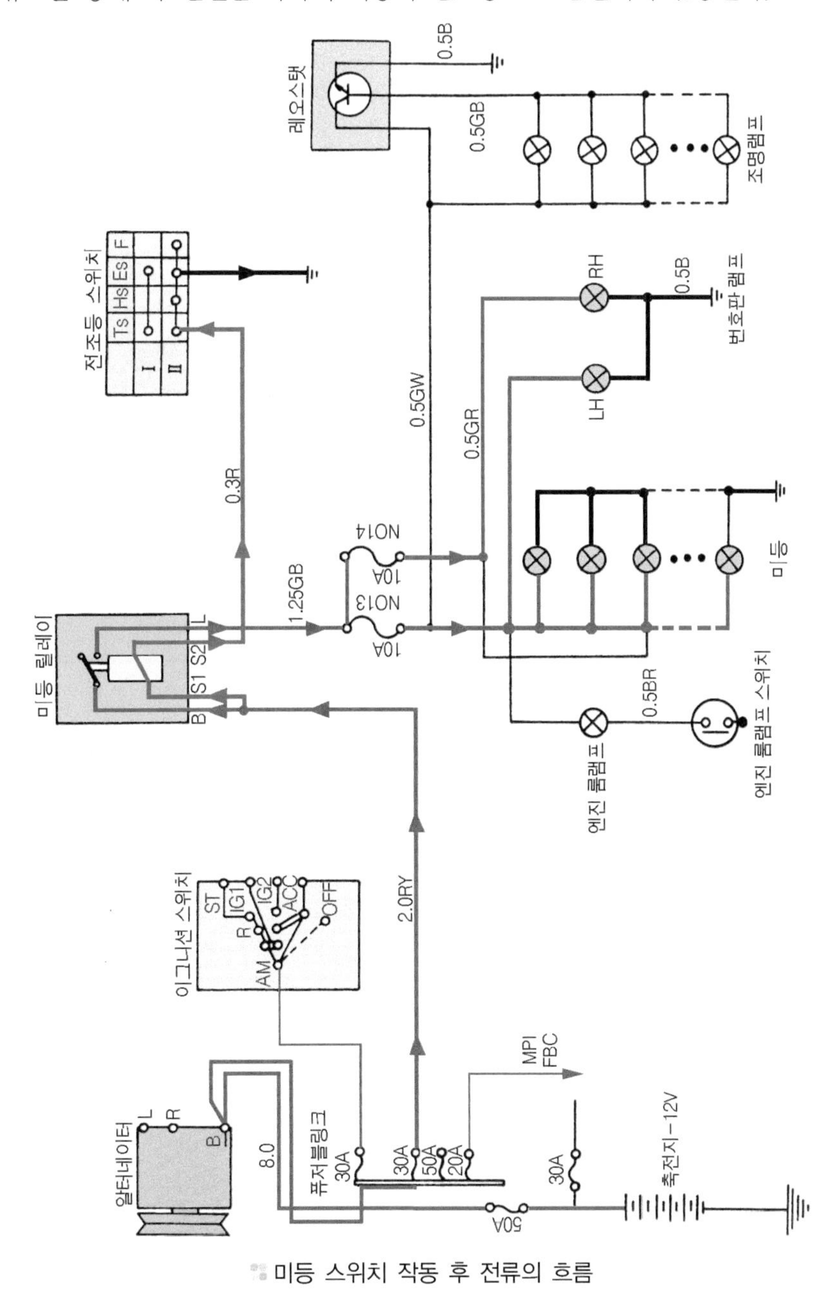

미등 스위치 작동 후 전류의 흐름

④ 미등/ 번호등의 회로도

1. 미등과 번호등 회로도(쏘나타 Ⅲ)

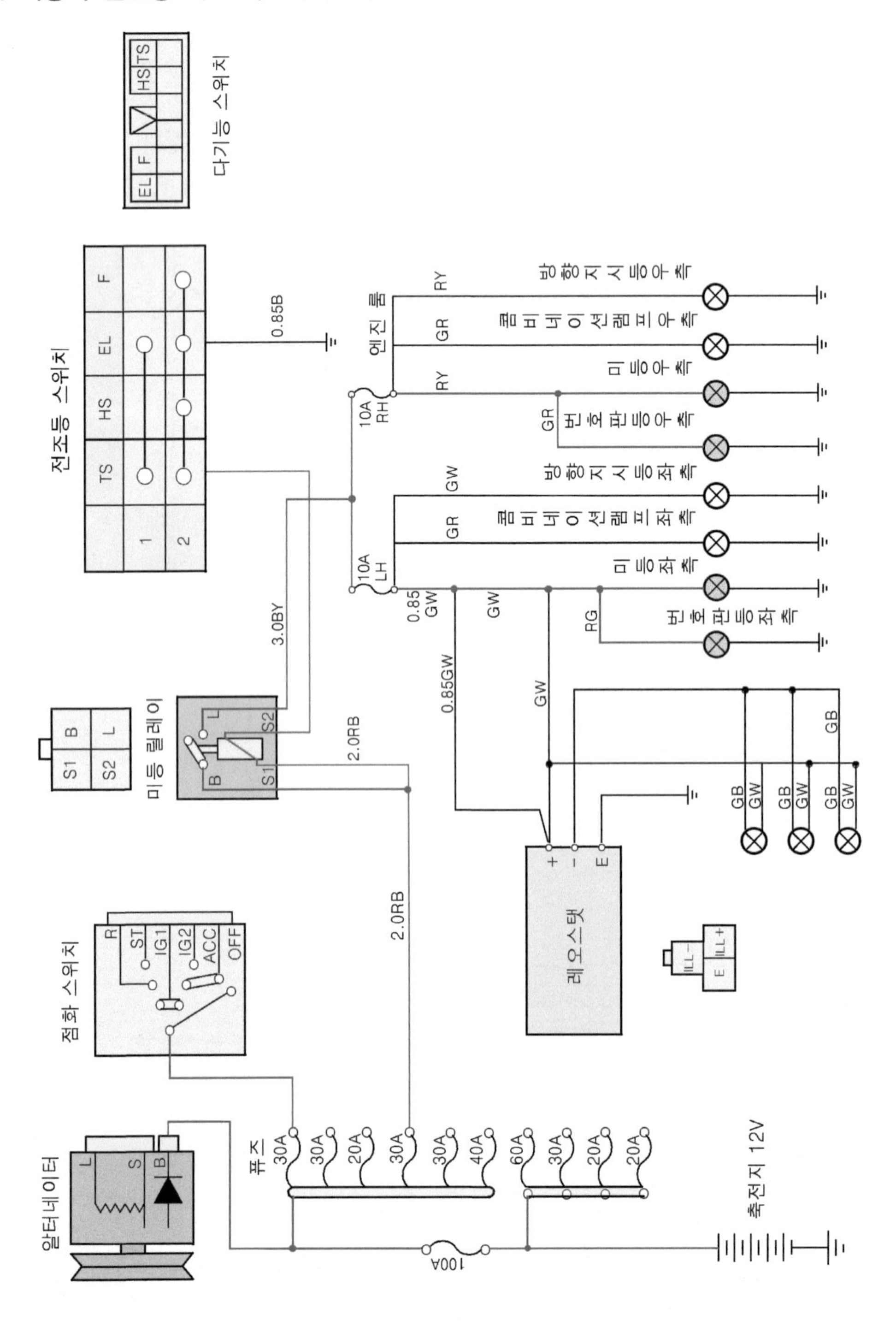

2. 미등과 번호등 회로도(아반떼 XD)

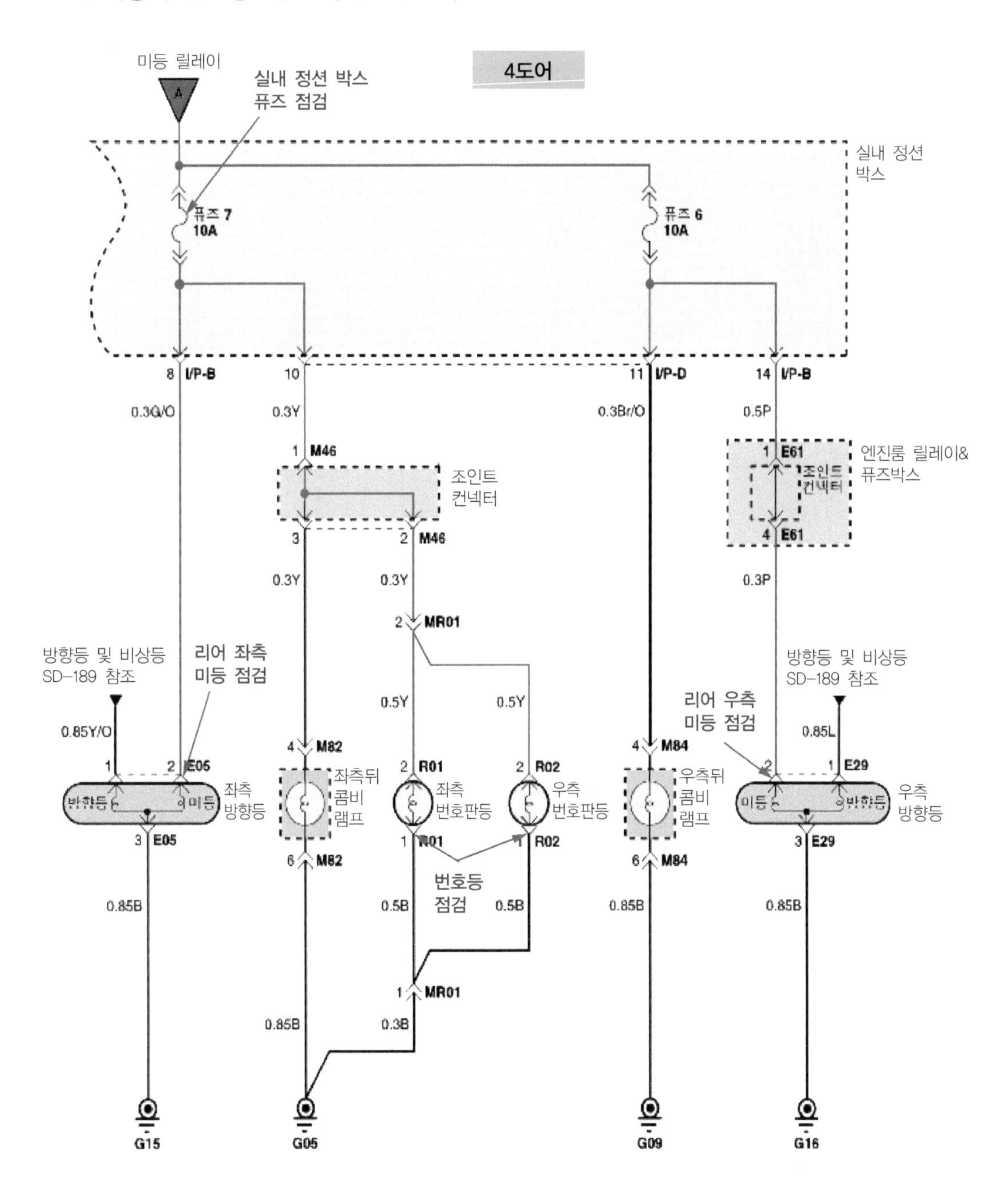

3 미등과 번호등 회로도(누비라)

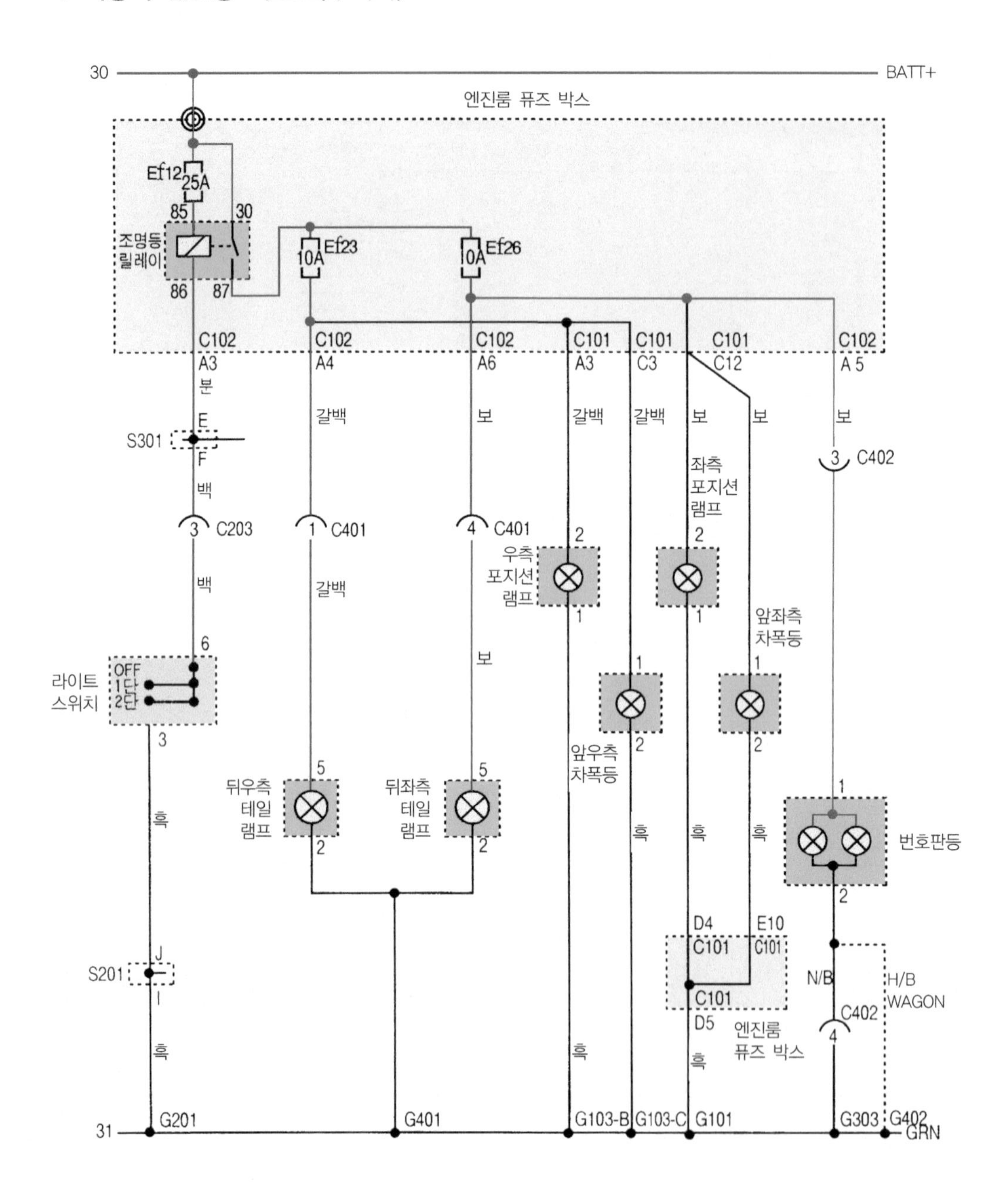

5 미등/ 번호등 단품 점검(아반떼 XD)

1. 미등/ 번호등 퓨즈의 점검

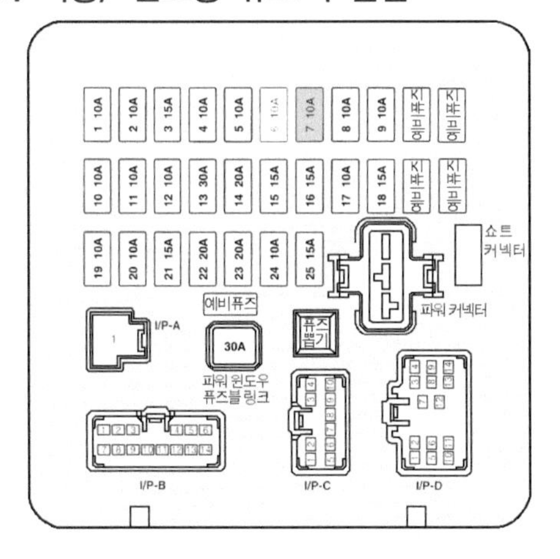

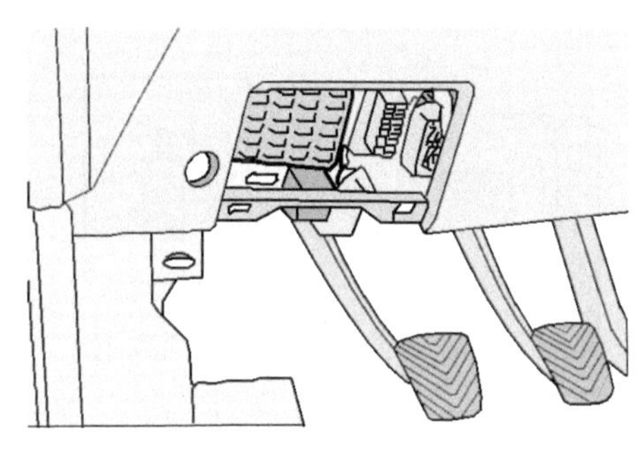

실내 퓨즈박스

■ 실내 퓨즈박스의 미등/ 번호등 회로의 점검

표기 (A)	용량	연결회로	표기 (A)	용량	연결회로
1	10A	후진등, 인히비터 스위치, 비상등 스위치	14	20A	파워 안테나
2	10A	계기판, 제너레이터, ETACM, TACM	15	15A	도어 록 릴레이, 좌측 앞 도어 록 액추에이터, 선루프 릴레이
3	15A	에어백 컨트롤 모듈	16	15A	정지등 스위치, 아웃사이드 미러 폴딩, 파워 윈도우 릴레이
4	10A	비상등 스위치, 사이렌, ECM	17	10A	아웃사이드 미러 & 리어 윈도우 디포거
5	10A	에어컨 모듈, 블로어 릴레이, 블로어 모터	18	15A	시거 라이터, 파워 아웃사이드 미러
6	10A	방향등, 콤비 램프, 실내 스위치 조명등, 쇼트 커넥터	19	(10A)	(사용 안함)
7	10A	번호판등, 방향등, 콤비 램프	20	10A	에어컨 릴레이, 전조등 릴레이, AQS 센서
8	10A	도난 방지 릴레이, 인히비터 스위치, 스타트 릴레이	21	15A	리어 와이퍼 & 워셔
9	10A	시계, 오디오, 아웃사이드 미러 폴딩	22	15A	프런트 와이퍼 & 워셔
10	10A	TCM, ECM, 차속 센서, 이그니션 코일	23	(20A)	(사용 안함)
11	10A	ABS 컨트롤 모듈	24	10A	에어컨 모듈, 모드 스위치, ETACM, TACM, 블로어 릴레이, 선루프 릴레이
12	10A	계기판	25	10A	실내등, 트렁크 룸 램프, 도어 램프, 자기 진단 점검 단자, 파워 커넥터, ETACM, TACM, 에어컨 모듈, 오디오, 시계
13	30A	디포거 릴레이	파워 윈도우	30A	파워 윈도우 릴레이

2. 릴레이 점검 방법

① **3단자 릴레이** : 단자 사이의 도통을 점검하여 서로 통하는 것 중 하나는 B단자 다른 하나는 S단자이고 나머지는 부하쪽 L단자이다.

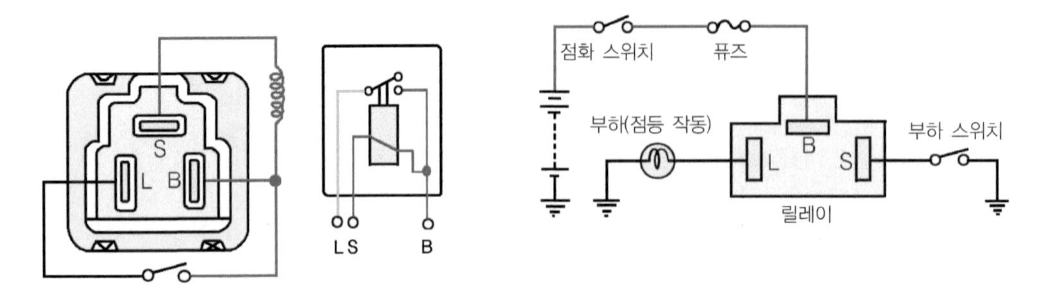

3단자 릴레이 회로

② **4단자 릴레이** : 단자 사이의 도통을 점검하여 서로 통하는 것 중 하나는 S_1 단자, 다른 하나는 S_2 , 도통하지 않는 나머지 두 단자 중 하나는 B단자 다른 하나는 부하측 L단자이다.

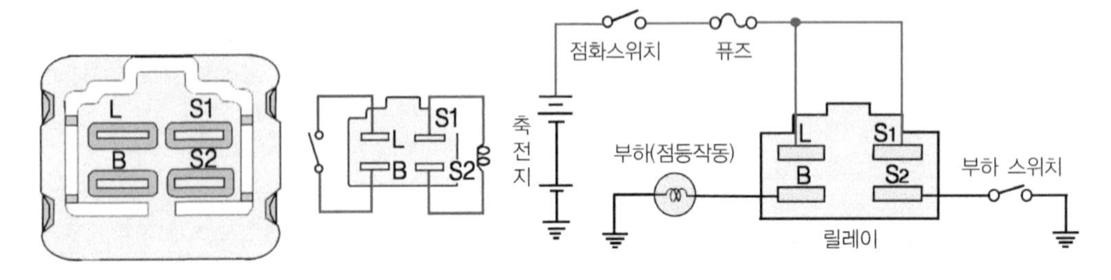

상태 \ 터미널	B	S_2	L	S_1
전원공급안됨		○─────	─────	─────○
전원공급됨	○─────	(+)- - - - -	─────○	- - - - -(−)

※ ○──○ 터미널간의 통전을 나타낸다.
(+)- - -(−) 전원공급 단자를 나타낸다.

단자간의 도통

3. 회로 점검 방법(테스트 램프를 이용한 방법)

아래의 점검 방법은 릴레이를 떼어내고 그 부분을 점검하는 방법이다.

① 릴레이(S_1, B)단자에서 배터리(+)단자 기둥까지 점검하는 방법

㉮ 램프 테스터의 한쪽을 배터리(−)단자 기둥에 연결시킨 다음 릴레이(S_1, B)단자에 연결했을 때 램프가 점등되는지 확인한다.

㉯ 점등이 되면 배터리에서 (B, S_1)단자까지의 배선은 이상이 없으며 점등이 되지 않으면 다시 30A퓨즈에서 점검을 한다.

㉰ 30A 퓨즈에 점등이 되면 30A 퓨즈에서 (B, S_1)단자까지에서 배선에 이상이 있으며 램프가 점등되지 않으면 다시 메인 100A 퓨즈를 점검한다.

㉱ 여기서 점등이 되면 100A 퓨즈에서 30A 퓨즈 사이 배선에 이상이 있으며 점등되지 않으면 배터리와 100A 메인 퓨즈사이 배선이 불량하다.

② 릴레이 S_2 단자에서 접지선까지 점검하는 방법

㉮ 라이트 S/W를 Off시킨 다음 램프 테스터 한쪽을 배터리(+)단자 기둥에 그리고 S_2를 연결했을 때 램프에 점등이 되면 S_2 에서 전조등 스위치까지 접지가 되거나 단락이 된 경우이다(그리고 점등되지 않아야 정상이다.).

㉯ 전조등 S/W를 1단으로 놓고 램프 테스터 한쪽을 배터리 (+)단자 기둥에 그리고 S_2를 연결했을 때 점등이 되면 이상이 없으면 점등되지 않으면 전조등 스위치 접지선에 연결한다.

㉰ 접지선에서 전조등 스위치로 오는 선에 연결했을 때 점등이 되면 전조등 스위치가 이상이 있으며 점등되지 않으면 접지쪽에 문제가 있다.

③ 릴레이 L단자에서 접지선까지 점검하는 방법

램프 테스터 한쪽을 배터리 (+)단자 기둥에 그리고 릴레이 L단자에 연결했을 경우 램프가 점등되면 이상이 없으며 점등이 되지 않는 경우 위의 각 방식대로 모두 점검하면 된다.

④ 위에서 모든 점검을 했을 때 아무런 이상이 발견되지 않고 번호등이 들어오지 않을 경우에는 릴레이 고장이다.

4. 전구의 교환 방법

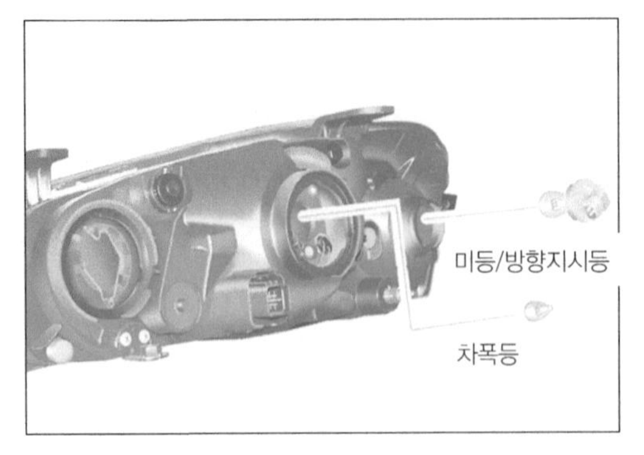

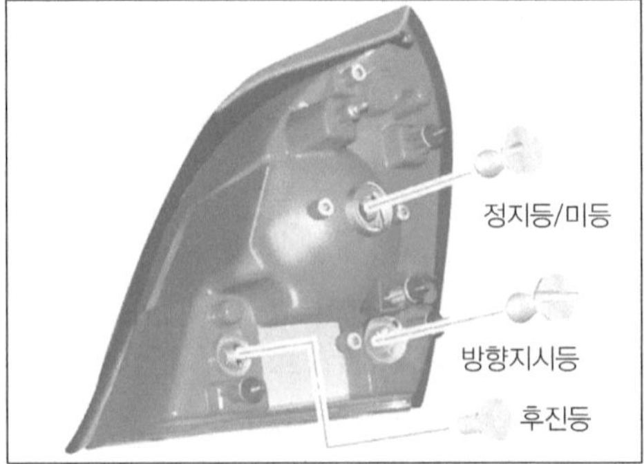

미등 교환

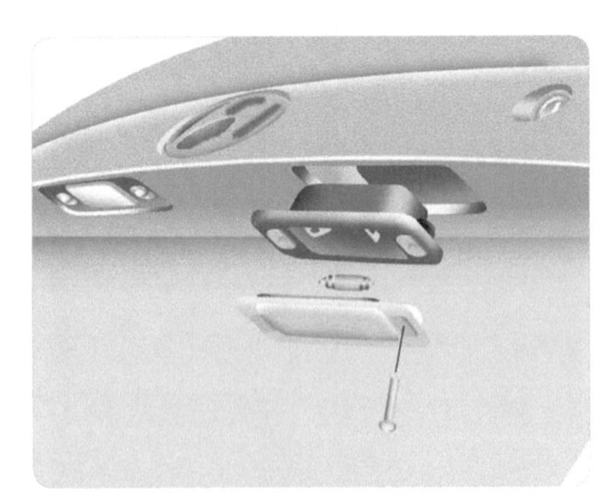

번호판등 교환

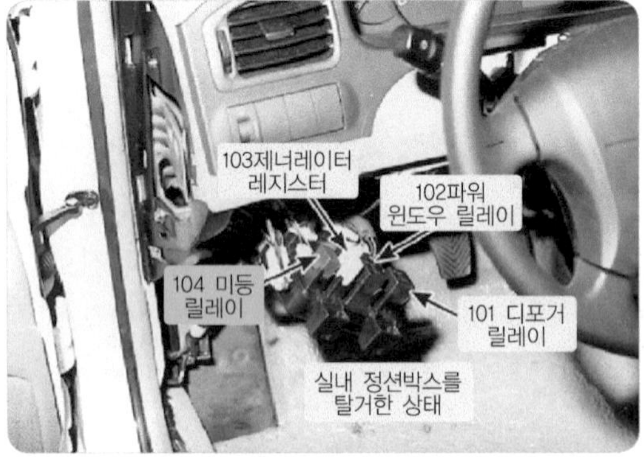

미등 릴레이 설치 위치

① 소켓을 반시계방향으로 돌린다.

② 등화 케이스에서 미등 소켓을 분리한다.

③ 전구를 누르면서 반시계방향으로 회전한다.

④ 소켓에서 전구를 분리한다.

⑤ 정상인 전구

06 방향지시등 회로 점검

1 방향지시등 회로 점검 순서

1. 방향지시등 조작방법

NF 쏘나타 방향지시등 설치 위치(전면)

NF 쏘나타 방향지시등 설치 위치(후면)

① **방향지시등 스위치** : 점화 스위치 키가 ON 상태에서 전조등 스위치 레버를 진행시키고자 하는 방향으로 올리거나(우측 진행) 내린다(좌측 진행).

좌회전 방향지시등 작동으로 점등되어 있다.

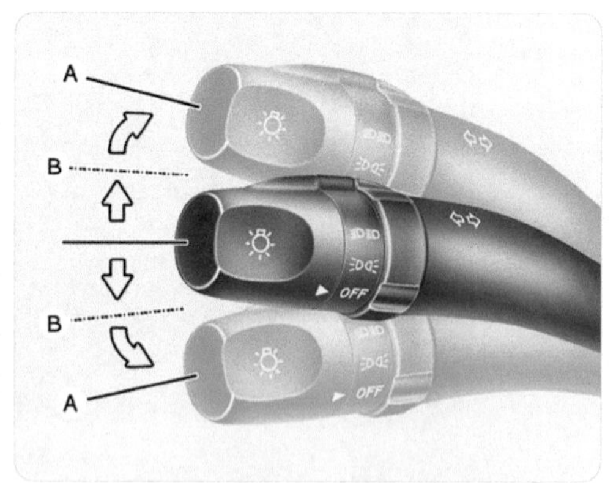

방향지시등 : 전조등 스위치를 위쪽으로 밀면 우회전, 아래쪽으로 내리면 좌회전이 된다.

2. 방향지시등의 고장 진단

고장상태	고장 내용
방향 지시등이 점등되지 않는다.	• 배터리의 불량, 터미널의 연결 상태 불량 • 퓨즈 및 릴레이의 불량 • 플래셔 유닛의 불량 • 회로의 단선 및 커넥터의 연결 상태 불량 • 전구의 손상 및 접지의 불량 • 다기능 스위치의 불량 및 커넥터 연결 상태 불량
좌, 우 점멸 횟수가 다르거나 한쪽만 점멸한다.	• 전구의 용량이 규정이 아니다. • 전구의 손상 및 접지의 불량 • 회로의 단선 및 커넥터의 연결 상태 불량
점멸이 느리다	• 전구의 용량이 크다. • 전구의 손상 및 접지의 불량 • 회로의 단락 및 커넥터의 연결 상태 불량 • 배터리의 불량, 터미널의 연결 상태 불량 • 플래셔 유닛의 불량

② 작동시 회로도-아반떼 XD

1. 비상등 회로 전류의 흐름 (key off시)

배터리 (+)점검 – 배터리 퓨즈블 링크 50A – 실내 정션 박스 4번 퓨즈 10A – ㉮ 비상등 스위치 커넥터 M13의 9번 핀 – ㉯ 비상등 스위치 커넥터 M13의 10번 핀 – ㉰ 플래셔 유닛 커넥터 M38의 2번 핀 – ㉱ 플래셔 유닛 커넥터 M38의 3번 핀 – ㉲ 접지 포인트 G14 – ㉳ 플래셔 유닛 커넥터 M38의 1번 핀 – ㉴ 비상등 스위치 커넥터 M13의 1번 핀 – ㉵ 비상등 스위치 커넥터 M13의 3번과 4번 핀 – ㉶ 실내 정션 박스 I/P-G의 8번, I/P-H의 15번 커넥터 핀을 통해 계기판, 좌측 및 우측 사이드 리피터, 방향지시등, 콤비램프로 전원 공급 – 접지

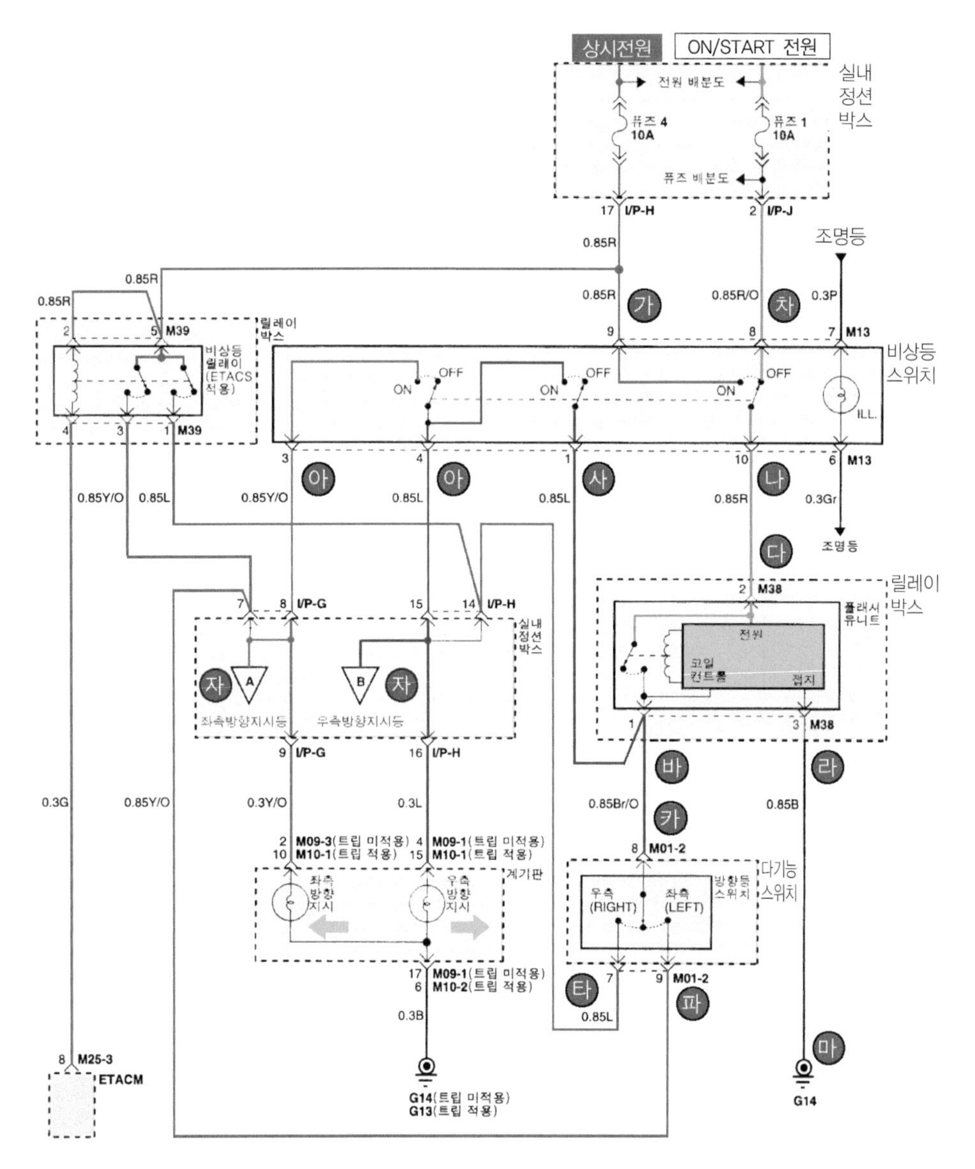

2. 우측 방향지시등 회로 전류의 흐름 (비상등 스위치 off)

배터리 (+)점검 – 이그니션 퓨즈블 링크 30A – key 스위치 IG1 – 실내 정션 박스 1번 퓨즈 10A – ㉷ 비상등 스위치 커넥터 M13의 8번 핀 – ㉯ 비상등 스위치 커넥터 M13의 10번 핀 – ㉰ 플래셔 유닛 커넥터 M38의 2번 핀 – ㉱ 플래셔 유닛 커넥터 M38의 3번 핀 – ㉲ 접지 포인트 G14 – ㉳ 플래셔 유닛 커넥터 M38의 1번 핀 – ㉸ 방향지시등 스위치 커넥터 M01-2의 8번 핀 – ㉹ 방향지시등 스위치 커넥터 M01-2의 7번 핀 – ㉶ 실내 정션 박스 I/P-H 커넥터의 14번 핀을 통해 계기판, 우측 사이드 리피터, 방향지시등, 콤비램프로 전원 공급 – 접지

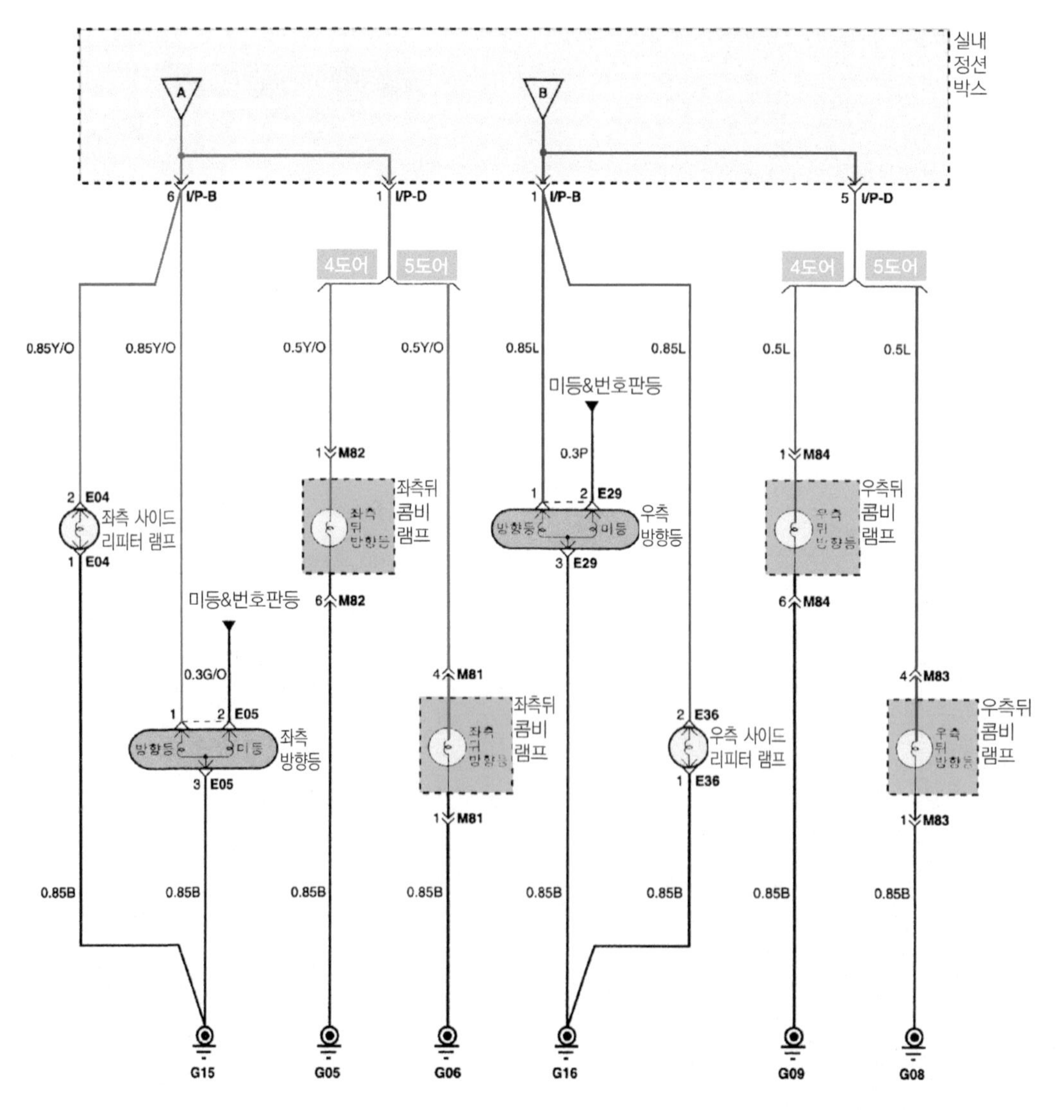

3. 좌측 방향지시등 회로 전류의 흐름 (비상등 스위치 off)

배터리 (+)점검 - 이그니션 퓨즈블 링크 30A - key 스위치 IG1 - 실내 정션 박스 1번 퓨즈 10A - ㉮ 비상등 스위치 커넥터 M13의 8번 핀 - ㉯ 비상등 스위치 커넥터 M13의 10번 핀 - ㉰ 플래셔 유닛 커넥터 M38의 2번 핀 - ㉱ 플래셔 유닛 커넥터 M38의 3번 핀 - ㉲ 접지 포인트 G14 - ㉳ 플래셔 유닛 커넥터 M38의 1번 핀 - ㉴ 방향지시등 스위치 커넥터 M01-2의 8번 핀 - 방향지시등 스위치 커넥터 M01-2의 9번 핀 - ㉵ 실내 정션 박스 I/P-G 커넥터의 7번 핀을 통해 계기판, 좌측 사이드 리피터, 방향지시등, 콤비램프로 전원 공급 - 접지

4. 멀티미터 및 램프 시험기를 이용한 점검

① 멀티미터의 메인 셀렉터를 DC50V 위치에 선택한 후 흑색 테스트 프로브를 차체에 접지시키고 적색 테스트 프로브만 이용하여 각 요소의 위치에서 전류의 흐름 경로를 따라 가면서 전장 부품의 입력과 출력쪽에서 배터리 전압이 인가 되는지 점검한다.

② 램프 시험기를 이용하는 경우는 흑색 클립을 차체에 접지시키고 테스트 프로브만을 이용하여 각 요소의 위치에서 램프가 밝게 점등 되는가 점검한다.

3 작동시 회로도 - 쏘나타 Ⅲ

1. Key on 위치에서의 전류의 흐름

① 회로도에서 Key on상태에서는 100A, 30A 퓨즈를 거쳐 IG2를 거쳐 실내 퓨즈 10A를 지나 비상스위치 IG로 들어가게 된다.

② IG로 들어간 후 다시 FB로 나와서 Br선을 거쳐 플래셔 유닛 B로 들어가게 되고 다시 L단자를 통해 방향지시등 스위치 TB까지 전류가 들어와 대기하게 된다.

2. 오른쪽 방향지시등을 켰을 때 전류의 흐름

① Key on상태에서 방향지시등 스위치 TB단자까지 와 있던 전류가 오른쪽 방향지시등을 작동함으로 TR 단자를 통해 GY선을 통해 앞(우측), 뒤(우측), 계기판으로 전류가 흐르게 된다. 이 때 플래셔 유닛이 L과 B단자의 전류의 흐름을 전자장을 이용하여 떼었다가 놓았다 함으로써 방향지시등이 깜박이는 것이다.

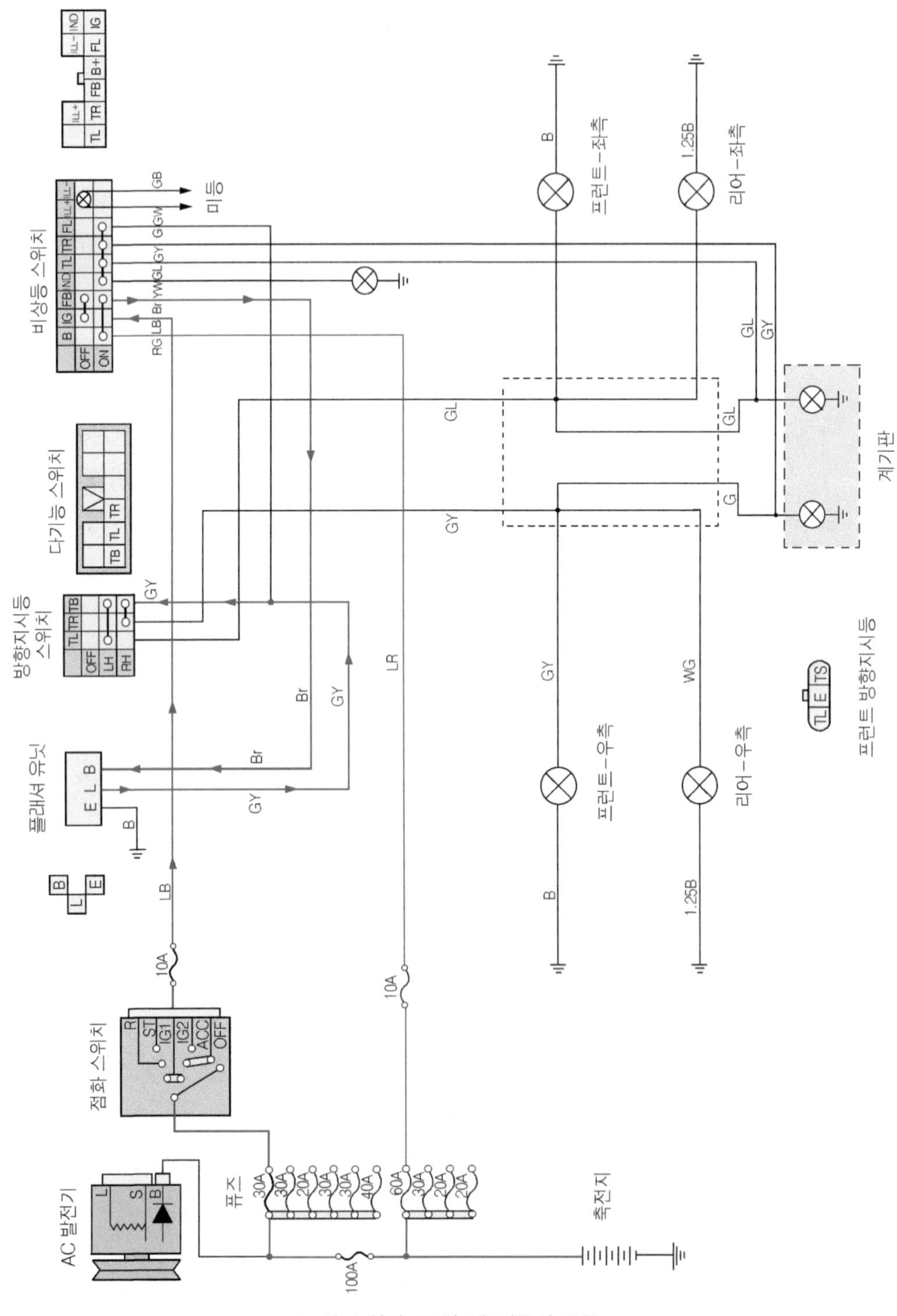

키 스위치 ON일 때 전류의 흐름

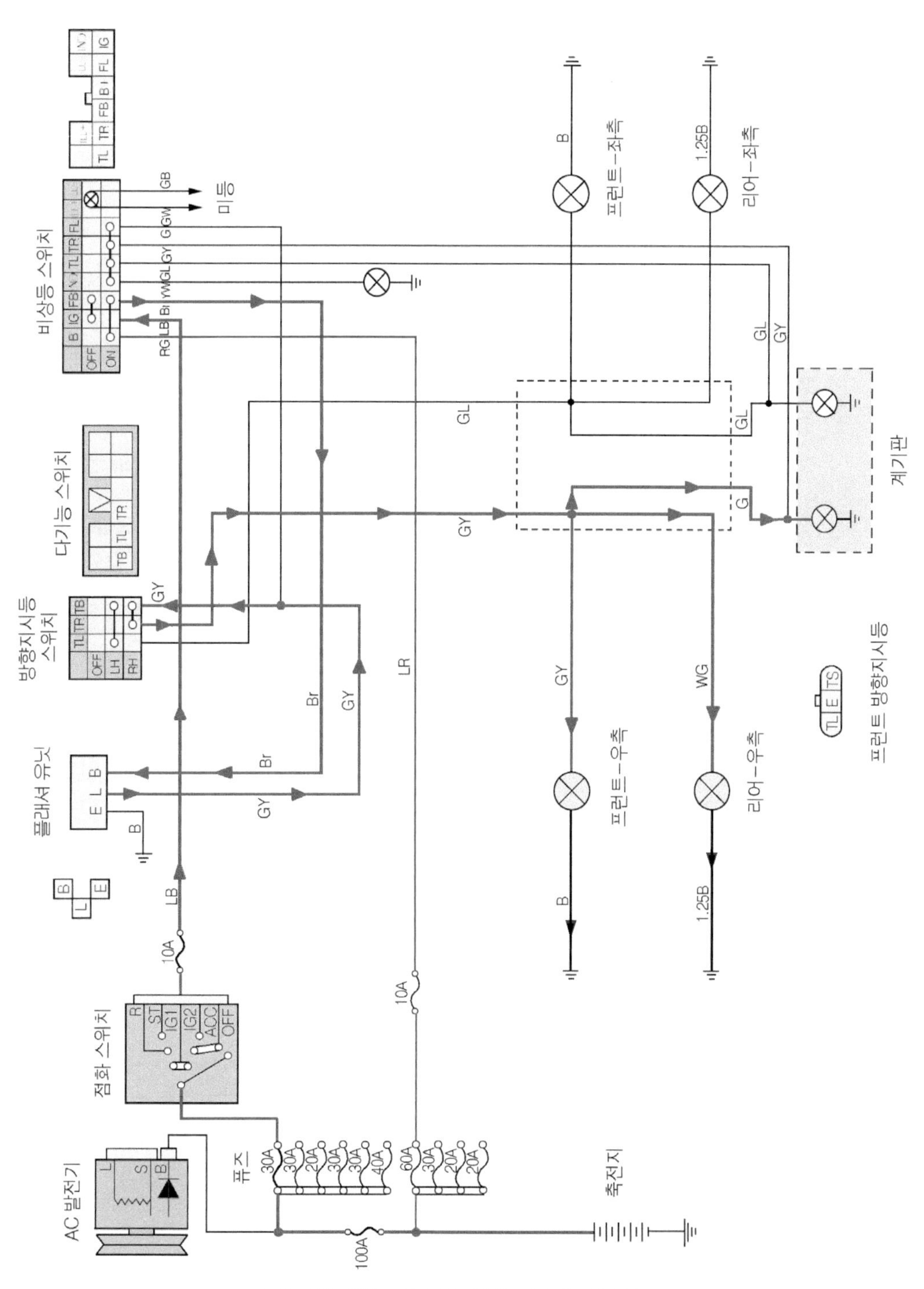

오른쪽 방향 지시등을 켰을 때 전류의 흐름

3. 테스터 램프(멀티미터)를 이용한 고장 점검 요령

Key on을 시켜 정상적으로 작동하는지 확인한 다음 고장시에는 다음과 같이 점검한다.

① 배터리 본선 점검(배터리에서 비상등 스위치 TG까지)

㉮ 배터리 전원의 이상여부를 제일 먼저 점검한다.

㉯ Key on시 IG_2 를 거쳐 전원은 항상 비상등 스위치 IG까지 와 있으므로 아래의 그림과 같이 FB단자를 점검한다.

㉰ 점검 후 FB까지 전원이 오지 않으면 다시 IG단자로 점검한다.

㉱ IG단자까지는 전원이 오는데 FB에 전원이 오지 않으면 비상등 스위치가 불량이며 IG까지도 전원이 오지 않으면 다시 10A퓨즈를 점검한다.

㉲ 10A퓨즈를 점검해서 퓨즈에도 전원이 오지 않으면 30A퓨즈 혹은 이그니션 스위치 또는 배터리까지 배선의 단선이 원인이므로 위와 같은 방법으로 차례로 점검한다.

② 비상등 스위치에서 플래셔 유닛을 거쳐 방향지시등까지 점검(방향지시등 스위치 작동)

㉮ 위의 ㉯에서 FB까지 전원이 들어오게 되면 본선은 이상이 없고 플래셔 유닛을 점검해야 한다. 우선 플래셔 유닛의 B단자를 점검하여 전원이 들어오면 플래셔 유닛의 B단자와 비상스위치의 FB단자간의 배선이 단선이 된 것이며 전원이 들어오지 않으면 플래셔 유닛에서 방향지시등 스위치를 거쳐 어스 부분까지의 배선이 불량한 것이다.

㉯ L단자까지 전원이 들어오면 방향지시등 스위치, 방향지시등, 어스부분을 위와 같은 방법으로 점검하여 고장원인을 체크한다.

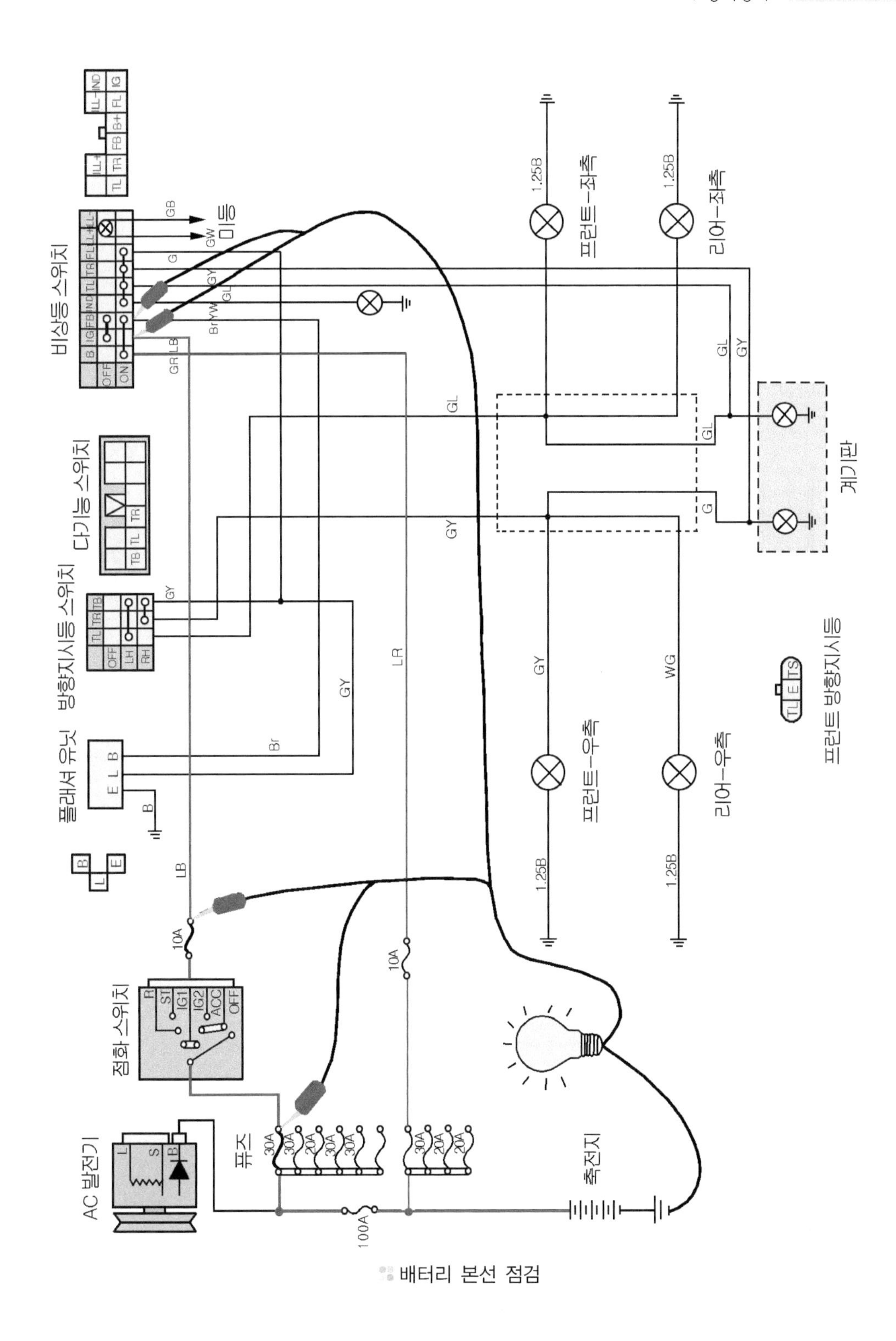

비상등 스위치
미등
다기능 스위치
방향지시등 스위치
플래셔 유닛
점화 스위치
AC 발전기
퓨즈
축전지
프런트-좌측
리어-좌측
프런트-우측
리어-우측
계기판
프런트 방향지시등
100A
10A
30A
20A
1.25B
GY
GL
WG
LR
LB
Br

배터리 본선 점검

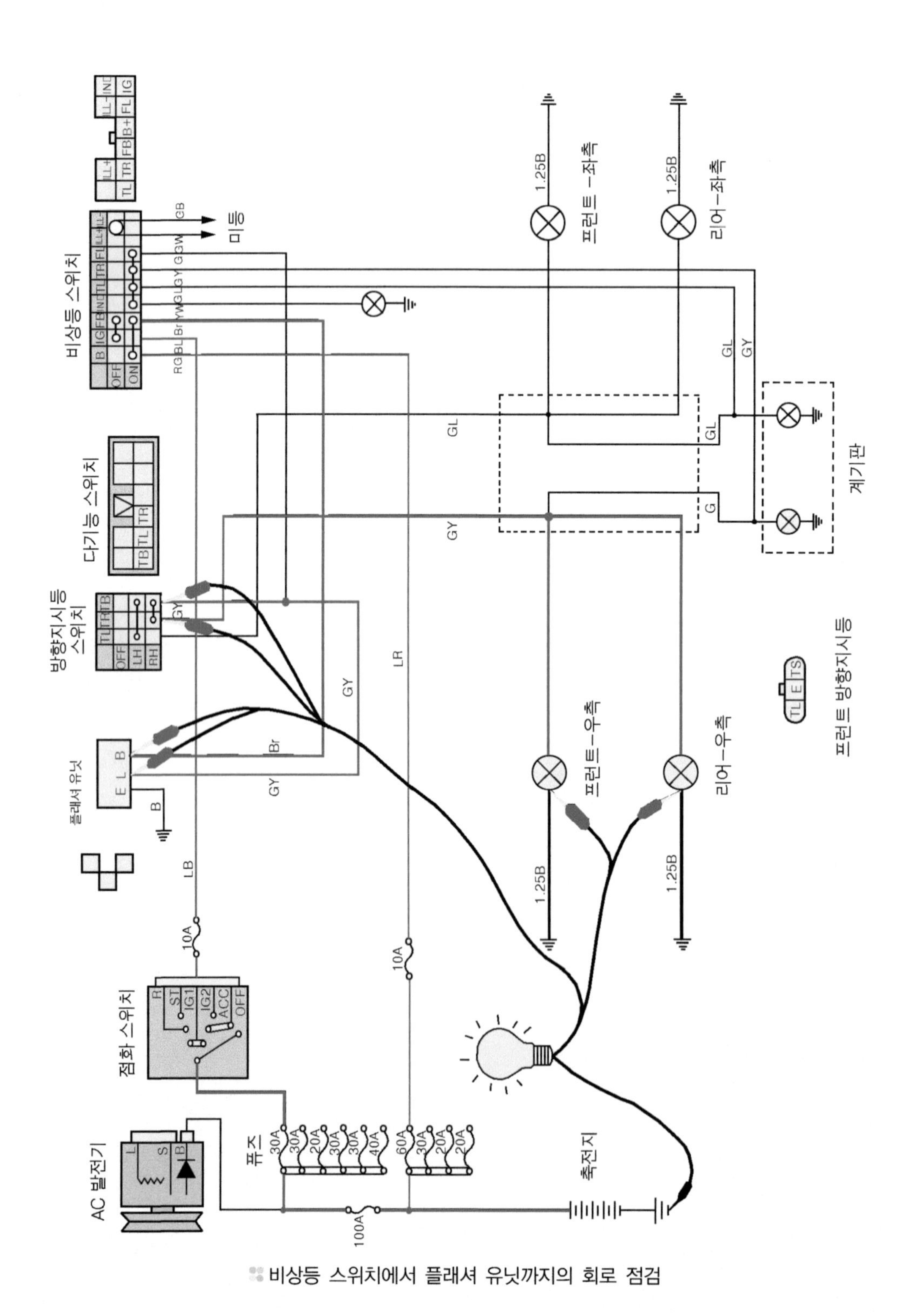

비상등 스위치에서 플래셔 유닛까지의 회로 점검

④ 방향 지시등 회로의 단품 점검

1. 방향 지시등 퓨즈의 점검

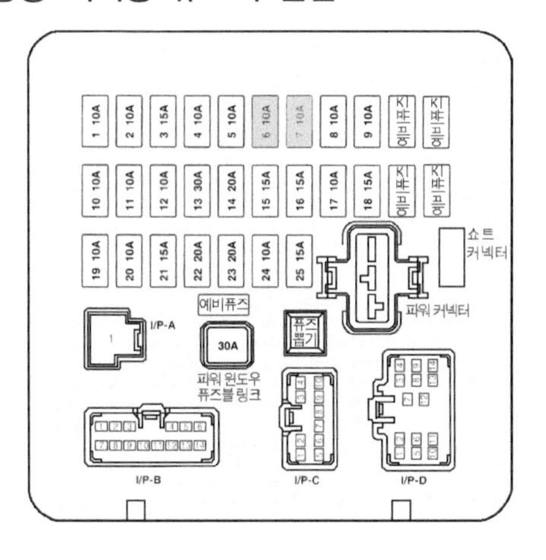

실내 퓨즈 박스

■ 실내 퓨즈박스에서의 방향지시등 퓨즈의 점검

표기 (A)	용량	연결회로	표기 (A)	용량	연결회로
1	10A	후진등, 인히비터 스위치, 비상등 스위치	14	20A	파워 안테나
2	10A	계기판, 제너레이터, ETACM, TACM	15	15A	도어 록 릴레이, 좌측 앞 도어 록 액추에이터, 선루프 릴레이
3	15A	에어백 컨트롤 모듈	16	15A	정지등 스위치, 아웃사이드 미러 폴딩, 파워 윈도우 릴레이
4	10A	비상등 스위치, 사이렌, ECM	17	10A	아웃사이드 미러 & 리어 윈도우 디포거
5	10A	에어컨 모듈, 블로어 릴레이, 블로어 모터	18	15A	시거 라이터, 파워 아웃사이드 미러
6	10A	방향등, 콤비 램프, 실내 스위치 조명등, 쇼트 커넥터	19	(10A)	(사용 안함)
7	10A	번호판등, 방향등, 콤비 램프	20	10A	에어컨 릴레이, 전조등 릴레이, AQS 센서
8	10A	도난 방지 릴레이, 인히비터 스위치, 스타트 릴레이	21	15A	리어 와이퍼 & 워셔
9	10A	시계, 오디오, 아웃사이드 미러 폴딩	22	15A	프런트 와이퍼 & 워셔
10	10A	TCM, ECM, 차속 센서, 이그니션 코일	23	(20A)	(사용 안함)
11	10A	ABS 컨트롤 모듈	24	10A	에어컨 모듈, 모드 스위치, ETACM, TACM, 블로어 릴레이, 선루프 릴레이
12	10A	계기판	25	10A	실내등, 트렁크 룸 램프, 도어 램프, 자기 진단 점검 단자, 파워 커넥터, ETACM, TACM, 에어컨 모듈, 오디오, 시계
13	30A	디포거 릴레이	파워 윈도우	30A	파워 윈도우 릴레이

2. 플래셔 유닛 점검 방법

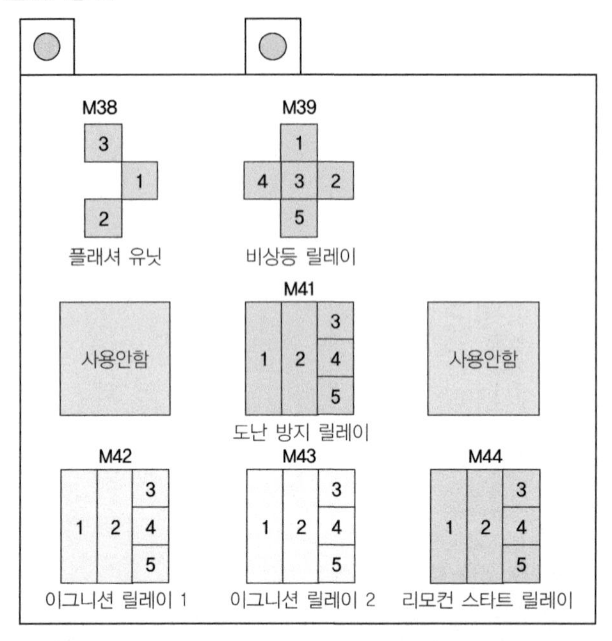

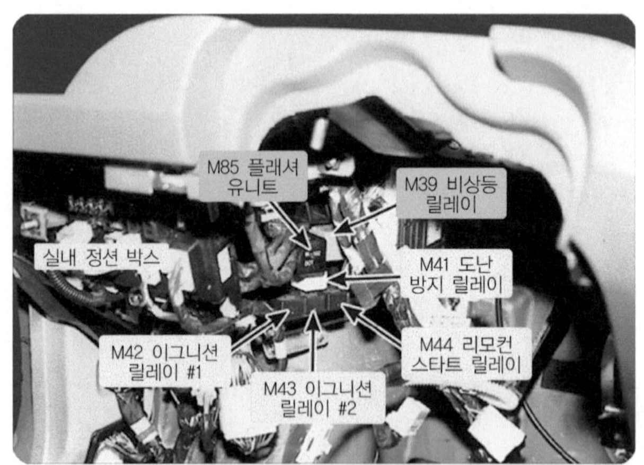

플래셔 유닛의 설치위치

① 실내 릴레이 박스에서 플래셔 유닛을 떼어낸다.

② 배터리(+)를 3번 단자에 연결하고, (-)를 2번 단자에 연결한다.

③ 방향지시등 2개를 서로 평행이 되도록 1번 단자와 2번 단자에 각각 연결하고 전구(電球)가 점멸(點滅)하는지를 검사한다.

> **TIP** ① 방향지시등은 1분 동안에 60~120회 이하의 일정한 주기로 점멸하거나 광도가 증감하는 구조여야 한다.
> ② 앞·뒤 지시등 중 1개가 회로가 개방되면 점멸 횟수가 1분당 120회를 초과할 수 있다.
> ③ 규정값을 벗어나면 플래셔 유닛을 교환한다.

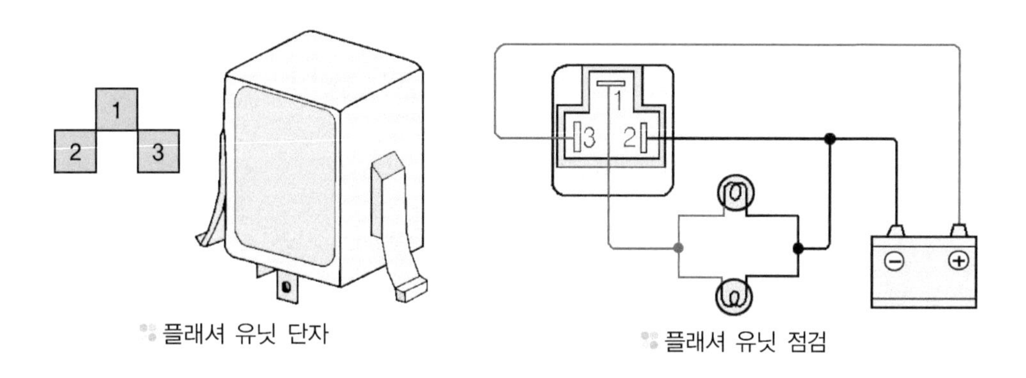

플래셔 유닛 단자

플래셔 유닛 점검

3. 방향지시등 스위치(다기능 스위치)

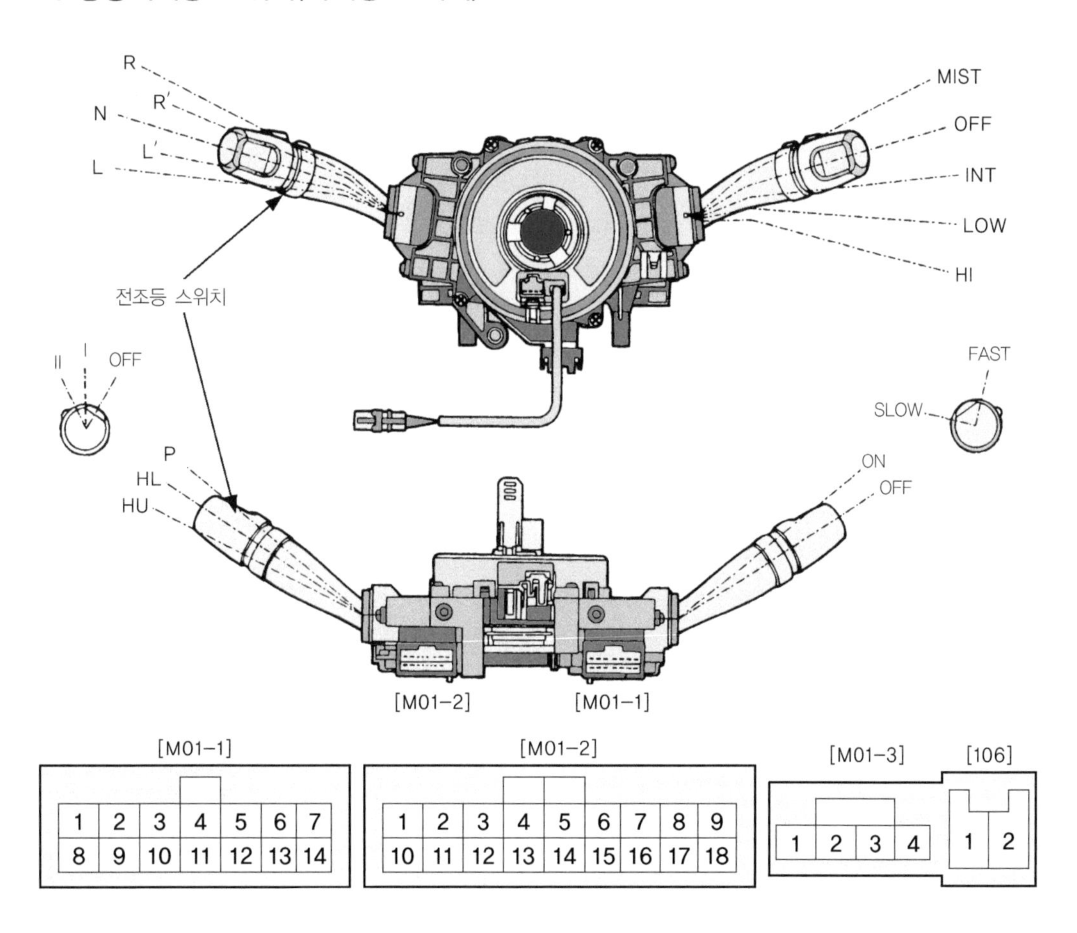

■ 다기능 스위치 커넥터의 번호와 회로

커넥터번호	핀번호	명 칭	커넥터번호	핀번호	명 칭
M01-2	1	전조등 패싱 스위치	M01-1	1	와이퍼 하이(Hi)
	2	전조등 하이빔 전원		2	와이퍼 로(Low)
	3			3	와이퍼 정지(P)
	4			4	미스트 스위치
	5			5	와이퍼 & 와셔 접지
	6			6	간헐 와이퍼
	7	우측 방향지시등 스위치		7	프런트 와셔 스위치
	8	플레셔 유닛 전원		8	
	9	좌측 방향지시등 스위치		9	
	10	전조등 로빔 전원		10	
	11	딤머 & 패싱 접지		11	
	12			12	
	13			13	간헐 와이퍼 볼륨
	14	미등 스위치		14	간헐 와이퍼 접지
	15	전조등 스위치	I06	1	인플레이터(Low)
	16			2	인플레이터(Hi)
	17	점등 스위치 접지	M10-3	1	혼(B)
	18			2	

4. 앞 방향지시등의 점검

앞 방향지시등의 설치 상태, 커넥터의 연결 상태, 전구의 단선 및 접지 상태 등을 점검한다.

앞 방향지시등의 점검

5. 뒤 방향지시등의 점검

뒤 방향지시등의 설치 상태, 커넥터의 연결 상태, 전구의 단선 및 접지 상태 등을 점검한다.

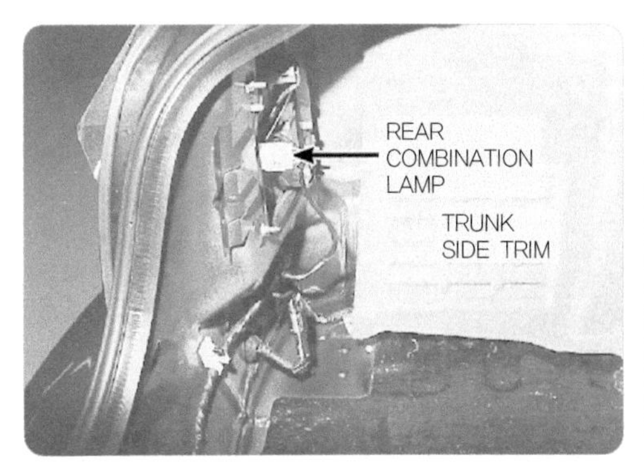

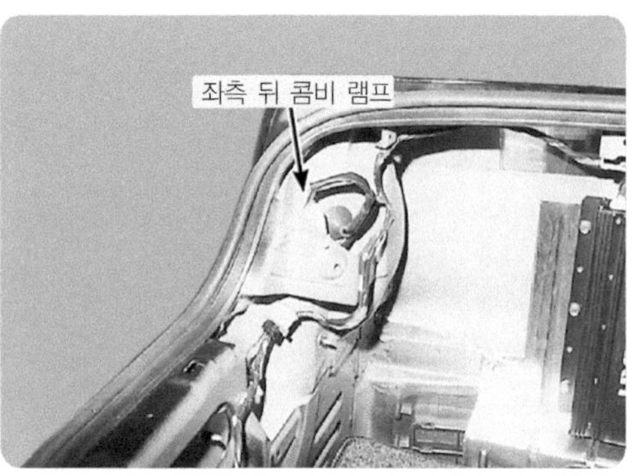

뒤 방향지시등의 점검

07 제동등 회로 점검

① 제동등 회로의 점검 순서 - 아반떼 XD

1. 제동등의 조작 방법

제동등 설치 위치(싼타페)

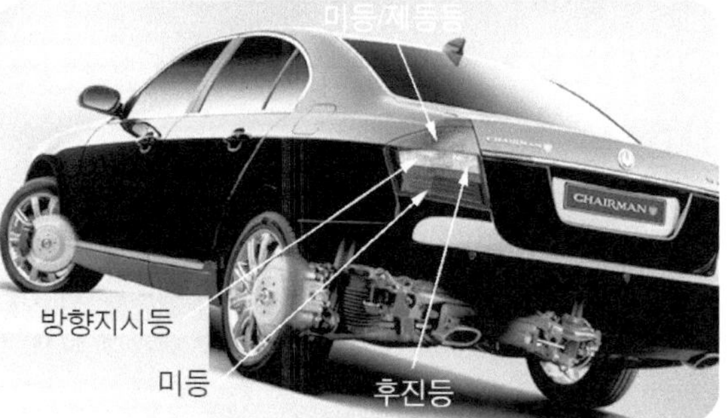

제동등 설치 위치(체어맨)

① **제동등 스위치** : 제동등 스위치는 "B" 단자에서 전원이 공급되기 때문에 항상 작동이 된다. 브레이크 페달을 밟으면 브레이크 페달 위에 있는 스위치가 접속되어 작동된다.

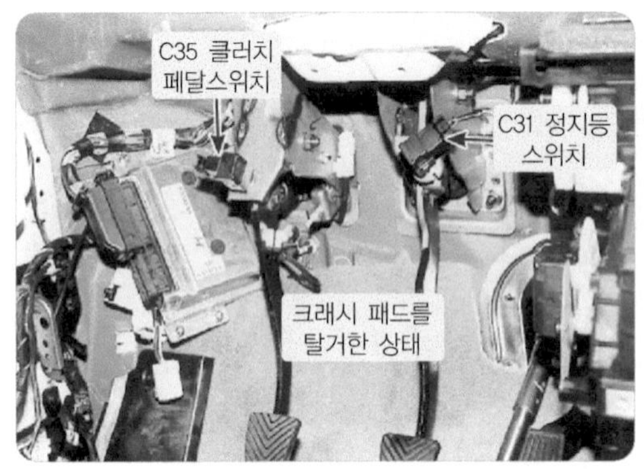

제동등 스위치 설치위치

상부 정지등

제동등 작동 전 모습

제동등 작동 후 모습

2. 제동등의 고장 진단

고 장 상 태	고 장 원 인
제동등이 점등되지 않는다.	① 배터리의 불량 및 터미널 연결 상태 불량 ② 메인 퓨즈 및 제동등 퓨즈의 불량 ③ 제동등 스위치의 불량 및 커넥터 연결 상태 불량 ④ 제동등 전구의 불량 및 커넥터 연결 상태 불량 ⑤ 배선의 단선 및 콤비네이션 램프의 접지불량

2 제동등 작동시 회로도-아반떼 XD

1. 제동등 회로 전류의 흐름

배터리 (+)점검 - 실내 정션 박스15A - 가 정지등 스위치 - 나 조인트 커넥터 - 다 좌우측 콤비네이션 정지등 램프 - 라 상부 정지등

2. 제동등 회로 점검

① 배터리 단자 전압 및 단자 기둥과 케이블과의 접속 상태를 점검한다.
② 배터리 (+)단자 기둥과 메인 퓨즈 100A의 접속 상태를 점검한다.
③ 퓨저블 링크의 60A 퓨즈의 접속 상태를 점검한다.
④ 제동등 전구 및 접지 상태를 점검한다.
⑤ 제동등 커넥터 분리 후 전원을 확인한다.
⑥ 제동등 스위치 출력 단자의 전원을 확인한다.
⑦ 제동등 스위치 입력 단자의 전원을 확인한다.
⑧ 배선의 단선 및 커넥터의 접촉상태를 점검한다.

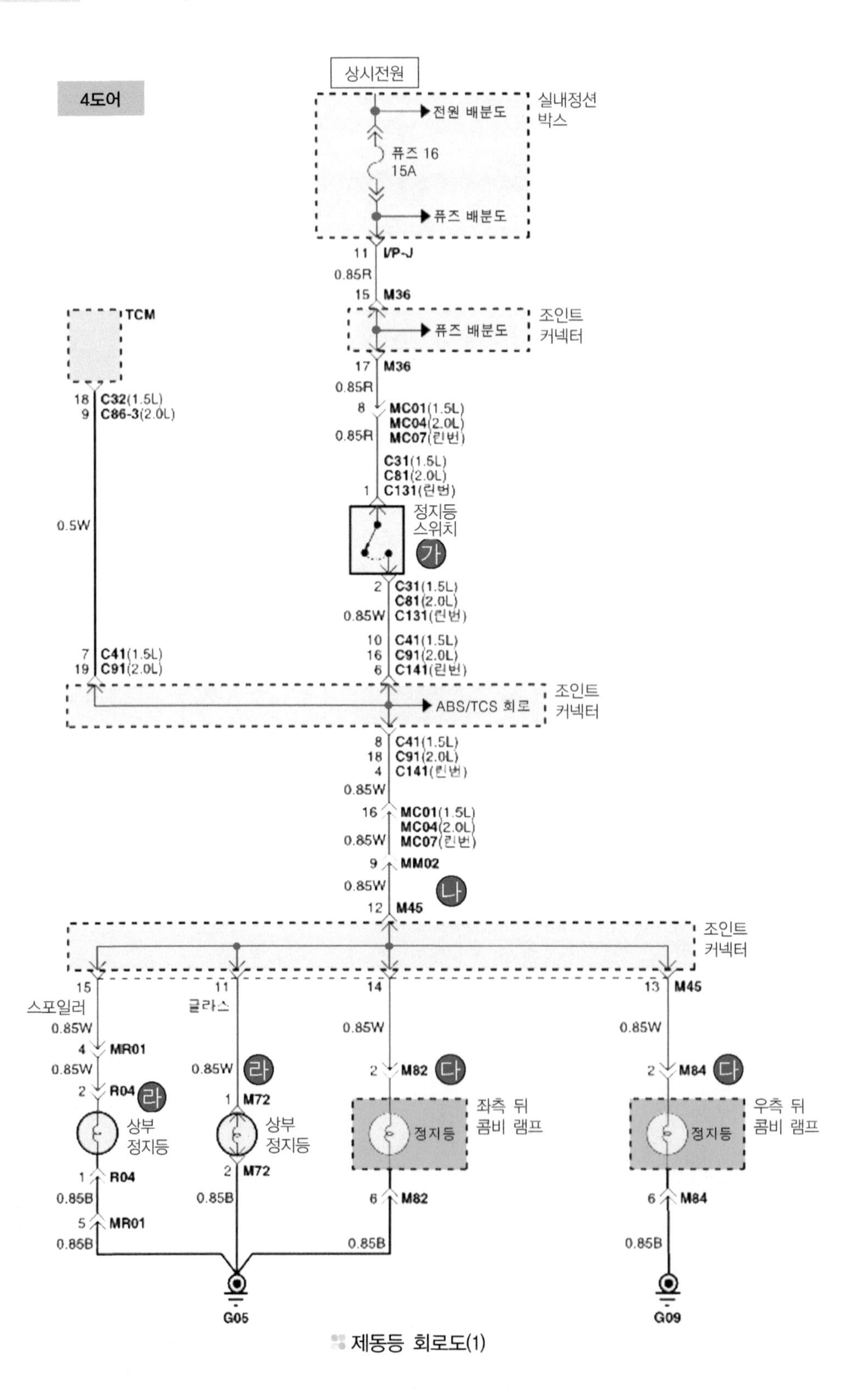
4도어
상시전원
전원 배분도
실내정션 박스
퓨즈 16 15A
퓨즈 배분도
11 I/P-J
0.85R
15 M36
퓨즈 배분도
조인트 커넥터
17 M36
0.85R
8 MC01(1.5L) MC04(2.0L) MC07(린번)
0.85R
C31(1.5L) C81(2.0L) 1 C131(린번)
정지등 스위치
가
2 C31(1.5L) C81(2.0L) 0.85W C131(린번)
TCM
18 C32(1.5L)
9 C86-3(2.0L)
0.5W
7 C41(1.5L)
19 C91(2.0L)
10 C41(1.5L) 16 C91(2.0L) 6 C141(린번)
ABS/TCS 회로
조인트 커넥터
8 C41(1.5L) 18 C91(2.0L) 4 C141(린번)
0.85W
16 MC01(1.5L) MC04(2.0L) 0.85W MC07(린번)
9 MM02
0.85W
나
12 M45
조인트 커넥터
15 스포일러
11 글라스
14
13 M45
0.85W
4 MR01
0.85W
2 R04 라
상부 정지등
1 R04
0.85B
5 MR01
0.85B
0.85W 라
1 M72
상부 정지등
2 M72
0.85B
0.85W
2 M82 다
정지등
좌측 뒤 콤비 램프
6 M82
0.85B
0.85W
2 M84 다
정지등
우측 뒤 콤비 램프
6 M84
0.85B
G05
G09

제동등 회로도(1)

③ 제동등 회로도

1. 제동등 회로(쏘나타Ⅲ)

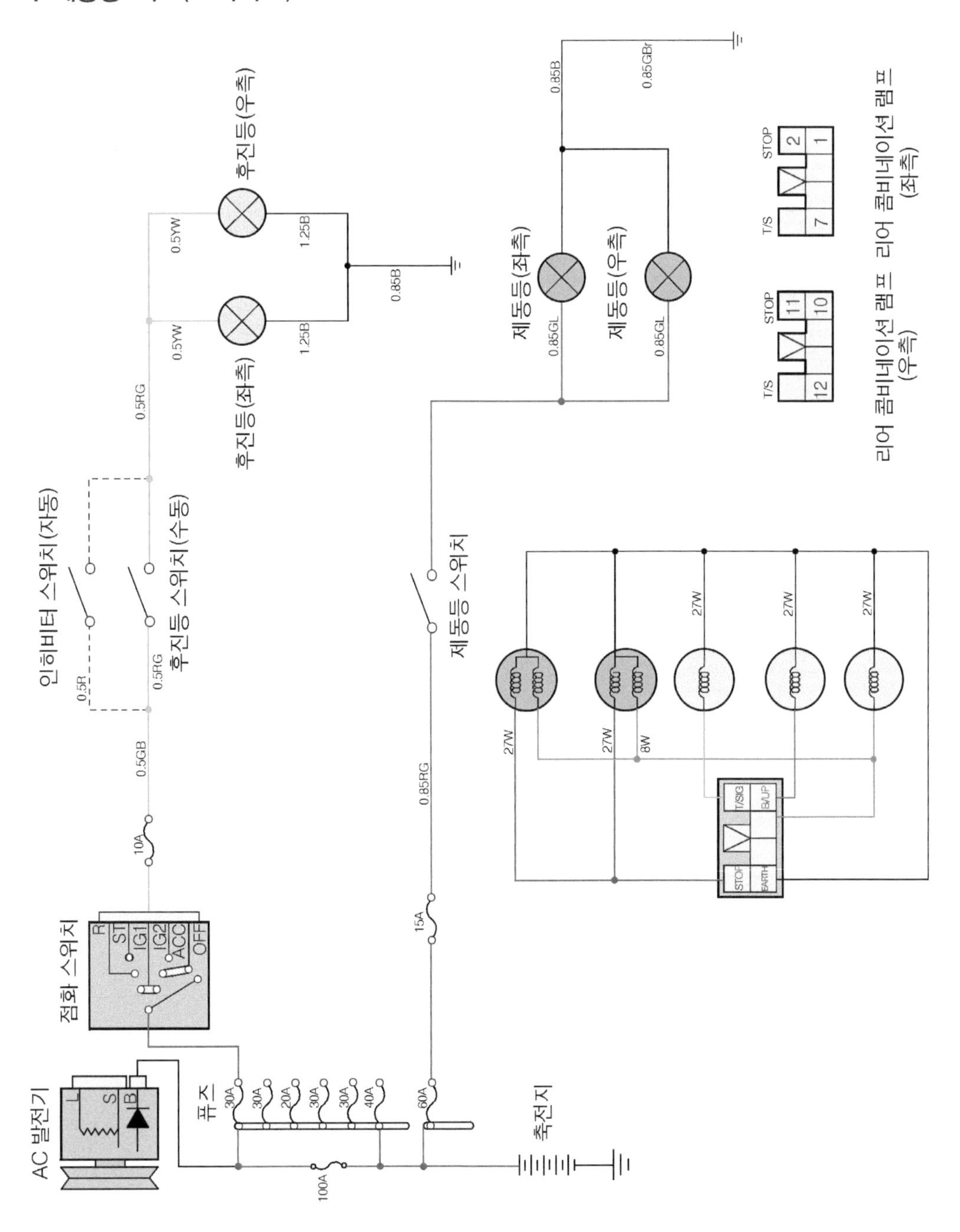

2. 제동등 회로(쏘나타Ⅱ)

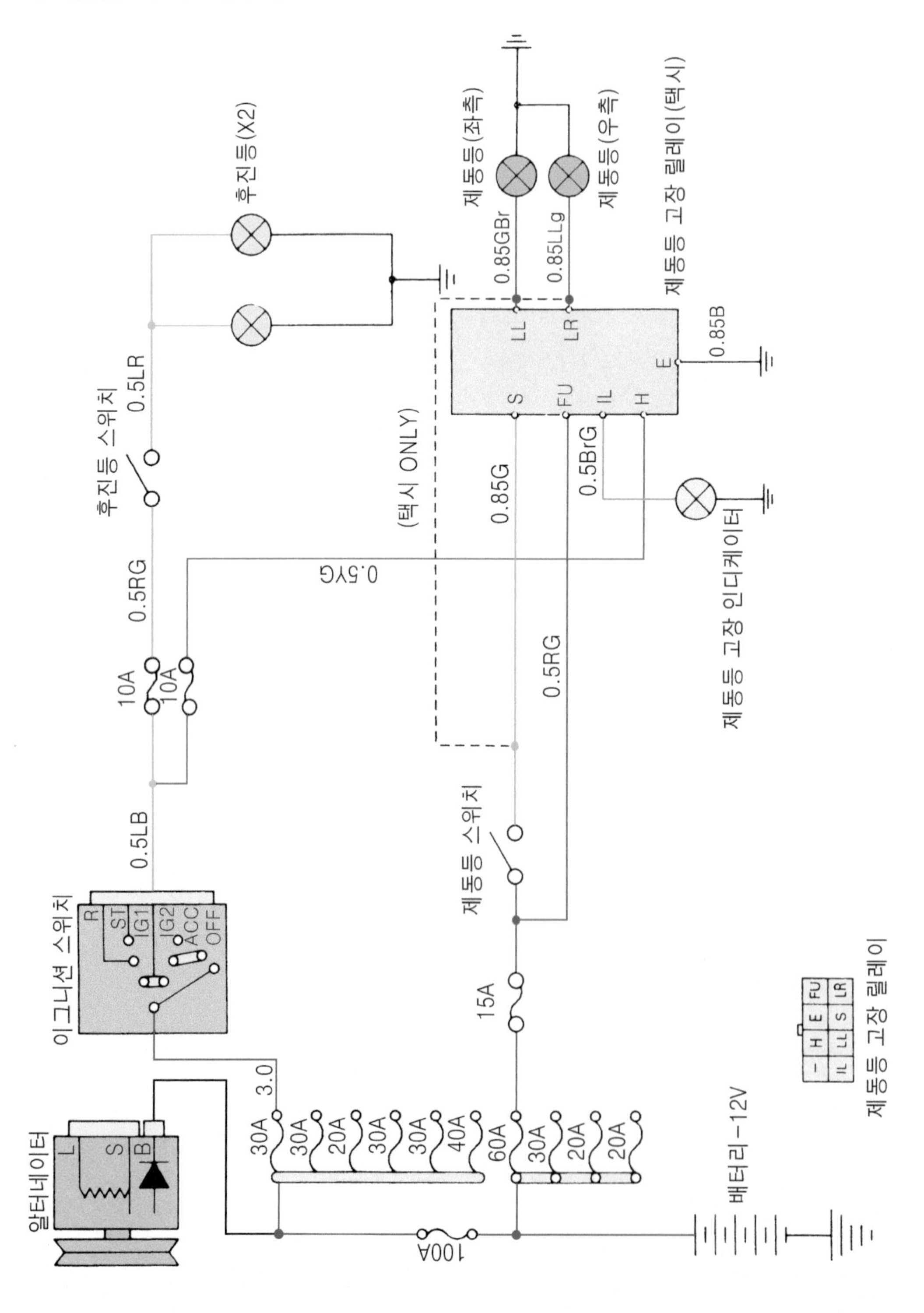
후진등(X2)
제동등(좌측)
제동등(우측)
제동등 고장 릴레이(택시)
0.85GBr
0.85LLg
LL
LR
E
S
FU
IL
H
0.85B
후진등 스위치
0.5LR
(택시 ONLY)
0.85G
0.5BrG
0.5RG
0.5YG
10A
10A
제동등 고장 인디케이터
0.5LB
이그니션 스위치
R
ST
IG1
IG2
ACC
OFF
제동등 스위치
15A
알터네이터
L
S
B
3.0
30A
30A
20A
30A
30A
40A
60A
30A
20A
20A
100A
배터리-12V
제동등 고장 릴레이

4 제동등 회로의 단품 점검

1. 제동등 퓨즈의 점검

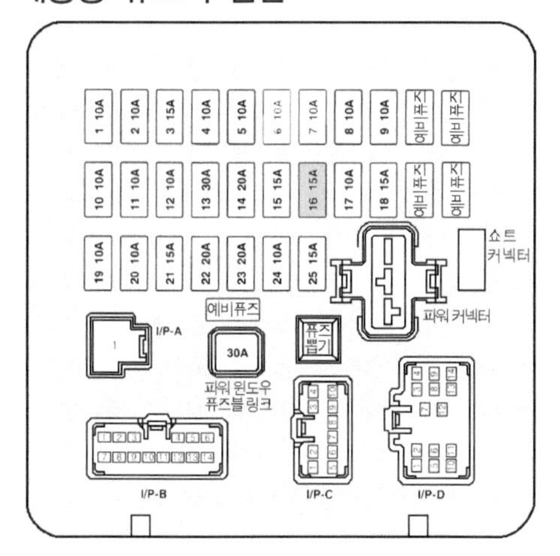

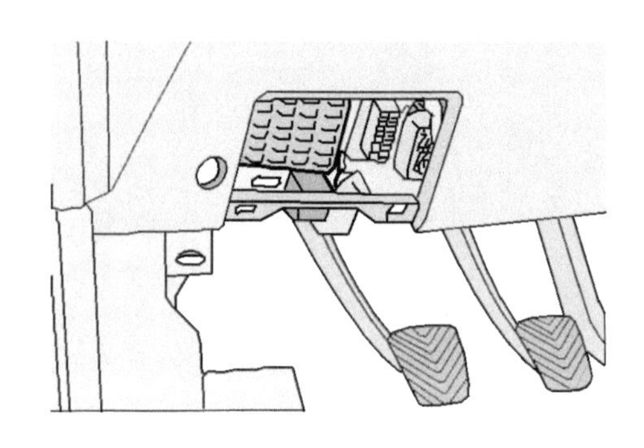

■ **실내 퓨즈박스의 제동등 퓨즈의 점검**

표기(A)	용량	연결회로	표기(A)	용량	연결회로
1	10A	후진등, 인히비터 스위치, 비상등 스위치	14	20A	파워 안테나
2	10A	계기판, 제너레이터, ETACM, TACM	15	15A	도어 록 릴레이, 좌측 앞 도어 록 액추에이터, 선루프 릴레이
3	15A	에어백 컨트롤 모듈	16	15A	정지등 스위치, 아웃사이드 미러 폴딩, 파워 윈도우 릴레이
4	10A	비상등 스위치, 사이렌, ECM	17	10A	아웃사이드 미러 & 리어 윈도우 디포거
5	10A	에어컨 모듈, 블로어 릴레이, 블로어 모터	18	15A	시거 라이터, 파워 아웃사이드 미러
6	10A	방향등, 콤비 램프, 실내 스위치 조명등, 쇼트 커넥터	19	(10A)	(사용 안함)
7	10A	번호판등, 방향등, 콤비 램프	20	10A	에어컨 릴레이, 전조등 릴레이, AQS 센서
8	10A	도난 방지 릴레이, 인히비터 스위치, 스타트 릴레이	21	15A	리어 와이퍼 & 워셔
9	10A	시계, 오디오, 아웃사이드 미러 폴딩	22	15A	프런트 와이퍼 & 워셔
10	10A	TCM, ECM, 차속 센서, 이그니션 코일	23	(20A)	(사용 안함)
11	10A	ABS 컨트롤 모듈	24	10A	에어컨 모듈, 모드 스위치, ETACM, TACM, 블로어 릴레이, 선루프 릴레이
12	10A	계기판	25	10A	실내등, 트렁크 룸 램프, 도어 램프, 자기진단 점검단자, 파워 커넥터, ETACM, TACM, 에어컨 모듈, 오디오, 시계
13	30A	디포거 릴레이	파워윈도우	30A	파워 윈도우 릴레이

2. 뒤 제동등의 점검

뒤 제동등의 설치상태, 커넥터의 연결 상태, 전구의 단선 및 접지상태 등을 점검한다.

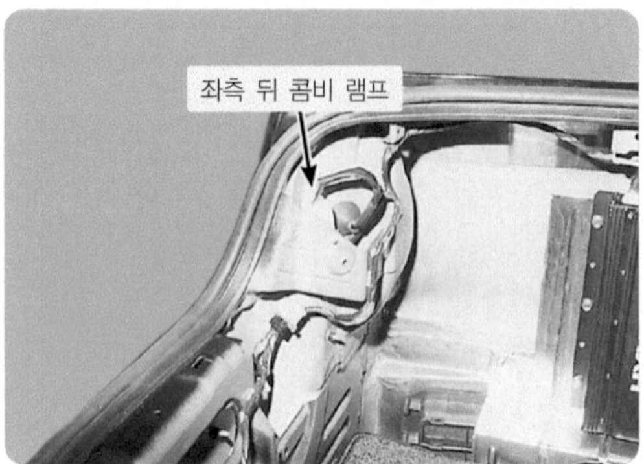

뒤 제동등의 점검

① 콤비네이션 램프 및 커버를 확인(안쪽 및 바깥쪽)한다.

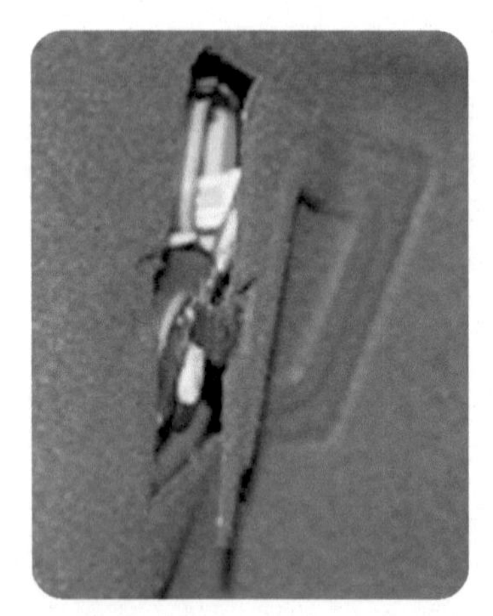

콤비네이션 램프 및 커버 확인

② 콤비네이션 램프 커버를 탈거한다.

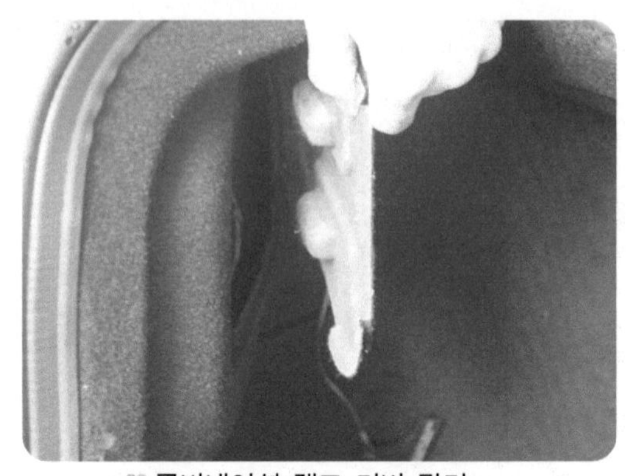

콤비네이션 램프 커버 탈거

③ 제동등 소켓의 위치를 확인한다.
④ 제동등 소켓을 누르면서 반시계방향으로 돌린다.
⑤ 제동등 소켓을 탈거한다.
⑥ 제동등 전구를 누르면서 반시계방향으로 회전한다.

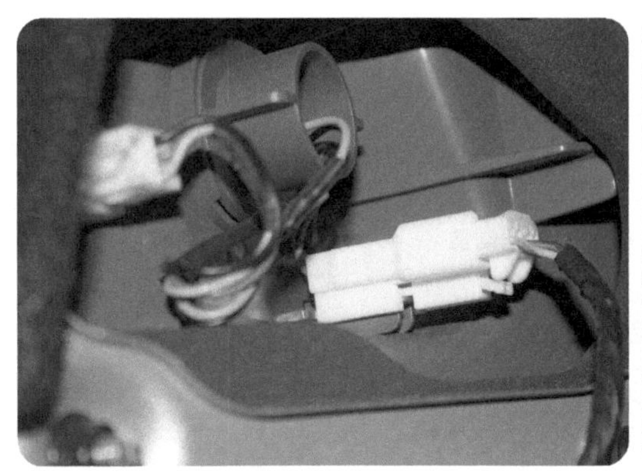

제동등 소켓 위치 확인

제동등 소켓을 누르면서 반시계방향으로 회전

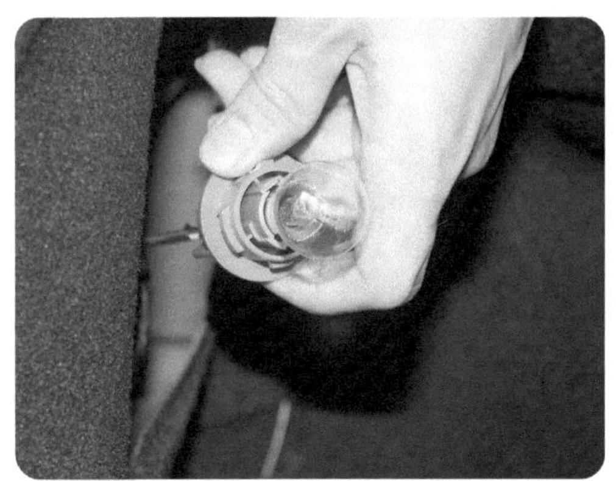

제동등 소켓 탈거

제동등 전구를 누르면서 반시계방향으로 회전

⑦ 제동등 소켓에서 전구를 분리한다.

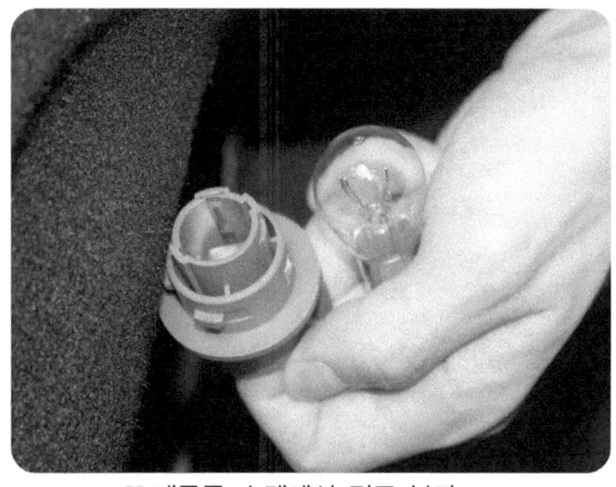

제동등 소켓에서 전구 분리

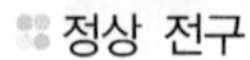

정상 전구

필라멘트 단선의 전구

5 차종별 리어 콤비네이션 램프에서 제동등 위치

08 실내등 회로 점검

① 실내등 회로의 점검 순서 - 아반떼 XD

1. 실내등의 조작방법

① **실내등 스위치 :** 스위치를 "ON" 으로 하면 "B" 단자에서 전원이 공급되기 때문에 항상 작동이 된다.

실내등

독서등

2. 실내등의 고장 진단

고 장 상 태	고 장 원 인
실내등이 들어오지 않는다.	① 배터리의 불량 및 터미널의 연결 상태 불량 ② 실내등 퓨즈의 불량 ③ 실내등 전구의 불량 ④ 도어 스위치의 불량 및 커넥터 연결 상태 불량

② 실내등 작동시 회로도 - 아반떼 XD

1. 실내등 회로 전류의 흐름 – 아반떼 XD

배터리 (+)점검 – 실내 정션 박스 10A – 가 실내등 – 나 도어 스위치 – 다 맵 램프 – 라 맵 램프 스위치

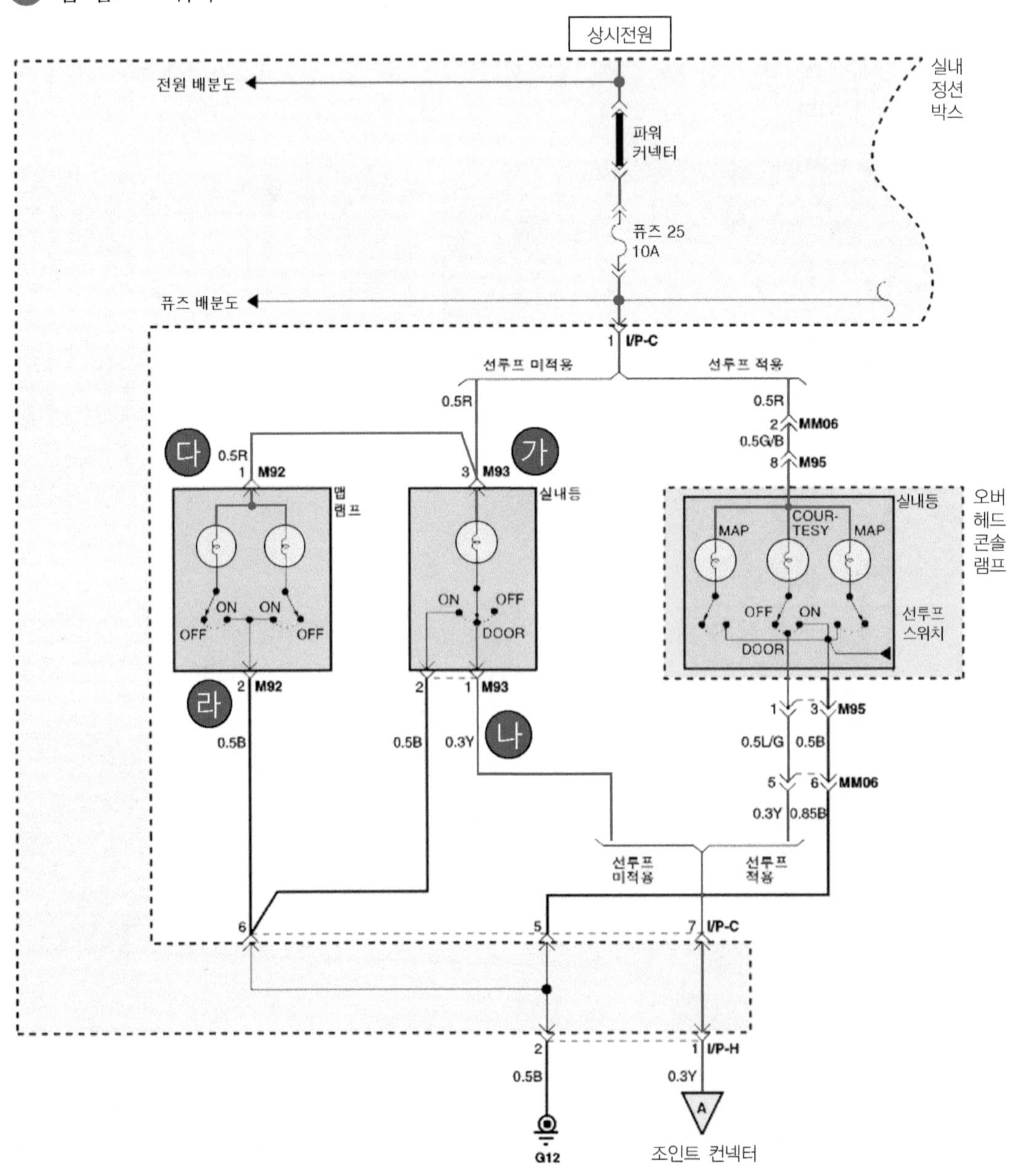

실내등 회로도

3 실내등 회로의 고장진단

1. 실내등이 점등되지 않는 경우

① 실내등 램프를 탈거하여 단선 여부를 확인한다.
② 멀티미터를 이용하여 실내등 스위치 1번 단자에 배터리 전원(12V)이 공급되는가 확인한다.
③ 램프는 정상이고 전원이 공급되지 않는 경우
　㉠ 퓨즈(10A)의 단선 여부를 점검한다.
　㉡ 실내등 스위치 커넥터의 접촉 및 배선의 단선 여부를 확인한다.
④ 램프가 정상이고 전원이 공급되는 경우(도어를 열고 점검)
　㉠ 실내등 스위치 3번 단자에 전원이 공급되는가 확인하여 전원이 공급되지 않는 경우 램프에서 스위치까지의 도통여부를 확인한다.
　㉡ 전원이 공급되면 도어 스위치 1번 단자에 전원이 공급되는가 확인하여 전원이 공급되지 않는 경우 커넥터의 접촉 상태 및 배선의 단선 여부를 확인한다.
　㉢ 전원이 공급되면 도어 스위치의 접지 상태를 점검한다.
⑤ 램프가 정상이고 전원이 공급되는 경우(도어를 닫고 실내등 스위치 ON상태에서 점검)
　㉠ 실내등 스위치 2번 단자에 전원이 공급되는가 확인하여 전원이 공급되지 않는 경우 램프에서 스위치까지 도통여부를 확인한다.
　㉡ 전원이 공급되면 접지 상태 및 커넥터의 접촉 상태를 확인한다.

2. 실내등 스위치 OFF위치에서 소등되지 않는 경우

각 도어를 열고 닫았을 때 소등되지 않는 경우 실내등 스위치의 단락 여부를 확인한다.

3. 실내등 스위치 도어 위치에서 소등되지 않는 경우

① 각 도어를 열고 닫았을 때 어느 하나에서 소등이 된다면 그 스위치의 단락 여부를 확인한다.
② 소등이 되지 않는다면 각 도어 스위치의 단락 여부를 확인한다.

④ 실내등 회로의 단품 점검

1. 실내등 퓨즈의 점검

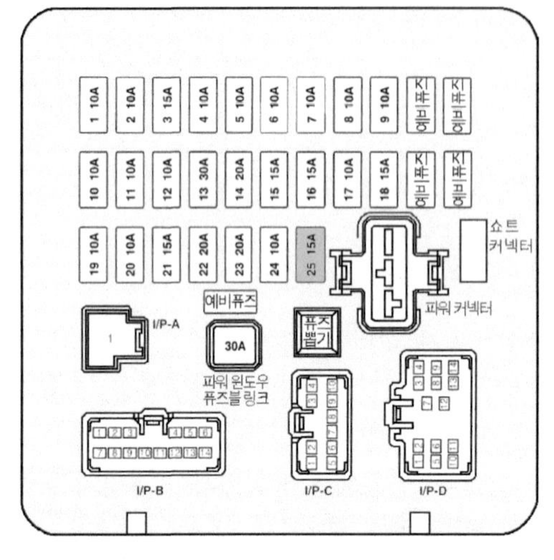

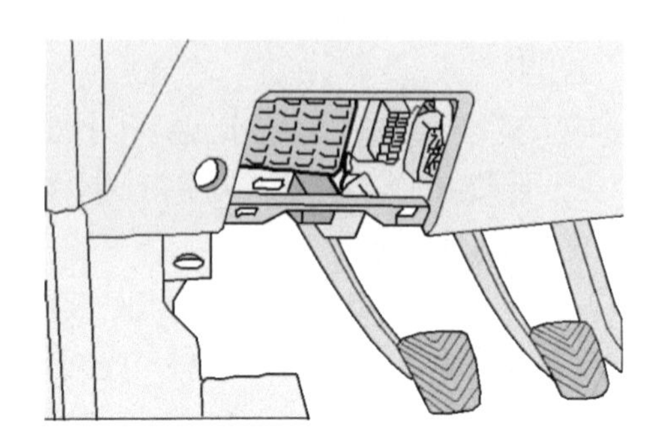

■ 실내 정션박스의 실내등 회로 퓨즈의 점검

표기 (A)	용량	연결회로	표기 (A)	용량	연결회로
1	10A	후진등, 인히비터 스위치, 비상등 스위치	14	20A	파워 안테나
2	10A	계기판, 제너레이터, ETACM, TACM	15	15A	도어 록 릴레이, 좌측 앞 도어 록 액추에이터, 선루프 릴레이
3	15A	에어백 컨트롤 모듈	16	15A	정지등 스위치, 아웃사이드 미러 폴딩, 파워 윈도우 릴레이
4	10A	비상등 스위치, 사이렌, ECM	17	10A	아웃사이드 미러 & 리어 윈도우 디포거
5	10A	에어컨 모듈, 블로어 릴레이, 블로어 모터	18	15A	시거 라이터, 파워 아웃사이드 미러
6	10A	방향등, 콤비 램프, 실내 스위치 조명등, 쇼트 커넥터	19	(10A)	(사용 안함)
7	10A	번호판등, 방향등, 콤비 램프	20	10A	에어컨 릴레이, 전조등 릴레이, AQS 센서
8	10A	도난 방지 릴레이, 인히비터 스위치, 스타트 릴레이	21	15A	리어 와이퍼 & 워셔
9	10A	시계, 오디오, 아웃사이드 미러 폴딩	22	15A	프런트 와이퍼 & 워셔
10	10A	TCM, ECM, 차속 센서, 이그니션 코일	23	(20A)	(사용 안함)
11	10A	ABS 컨트롤 모듈	24	10A	에어컨 모듈, 모드 스위치, ETACM, TACM, 블로어 릴레이, 선루프 릴레이
12	10A	계기판	25	10A	실내등, 트렁크 룸 램프, 도어 램프, 자기진단점검단자, 파워 커넥터, ETACM, TACM, 에어컨 모듈, 오디오, 시계
13	30A	디포거 릴레이	파워 윈도우	30A	파워 윈도우 릴레이

2. 실내등 전구의 교환

① 실내등 커버를 드라이버를 분리한다.

② 전구를 교환한다.

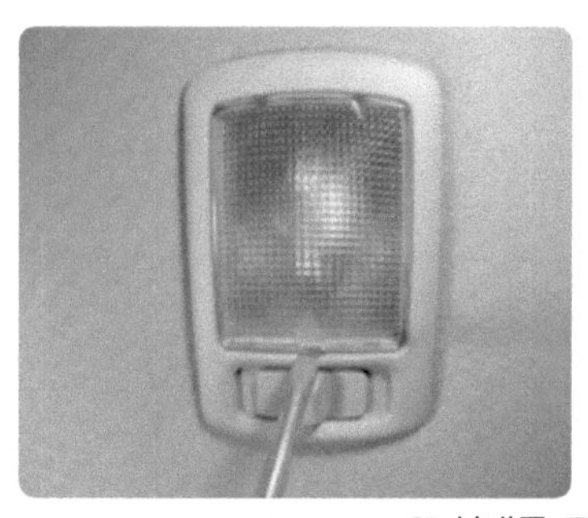

실내등 전구 교환

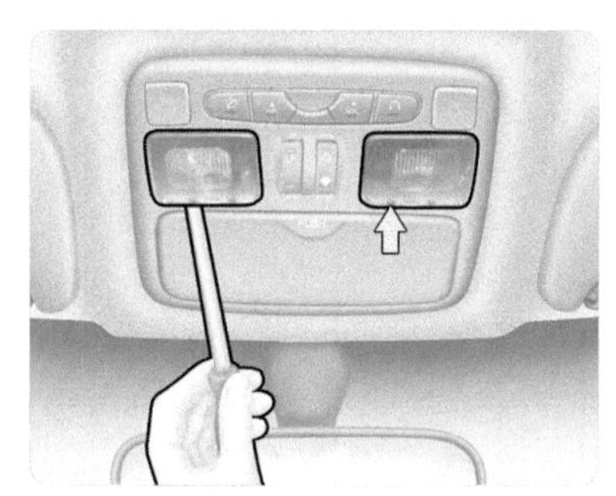

맵 램프 전구 교환(아반떼 XD)

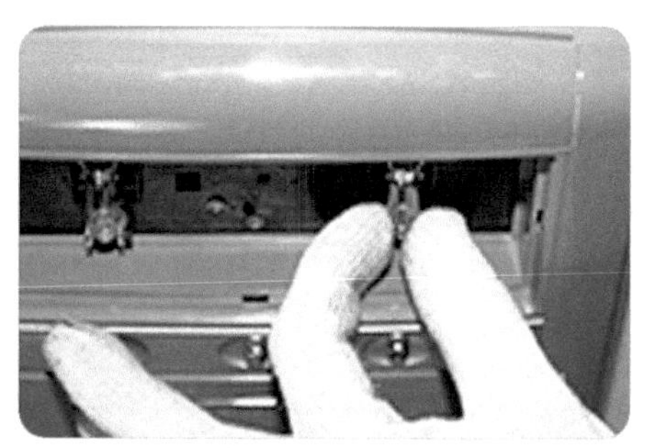

룸 램프 전구 교환(체어맨)

5 실내등 회로도

1. 실내등 회로(EF 쏘나타)

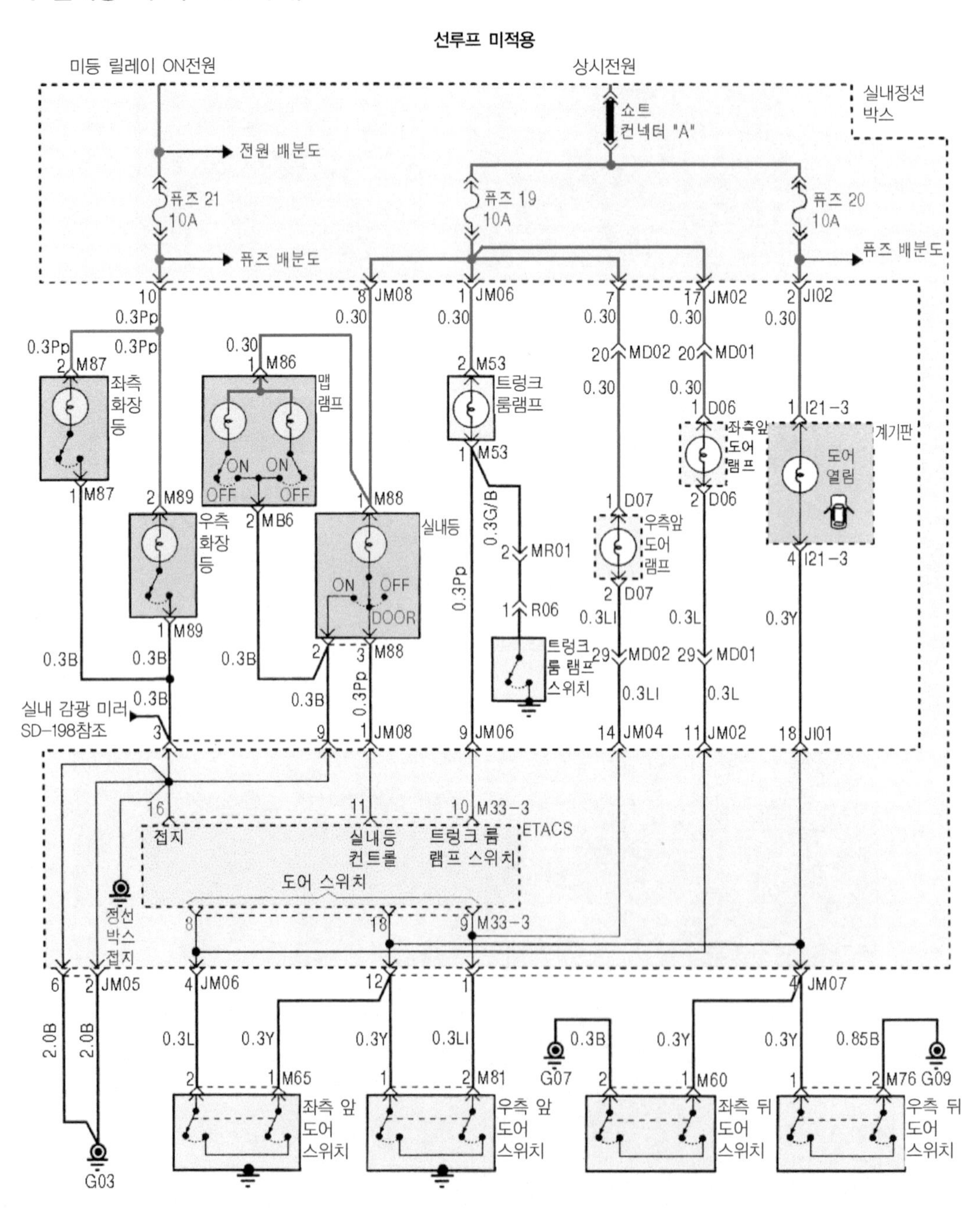

제 7 장

편의/안전장치

01 경음기 회로 점검

1 경음기 회로 점검 순서

1. 경음기 조작방법

① **경음기 스위치** : 경음기는 "B" 단자에서 전류를 공급 받기 때문에 항상 작동 할 수 있으며, 핸들 중앙에 스위치가 설치되어 있다.

2. 경음기의 고장 진단

고 장 상 태	고 장 원 인
혼소리가 적다	① 배터리의 불량 및 터미널 연결 상태 불량 ② 혼 진동판의 균열 ③ 경음기 점검의 접촉 불량(조정 스크루를 돌려 조정한다)
혼이 작동하지 않는다.	① 배터리의 불량 및 터미널 연결 상태 불량 ② 메인 퓨즈, 혼 퓨즈의 불량 ③ 혼 릴레이 작동불량 ④ 혼 스위치 불량 및 커넥터 연결 상태 불량 ⑤ 혼 커넥터 연결 불량 및 접지불량

2 경음기 작동시 회로도 - 아반떼 XD

배터리 (+)점검 – 배터리 퓨즈블 링크 50A – 가 엔진룸 정션 박스 경음기 퓨즈 10A(전원 있음) – 나 경음기 전원 단자에서 전압 점검(전원 없으면) – 다 릴레이 2번 단자에서 전압 점검(전원 없으면) – 라 릴레이 5번 단자에서 전압 점검(전원 있으면) – 마 릴레이 3번 단자에서 전압(전압 없으면 릴레이 불량) – 바 경음기 스위치에서 전압 점검(없으면 스위치 불량) – 사 경음기 접지 여부 확인

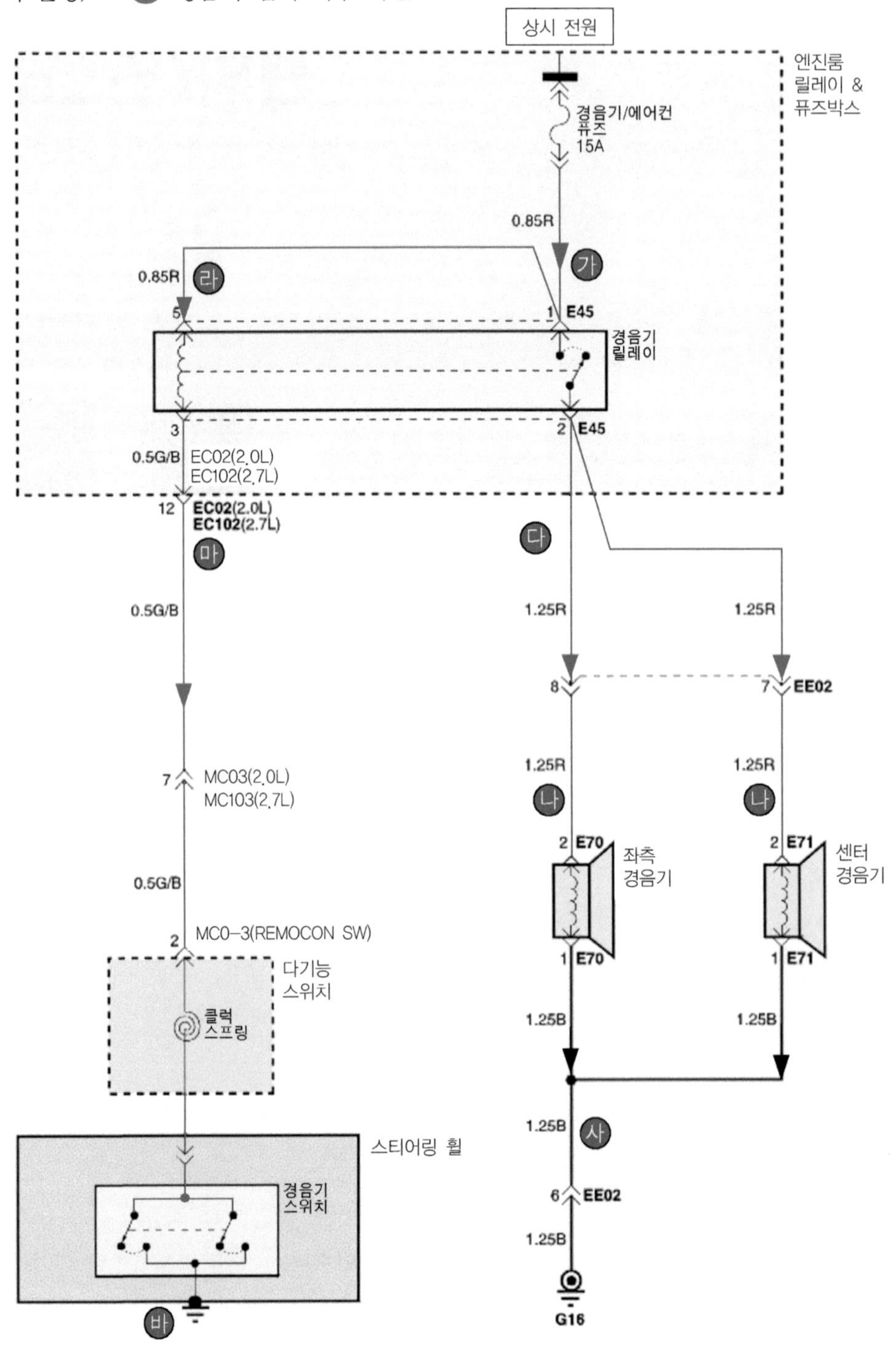

3 경음기 회로 점검 방법

1. 경음기 회로 점검

① 배터리 단자 전압과 단자 기둥과 케이블과의 접속 상태를 점검한다.
② 배터리 (+)단자 기둥과 메인 퓨즈 50A의 접속 상태 및 퓨즈를 점검한다.
③ 보조 퓨저블 링크 50A퓨즈의 접속 상태를 점검한다.
④ 엔진 룸 내의 10A 퓨즈를 점검한다.
⑤ 경음기 커넥터와 혼 단자를 점검한다.
⑥ 경음기 스위치 커넥터와 스위치 접속 상태를 점검한다.
⑦ 경음기 릴레이 커넥터와 릴레이 접점을 점검한다.

2. 릴레이가 없는 회로

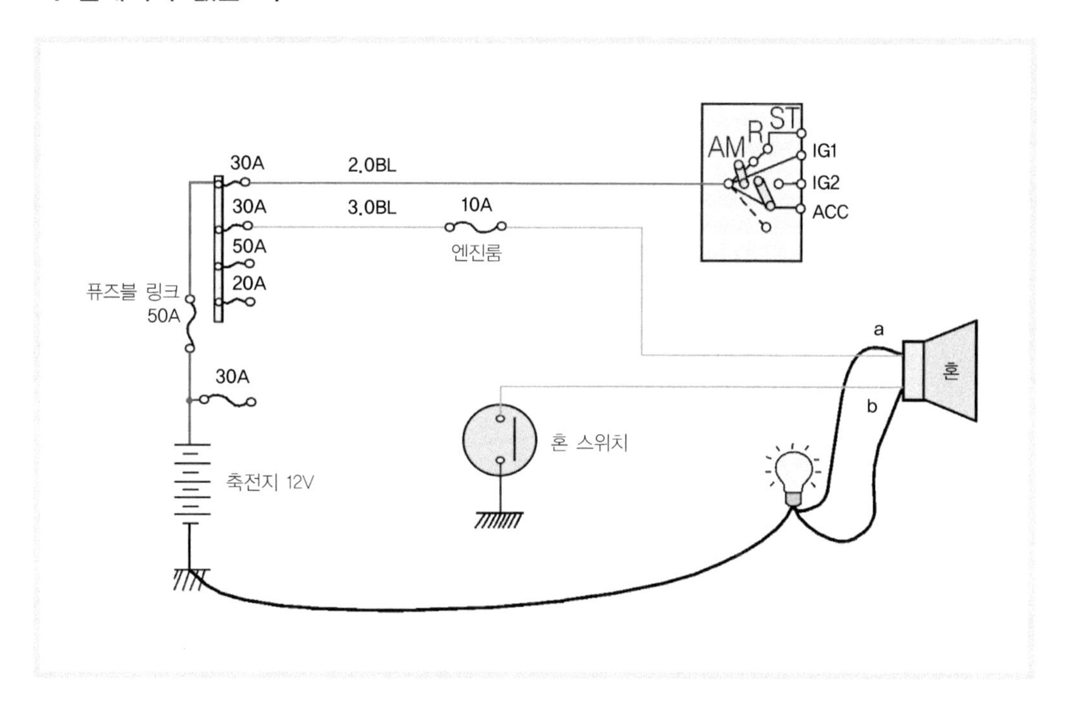

3. 단자 3개인 릴레이 회로

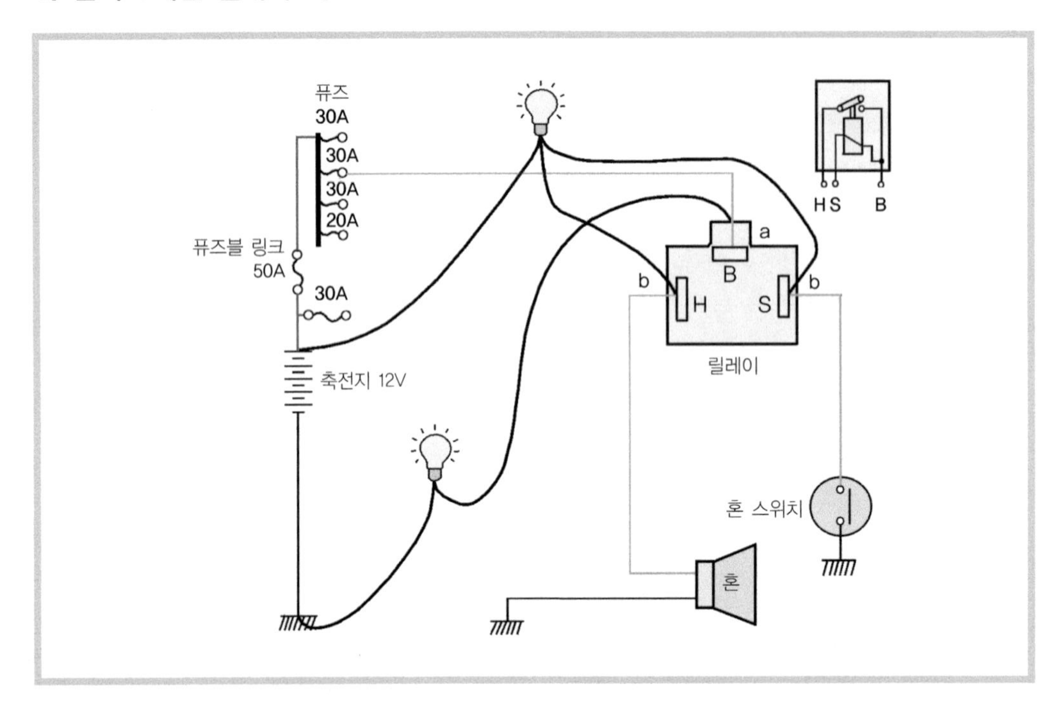

4. 단자 4개인 릴레이 회로

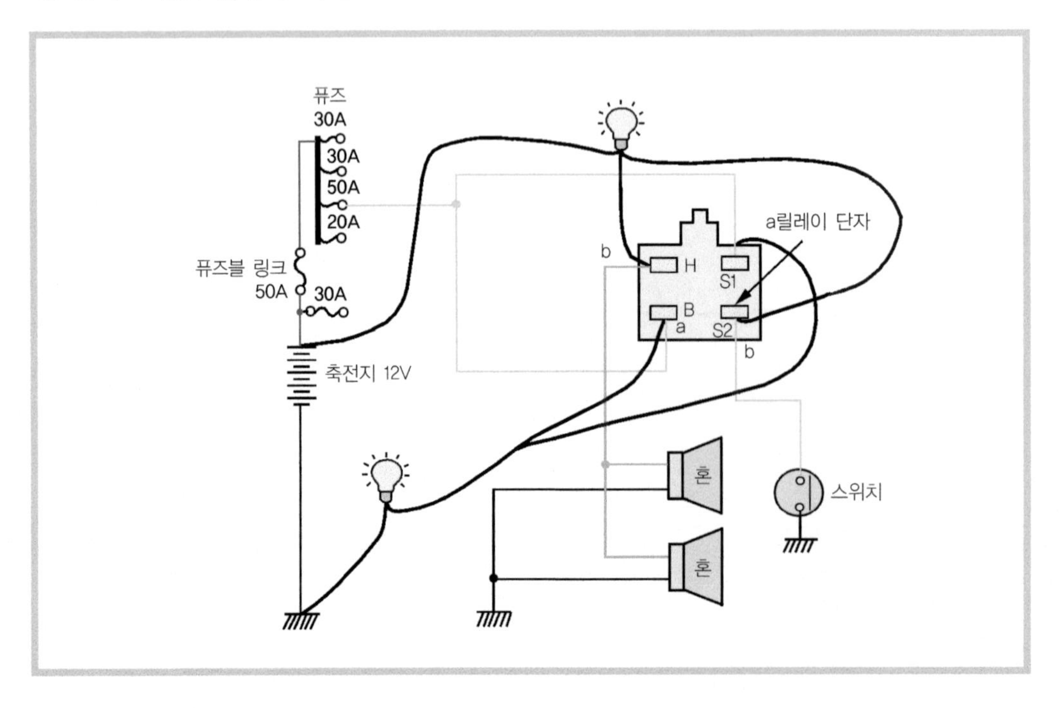

④ 경음기 회로의 단품 점검(아반떼 XD)

1. 경음기 릴레이 및 퓨즈의 설치위치

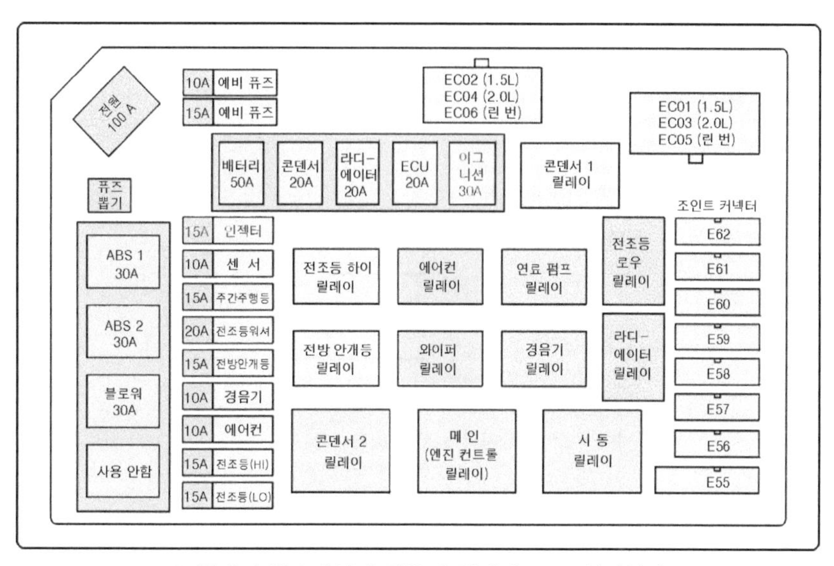

릴레이 박스에서의 경음기 릴레이 퓨즈 설치위치

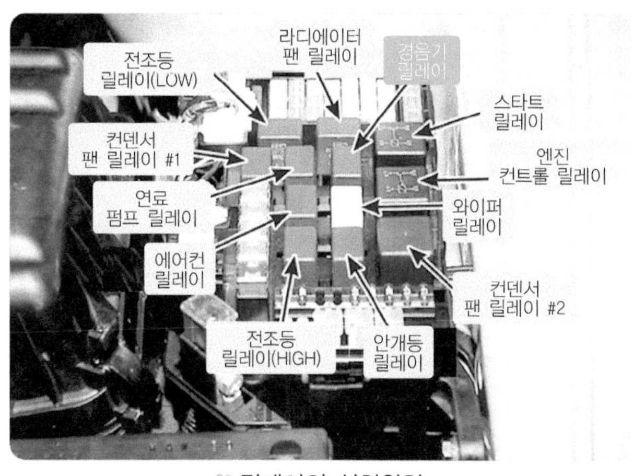

릴레이의 설치위치

2. 경음기 릴레이의 고장진단

① **3단자 릴레이** : 단자 사이의 도통을 점검하여 서로 통하는 것 중 하나는 B단자 다른 하나는 S단자이고 나머지는 부하쪽 L단자이다.

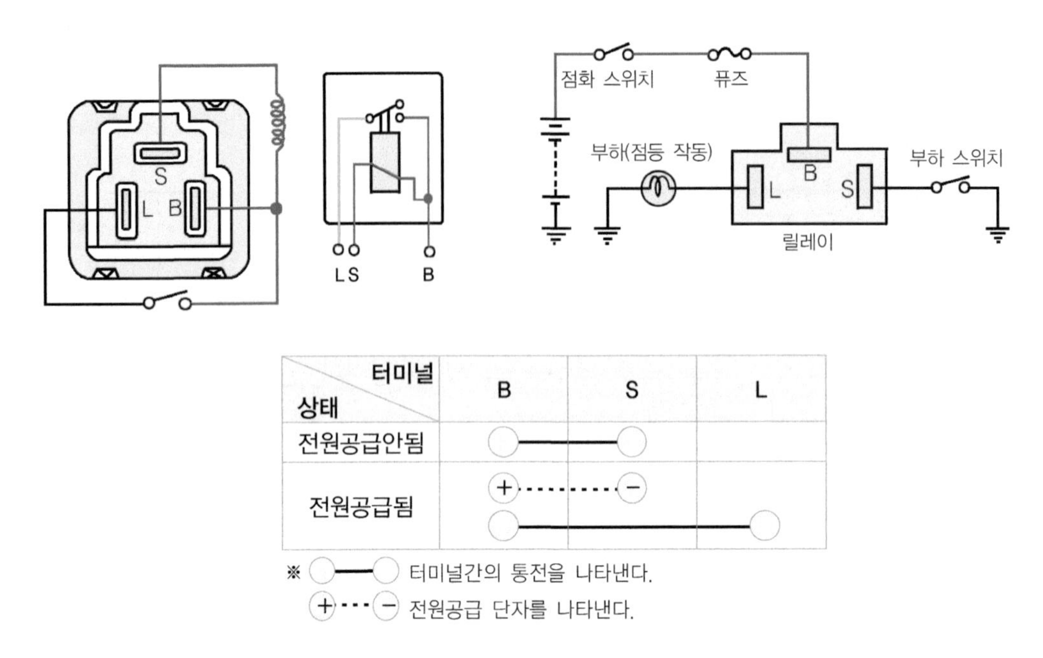

상태 \ 터미널	B	S	L
전원공급안됨	○──	──○	
전원공급됨	(+)··· / ○──	···(−) / ────	──○

※ ○──○ 터미널간의 통전을 나타낸다.
(+)···(−) 전원공급 단자를 나타낸다.

3단자 릴레이 회로 및 단자간 도통시험

② **4단자 릴레이** : 단자 사이의 도통을 점검하여 서로 통하는 것 중 하나는 S_1 단자, 다른 하나는 S_2 , 도통하지 않는 나머지 두 단자 중 하나는 B단자 다른 하나는 부하측 L단자이다.

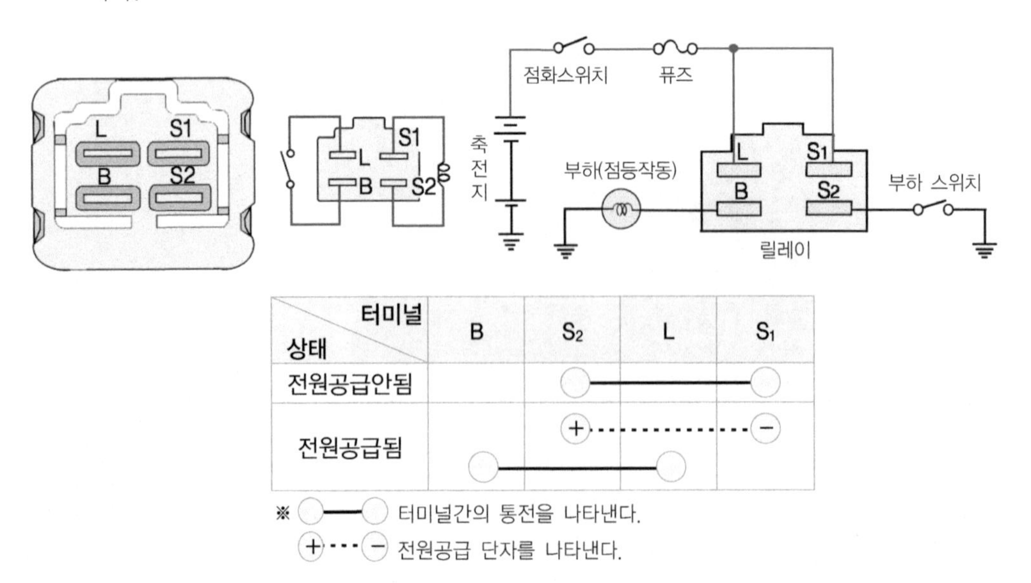

상태 \ 터미널	B	S_2	L	S_1
전원공급안됨		○──	────	──○
전원공급됨	○──	(+)··· / ────	······ / ──○	···(−)

※ ○──○ 터미널간의 통전을 나타낸다.
(+)···(−) 전원공급 단자를 나타낸다.

4단자 릴레이 회로 및 단자간 도통시험

5 차종별 경음기 설치위치

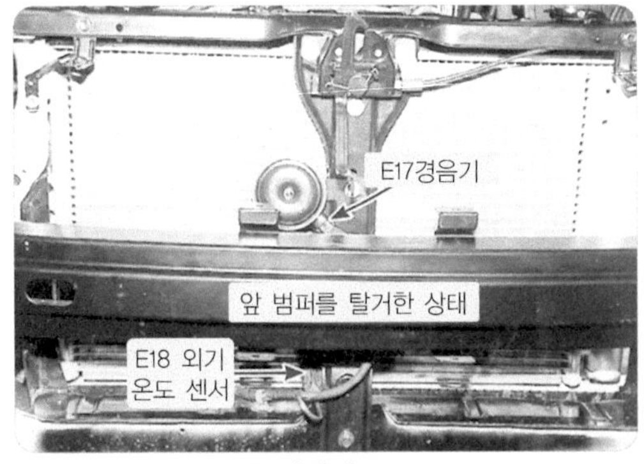

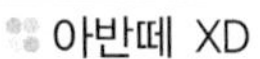

아반떼 XD

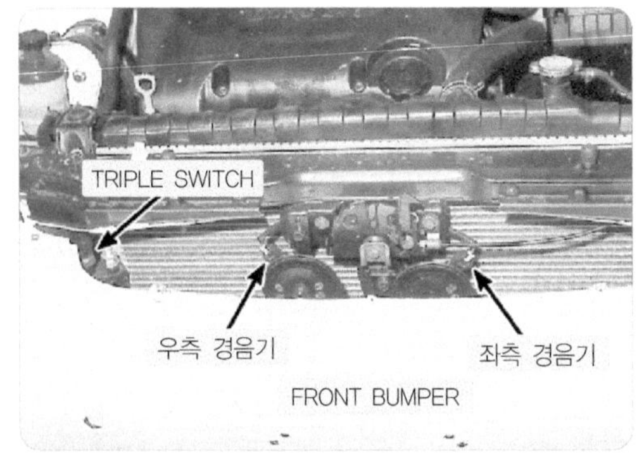

EF 쏘나타

02 경음기 음량 측정

1 음량 측정의 개요

이 측정은 소음을 과다하게 배출하는 자동차(배기관 및 소음기의 훼손 또는 제거한 경우, 고 소음 경음기 또는 쌍 경음기를 부착한 자동차, 노후 된 대형 버스 및 화물차, 이륜자동차 등)의 배기 소음 및 경적 소음을 측정하는데 적용한다.

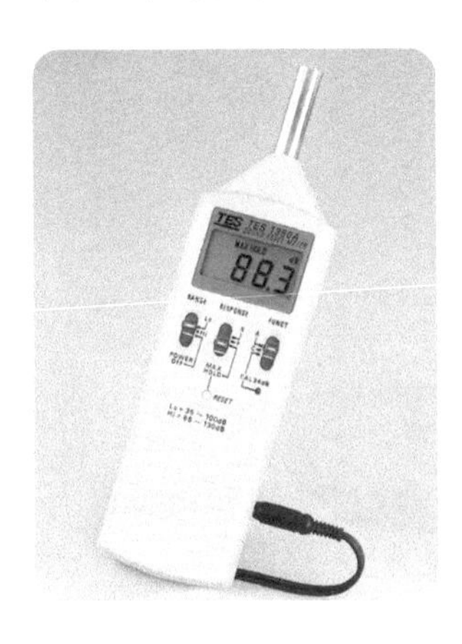

각종 음량계

② 음량계의 사용법

1. 소음기의 구조 및 기능

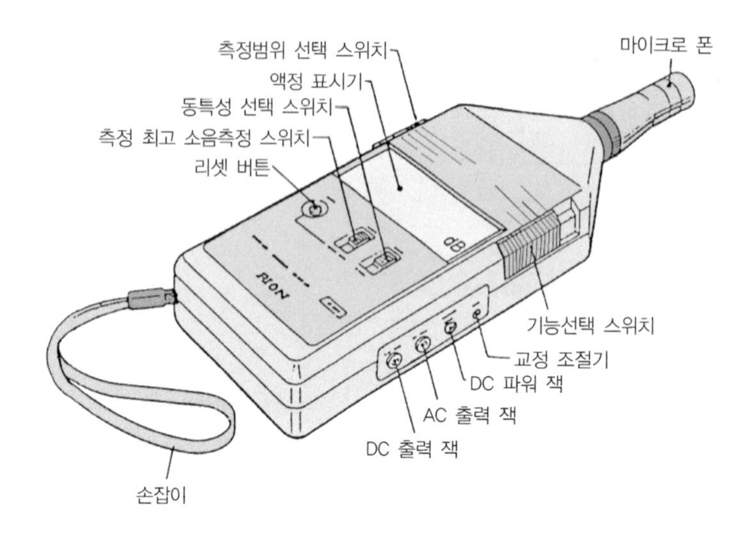

소음기 시험기의 구조

① **마이크로 폰** : 음량을 측정하는 부분이다.

② **기능 선택 스위치**

㉮ OFF 위치 : 전원 차단

㉯ A위치 : A 특성(배기음 측정)

㉰ C위치 : C 특성(경음기음 측정)

㉱ CAL 위치 : 교정(94.0dB)

③ **측정 범위 선택(range) 스위치**

㉮ 1. Range : 90~130dB

㉯ 2. Range : 70~110dB (CAL)

㉰ 3. Range : 50~90dB

㉱ 4. Range : 30~70dB

④ **액정 표시기(display)** : 음량 크기(dB), 초과 범위(over), 이하 범위(under) 등을 표시한다.

㉮ 음량 크기 : 음량을 dB로 표시한다.

㉯ 초과 범위(over) : 입력되는 음량이 설정한 음량보다 낮을 때 표시된다.

㉰ 이하 범위(under) : 입력되는 음량이 설정한 음량보다 높을 때 표시된다.

㉱ BATT : 시험기 내부의 건전지가 1.9V이하일 경우에 표시된다.

⑤ **리셋(reset) 버튼** : 측정한 음량을 제거할 때 사용한다.

⑥ **측정·최고 소음 정지 스위치(INST/MAX hold switch)**

㉮ INST : 음을 측정할 때 사용한다.

㉯ MAX hold : 최고 소음을 정지시킬 때 사용한다.

⑦ **동 특성(Fast/Slow) 선택 스위치** : 동 특성을 선택할 때 사용한다.

㉮ Fast : 배기음, 경음기음을 측정할 때 사용한다.

㉯ Slow : 현재 이용하지 않음.

⑧ **교정 조절기**(calibration control) : 시험기를 교정할 때 사용한다.

⑨ **DC 파워 잭** : 어댑터를 사용할 때 연결하는 부분이다.

⑩ **AC출력 잭** : AC신호를 외부로 보낼 때 사용하는 부분이다.

⑪ **DC출력 잭** : DC신호를 외부로 보낼 때 사용하는 부분이다.

3 경음기 음량의 측정법

1. 측정 장소의 선정

① 가능한 주위로부터 음의 반사와 흡수 및 암소음에 의한 영향을 받지 않는 개방된 장소로서 마이크로폰 설치 중심으로부터 반경 3m이내에는 돌출 장애물이 없는 아스팔트 또는 콘크리트 등으로 평탄하게 포장되어 있어야 하며, 주위 암소음의 크기는 자동차로 인한 소음의 크기보다는 가능한 10dB이하이어야 한다.

② 마이크로폰 설치의 높이에서 측정한 풍속(風速)이 2m/sec이상일 때에는 마이크로폰에 방풍 망을 부착하여야 하고, 10m/sec이상일 때에는 측정을 삼가야 한다.

2. 경음기 시험기의 선정 및 사용법

① 소음 시험기는 KSC-1502에서 정한 보통 소음계 또는 이와 동등한 성능 이상을 가진 것을 사용하고, 지시계의 동 특성은 빠름(fast) 동 특성을 사용하여 측정한다.

② 자동 기록 장치는 소음 측정기에 연결된 상태에서 정밀도 및 동 특성 등의 성능이 보통(지시)소음 시험기 이상의 성능을 가진 것이어야 하며, 동 특성을 선택할 수 있는 경우에는 빠름(fast) 동 특성에 준하는 상태에서 사용하여야 한다.

③ 시험기는 제작자 사용 설명서에 준하여 조작하고 측정 전에 충분한 예열 및 교정을 실시하여야 한다.

3. 경음기 음량 측정 방법

① 자동차의 엔진을 가동시키지 않은 정차 상태에서 경음기를 5초 동안 작동시켜 그 동안에 경음기로부터 배출되는 소음 크기의 최대 값을 측정하며, 2개의 경음기가 연동하여

음을 발하는 경우에는 연동하는 상태에서 측정하고, 배터리는 측정 개시 전에 완전 충전된 상태이어야 한다. 다만, 교류식 경음기를 장치한 경우에는 원동기 회전속도가 3,000±100rpm인 상태에서 측정하여야 한다.

② **마이크로폰 설치** : 마이크로폰 설치 위치는 경음기가 설치된 위치에서 가장 소음도가 크다고 판단되는 자동차의 면에서 전방으로 2m 떨어진 지점을 지나는 연직선으로부터 수평 거리가 0.05m이하인 동시에 지상 높이가 1.2±0.05m(이륜 자동차, 측차부 이륜 자동차 및 원동기부 자전거는 1±0.05m)인 위치로 하고 그 방향은 당해 자동차를 향하여 차량 중심선에 평행하여야 한다.

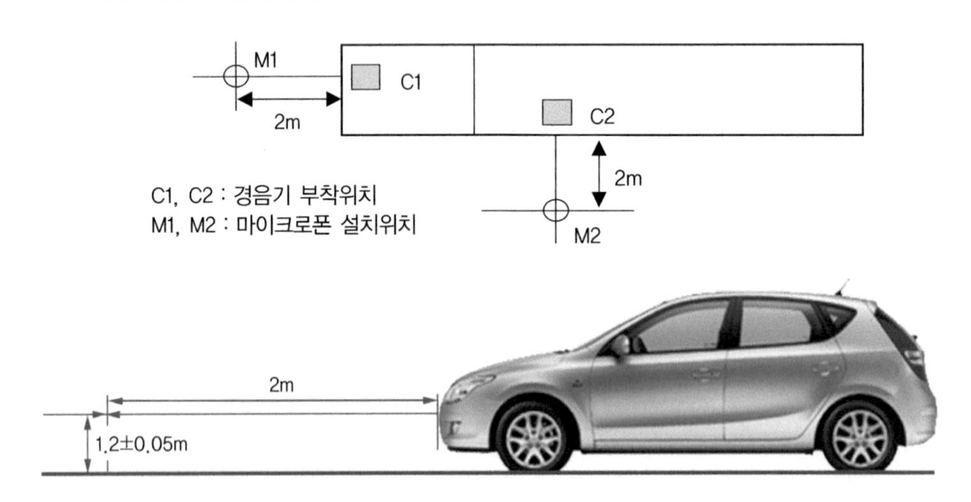

경적 소음을 측정할 때 마이크로폰 설치위치

③ 아래와 같이 스위치를 선정한 후 소음을 측정한다.

㉮ 기능 선택 스위치는 C특성 위치로 한다.

㉯ 측정·최고 소음 정지 스위치는 INST 위치로 한다.

㉰ 동 특성 선택 스위치는 FAST로 한다.

㉱ 측정 범위 선택 스위치는 적정한 위치로 한다.

TIP 액정 표시기에 초과 범위(over)나 이하 범위(under)가 표시되면 측정 범위를 선택 스위치(Range Switch)를 재빨리 변환하여야 한다.

④ **최고 값 정지(INST/Max hold) 측정**

㉮ 최고 소음을 측정하고자 할 때에는 MAX hold 쪽으로 스위치를 선택한 후 측정한다.

㉯ 다시 측정하고자 할 경우에는 리셋 스위치를 누른다.

⑤ **교 정**

㉮ 기능 선택 스위치를 CAL(94.0 dB)위치로 한다.

㉯ 측정 범위 스위치를 70~110 dB 위치로 한다.

㉰ 동 특성 스위치를 Slow 위치로 하고, 측정·최고 소음 정지 스위치를 INST위치로 한다.

㉱ 액정 표시기를 보며 교정 조절기(calibration control)를 드라이버로 좌우로 돌려 94.0 dB가 되도록 조절한다.

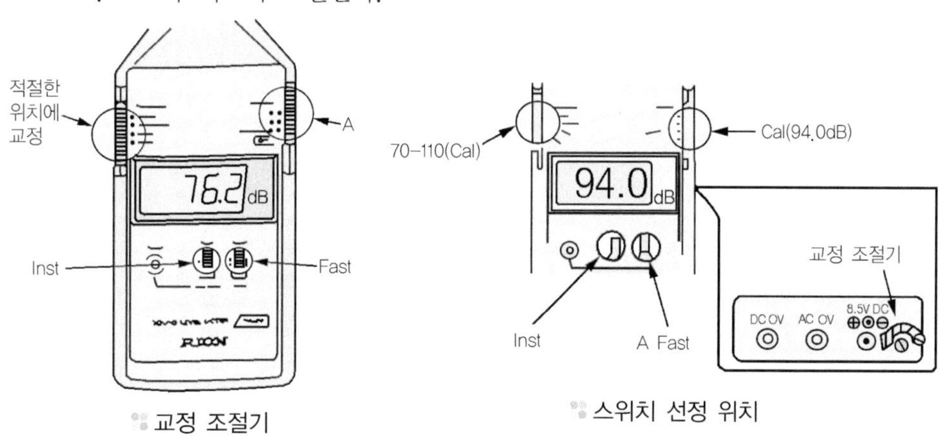

교정 조절기

스위치 선정 위치

4. 측정값 산출

① 측정 항목 별로 자동차로 인한 소음의 크기는 소음 시험기 지시 값(자동 기록 장치를 사용한 경우에는 자동 기록 장치의 기록 값)의 최대값을 측정값으로 하며, 암소음의 크기는 소음 시험기 지시 값의 평균값으로 한다.

② 자동차로 인한 소음 크기의 측정은 자동 기록 장치를 사용하여 기록하는 것을 원칙으로 하고 측정 항목 별로 2회 이상 실시하여야 하며, 각 측정값의 차이가 2dB를 초과할 때에는 각각의 측정값은 무효로 한다.

③ 암소음 크기의 측정은 각 측정 항목 별로 측정 실시의 직전 또는 직후에 연속하여 10초 동안 실시하며, 순간적인 충격음 등은 암소음으로 취급하지 아니한다.

④ 자동차로 인한 소음과 암소음의 측정값의 차이가 3dB이상 10dB 미만인 경우에는 자동차로 인한 소음의 측정값으로부터 아래 표의 보정 값을 뺀 값을 최종 측정값으로 하고, 차이가 3dB 미만일 경우에는 측정값을 무효로 한다.

자동차 소음과 암소음의 측정값 차이	3	4~5	6~9
보정 값	3	2	1

⑤ 자동차로 인한 소음의 2회 이상 측정값(보정한 것을 포함한다.) 중 가장 큰 쪽의 값을 측정의 성적으로 한다.

5. 운행자동차의 검사기준값

가. 1999년 12월 31일 이전에 제작되는 자동차

소음항목 / 대상 자동차 / 자동차 종류	배기소음(dB(A))		경적소음(dB(C))
	1995년 12월 31일 이전에 제작된 자동차	1996년 1월 1일 이후에 제작되는 자동차	모든 자동차
경자동차	103이하	100이하	115이하
승용자동차	103이하	100이하	
소형화물자동차	103이하	100이하	
중량자동차	107이하	105이하	
이륜자동차	110이하	105이하	

■ **자동차의 종류(1999년 12월 31일 이전)**

자동차의 종류	정 의	규 모
경 자동차	주로 적은 수의 사람 또는 화물을 운송하기 적합하게 제작된 것	엔진배기량 800cc미만
승용자동차	주로 사람을 운송하기 적합하게 제작된 것	엔진배기량 800cc이상 및 차량 총중량 3톤 미만
소형화물 자 동 차	주로 화물을 운송하기 적합하게 제작된 것	엔진배기량 800cc이상 및 차량 총중량 3톤 미만
중량자동차	주로 많은 사람 및 화물을 운송하기 적합하게 제작된 것	총중량 3톤 이상
이륜자동차	주로 1인 또는 2인정도의 사람을 운송하기 적합하게 제작된 것	엔진배기량 50cc이상 및 빈차 중량 0.5톤 미만

비고
1. 승용자동차에는 승용자동차에서 생겨난 웨곤(WAGON)등을 포함한다.
2. 소형화물자동차에는 지프(JEEP)·코치(COACH) 및 밴(VAN) 등을 포함한다.
3. 중량자동차에 해당되는 건설기계의 종류는 환경부장관이 정하여 고시한다.
4. 이륜자동차에는 옆 차붙이 이륜자동차를 포함하며, 경자동차·승용자동차 및 소형화물자동차를 제외한다.
5. 전기를 주동력으로 사용하는 자동차에 대한 종류의 구분은 위 표 중 규모 란의 차량 총중량에 의하되, 차량 총중량이 1.5톤 미만에 해당되는 경우에는 경자동차로 구분한다.

나. 2000년 1월 1일 이후에 제작되는 자동차

차량 종류 \ 소음 항목		배기 소음(dB (A))	경적 소음(dB (C))
경 자동차		100 이하	110 이하
승용 자동차	승용 1	100 이하	110 이하
	승용 2	100 이하	110 이하
	승용 3	100 이하	112 이하
	승용 4	105 이하	112 이하
화물 자동차	화물 1	100 이하	110 이하
	화물 2	100 이하	110 이하
	화물 3	105 이하	112 이하
이륜 자동차		105 이하	110 이하

■ 자동차의 종류(2000년 1월 1일 이후)

자동차의 종류	정 의	규 모	
경 자동차	주로 적은 수의 사람 또는 화물을 운송하기 적합하게 제작된 것	엔진배기량 800cc미만	
승용 자동차	주로 사람을 운송하기 적합하게 제작된 것	승용1	엔진배기량 800cc이상 및 9인승 이하
		승용2	엔진배기량 800cc이상, 10인승 이상 및 차량 총중량 2톤 이하
		승용3	엔진배기량 800cc이상, 10인승 이상 및 차량 총중량 2톤 초과 3.5톤 이하
		승용4	엔진배기량 800cc이상, 10인승 이상 및 차량 총중량 3.5톤 초과
화물 자동차	주로 화물을 운송하기 적합하게 제작된 것	화물1	엔진배기량 800cc이상 및 차량 총 중량 2톤 이하
		화물2	엔진배기량 800cc이상 및 차량 총 중량 2톤 초과 3.5톤 이하
		화물3	엔진배기량 800cc이상 및 차량 총 중량 3.5톤 초과
이륜자동차	주로 1인 또는 2인 정도의 사람을 운송하기 적합하게 제작된 것	엔진배기량 50cc이상 및 빈차중량 0.5톤 미만	

비고
1. 승용자동차에는 지프(JEEP)·웨곤(WAGON) 및 승합차를 포함한다.
2. 화물자동차에는 밴(VAN)을 포함한다.
3. 화물자동차에 해당되는 건설기계의 종류는 환경부장관이 정하여 고시 한다.
4. 이륜자동차에는 옆차붙이 이륜자동차를 포함하며, 공차중량이 0.5톤 이상인 이륜자동차는 경자동차로 분류한다.
5. 전기를 주동력으로 사용하는 자동차에 대한 종류의 구분은 위 표 중 규모 란의 차량 총중량에 의하되, 차량 총중량이 1.5톤 미만에 해당되는 경우에는 경자동차로 구분한다.

다. 2006년 1월 1일 이후에 제작되는 자동차

차량 종류 \ 소음 항목		배기 소음(dB (A))	경적 소음(dB (C))
경 자동차		100 이하	110 이하
승용 자동차	소형	100 이하	110 이하
	중형	100 이하	110 이하
	중대형	100 이하	112 이하
	대형	105 이하	112 이하
화물 자동차	소형	100 이하	110 이하
	중형	100 이하	110 이하
	대형	105 이하	112 이하
이륜 자동차		105 이하	110 이하

■ 자동차의 종류(2006년 1월 1일 이후)

자동차의 종류	정 의	규 모	
경 자동차	사람이나 화물을 운송하기 적합하게 제작된 것	엔진 배기량 800cc미만	
승용 자동차	사람을 운송하기 적합하게 제작된 것	소형	엔진 배기량 800cc이상이고 차량총중량이 3.5톤 미만이며, 승차 인원이 8명 이하
		중형	엔진 배기량 800cc이상이고 차량총중량이 3.5톤 미만이며, 승차 인원이 9명 이상 15명 이하
		대형	차량총중량이 3.5톤 이상 12톤 미만
		초대형	차령총중량이 12톤 이상
화물 자동차	화물을 운송하기 적합하게 제작된 것	소형	엔진배기량 800cc이상이고 차량총중량이 2톤 미만
		중형	엔진배기량 800cc이상이고 및 차량총중량 2톤 이상 3.5톤 미만
		대형	차량총중량이 3.5톤 이상 12톤 미만
		초대형	차령총중량이 12톤 이상
이륜자동차	1명 또는 2명 정도의 사람을 운송하기 적합하게 제작된 것	공차중량이 0.5톤 미만	

6. 음량 조정법

경음기 몸체에 있는 음량 조절 나사를 드라이버로 조정한다. UP 쪽으로 돌리면 소리가 커지고, DOWN 쪽으로 돌리면 작아진다.

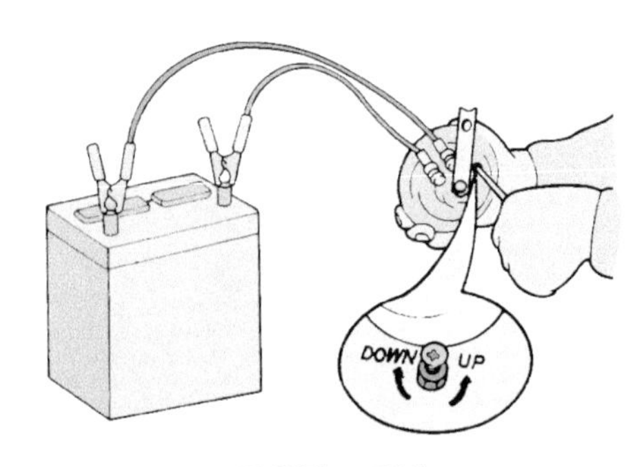

음량 조정법

03 에어컨 벨트 교환 / 컴프레서 작동 점검

1 에어컨 벨트 교환

① 제너레이터(AC 발전기) 구동 벨트를 떼어낸다.
② 텐션 풀리 고정 볼트 A를 헐겁게 한다.
③ 텐션 풀리 고정 볼트 B를 헐겁게 하고 에어컨 구동 벨트를 떼어낸다.
④ 벨트를 교환(장착)한 후 장력을 9.0~11mm정도로 조정한다.

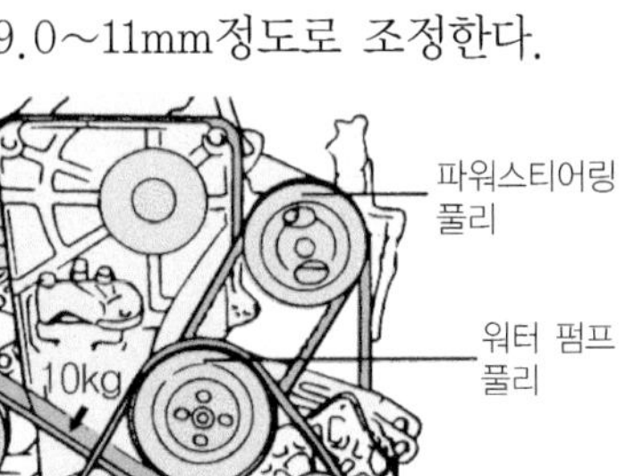

구동 벨트의 구성

텐션 고정 볼트 ①을 이완

텐션 고정 볼트 ②를 이완

2 에어컨 컴프레서 작동 확인

① 에어컨 전자 클러치 전원 공급선을 연결한다.

② 운전석 에어컨 컨트롤 패널에서 에어컨 스위치를 눌러 작동 시킨다.

③ 이때 마그네틱 스위치가 딸각 하면서 접촉이 되면서 에어컨 컴프레서가 돌아가는가 확인한다.

3 에어컨 작동법(FATC : Full Automatic Temperature Control)

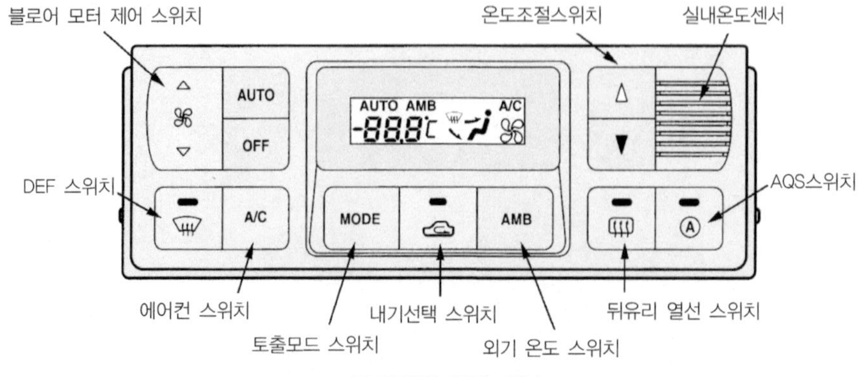

에어컨 조작 패널

스위치 명칭	스위치 외관	스위치 선택	기 능
템프 스위치	△ ▼	동작 중에 설정온도 25℃에서 DOWN 버튼 누름	25℃에서 17℃까지 0.5℃ 간격으로 선택됨
		표시 창	17.0℃
		동작 중에 설정온도 25℃에서 UP 버튼 누름	25℃에서 32℃까지 0.5℃ 간격으로 선택됨
		표시 창	32.0℃
오토 스위치	AUTO	시스템 OFF 중이거나 매뉴얼 상태에서 오토 스위치를 누름	모든 출력이 각 센서의 입력값에 의해 자동 제어됨
		표시 창	AUTO
		오토 상태에서 오토 스위치를 누름	변화 없음
		표시 창	AUTO
OFF 스위치	OFF	동작중에 OFF 스위치를 누름	시스템 OFF(템프, 모드 인테이크는 아래와 같이 경우에 따라 제어되고 블로어, 컴프레서는 OFF됨) 템프 도어는 각 센서의 입력값에 의해 자동 제어됨
			모드 도어는 OFF 전 상태가 오토 상태이면 오토 모드로 제어되고, 모드 도어가 수동으로 선택된 경우에는 그 상태로 고정
			인테이크 모드는 OFF 전 상태가 오토상태이면 내기 모드로 고정되고 수동으로 선택된 경우에는 그 상태로 고정
		표시 창	
AMB (외기온도) 스위치	AMB	시스템 OFF중이거나 동작중에 AMB 스위치를 누름	AMB 스위치를 누르기 전 표시창 상태가 모두 소등되고(CLOCK 제외), AMB 문자와 외기온도를 5초간 표시한 후 AMB 스위치 조작전 상태로 돌아감
		표시 창	AMB 25.0℃
		외기온도 표시중에 AMB 스위치를 누름	AMB 스위치 조작전 상태로 돌아감

스위치 명칭	스위치 외관	스위치 선택	기 능
에어컨 스위치	A/C	시스템 OFF 중이거나 동작중 에어컨이 OFF 상태에서 에어컨 스위치를 누름	에어컨 출력이 ON됨
		표시 창	A/C
		에어컨이 ON 상태에서 에어컨 스위치를 누름	에어컨 출력이 OFF됨
		표시 창	
블로어 스위치		동작중에 블로어 스위치 ▼를 누름	블로어 모터 양단간 3.8V까지 DOWN됨
		표시 창	1.2단 3.4단 5.6단 7단
		동작중에 블로어 스위치 ▲를 누름	블로어 모터 양단간 MAX HIGH까지 UP됨
		표시 창	1.2단 3.4단 5.6단 7단
		시스템 OFF중 상태에서 블로어 스위치를 누름	블로어 모터 양단간 3.8V로 작동함
		표시 창	
모드 스위치	MODE	동작중에 모드 스위치를 누름	모드 스위치를 누르기 전 상태에서 다음과 같이 한번 누를 때 마다 순환하여 출력함 벤트 →바이레벨 →플로워 →믹스 → 벤트
		표시 창	VENT → B/L →FLOOR → MIX
		시스템 OFF중에 모드 스위치를 누름	오토는 해제되고 시스템 OFF전 상태를 유지함

스위치 명칭	스위치 외관	스위치 선택	기 능
내기/외기 스위치		시스템 OFF중에 외기 상태에서 내기 스위치를 누름	시스템 OFF 상태는 계속되고 인테이크 도어만 내기 모드로 됨
		시스템 OFF중에 내기 상태에서 내기 스위치를 누름	시스템 OFF상태는 계속되고 인테이크 도어만 외기 모드로 됨
		동작중에 외기 상태에서 내기 스위치를 누름	내기 모드로 됨
		동작중에 내기 상태에서 내기 스위치를 누름	외기 모드로 됨
		외기 모드 인디케이터 상태	
		내기 모드 인디케이터 상태	
리어 벤트 스위치		벤트, 바이레벨, 플로워에서 리어 벤트 선택	리어 벤트 도어 열림 나머지는 이전과 동일
		리어 벤트 선택중 인디케이터상태	
		리어 벤트 해제	리어 벤트 도어 닫힘 나머지는 이전과 동일
		리어 벤트 해제중 인디케이터 상태	
뒷유리 열선 스위치		시스템 OFF중이거나 동작중에 뒷유리 열선 스위치를 누름	뒷유리 열선 작동신호를 에탁스로 출력하고 에탁스로부터 히팅 입력에 의해 열선 인디케이터를 점등한다.
		뒷유리 열선 작동중에 뒷유리 열선 스위치를 누름	에탁스는 열선작동을 중지하고 열선 인디케이터를 소등
			에탁스에 의해 15분간 뒷유리 열선 작동 후 자동으로 열선 기능이 해제
		열선 작동 중 인디케이터 상태	
		열선 정지 중 인디케이터 상태	

스위치 명칭	스위치 외관	스위치 선택	기 능
AQS 스위치		AQS 중지상태에서 AQS 스위치를 누름	AQS 인디케이터가 점등되면서 AQS 신호에 따라 인테이크 도어제어
		AQS 작동상태에서 AQS 스위치를 누름	AQS 인디케이터가 소등되면서 AQS 선택전 상태로 동작
		AQS 작동상태에서 OFF 스위치를 누름	표시창 소등, AQS 인디케이터 소등, 인테이크 도어는 내기로 고정
			시스템 OFF상태에서 AQS, 내기, 외기 선택가능
		AQS 작동중 인디케이터 상태	
		AQS 정지중 인디케이터 상태	

■ **오토 에어컨 제원**

항 목			제 원	
히터 어셈블리	형 식		공기 혼합 온수식	
	가열용량 (Kcal/h)		4,500 ± 10%	
에어컨	이배퍼레이터	냉각성능(Kcal/h)	4,100 ± 10%	
	컴프레서	형식명	Swash plate (HS-15)	Swash plate (10PA15C)
		윤활유 용량	140 – 160 cc	120 – 135 cc
		압력 릴리프 밸브	작동압력 : 35-42.2kg/cm²	35.2 – 42.2
		정격 전압	D.C 12.8 ± 0.2V	12V
	마그네틱 클러치	작동 전압 및 소모전력	D.C 12.8 ± 0.2V, 최대 54W	12V, 40W
		토크	Min. 4.4 kg·m	5.3 kg·m
	냉매 및 용량		R-134a	655 – 705g
	트리플 압력스위치		고압 : · OFF 32kgf/cm²	· ON 26kgf/cm²
			중압 : · OFF 14kgf/cm²	· ON 18kgf/cm²
			저압 : · OFF 2.0kgf/cm²	· ON 2.25kgf/cm²
	서모스탯 기온		· OFF 1.5 ± 0.6℃	· ON 3.0 ± 0.6℃
히터 컨트롤 어셈블리			MANUAL 타입, AUTOMATIC 타입	

4 에어컨 필터 점검 및 교환

① 글로브 박스를 지지하고 있는 댐퍼 스트랩을 구멍 사이로 빼낸 후 글로브 박스의 양쪽 옆면의 고정 키를 손으로 밀어낸다.

댐퍼 스트랩과 고정 키 위치

② 글로브 박스 양쪽의 고정 키를 탈거하고 글로브 박스를 내린 후 잠금장치를 위로 잡아 당겨 해제한다.

글로브 박스 열림 상태

③ 그림과 같이 에어 필터의 4군데의 키를 이용, 에어 필터 잠금 키를 해제하고 필터를 탈거 할 수 있다.

에어컨 필터 위치

에어 필터 고정 키 위치

④ 에어 필터를 탈거한 후 점검을 하고 필요시에는 교환을 한다.

⑤ 장착은 탈거의 역순으로 한다.

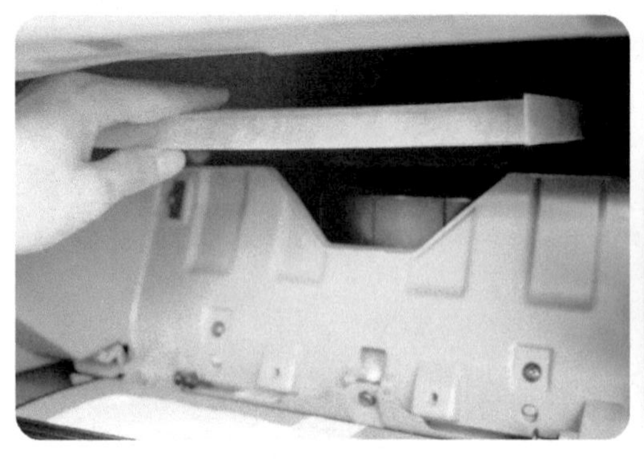

에어 필터 탈거

에어 필터 점검

04 에어컨 라인압력 점검

1 에어컨 시스템도

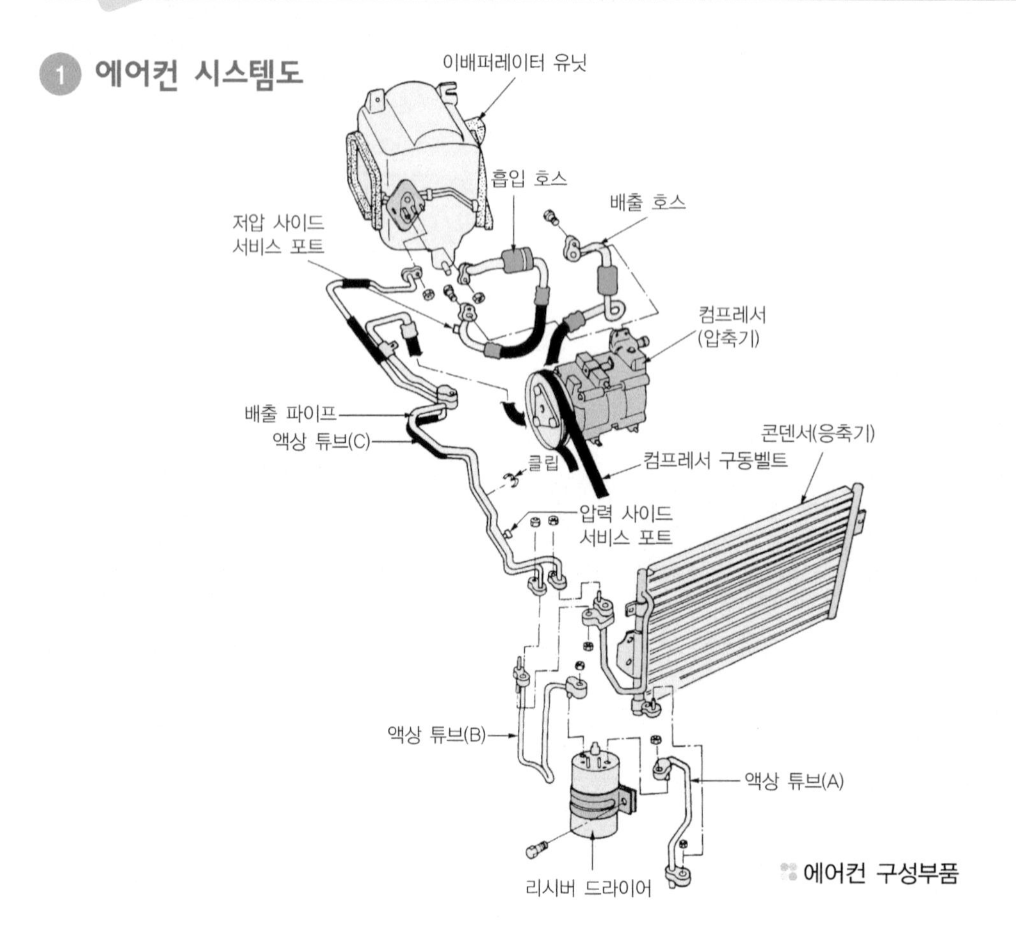

에어컨 구성부품

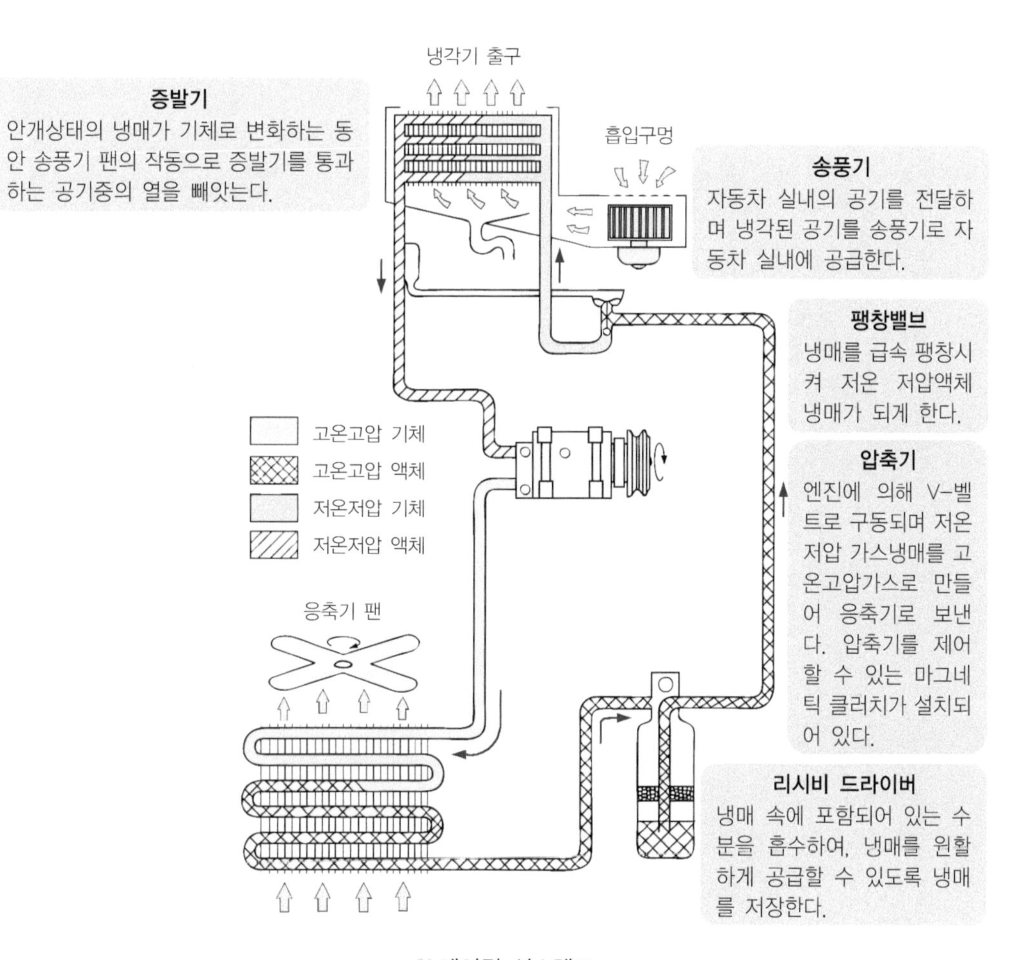

에어컨 시스템도

2 에어컨 가스 압력 측정

1. 매니폴드 게이지 설치 방법

① 매니폴드 게이지 피팅의 양쪽 핸드 밸브를 잠근다.

매니폴드 게이지

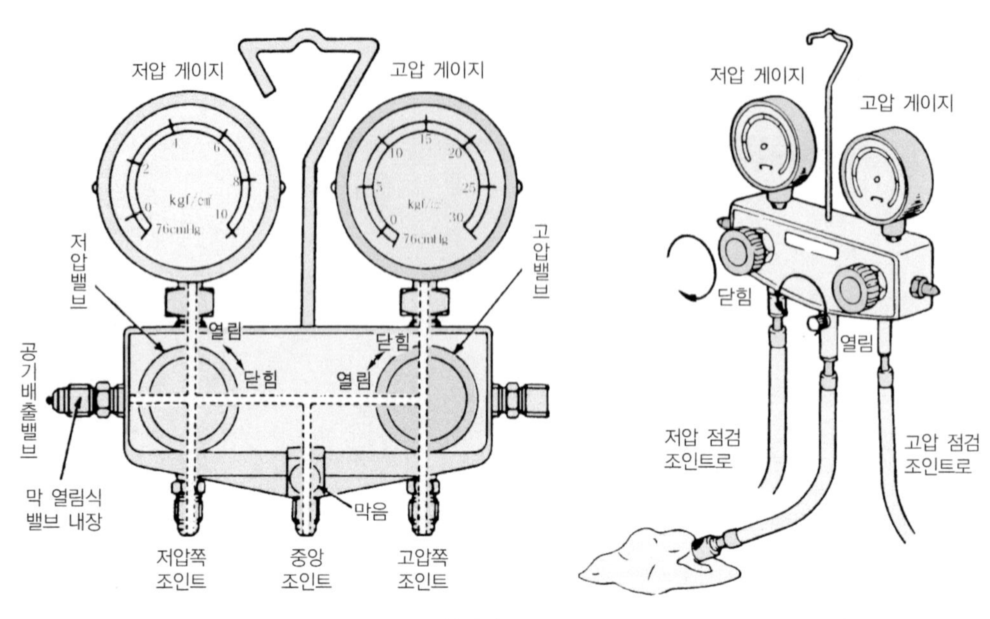

고압/저압 밸브의 잠금

② 매니폴드 게이지 세트의 충전 호스를 에어컨 라인의 피팅에 설치한다. 이때 저압 호스는 저압 정비구에, 고압 호스는 고압 정비구에 연결하고 호스 너트를 손으로 조인 다음 에어컨 라인의 압력을 점검한다.

매니폴드 게이지 연결 위치

■ 라인 안력 규정값

차종 \ 트리플 압력스위치	고압(kgf/cm^2)		중압(kgf/cm^2)		저압(kgf/cm^2)		비고
	ON	OFF	ON	OFF	ON	OFF	
엑셀	15~18		-		2~4		ON-컴프레서 작동 OFF-컴프레서 정지
베르나	32.0	26.0	14.0	18.0	2.0	2.25	
아반떼 XD	32.0	26.0	14.0	18.0	2.0	2.25	
EF 쏘나타	32.0±2.0		15.5±0.8		2.0±0.2		
그랜저 XG	32.0±2.0	26.0±2.0	15.5±0.8	11.5±1.2	2.0±0.2	2.3±0.25	

③ 측정 및 교환시 주의사항

① R-134a 냉매는 휘발성이 강하다. 한 방울이라도 피부에 닿으면 동상에 걸리는 수가 있다. 냉매를 다룰 때는 장갑을 착용한다.

② 만일 냉매가 눈에 튀었을 때는 깨끗한 물로 즉시 닦아낸다. 눈을 보호하기 위하여 보호안경을 쓰고 장갑을 꼭 착용한다.

③ R-134a 용기는 고압이므로 절대로 뜨거운 곳에 놓지 않는다. 그리고 저장 장소는 52℃이하가 되는지 점검한다.

④ 냉매의 누설 검사를 위해 가스 누설 검사기를 준비한다. R-134a 냉매와 감지기에서 나오는 불꽃에 접하면 유독가스가 발생되므로 주의해야 한다.

⑤ 신냉매 장착차량에는 반드시 R-134a를 사용해야 한다. 만일 다른 냉매를 사용하면 구성부품에 손상이 일어 날 수 있다.

⑥ 컴프레서 오일(PAG)은 공기중의 습기를 빠르게 흡수하므로 다음의 주의사항에 필히 유의한다.

㉠ 차량으로부터의 에어컨 부품을 탈거할 때 구성부품을 습기로부터 보호하기 위하여 구성품을 즉시 캡으로 막는다.

㉡ 구성부품을 조립할 때는 구성품을 장착할 때까지 캡을 제거하지 않는다.

㉢ 구성부품을 습기로부터 보호하기 위하여 지체 없이 모든 튜브와 호스를 완전히 연결한다.

⑦ 냉매는 반드시 R-134a를 사용한다.

⑧ 갑자기 가스가 새면 서비스를 받기 전에 작업장소를 환기시킨다.

4 측정 결과

게이지 지침	기타 현상	진 단	조 치
저압 높음 고압 높음	• 배출공기 : 약간 차가움 • 서모 스위치(서미스터) : 스위치가 ON과 OFF로 반복되어도 저압 게이지는 흔들리지 않음	공기나 습기가 시스템에 있음	1. 누설 점검 2. 냉매 배출 3. 누설 부위 수리 4. 리시버 드라이어 교체 드라이어에 습기가 스며들었을 것임 5. 최소 30분간 진공실시 6. 냉매 충전 7. 시스템 작동 및 작동 점검
저압 정상 고압 정상	• 배출공기 : 로우 사이드 사이클이 진공으로 진입하면 더운 바람이 나옴 • 배출공기 : 무더운 더운바람이 나옴	과다한 습기가 시스템에 있음	1. 냉매 배출 2. 리시버 드라이어 교체 3. 진공펌프로 시스템 진공화 4. 적정 용량까지 시스템 충전 5. 시스템 작동 및 작동점검
저압 정상 고압 정상	• 배출공기 : 사이클이 너무 빈번하게 ON과 OFF로 됨 • 로우 사이드 게이지 : 로우 사이드 게이지상에 충분한 범위의 눈금이 읽혀지지 않음	서모스탯 결함	1. 엔진을 멈추고 에어컨을 OFF로 전환 2. 서모스탯 스위치 교체 새로운 서모스탯 설치시, 이배퍼레이터 코어 전에 위치한 그대로 장착할 것 3. 시스템 작동 및 작동점검
저압 정상 고압 정상	• 컴프레서 : 컴프레서가 작동되기도 전에 로우 사이드 게이지가 너무 높게 됨(사이클 ON의 위치가 너무 높음)	서모스탯 결함	1. 엔진을 멈추고 에어컨을 OFF로 전환 2. 서모스탯 스위치를 수리하거나 혹은 서미스터로 교체(모든 와이어링이 제대로 장착되어 단락 회로가 발생하지 않도록 할 것) 3. 시스템 작동 및 작동점검
저압 낮음 고압 낮음	• 공기배출 : 약간 차가움	냉매 부족	1. 누설 점검 2. 냉매 배출 3. 누설 수리 4. 컴프레서 오일 레벨 점검 5. 진공펌프로 시스템 진공화 6. 냉매로 시스템 충전 7. 시스템 작동 및 작동점검

게이지 지침	기타 현상	진 단	조 치
저압 낮음 / 고압 낮음 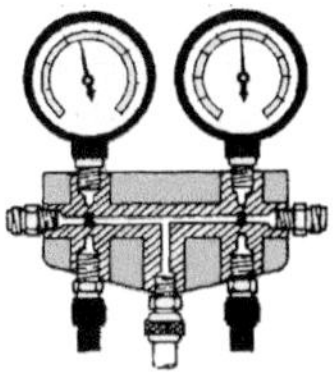	• 공기 배출 : 따뜻함	냉매 부족 시스템상에 누설 가능성	1. 누설 점검 2. 컴프레서 실 부분의 누설을 매우 조심스럽게 점검 3. 냉매 배출 4. 컴프레서 오일 레벨 점검 5. 진공펌프로 시스템 진공화 6. 냉매로 시스템 충전 7. 시스템 작동 및 작동점검
저압 낮음 / 고압 낮음 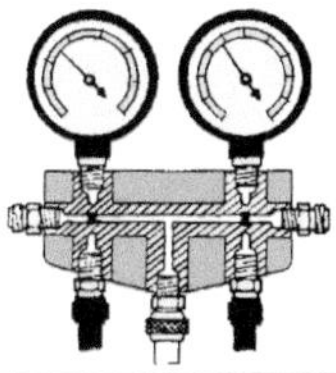	• 공기 배출 : 약간 차가움	팽창밸브가 닫혀 있음 스크린 막힘 센싱밸브의 오작동	1. 냉매 배출 2. 팽창발브의 인렛라인 분리 및 탈거 후 스크린 검사 3. 스크린의 청소 및 교체 인렛 라인의 재연결 4. 진공펌프로 시스템 진공화 5. 냉매로 시스템 충전
저압 낮음 / 고압 낮음 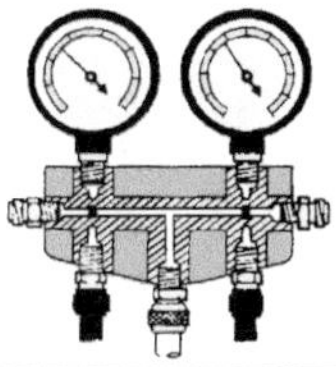	• 공기배출 : 약간 차가움 • 하이 사이드 파이프 : 차가우나 기포 혹은 성에가 낌	시스템의 하이 사이드에 장애	1. 냉매 배출 2. 리시버 드라이어, 액상 파이프 혹은 기타 결함있는 부품을 탈거하고 교체 3. 진공펌프로 시스템 진공화 4. 냉매로 시스템 충전 5. 시스템 작동 및 작동점검
저압 높음 / 고압 낮음 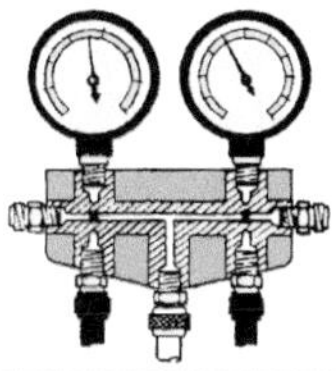	• 공기배출 소음	컴프레서의 오작동	1. 컴프레서 분리 2. 컴프레서 실린더 헤드 탈거 및 컴프레서 검사 3. 컴프레서 오일레벨 점검 4. 리시버 드라이어 교체 5. 시스템 작동 및 작동점검
저압 높음 / 고압 낮음 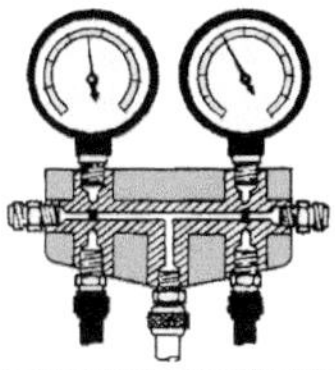	• 공기배출 : 따뜻함 •하이사이드 파이프 : 매우 뜨거움	콘덴서의 오작동	1. 구동 벨트의 느슨함이나 마모 점검 2. 콘덴서를 검사하여 공기가 막히는지 검사 3. 콘덴서 마운팅을 검사하여 적절한 라디에이터 간극이 있는지 검사 4. 냉매 과다 충전 점검 5. 시스템 작동 및 작동점검

게이지 지침	기타 현상	진 단	조 치
저압 높음 고압 높음	• 공기배출 : 약간 차가움	다량의 공기 및 습기	1. 냉매 배출 2. 습기에 손상을 입은 리시버 드라이어 교체 3. 진공펌프로 시스템 진공화 4. 냉매로 시스템 충전
저압 높음 고압 높음	• 공기배출 : 따뜻함 • 이배퍼레이터 : 기포 혹은 성에가 낌	팽창밸브가 열려 있음	1. 냉매 배출 2. 팽창밸브의 교체 :모든 접촉이 깨끗하고 안전한지 확인할 것 3. 진공펌프로 시스템 진공화 냉매로 시스템 재충전 4. 시스템 작동 및 작동점검

■ 리시버 드라이어 창에 비친 냉매의 모습

항 목 \ 상 태	정 상	비 정 상		
냉매의 양	적당	불충분	부족(거의 없음)	과다
점검창의 상태	거의 깨끗하다. 기포가 가끔씩 보이나 엔진의 속도가 변화함에 따라 사라진다.	기포가 규칙적으로 보인다. 기포의 색깔은 하얗거나 무색이다.	안개같이 미세한 기포가 흘러 나가는 것이 보인다.	송풍속도 최대, 창문열어 놓고 작동시킬 때 기포가 보이지 않는다.
고압 및 저압측 파이프의 온도	고압측 뜨겁고 저압측 차다	고압측은 따뜻하고 저압측은 매우 차다	고압측과 저압측의 차이가 거의 없다	고압측은 비정상적으로 뜨겁다
계통의 압력	고·저압측의 압력이 정상이다.	저압과 고압측 모두 정상보다 낮게 나타난다.	저압측이 비정상적으로 낮다	고·저압측의 압력이 정상 보다 높다
파이프의 연결부	이상 없음	약간 누설되는 부분이 있음	많은 양의 오일이 누출되어 엉겨 붙었음	이상 없음

05 에어컨 냉매 교환

1 매니폴드 게이지를 이용한 에어컨 냉매 회수

1. 에어컨 냉매 회수

① 매니폴드 게이지를 고압과 저압계통에 연결한다.
② 센터 호스에 냉매 용기를 연결한다.
③ 고압 핸드 밸브를 천천히 열어 냉매를 배출시킨다. 냉매를 너무 빨리 배출시키면 컴프레서의 오일이 계통에서 빠져 나온다.
④ 매니폴드 게이지의 눈금을 3.5kgf/cm² 이하로 낮춘 후에 저압의 핸드 밸브를 서서히 개방시킨다.
⑤ 계통의 압력을 낮추기 위해서 고압 및 저압 핸드 밸브를 게이지의 눈금이 0kgf/cm² 가 될 때까지 천천히 개방시킨다.

2. 에어컨 시스템 진공 작업

냉방계통에서 냉매를 배출시키는 정비를 한 경우에는 필히 에어컨 계통을 진공 상태로 하여야 한다. 이 진공 작업은 유닛에 유입된 모든 공기와 습기를 제거하기 위해서 실시하는 것으로 각 부품을 장착한 후 계통은 15분 정도, 수리시 개방되었던 부품은 30분 정도 실시하여야 한다.

① 점화 스위치가 OFF 위치에 있는지 확인한다.
② 매니폴드 게이지를 컴프레서의 고압과 저압 피팅에 연결하고 양쪽 핸드 밸브를 잠근다.
③ 냉매가 계통 내에서 배출되었는지 확인한다.
④ 매니폴드 게이지 센터 호스를 진공 펌프 흡입부에 연결한다.
⑤ 진공 펌프를 작동시키고 매니폴드 게이지 고압 및 저압 밸브를 개방시킨다.

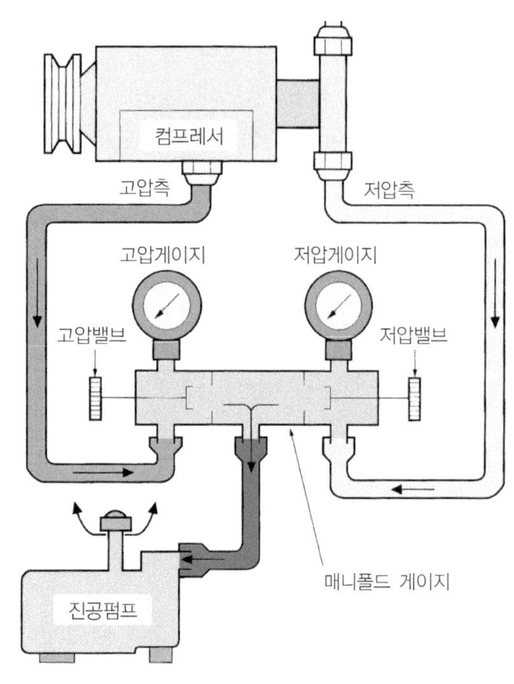

에어컨 시스템 진공 작업

⑥ 10분 후에 저압 게이지의 눈금이 $0.96kgf/cm^2$ 진공보다 더 큰 진공인가를 확인하여 부압이 아니면 계통 내에서 누설되는 것이므로 다음의 순서에 의하여 누설 부위를 수리한다.

㉮ 매니폴드 게이지 양쪽 핸드 밸브를 닫고 진공 펌프를 정지시킨다.

㉯ 냉매 용기로 계통을 충전시킨다.

㉰ 냉매 누설 감지기로 냉매의 누설을 점검하여 누설되는 곳이 발견되면 수리한다.

㉱ 냉매를 다시 배출시키고 계통을 진공시킨다.

⑦ 진공 펌프를 다시 작동시킨다.

⑧ 양쪽 매니폴드 게이지의 눈금이 $0.96kgf/cm^2$ 의 진공을 유지시킨다.

⑨ 저압 매니폴드 게이지의 눈금이 $0.96kgf/cm^2$ 가 되도록 15분 동안 계속 진공시킨다.

⑩ 15분 정도 진공 작업을 실시한 후 양쪽 매니폴드의 핸드 밸브를 닫고 진공 펌프를 정지시킨 후 진공 펌프에서 호스를 분리시킨다. 이 상태가 냉매를 충전하기 위한 준비 상태이다.

3. 냉매의 충전

① 계통의 진공 작업 후 매니폴드 게이지의 고압 및 저압 밸브 양쪽을 완전히 잠근 상태에서 탭 밸브에 매니폴드 게이지의 센터 호스를 연결한 후 냉매 용기에 탭 밸브를 장착한다.

㉮ 탭 밸브를 냉매 용기에 연결하기 전에 핸들을 반시계 방향으로 완전히 돌린다.

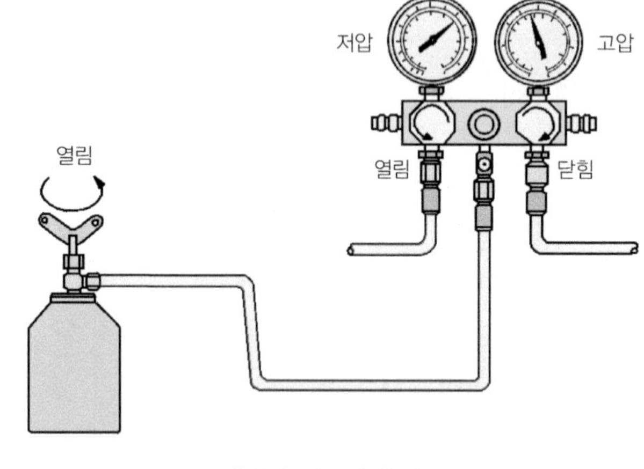

에어컨 시스템 충전 작업

㉯ 디스크를 반시계 방향으로 돌려 제일 높은 위치에 놓는다.

㉰ 매니폴드 게이지 센터 호스를 피팅에 연결한 후 손으로 디스크를 시계 방향으로 완전히 돌린다.

㉱ 핸들을 시계 방향으로 돌려 봉합된 상부에 구멍을 뚫는다.

㉲ 매니폴드 게이지의 센터 피팅에 연결되어 있는 센터 호스의 너트를 푼다.

㉳ 몇 초 동안 공기를 배출시킨 후 너트를 조인다.

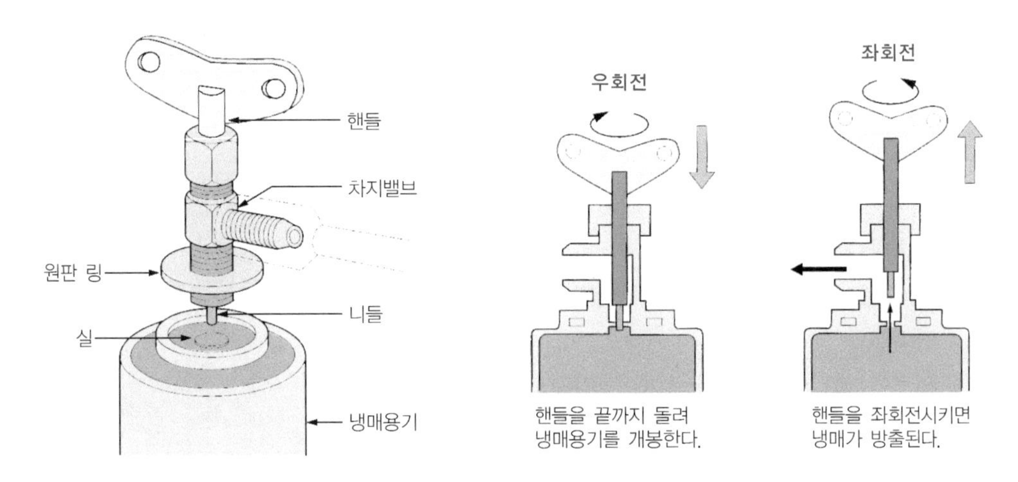

냉매 용기에 탭 밸브 장착

② 저압 밸브를 열고 저압 게이지의 눈금이 4.2kgf/cm^2 를 넘지 않도록 밸브를 조정한다.
③ 냉매 용기를 약 40℃ 정도의 물에 담궈 놓아 용기 내의 기체 압력을 계통 내에 있는 기체 압력보다 조금 높게 유지시킨다.
④ 엔진을 패스트 아이들(Fast idle)로 작동시키면서 에어컨을 작동시킨다.
⑤ 계통을 규정량 만큼 충전시킨 후 저압 밸브를 닫는다.
⑥ 냉매가 너무 느리게 충전되면 냉매 용기를 40℃ 정도의 물이 담긴 용기에 놓는다.

4. 냉매의 누설 점검

① 엔진의 작동이 정지된 상태에서 점검한다. 에어컨을 장착할 때 부착된 오일을 청소하고 가능한 한 통풍이 좋은 곳(바람이 센 장소는 피한다.)을 선택하여 점검한다.
② 연결 피팅의 토크를 점검하여 너무 느슨하면 규정 토크로 조인 후 누설 감지기로 누설 시험을 한다.
③ 피팅을 다시 조인 후에도 누설이 계속되면 냉매를 배출시키고 피팅을 분리시켜 접촉면의 손상을 점검하여 조금이라도 손상되었으면 신품으로 교환한다.
④ 컴프레서 오일을 점검하여 필요시에는 오일을 보충한다.
⑤ 계통을 충전시키고 누설을 점검하여 누설되지 않으면 계통을 진공시킨 후 충전시킨다.

2 에어컨 냉매 회수 재생기를 이용한 에어컨 냉매 회수

에어컨을 떼어 내거나 정비를 실시할 때 냉매를 회수·재생·진공작업 및 재충전을 할 수 있는 장치이다. 냉매를 대기 중으로 방출하면 오존층의 파괴나 지구 온난화 등의 공해가 되는 이외에 경제적으로도 반드시 냉매 회수장치를 사용해야만 한다.

여기서는 그림에 나타낸 것과 같은 냉매 HFC-134a용 회수 장치에 대하여 설명하기로 한다.

냉매 회수장치

1. 회수장치를 이용한 냉매 회수

① 적색 호스의 퀵 커플러를 에어컨 압축기의 고압포트에 접속한다.

② 청색 호스의 퀵 커플러를 에어컨 압축기의 저압포트에 접속한다.

③ 컨트롤 패널에 있는 저·고압 게이지로 압력을 점검한다. 이때 압력이 없으면 에어컨 장치 내에 냉매가 없는 상태이다.

④ 컨트롤 패널의 저·고압 밸브를 연다.

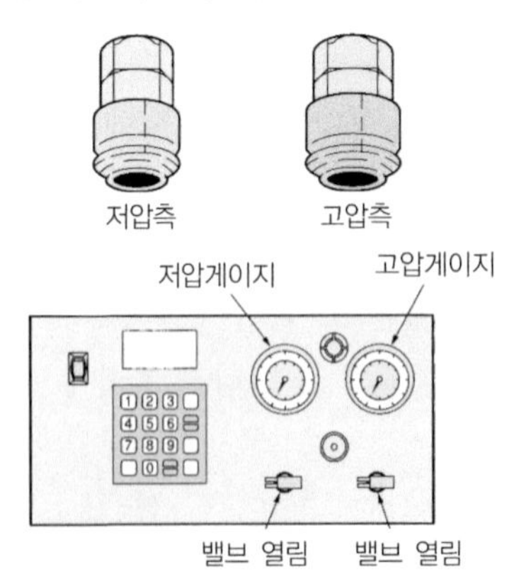

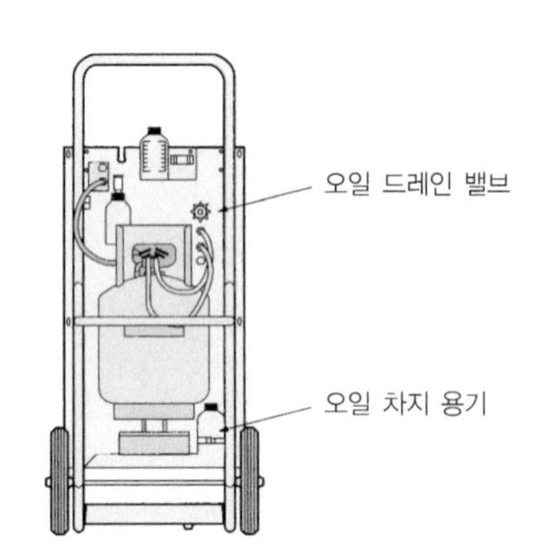

컨트롤 패널 및 구조

⑤ 봄베의 적색(기체)과 청색(액체) 밸브를 연다.

⑥ 오일 드레인 밸브를 천천히 열어 오일이 나올 것 같으면 모두 배출시킨다.(두 번째 회수에서) 또한 배출된 오일량을 기록해 둔다.

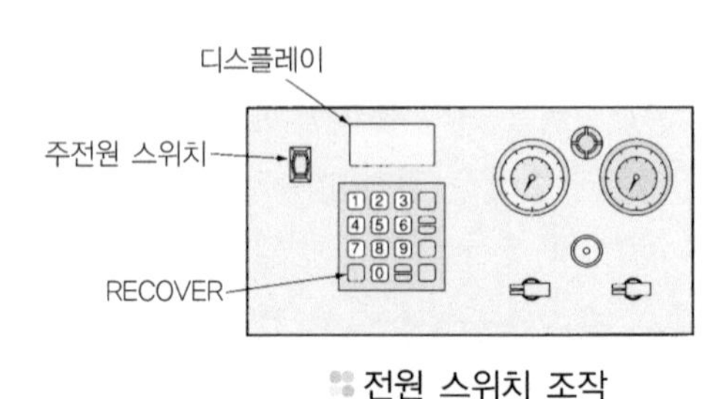

전원 스위치 조작

⑦ 오일 드레인 밸브를 닫는다.

⑧ 전원 플러그를 콘센트에 꽂고 그림의 주 전원 스위치를 ON으로 한다.

⑨ 키 패드의 리커버(RECOVER) 버튼을 누른다. 회수 작업을 실시하기 전에 장치의 회로 내의 냉매가스를 봄베에 되돌려 보내기 위해 디스플레이는 그림과 같이 "CL-L" 이라고 표시되며, 이 작업은 30초~3분 정도가 소요된다.

⑩ ⑨항의 작업이 완료되면 자동적으로 회수 작업이 시작된다. 디스플레이에는 “RECOVER” 와 “AUTOMATIC” 의 문자와 회수된 냉매가스의 무게가 표시된다.

⑪ 에어컨 장치 내가 430mmHg (−57kPa)에 도달하면 자동적으로 압축기가 정지한다. 또한 디스플레이에는 회수한 냉매가스의 무게가 표시된다.

AUTOMATIC CL-L RECOVER

AUTOMATIC 0.00 RECOVER

디스플레이

조작 1

⑫ 회수 작업이 끝나면 그림과 같이 디스플레이에 “CPL” 이 나오고 회수된 냉매가스의 무게 “OIL/OZ” 의 표시가 점멸한다.

⑬ 오일 드레인 밸브를 열어 오일을 배출시킨다.

⑭ 5분 후 저압 게이지를 보았을 때 “0” 보다 아래쪽에 있으면 회수가 끝난 것이다. 만약 “0” 보다 위쪽에 있는 경우는 회로 내에 냉매 가스가 남아 있으므로 그림에 나타낸 것과 같이 “HOLD/CONT” 를 눌러 냉매를 회수한다.

⑮ 작업이 끝나면 컨트롤 패널의 고·저압 밸브를 닫고 에어컨 압축기에서 고·저압 호스를 떼어낸다.

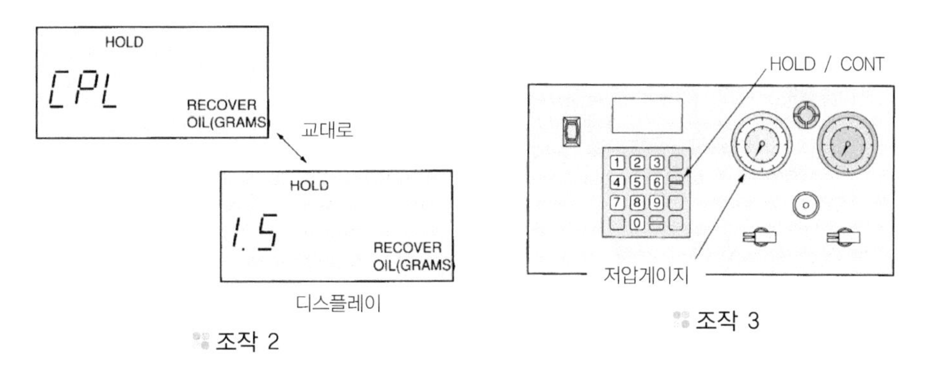

디스플레이

조작 2

조작 3

2. 회수장치를 이용한 냉매 충전

① 오일은 회수 행정에서 에어컨 압축기에서 배출된 양의 새 오일을 보충한다.

② 저압 밸브를 닫고 고압 밸브가 열려 있는지를 확인한다.

③ 키 패드의 “CHG” 를 누르면 디스플레이에 “0.00” 이라고 표시된다.

④ 규정의 냉매 가스량을 텐키(ten key)로 입력시키고 “ENTER” 를 눌러서 설정한다.

⑤ “CHG” 를 누르면 충전이 시작된다.

⑥ 디스플레이에는 “AUTOMATIC” 과 충전 량이 표시된다. 충전 진행에 맞추어 숫자는 카운터 다운을 한다. 충전이 끝나면 “CPL” 가 표시된다.

3. 냉매가스 봄베에서 충전

① 진공작업이 끝나면 봄베의 액체 밸브(청색)를 닫고 청색 호스를 빼낸다.
② 충전하는 차량에 맞추어 봄베를 충전기구에 부착한다.
③ 봄베의 보호 판을 떼어내고 충전 기구를 봄베의 가드 위에 얹는다.
④ 충전 용기 옆에 있는 밸브를 조금 열고 기구 내부의 에어 퍼지를 실시한다.
⑤ ①항에서 떼어낸 청색 호스를 충전기구의 옆에 있는 마우스 피스(꼭지 쇠)에 접속하고 밸브를 연다.
⑥ 컨트롤 패널의 저압 밸브를 닫고 고압 밸브를 연다.
⑦ "CHG" 를 눌러 텐 키로 충전량을 입력하고 "ENTER" 를 눌러 입력시킨다.
⑧ "CHG" 를 누르면 충전이 시작된다.
⑨ 충전이 끝나면 청색 호스를 기구에서 빼내고 원상태로 봄베의 액체 밸브에 접속한다.

■ **현대자동차 냉매 주입량**

차 종		냉매 주입량	
		Kg	LBS
쏘나타 1,2,3		0.73	1.65
엘란트라 / 스쿠프		0.65±0.03	1.43
갤로퍼	듀얼	1.15	2.53
	VAN	0.8	1.76
엑센트 / 베르나		0.68	1.5
그랜저	REAR 有	0.75	1.65
	REAR 無	1.02	2.24
마르샤		0.72±0.03	1.58
아반떼 / 티뷰론		0.70± 0.03	1.54
엑셀		0.68	1.5
산타모		0.74	1.64
스타렉스	VAN	0.65	1.43
	7,9,12 인승	1.2	2.64
다이너스티		1.02	2.24
아토스		0.55	1.21
그랜저 XG / EF 소나타		0.67	1.47
에쿠스	REAR 有	0.91	2
	REAR 無	0.68	1.5
트라제 XG	REAR 有	0.85	1.87
	REAR 無	0.65	1.43
산타페 / 베르나		0.6	1.32
아반떼 XD		0.68	1.5
그레이스	VAN	0.65	1.43
	듀얼	1.2	2.64
	듀얼 O/HEAD	1.3	2.86
포터 〈FK-2〉		0.65〈0.56〉	1.43
마이티 2 (3 ,3.5톤)		0.7	1.54
카운티		2	4.4

■ 기아자동차 냉매 주입량

차 종		냉매 주입량	
		Kg	LBS
프라이드(동환, 풍성)		0.7	1.56
프라이드		0.65	1.43
캐피탈(두원)		0.75	1.65
캐피탈(동환)		0.7	1.54
콩코드(두원)		0.75	1.65
콩코드(동환)		0.7	1.54
포텐샤/뉴포텐샤		0.7	1.54
아벨라/아벨라 델타		0.75	1.65
스포티지/레토나		0.70±0.05	1.54
세피아		0.7	1.54
뉴세피아/슈마		0.63±0.05	1.39
하이베스타		1.15	2.53
크레도스		0.7	1.54
엘란		0.70±0.05	1.54
엔터 프라이즈	REAR 有	0.70±0.05	1.54
	REAR 無	0.90±0.05	1.98
카니발	REAR 有	1.00±0.05	2.2
	REAR 無	0.85±0.05	1.87
프레지오	COACH	1.15±0.05	2.53
	VAN	0.85±0.05	1.87
카스타		0.73	1.61
비스토		0.55	1.21
카렌스		0.8	1.76
리오		0.65±0.05	1.43

■ 대우자동차 냉매 주입량

차 종	냉매주입량	
	Kg	LBS
아카디아	0.70±0.05	1.54
르망	0.73	1.61
씨에로	0.73	1.61
에스페로	0.73	1.61
로얄	1	2.2
프린스/뉴프린스	0.9	1.98
슈퍼살롱	0.9	1.98
티코	0.5	1.1
넥시아	0.73	1.61
다마스/라보	0.5	1.1
라노스	0.72±0.02	1.58
누비라	0.73±0.02	1.61
레간자	0.73±0.02	1.61
마티즈	0.55	1.21
레조	0.75	1.65
매그너스	0.78	1.71
8톤트럭	0.9	1.98

■ 기타 차종 냉매 주입량

차 종			냉매 주입량	
			Kg	LBS
아시아	타우너		0.55	1.28
	록스타/록스타 R2		0.7	1.54
	그랜토		0.85	1.87
쌍용	무쏘/뉴코란도(한라)		0.7	1.54
	무쏘 602		0.75	1.65
	코란도		0.75	1.65
	이스타나	REAR 有	1.1	2.42
		REAR 無	0.7	1.54
	체어맨		0.75	1.65
삼성	SM5		0.75	1.65
	SM110(야무진)			

06 에어컨 회로 점검

1 수동 에어컨 회로의 점검순서

1. 에어컨 회로 점검

① 배터리 단자 기둥과 케이블의 연결 상태를 점검한다.
② 배터리 (+)단자 기둥과 메인 퓨즈 50A와의 접속 상태를 점검한다.
③ 보조 퓨저블 링크의 퓨즈 30A의 접속 상태를 점검한다.
④ 점화 스위치 IG 단자의 접속 상태를 점검한다.
⑤ 블로어 릴레이 퓨즈와 에어컨 릴레이 퓨즈를 점검한다.
⑥ 릴레이를 점검한다.

2. 에어컨 릴레이 점검

① 점화 스위치를 OFF시킨 상태에서 에어컨 릴레이를 탈거한다.
② 에어컨 릴레이 커넥터 2번과 4번 단자에 멀티 테스터를 접속하여 통전상태를 점검한다.
③ 멀티 테스터를 에어컨 릴레이 1번과 3번 단자의 통전상태를 점검한다.

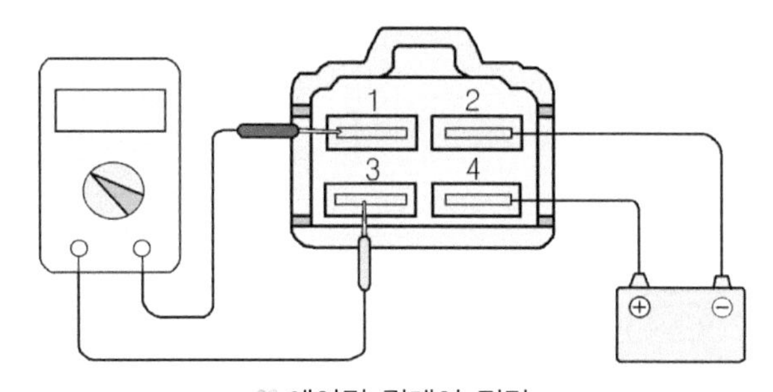

에어컨 릴레이 점검

점 검	단 자	통전 여부
멀티 테스터 점검	1번과 3번 단자	비통전
	2번과 4번 단자	통 전
배터리 전원 연결 (2번과 4번)	1번과 3번	통전됨

④ 배터리 전원을 에어컨 릴레이 2번과 4번 단자에 접속하고 전원을 ON, OFF시키며 1번과 3번 단자사이의 통전 상태를 점검한다.
⑤ 통전 상태가 규정값을 벗어나면 에어컨 릴레이를 교환한다.

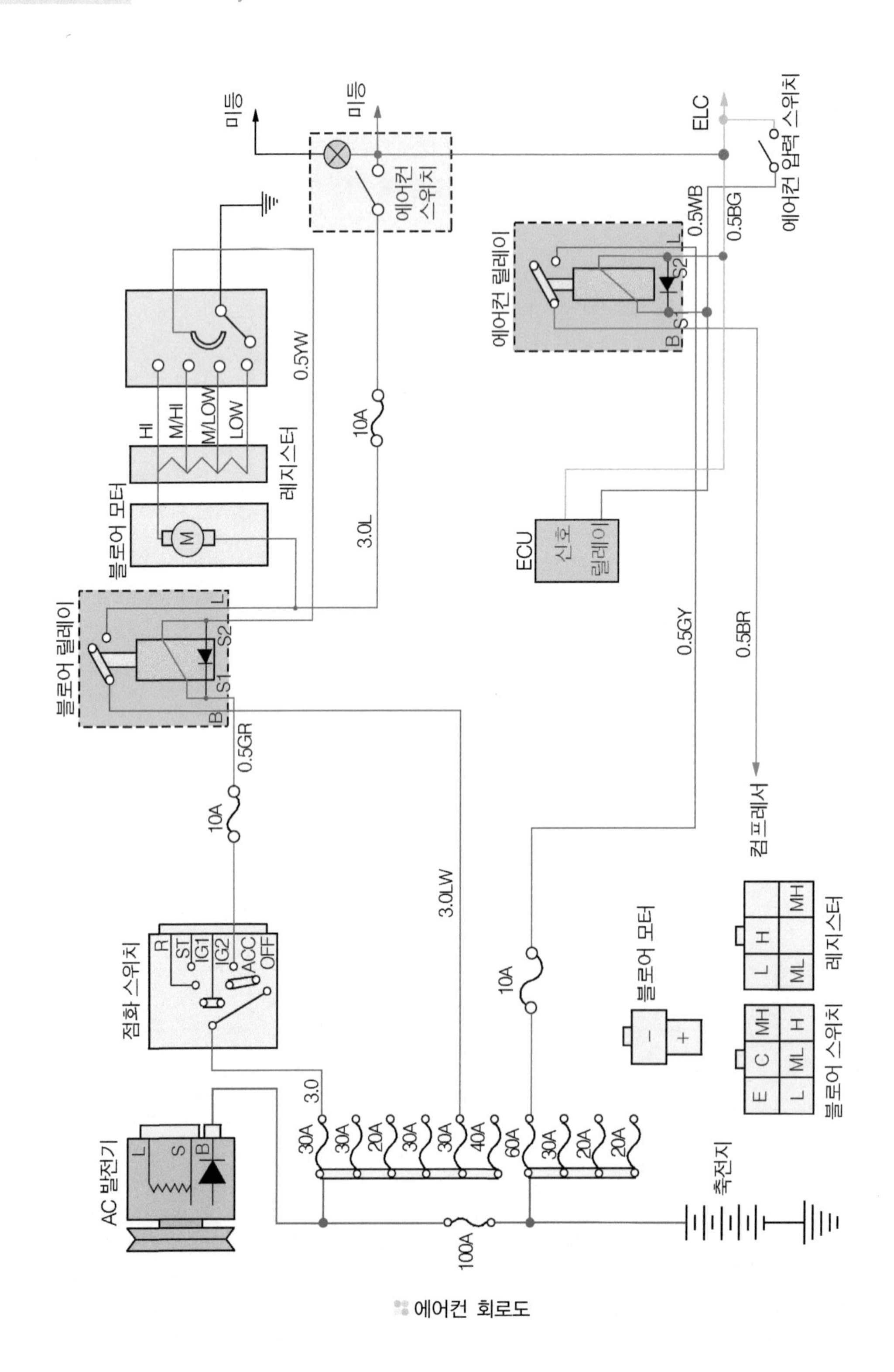

AC 발전기
L
S
B
축전지
100A
30A
30A
20A
30A
30A
40A
60A
30A
20A
20A
3.0
점화 스위치
R
ST
IG1
IG2
ACC
OFF
10A
0.5GR
블로어 릴레이
B
S1
S2
L
블로어 모터
M
레지스터
HI
M/HI
M/LOW
LOW
0.5YW
3.0LW
3.0L
10A
에어컨 스위치
미등
미등
10A
0.5GY
ECU
신호
릴레이
0.5BR
컴프레서
에어컨 릴레이
0.5WB
0.5BG
ELC
에어컨 압력 스위치
블로어 모터
−
+
블로어 스위치
E
C
MH
L
ML
H
레지스터
L
H
ML
MH

에어컨 회로도

3. 작동 시험

① 히터/에어컨 컨트롤 패널

㉠ **혼합식 송풍속도 조절 스위치** : 송풍기를 ON/OFF시키고 송풍속도를 선택하여 통풍량을 조절한다.

㉡ **혼합식 공기방향 조절 스위치** : 공기의 흐름 방향을 어느 쪽으로 보낼 것인가를 선택하며 5가지 모드가 있다.

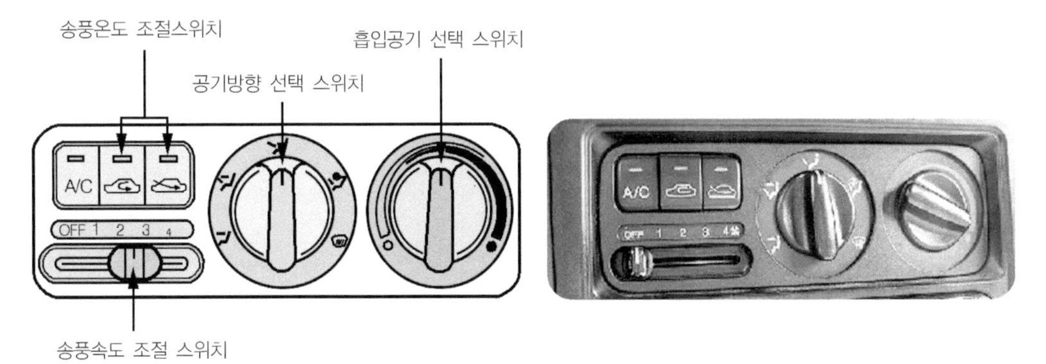

로터리식

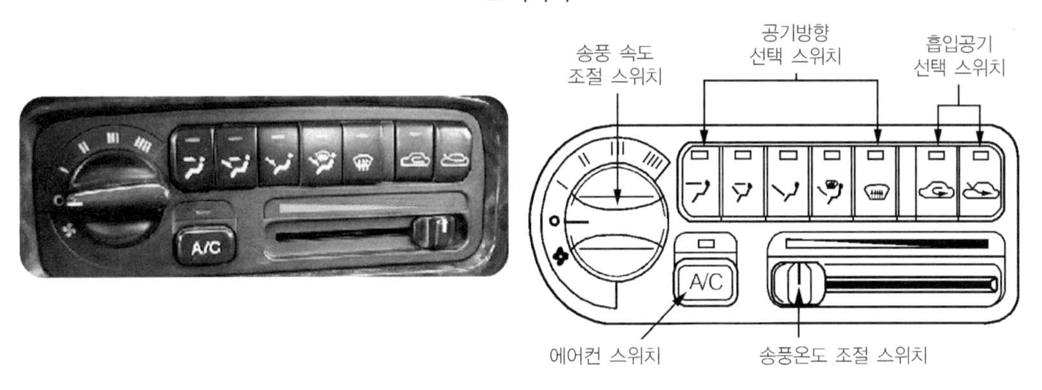

혼합식

	얼굴 위치 상반신 방향으로 나온다.
	바이레벨 위치 공기가 다리와 상반신 방향으로 나온다.

	다리 위치 공기가 다리방향으로 나온다.
	다리/제습 위치 공기가 다리와 앞 유리 및 도어 윈도우 방향으로 나온다.
	제습 위치 공기가 앞 유리 및 도어 윈도우 방향으로 나온다.

㉢ 흡입 공기 선택 스위치

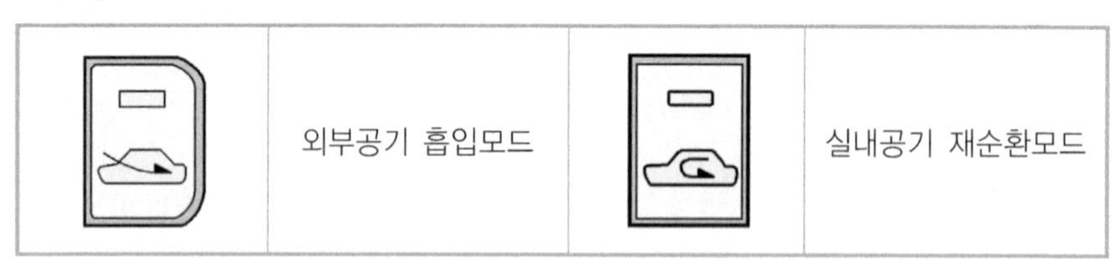

	외부공기 흡입모드		실내공기 재순환모드

㉣ 송풍 온도 조절 스위치 : 히터/에어컨의 송풍온도를 조절한다.

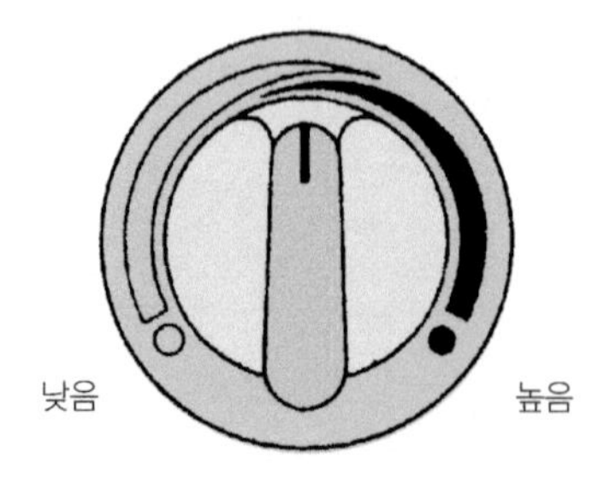

4. 조작법

① 기관 시동을 걸고 A/C버튼을 누른다.

② 에어컨 송풍 속도 조절 버튼을 적당한 단수로 한다.

③ 공기 방향 조절 스위치를 적당한 위치로 한다.

④ 송풍 온도 조절을 적당한 위치로 한다.

⑤ 공기 선택 스위치를 적당한 위치로 한다.

⑥ 통풍구에서 원하는 바람이 나오나 확인한다.

■ 수동 에어컨 회로의 고장상태와 원인

고 장 상 태	고 장 원 인
블로어 모터가 회전하지 않는다.	① 블로어 퓨즈의 불량 ② 블로어 모터의 불량 및 배선의 단선 및 단락 ③ 블로어 모터 스위치 불량
에어컨 컴프레서가 작동하지 않는다.	① 에어컨 컴프레서 퓨즈의 불량 ② 에어컨 릴레이의 불량 및 배선의 단선 및 단락 ③ 에어컨 컴퓨터에서의 불량 ④ 압력 스위치의 불량 ⑤ 에어컨 스위치 불량
찬바람이 나오질 않는다.	① 냉매의 부족 ② 이배퍼레이터의 고장 ③ 콘덴서의 불량 ④ 블로어 모터의 불량

2 자동 에어컨(FATC : Full Automatic Temperature Control) 회로도

① IG ON시와 IG OFF시의 전원 공급 부분을 확인한다.

② 블로어는 1단에서 7단까지 제어된다. IG ON하게 되면 블로어 릴레이가 ON 하게 되고 FATC의 제어에 따라 파워 TR 베이스 단자에 전압을 인가하고, 이 때 FATC 단자와 연결된 파워 TR 컬렉터 전압에 따라 블로어 모터 양단자의 전압이 결정되어 구동하게 된다. FATC 7단으로 제어를 하게 되면 FATC와 연결된 단자에 GND(0V)가 인가되어 하이 블로어 릴레이가 구동하게 된다.

③ IG ON후 에어컨 스위치를 누르면 FATC에서 에어컨 출력 신호를 보내 트리플 스위치를 거쳐 엔진 컴퓨터로 입력된다. 신호를 받은 엔진 컴퓨터는 여러 가지 상태를 고려하여 에어컨 출력이 가능하다고 판단되면 에어컨 릴레이의 신호 단자에 GND를 인가해서 에어컨 릴레이가 ON되고 컴프레서 클러치가 작동하게 된다. 트리플 스위치의 기능은 관을 흐르는 냉매의 압력을 체크하여 기준에 따라 트리플 스위치 내의 스위치를 ON/OFF하여 FATC에서 출력되는 에어컨 출력신호가 엔진 컴퓨터로 입력되는 것을 제어하고, 압력의 정도에 따라 콘덴서 팬의 속도를 제어한다.(고압일 때는 고속, 저압일 때는 저속)에어컨 스위치를 ON하여도 이베퍼레이터 센서 입력이 불량이면 에어컨 출력이 되지 않는다.

④ 각 센서에서 입력되는 값을 연산하여 차 실내온도를 자동으로 제어하게 된다. 각 온도에 따른 저항값과 전압값은 정비시 참고바라며, 정비에 중요한 역할을 하는 센서의 단락, 단선시 자기진단법과 대체기능은 제작사 정비지침서를 확인하여야 한다.

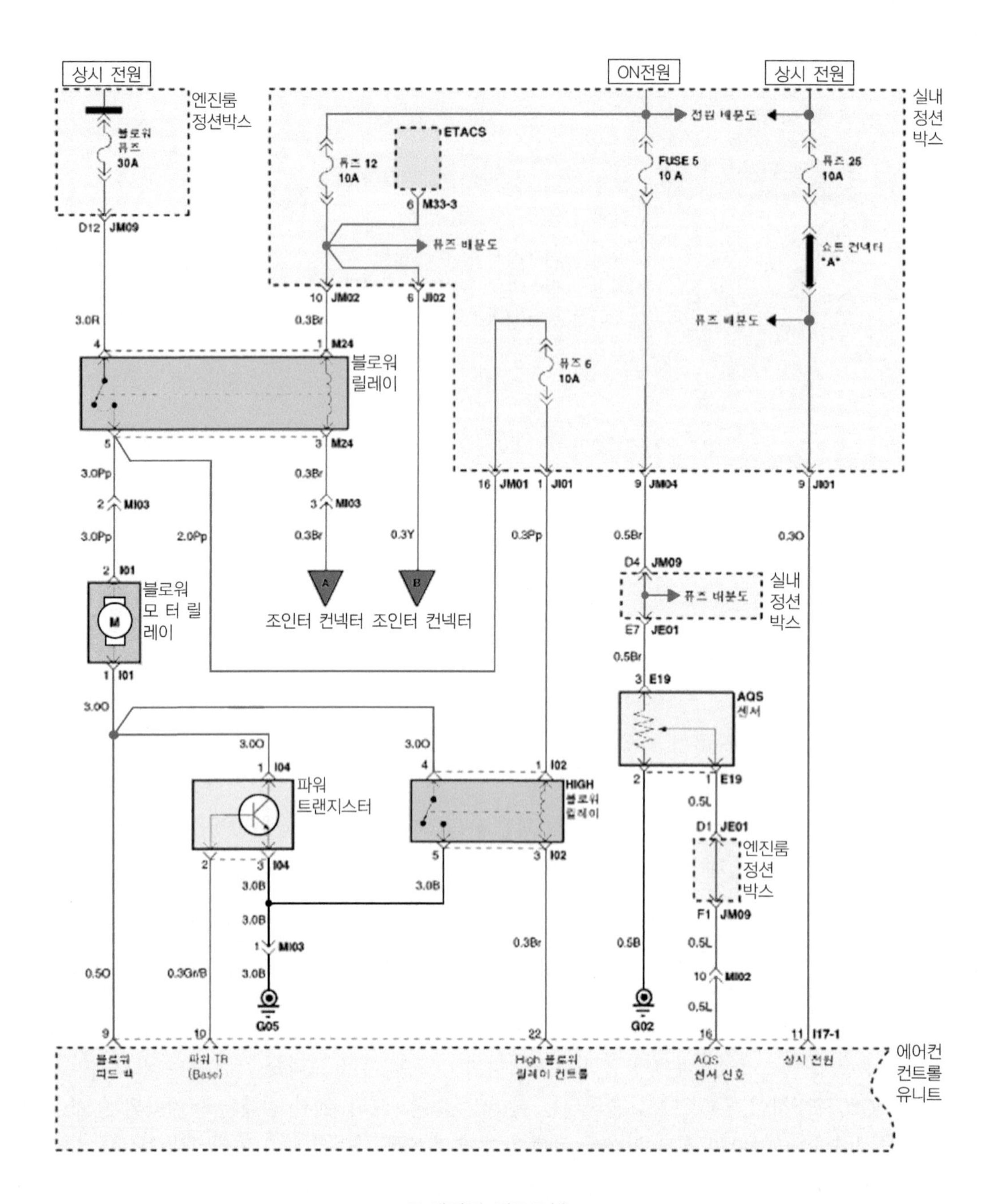
상시 전원
엔진룸 정션박스
블로워 퓨즈 30A
ON전원
상시 전원
실내 정션 박스
ETACS
퓨즈 12 10A
FUSE 5 10 A
퓨즈 25 10A
숏트 컨넥터 "A"
블로워 릴레이
퓨즈 6 10A
블로워 모터 릴레이
조인터 컨넥터 조인터 컨넥터
실내 정션 박스
AQS 센서
파워 트랜지스터
HIGH 블로워 릴레이
엔진룸 정션 박스
G05
G02
블로워 피드 백
파워 TR (Base)
High 블로워 릴레이 컨트롤
AQS 센서 신호
상시 전원
에어컨 컨트롤 유니트

에어컨 회로도(1)

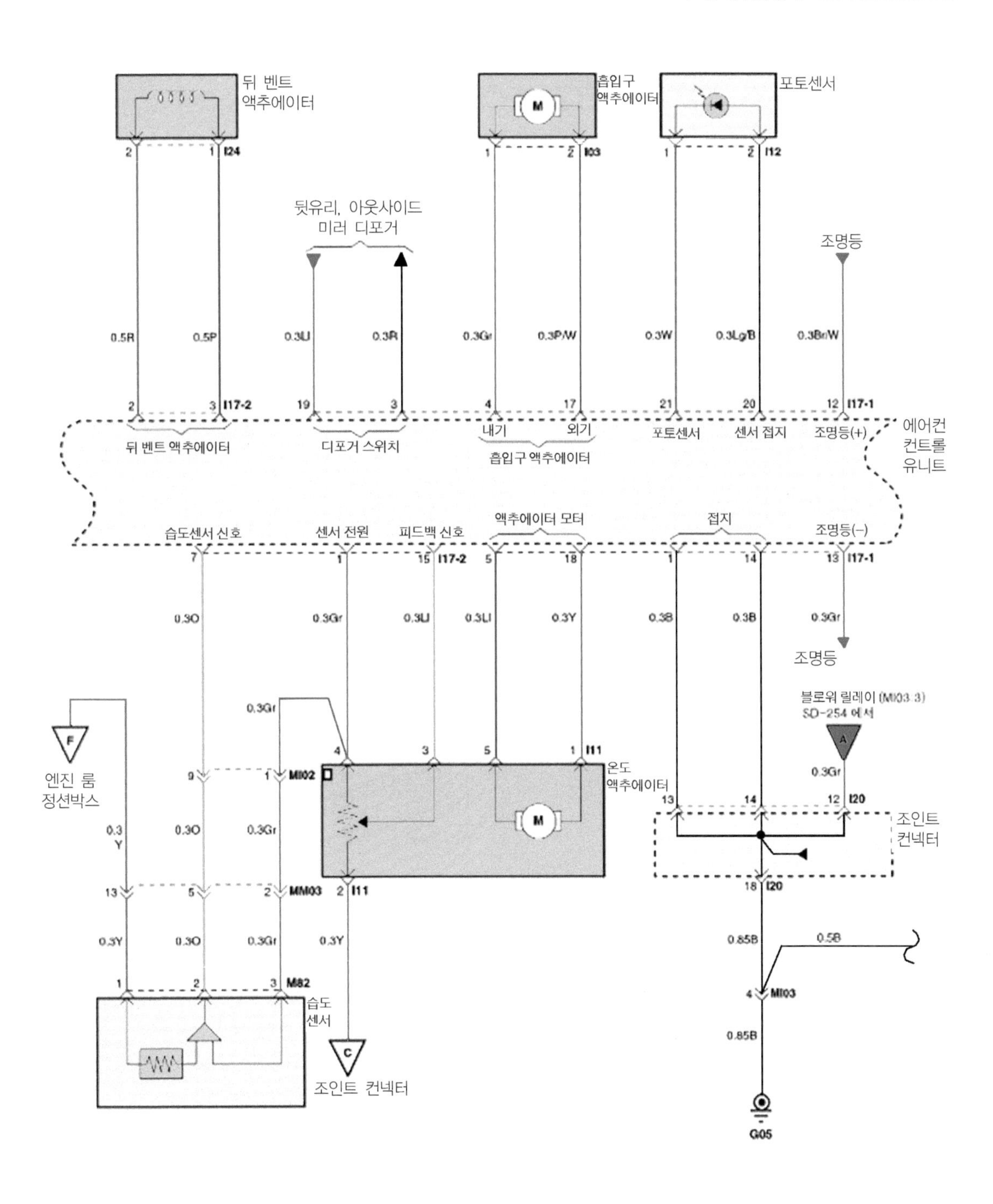

뒤 벤트 액추에이터
흡입구 액추에이터
포토센서
I24
I03
I12
뒷유리, 아웃사이드 미러 디포거
조명등
0.5R
0.5P
0.3Ll
0.3R
0.3Gr
0.3P/W
0.3W
0.3Lg/B
0.3Br/W
I17-2
I17-1
뒤 벤트 액추에이터
디포거 스위치
내기
외기
흡입구 액추에이터
포토센서
센서 접지
조명등(+)
에어컨 컨트롤 유니트
습도센서 신호
센서 전원
피드백 신호
액추에이터 모터
접지
조명등(-)
0.3O
0.3Gr
0.3Ll
0.3Y
0.3B
조명등
블로워 릴레이 (MI03 3) SD-254 에서
엔진 룸 정션박스
MI02
I11
온도 액추에이터
I20
조인트 컨넥터
MM03
0.3 Y
0.3Y
0.85B
0.5B
M82
MI03
습도 센서
조인트 컨넥터
G05

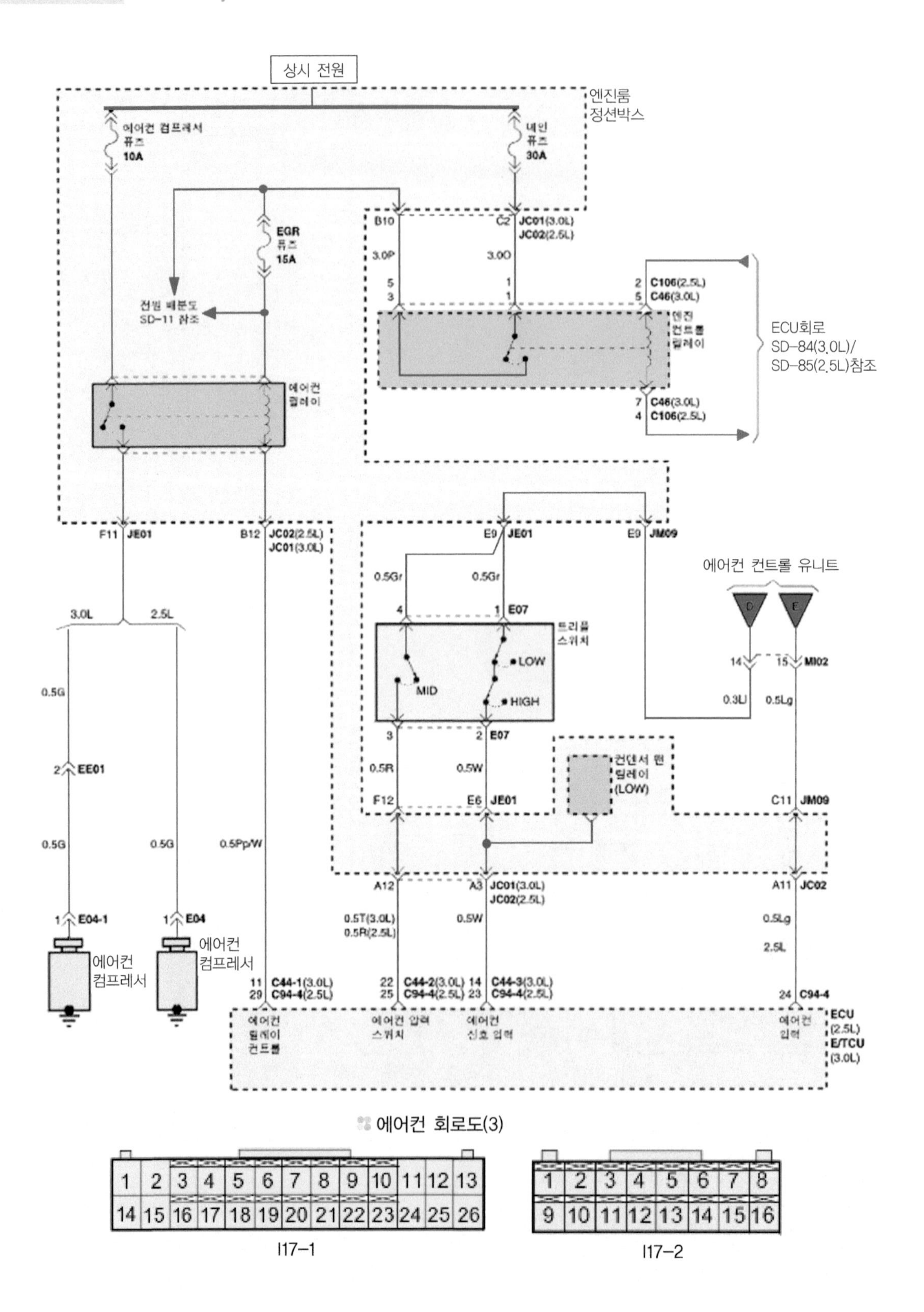
상시 전원
엔진룸
정션박스
에어컨 컴프레서
퓨즈
10A
메인
퓨즈
30A
EGR
퓨즈
15A
전원 배분도
SD-11 참조
B10
C2
JC01(3.0L)
JC02(2.5L)
3.0P
3.0O
C106(2.5L)
C46(3.0L)
엔진
컨트롤
릴레이
ECU회로
SD-84(3.0L)/
SD-85(2.5L)참조
에어컨
릴레이
C46(3.0L)
C106(2.5L)
F11
JE01
B12
JC02(2.5L)
JC01(3.0L)
E9
JE01
JM09
에어컨 컨트롤 유니트
0.5Gr
E07
트리플
스위치
LOW
MID
HIGH
MI02
0.3LI
0.5Lg
3.0L
2.5L
0.5G
EE01
0.5R
0.5W
F12
E6
컨덴서 팬
릴레이
(LOW)
C11
JM09
0.5Pp/W
A12
A3
JC01(3.0L)
JC02(2.5L)
A11
JC02
E04-1
E04
에어컨
컴프레서
0.5T(3.0L)
0.5R(2.5L)
C44-1(3.0L)
C94-4(2.5L)
C44-2(3.0L)
C94-4(2.5L)
C44-3(3.0L)
C94-4(2.5L)
C94-4
에어컨
릴레이
컨트롤
에어컨 압력
스위치
에어컨
신호 입력
에어컨
입력
ECU
(2.5L)
E/TCU
(3.0L)
1 2 3 4 5 6 7 8 9 10 11 12 13
14 15 16 17 18 19 20 21 22 23 24 25 26
I17-1
1 2 3 4 5 6 7 8
9 10 11 12 13 14 15 16
I17-2

에어컨 회로도(3)

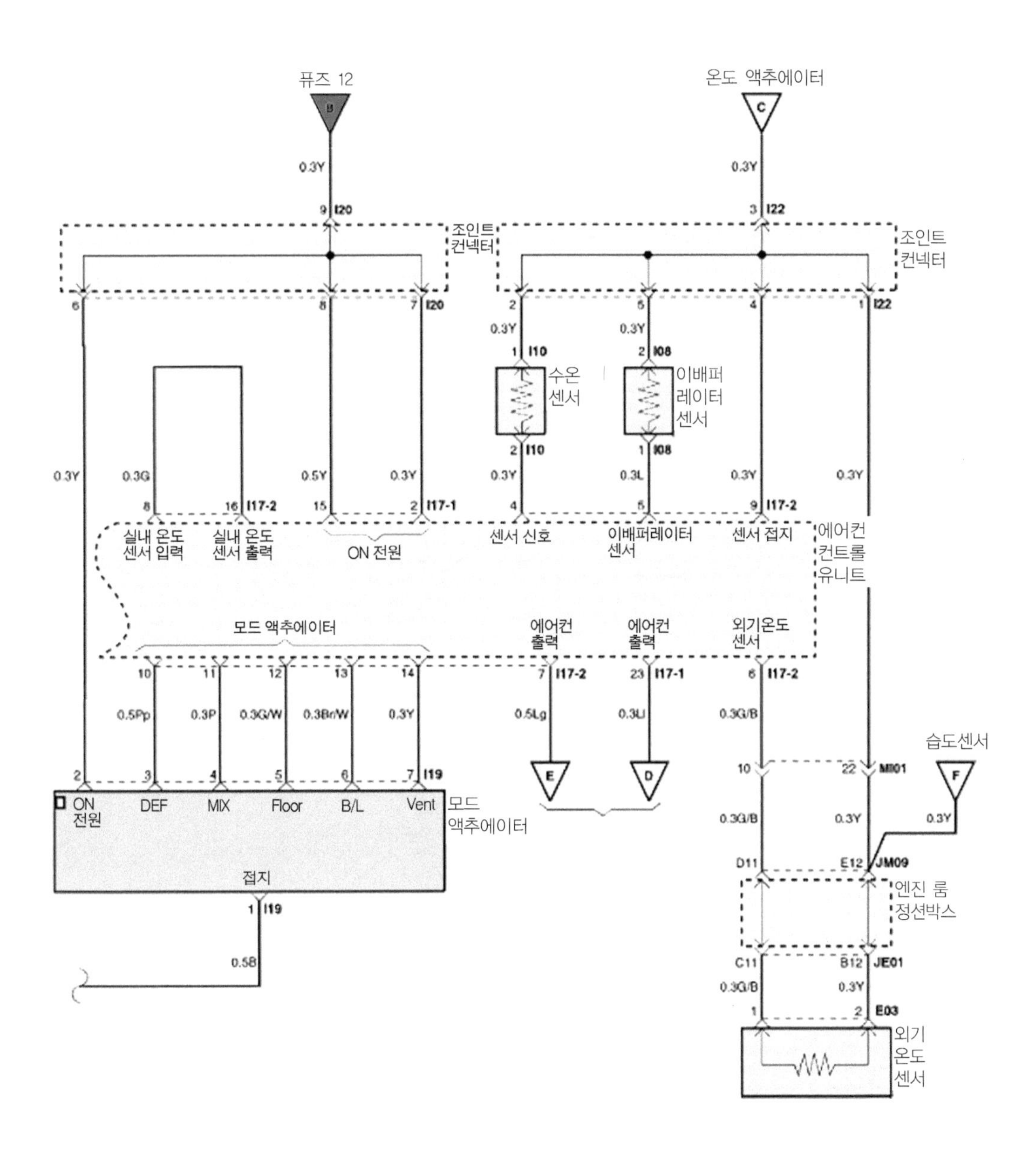
퓨즈 12
온도 액추에이터
조인트 컨넥터
조인트 컨넥터
수온 센서
이배퍼 레이터 센서
실내 온도 센서 입력
실내 온도 센서 출력
ON 전원
센서 신호
이배퍼레이터 센서
센서 접지
에어컨 컨트롤 유니트
모드 액추에이터
에어컨 출력
에어컨 출력
외기온도 센서
습도센서
ON 전원
DEF
MIX
Floor
B/L
Vent
모드 액추에이터
접지
엔진 룸 정션박스
외기 온도 센서

에어컨 회로도(4)

■ 자동 에어컨 회로의 고장상태와 원인

상 태	고장 원인	정비 내용
공기가 배출되지만 차갑지 않다.	마그네틱 스위치 ON이 안됨.	• 퓨즈 점검 • 에어컨 스위치 점검 • 트리플 스위치 점검 • 서머(핀) 스위치 점검 • 컴프레서 릴레이 점검 • 마그네틱 클러치 점검 • 에어컨 컨트롤 유닛 점검
	냉매 부족	• 냉매량 점검
	리시버 드라이어 고장	• 리시버 드라이어 점검
	컴프레서의 비정상적인 회전	• 구동 벨트 장력 점검
	컴프레서 압축불량	• 컴프레서 점검
	팽창 밸브 고장	• 팽창 밸브 교환
불충분한 냉각	냉매 부족	• 냉매량 점검
	리시버 드라이어 고장	• 리시버 드라이어 점검
	콘덴서 고장	• 핀 표면 점검
	냉매 과다	• 냉매량 점검 후 냉매량 조절
	컴프레서의 비정상적인 회전	• 구동 벨트 장력 점검
	컴프레서의 부족한 압축	• 컴프레서 점검
	유닛에 공기 유입	• 압력 측정
	팽창 밸브 고장	• 팽창 밸브 교환
냉각 공기가 적게 배출된다.	덕트 조인트 누수	• 덕트 조인트 점검
	이베퍼레이터 응결	• 인테이크 에어 템퍼레이쳐 스위치 점검
	블로어 모터 고장	• 블로어 모터 점검
냉각 공기 흐름이 간헐적으로 나옴.	냉매속에 공기 유입	• 압력 측정
	팽창 밸브 고장	• 팽창 밸브 교환

07 윈도 실드 와이퍼 모터 교환

1 와이퍼 모터 교환 방법

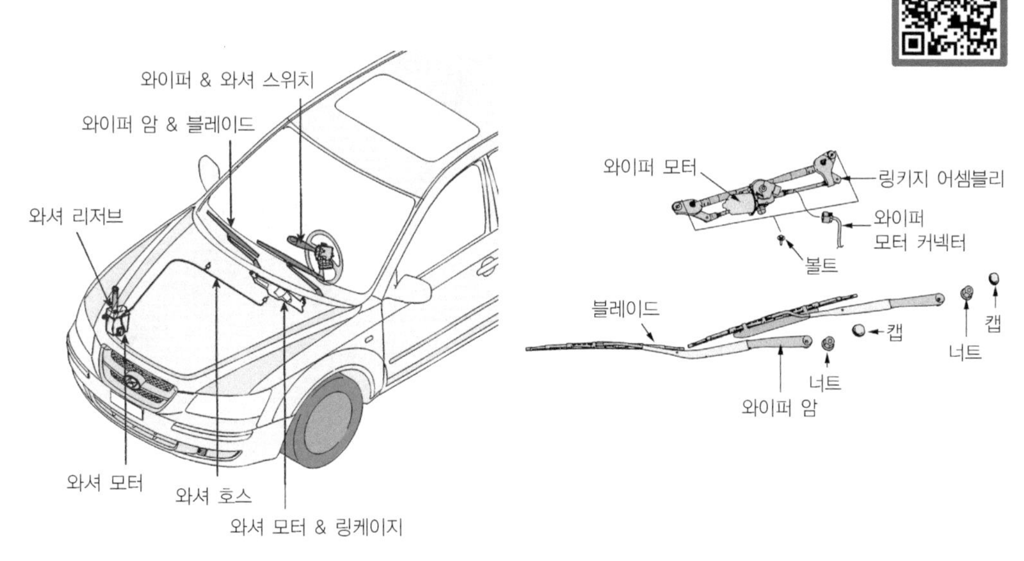

와이퍼의 구성 부품

1. 와이퍼 모터 탈착

① 보닛을 열고 배터리 (−) 케이블을 분리한다.
② 와이퍼 캡을 분리한 후 와이퍼 암 너트를 풀고 와이퍼 암을 분리한다.
③ 웨더 스트립을 분리한 후 장착 스크루를 풀고 카울탑 커버(카울 벤트 그릴)를 분리한다.

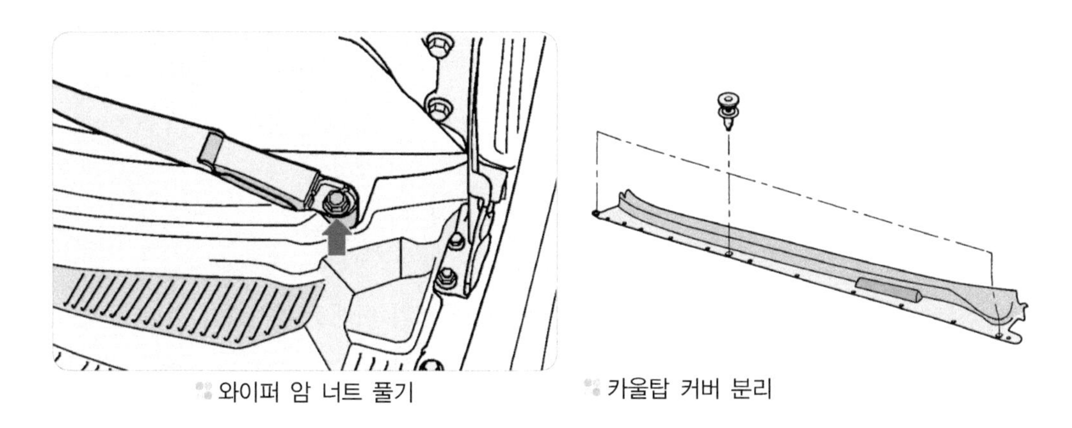

와이퍼 암 너트 풀기　　카울탑 커버 분리

④ 와이퍼 링키지를 와이퍼 모터 링크 볼과 분리한다.

⑤ 모터 커넥터 및 열선 커넥터를 분리한 후 와이퍼 모터 고정 볼트를 풀고 와이퍼 모터 어셈블리를 탈거한다.

⑥ 와이퍼 모터의 장착은 탈착의 역순으로 작업한다.

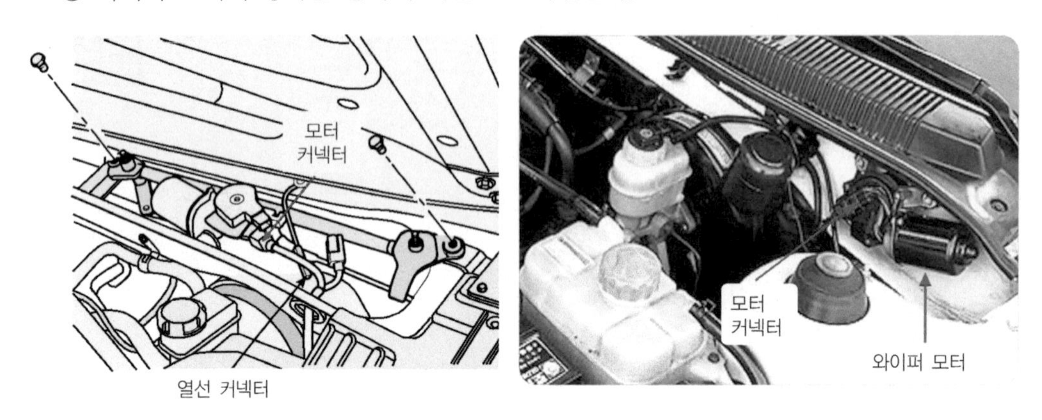

와이퍼 모터 커넥터 분리

2. 와이퍼 블레이드 분리

(1) 탈착

① 와이퍼 암을 세운다음 와이퍼 암과 블레이드를 T 자가 되도록 세운다.

② 잠금 버튼을 누르고 와이퍼 블레이드를 아래로 내리면 분리된다.

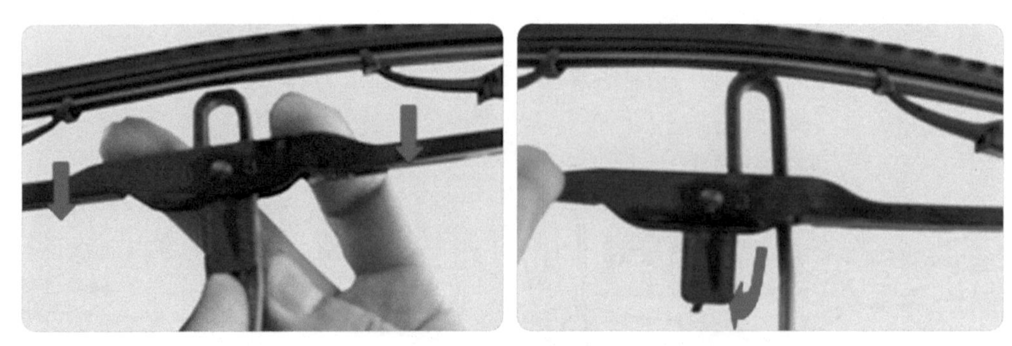

와이퍼 블레이드 탈착

(2) 장착

① 새로운 와이퍼 블레이드를 수평으로 하고 고정레버가 아래로 향하도록 한다.

② 와이퍼 블레이드 고정 레버 홈에 와이퍼 암을 끼운다.

③ 와이퍼 블레이드를 위로 끝까지 올려 고정 레버가 와이퍼 암과 체결되도록 장착한다. 이 때 "딱" 소리가 들리는 것을 확인한다.

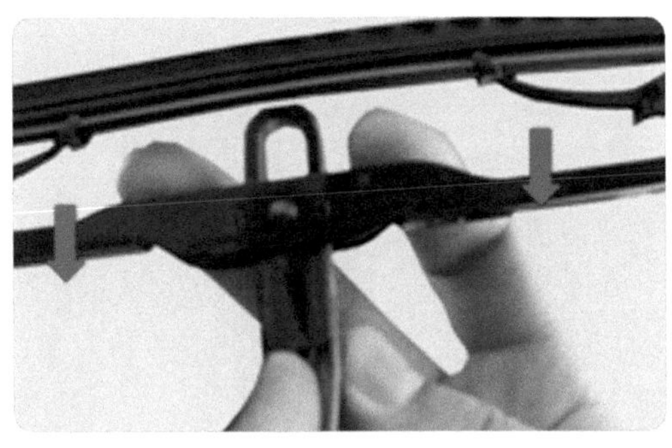

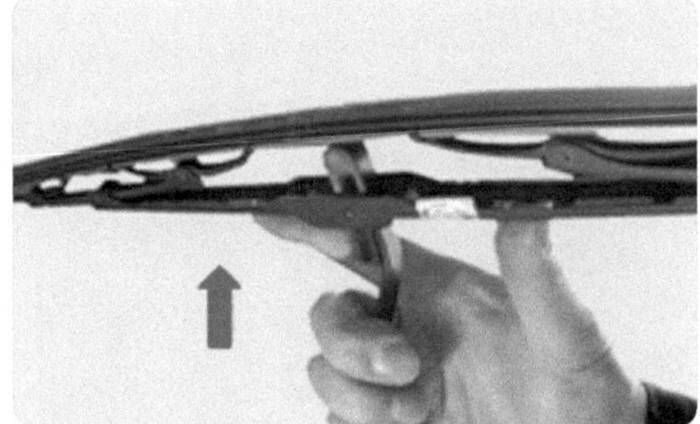

와이퍼 블레이드 장착

3. 와이퍼 암과 블레이드 분리

① 와이퍼를 정규 정지위치에 멈추도록 한다.

② 와이퍼 캡을 분리한 후 고정 너트를 풀고 와이퍼 암과 와이퍼 블레이드를 분리한다.

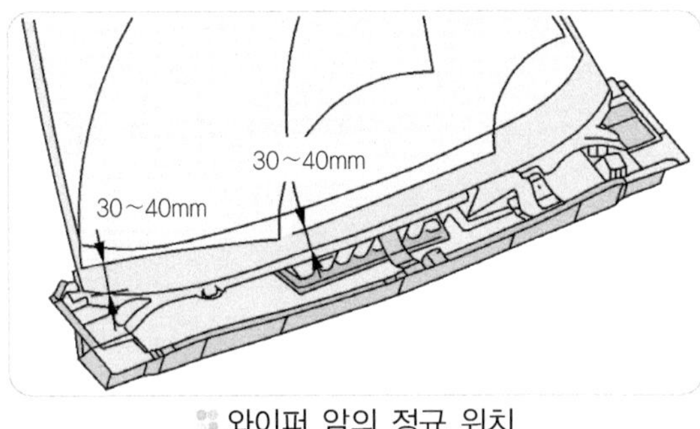

와이퍼 암의 정규 위치

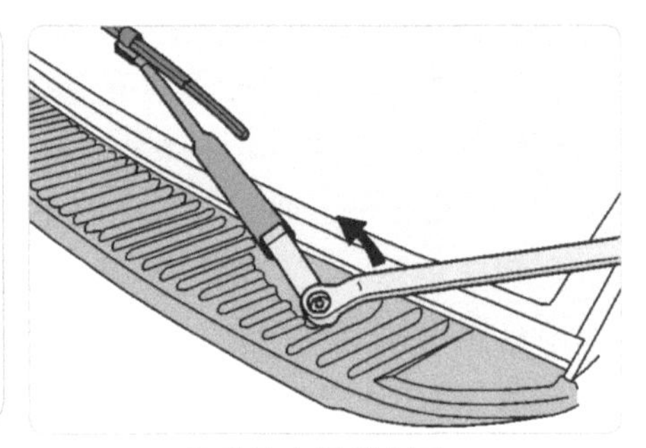

와이퍼 암의 분리

4. 링크 분리

① 카울 탑 커버를 분리한 후 스크루를 푼다.

② 카울 탑 커버를 떼어낸다.

③ 너트와 와셔를 분리한다.

④ 운전자쪽 카울 패널에서 링크 어셈블리를 들어낸다.

⑤ 조립은 분해의 역순으로 한다.

② 와이퍼의 조작

와이퍼 설치 위치

와이퍼 스위치 설치 위치

① **로우(LOW)** : 연속적 저속으로 작동되는 기능.

② **하이(HI)** : 연속적 고속으로 작동되는 기능.

③ **간헐 와이퍼(INT)** : 운전자의 의지에 따라 작동주기를 조절할 수 있는 기능. 빠르게(Fast) 느리게(Slow) 돌려서 조정한다.

④ **미스트(MIST)** : 원터치 조작에 의해 와이퍼를 신속하게 작동시킴으로써 안개 지역이나 이슬비가 내릴 때 유용하게 사용하는 기능.

⑤ **워셔 연동** : 워셔 작동 때 와이퍼가 연동하여 작동되는 기능.

⑥ **INT(AUTO)** : 비의 양을 감지하는 센서에 의해서 와이퍼의 작동 속도가 자동으로 조정된다. 속도의 기준을 변경하고자 할 때는 속도조절 노브(①)을 돌려서 조정한다.

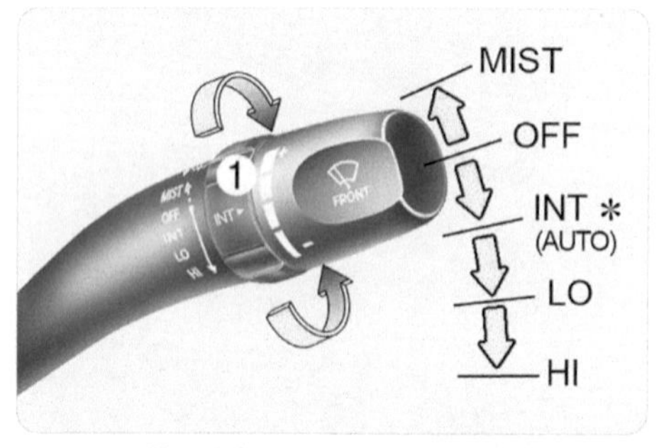

로우/ 하이/MIST/ INT 위치

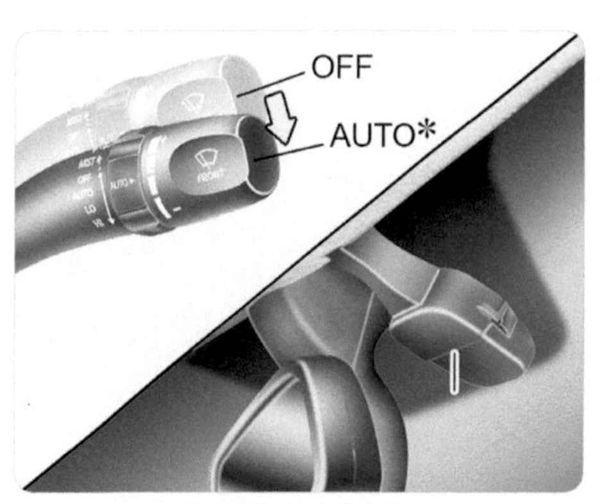

INT(AUTO)의 위치

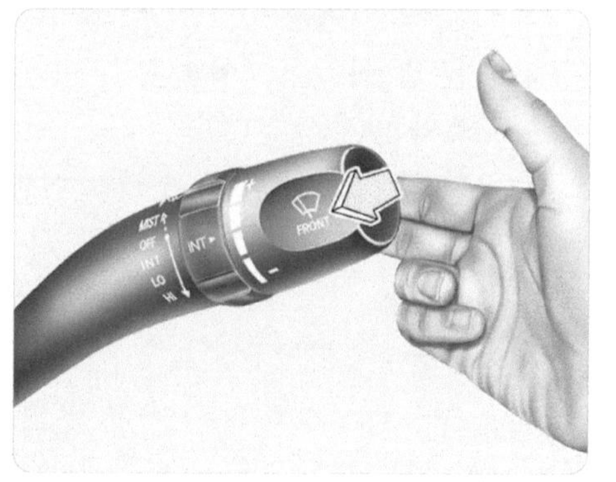

워셔액 분출 위치

③ 차종별 와이퍼 모터 위치

베르나

쏘나타 2

라노스

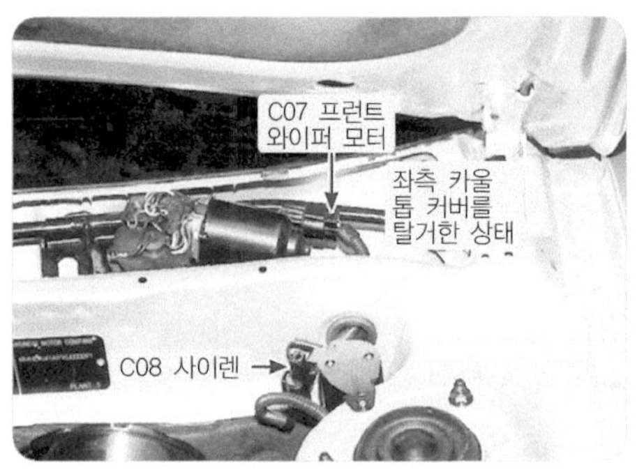

아반떼 XD 1.5

08 윈도 실드 와이퍼 회로 점검

① 와이퍼의 조작

프런트 와이퍼 스위치

MIST 스위치를 위로 올리고 있는 동안 와이퍼가 작동한다. 스위치를 놓으면 OFF위치로 복귀한다.

OFF 와이퍼 작동이 중지된다.

AUTO 차량속도 또는 비의 양(레인 센싱 와이퍼)에 따라 와이퍼 작동속도가 자동으로 조절된다.

LO LO위치에 놓으면 와이퍼가 저속으로 작동한다.

HI HI위치에 놓으면 와이퍼가 고속으로 작동한다.

프런트 와이퍼 작동속도 조절 스위치

프런트 와이퍼 스위치를 AUTO 위치에 놓고 와이퍼 작동 속도 조절 스위치를 FAST방향으로 돌리면 와이퍼 작동 속도가 빨라지고 SLOW방향으로 돌리면 와이퍼 작동 속도가 느려진다.

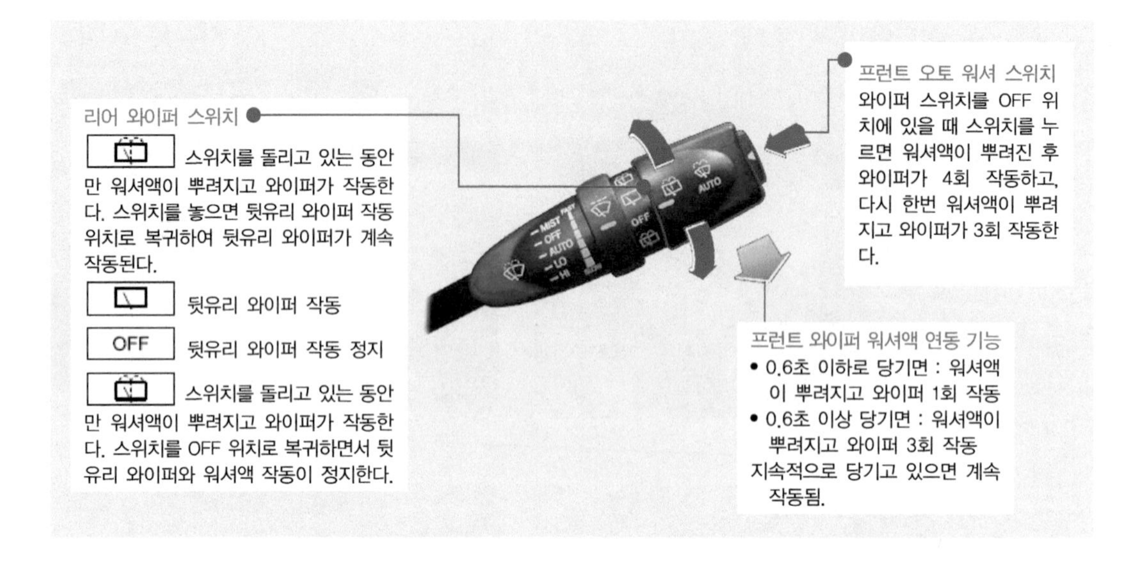

② 윈드실드 와이퍼 회로의 분석

1. 로우 / 하이의 작동

① 작동 회로

㉮ 키 스위치가 "ON" 상태에서 퓨즈 22번(15A)을 경유하여 전원이 ⓐ선에 공급된다.

㉯ 이때 와이퍼 스위치를 "LO"로 하면 선 ⓑ와 다기능 스위치 "LO"를 통하여 선 ⓓ로 와서 G-12로 접지된다.

㉰ 와이퍼 스위치를 "HI"로 하면 ⓐ를 통하여 ⓒ로 다기능 스위치 "HI"를 통하여 선 ⓓ로 와서 G-12로 접지된다.

② 고장 진단

만약 와이퍼에서 모든 기능은 정상이지만 로우와 하이만 작동되지 않는다면 무엇이 문제일까? 먼저 배선 ⓐ에 문제가 있다면 와이퍼의 모든 기능에 문제가 있을 것이다. 그리고 배선 ⓑ에 문제가 있다면 로우는 작동되지 않지만 인트를 비롯한 여러 가지 기능들도 작동되지 않는다. ⓒ에 문제가 있다면 하이만 작동되지 않는다. 그러나 스위치의 문제라면 다른 기능은 정상이지만 로우와 하이만 작동되지 않을 수 있다. 마지막으로 접지 G-12의 문제 때도 로우와 하이는 작동되지 않을 수 있지만 이 접지는 다른 기능에도 사용되므로 이 경우에는 여러 가지 고장이 발생된다.

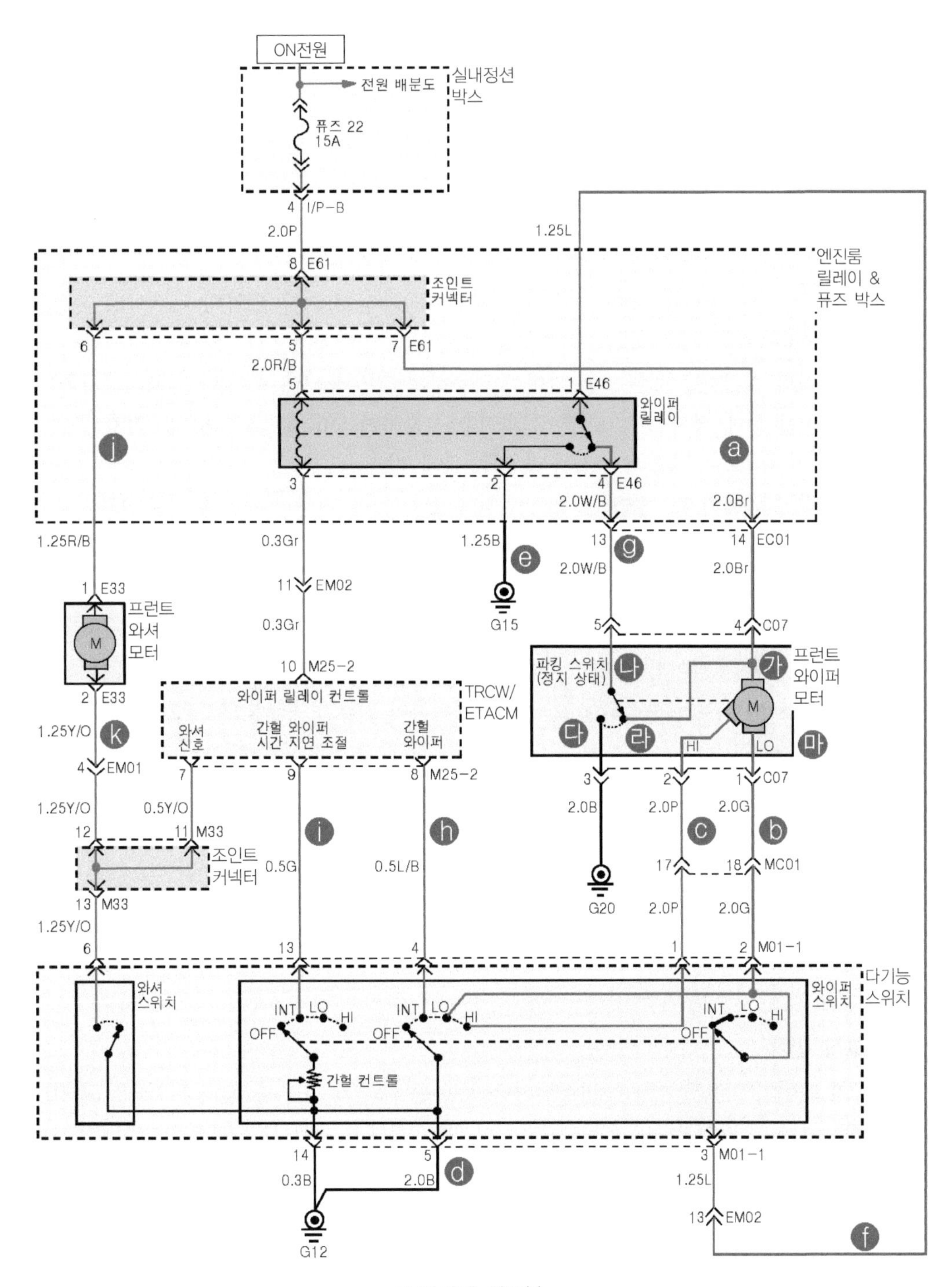
ON전원
전원 배분도
실내정션 박스
퓨즈 22 15A
I/P-B
2.0P
1.25L
E61
조인트 커넥터
엔진룸 릴레이 & 퓨즈 박스
2.0R/B
E46
와이퍼 릴레이
2.0W/B
2.0Br
1.25R/B
0.3Gr
1.25B
EC01
E33
프런트 와셔 모터
EM02
G15
C07
M25-2
파킹 스위치 (정지 상태)
프런트 와이퍼 모터
와이퍼 릴레이 컨트롤
TRCW/ ETACM
와셔 신호
간헐 와이퍼 시간 지연 조절
간헐 와이퍼
1.25Y/O
EM01
0.5Y/O
M33
2.0B
2.0P
2.0G
0.5G
0.5L/B
G20
MC01
M01-1
와셔 스위치
와이퍼 스위치
다기능 스위치
INT
LO
HI
OFF
간헐 컨트롤
0.3B
G12

와이퍼 회로(1)

2. 파킹의 작동

① 작동 회로

만약 로우나 하이 작동 중 와이퍼 블레이드가 윈도 글라스 중간쯤에 있을 때 와이퍼 스위치를 OFF시키면 어떻게 될까? 설명한 대로라면 스위치를 통해 접지로 흐르던 전류가 차단되므로 모터는 그 자리에 정지 되어야 할 것이다. 그러나 실제 차에서는 이 위치에서 스위치를 OFF시키더라도 항상 제자리(정지 위치)까지 작동된 후 정지한다. 이 기능을 파킹 기능이라 하며, 와이퍼 모터 내 파킹 스위치에 의해 이루어고 작동은 다음과 같다.

㉮ 와이퍼 스위치를 로우 또는 하이로 작동하게 되면 모터에 흐르는 전류는 와이퍼 스위치를 통해 접지 G-12로 흘러 회전을 시작하게 되고 회전 직후에는 파킹 스위치가 기계적으로 작동하여 접지 측으로 붙게 된다.

㉯ 이렇게 와이퍼가 작동하여 정지 위치에 있지 않을 때 와이퍼 스위치를 OFF시키게 되면 와이퍼 스위치를 통하여 흐르던 모터 전류는 차단되므로 더 이상 전류가 흐를 수 없게 된다.

㉰ 그러나 이때는 파킹 스위치가 접지 측으로 붙어 있으므로 IG 전원(전류)은 ⓐ → ⓑ → ⓕ → 와이퍼 릴레이 접점 → ⓖ → 파킹 스위치 접지 접점 → 접지 G-20으로 흐르는 회로가 구성되어 모터에는 계속하여 전류가 공급되므로 모터는 정지되지 않는다.

㉱ 그러나 모터가 계속 회전하여 정지 위치에 도달하면 파킹 스위치가 기계적으로 OFF 되므로 모터에 흐르던 전류는 접지 G-20으로 연결되지 못하므로 정지하게 된다.

㉲ 따라서 로우 또는 하이 작동 때 지속적인 작동 중에는 와이퍼 릴레이와 관련 없이 작동하지만, 작동 중 OFF에 의한 파킹 기능이 작동할 때는 와이퍼 릴레이와도 관련이 있게 된다는 것을 알 수 있다.

② 고장 진단

만약 와이퍼의 모든 기능은 정상이지만 작동 중 스위치 OFF 때 정지 위치에서 정지되지 않는 현상이 발생한다면 어떻게 해야 할까? 회로에서 원인 가능 부분을 알아보자. 우선 모든 기능이 정상이므로 당연히 배선 ⓐ, ⓑ, ⓕ는 정상일 것이다. 만약 이들의 배선에 문제가 있다면 와이퍼의 대부분 기능이 작동되지 않는다. 따라서 이 현상이 발생할 때는 파킹 스위치가 접지 측으로 ON 됨에 따라 구성되는 접지회로를 점검하여야 한다. 구체적으로 와이퍼 릴레이 접점, 배선 ⓖ, 파킹 스위치, 접지 G-20 및 배선에 불량을 예상할 수 있다.

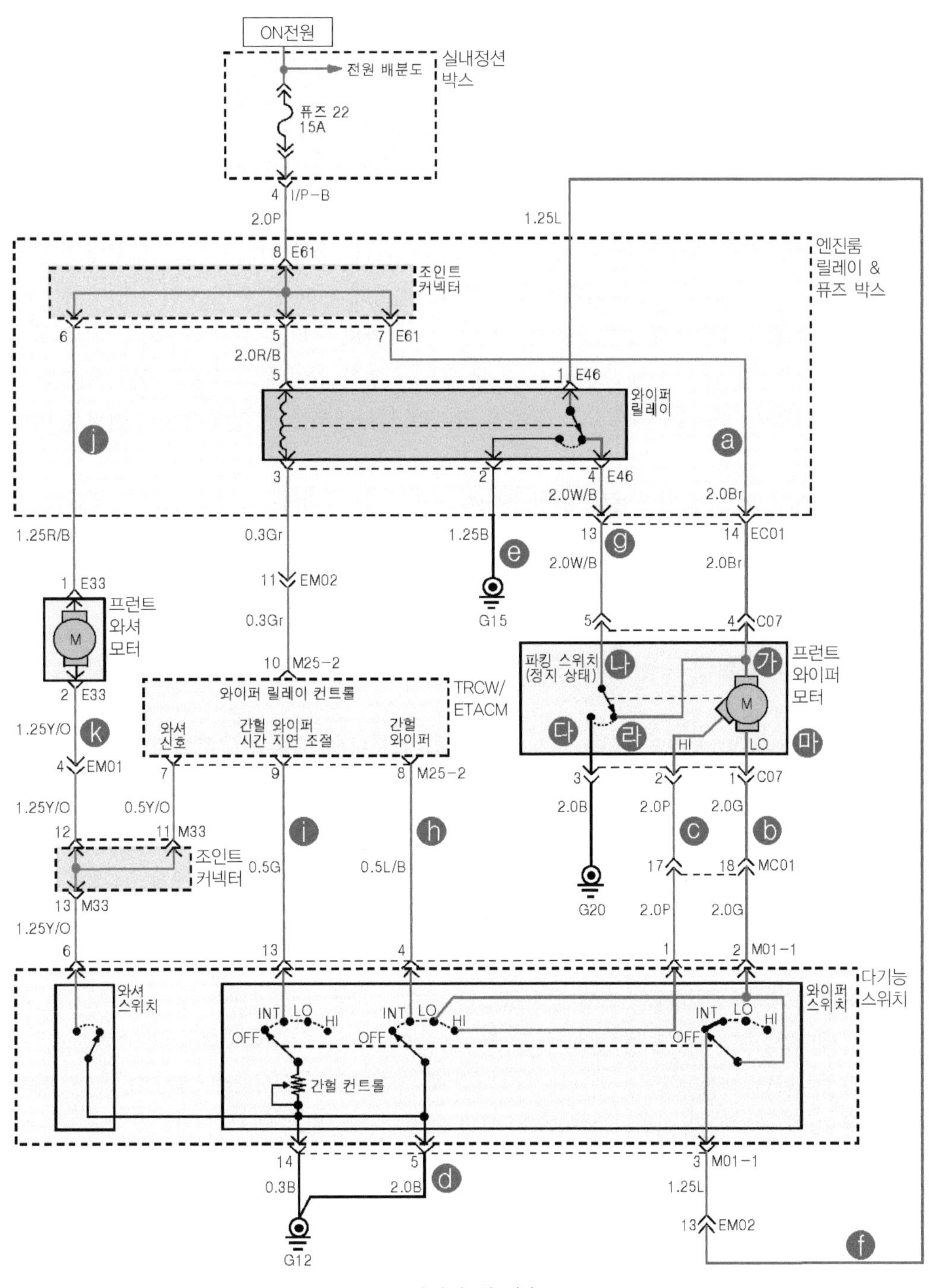

ON전원
전원 배분도
실내정션
박스
퓨즈 22
15A
I/P-B
2.0P
1.25L
E61
조인트
커넥터
엔진룸
릴레이 &
퓨즈 박스
2.0R/B
E46
와이퍼
릴레이
2.0W/B
2.0Br
1.25R/B
0.3Gr
1.25B
EC01
E33
프런트
와셔
모터
EM02
G15
C07
M25-2
와이퍼 릴레이 컨트롤
TRCW/
ETACM
와셔
신호
간헐 와이퍼
시간 지연 조절
간헐
와이퍼
파킹 스위치
(정지 상태)
프런트
와이퍼
모터
HI
LO
1.25Y/O
EM01
0.5Y/O
M33
0.5G
0.5L/B
2.0B
2.0P
2.0G
MC01
G20
M01-1
와셔
스위치
INT
LO
HI
OFF
간헐 컨트롤
와이퍼
스위치
다기능
스위치
0.3B
G12

와이퍼 회로(2)

3. 전기 브레이크 회로의 작동

① 작동 회로

와이퍼 회전 중 스위치를 OFF시키게 되면 즉시 정지되는 것은 아니다. 왜냐하면 모터는 회전관성을 가지고 있기 때문이다. 만약 모터가 정지위치에서 정확하게 멈추지 않고 조금 더 회전하게 된다면 모터 내의 파킹 스위치가 다시 접지 측으로 붙게 되어 모터에는 전류가 공급된다. 따라서 모터는 1회전을 더하게 된다. 만약 이때도 정지 위치에서 정지하지 않고 조금 더 회전하게 되면 모터는 또 1회전하게 된다. 이렇게 모터가 정지 위치에서 정확하게 정지하지 않으면 스위치를 OFF시키더라도 모터는 정지하지 않고 계속 회전하게 될 수도 있다. 따라서 스위치 OFF 때 모터가 정지 위치에 오면 모터가 신속하게 정지될 수 있도록 제동을 걸 필요가 있는데 와이퍼 모터에서는 전기 브레이크 원리를 이용한다.

㉮ 스위치 OFF 때 와이퍼가 정지 위치에 오면 파킹 스위치는 오른쪽으로 이동하여 접지와 차단된다.

㉯ 이 순간 와이퍼 모터 양단에 걸리는 전원의 극성을 보면 양쪽 모두 (+)극성이 걸리게 되는 것을 알 수 있다.

㉰ 결국 IG전원은 와이퍼 모터 내의 ㉱에 의해 양단 모두 (+)극성을 가지게 되는 것이다.

㉱ 모터에서 양단 모두 (+)극성을 가지게 되면 모터에 작용되는 힘의 방향이 서로 같게 되므로 모터는 전기적으로 신속하게 정지된다. 이것이 전기 브레이크에 의해 모터가 정지되는 원리이다.

4. 간헐 와이퍼 회로의 작동

① 작동 회로

간헐 와이퍼는 운전자의 의지에 따라 와이퍼의 작동주기를 결정할 수 있는 장치로 작동은 에탁스가 와이퍼 릴레이를 제어하여 이루어지게 된다. 만약 에탁스가 적용되지 않은 자동차라면 차마다 간헐 와이퍼를 제어할 수 있는 별도의 유닛(예 : TACU, 인트 와이퍼 유닛)이 있지만 제어원리는 여기서 설명되는 원리와 크게 다르지 않다.

㉮ 와이퍼 스위치를 인트 위치로 하면 모든 스위치는 인트측으로 이동한다.

㉯ 이때 에탁스의 인트 단자 즉 ⓗ 배선의 전위가 0V가 되어 에탁스는 인트 스위치 ON을 인식하게 된다.

㉰ 인트 스위치가 ON되면 에탁스는 와이퍼 릴레이 구동 단자를 약 0.5초 ON시킨 후에 OFF된다. 따라서 와이퍼 릴레이도 0.5 초간 ON된 후에 OFF된다.

㉱ 와이퍼 릴레이가 0.5초 간이라도 ON이 되면 릴레이의 접점은 접지 측으로 붙어 IG

전원(전류)은 ⓐ → ⓑ → ⓕ → 와이퍼 릴레이 접점 → ⓔ순으로 흘러 모터는 로우 스피드로 회전하게 된다.

㉤ 와이퍼 모터가 회전을 시작하면 모터 내 파킹 스위치가 ON(접지)되어 릴레이가 0.5초간 작동 후 OFF되더라도 이미 설명한 파킹 기능의 원리에 의해 모터는 1회전을 할 수 있게 된다.

㉥ 이렇게 인트 작동 때는 에탁스가 와이퍼 릴레이를 이용하여 모터의 초기 회전만 가능하게 한다는 것을 알 수 있으며, 작동주기는 에탁스가 인트 볼륨 스위치 ⓘ의 정보를 이용하여 와이퍼 릴레이의 작동주기를 결정하게 된다.

② 고장 진단

만약 모든 기능은 정상이고 인트만 작동되지 않는다면 어떤 부분의 고장일까? 이 경우에는 인트 때에 작동되는 요소들만 점검하면 되는데 우선, 스위치의 불량이 예상되고 ⓘ 배선의 단선 또는 접촉 불량과 에탁스 내부 불량이 예상된다.

5. 워셔 연동 와이퍼 회로

① 작동 회로

㉮ 워셔 스위치가 ON되면 IG전류는 ⓙ → 워셔 모터 → ⓚ를 거쳐 G-12에 접지되므로 워셔 모터가 작동되며, 워셔 모터의 작동은 에탁스와 관계없이 작동된다는 것을 알 수 있다.

㉯ 그러나 워셔 스위치가 ON되면 에탁스의 워셔 스위치 단자 전압, 즉 ⓚ의 전위가 0V가 되는데 에탁스는 이때를 워셔 스위치 ON으로 판단한다.

㉰ 워셔 스위치가 ON되었다고 판단하면 에탁스는 0.6초 후 와이퍼 릴레이를 구동하게 된다. 이때는 인트와 달리 ON/OFF가 아니라 워셔 스위치 작동시간 동안 상시 작동된다.

㉱ 따라서 IG전류는 ⓐ → 와이퍼 모터 로우 단자 → ⓑ → ⓕ → 와이퍼 릴레이 → ⓔ → G-15접지 경로로 전류가 흘러 작동하게 된다.

㉲ 작동 중 스위치 OFF 때는 파킹기능에 의해 정 위치까지 회전 후 정지하게 된다.

6. 와이퍼 고장시 모터 단자 전압 특성

① **단자 ㉮** : 전원 공급단자로 시동키를 ON시키면 무조건 배터리 전압이며, 이 단자에 전원이 공급되지 않으면 모든 와이퍼 기능이 작동되지 않는다.

② **단자 ㉯** : 시동키가 ON상태에서 와이퍼 정지 위치 때 배터리 전압이 측정되어야 한다. 와이퍼 회전 중(정지위치가 아닌 경우)에는 0V가 측정되어야 하나 그렇지 않다면 모터 내의 파킹 스위치 불량이나 접지불량이다.

③ **단자 ㉰** : 접지단자로 항상 0V이다.

④ **단자 ㉱** : 시동키가 ON된 상태에서 와이퍼 스위치 OFF 때 배터리 전압이 측정되어야 하나 그렇지 않다면 커넥터 접촉 불량 또는 모터의 단선이다. 와이퍼 스위치 로우 작동 때 0V가 측정되어야 하나 그렇지 않다면 배선의 단선 또는 와이퍼 스위치의 불량이다.

⑤ **단자 ㉲** : 시동키가 ON 상태에서 와이퍼 스위치 OFF 때 배터리 전압이 측정되어야 하나 그렇지 않다면 커넥터의 접촉 불량 또는 모터의 단선이다. 와이퍼 스위치 하이 작동 때 0V가 측정되어야 하나 그렇지 않다면 배선의 단선 또는 와이퍼 스위치의 불량이다.

③ 윈드실드 와이퍼 회로의 단품 점검

1. 와이퍼 모터 퓨즈의 점검

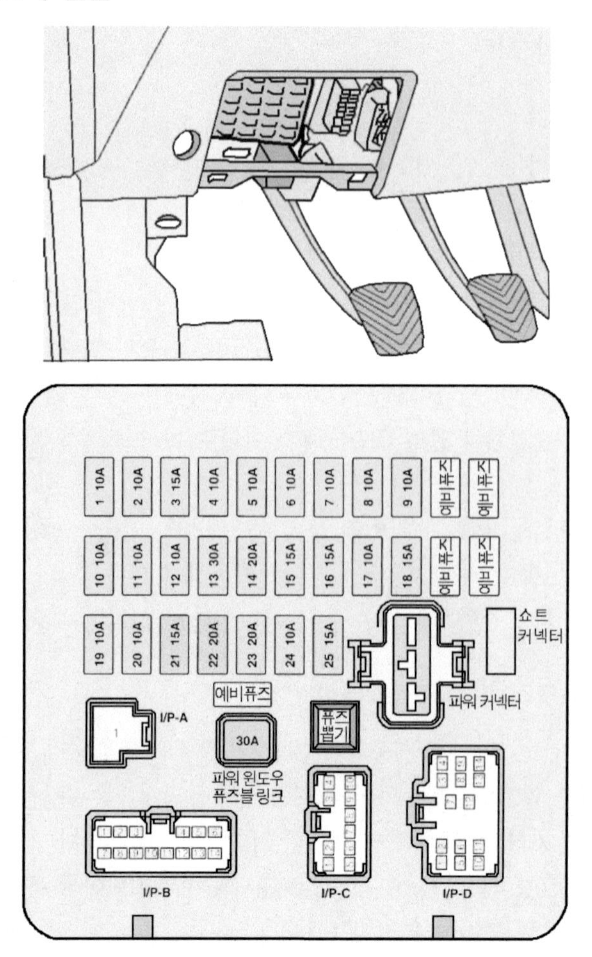

■ 실내 정션 박스의 와이퍼 퓨즈의 점검

표기 (A)	용량	연결회로	표기 (A)	용량	연결회로
1	10A	후진등, 인히비터 스위치, 비상등 스위치	14	20A	파워 안테나
2	10A	계기판, 제너레이터, ETACM, TACM	15	15A	도어 록 릴레이, 좌측 앞 도어 록 액추에이터, 선루프 릴레이
3	15A	에어백 컨트롤 모듈	16	15A	정지등 스위치, 아웃사이드 미러 폴딩, 파워 윈도우 릴레이
4	10A	비상등 스위치, 사이렌, ECM	17	10A	아웃사이드 미러 & 리어 윈도우 디포거
5	10A	에어컨 모듈, 블로어 릴레이, 블로어 모터	18	15A	시거 라이터, 파워 아웃사이드 미러
6	10A	방향등, 콤비 램프, 실내 스위치 조명등, 쇼트 커넥터	19	(10A)	(사용 안함)
7	10A	번호판등, 방향등, 콤비 램프	20	10A	에어컨 릴레이, 전조등 릴레이, AQS 센서
8	10A	도난 방지 릴레이, 인히비터 스위치, 스타트 릴레이	21	15A	리어 와이퍼 & 워셔
9	10A	시계, 오디오, 아웃사이드 미러 폴딩	22	15A	프런트 와이퍼 & 워셔
10	10A	TCM, ECM, 차속 센서, 이그니션 코일	23	(20A)	(사용 안함)
11	10A	ABS 컨트롤 모듈	24	10A	에어컨 모듈, 모드 스위치, ETACM, TACM, 블로어 릴레이, 선루프 릴레이
12	10A	계기판	25	10A	실내등, 트렁크 룸 램프, 도어 램프, 자기 진단 점검 단자, 파워 커넥터, ETACM, TACM, 에어컨 모듈, 오디오, 시계
13	30A	디포거 릴레이	파워 윈도우	30A	파워 윈도우 릴레이

2. 와이퍼 모터의 고장진단

① 작동 속도 점검

㉠ 와이퍼 모터에서 커넥터를 분리한다.

㉡ 배터리 (+)단자 기둥을 6번 단자에, (−)단자 기둥을 3번 단자에 연결한다.

㉢ 와이퍼 모터가 저속으로 작동하는지를 점검한다.

ⓔ 배터리 (+)단자 기둥을 6번 단자에, (−)단자 기둥을 2번 단자에 연결한다.

ⓜ 와이퍼가 고속으로 작동하는지를 점검한다.

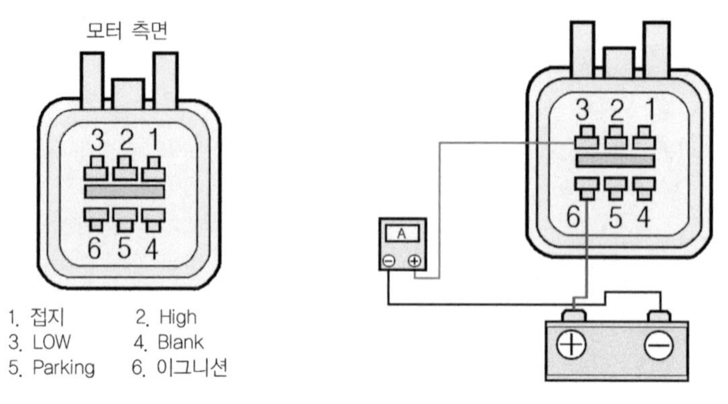

와이퍼 작동 속도 점검

와이퍼 모터 저속시 전류 측정

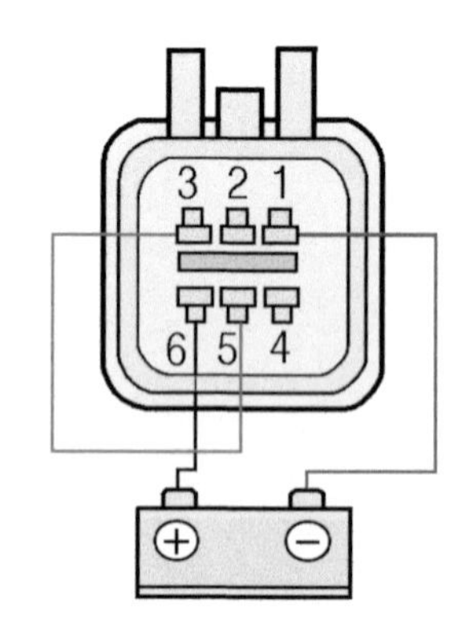

와이퍼 모터 자동정지 작동 점검

② **자동정지 작동 점검**

㉠ 와이퍼 모터를 저속으로 작동시킨다.

㉡ OFF 이외의 위치에서 3번 단자를 분리시켜 모터의 작동을 정지시킨다.

㉢ 5번 단자와 3번 단자를 연결한다.

㉣ 배터리 (+)단자 기둥을 6번 단자에 연결하여 1번 단자에 접속한다.

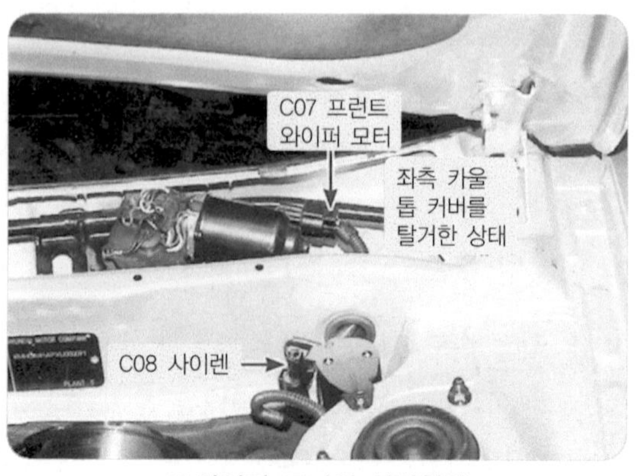

와이퍼 모터의 설치위치

㉤ 와이퍼 모터를 다시 작동시켜 모터가 OFF 위치에서 정지하는지를 점검한다.

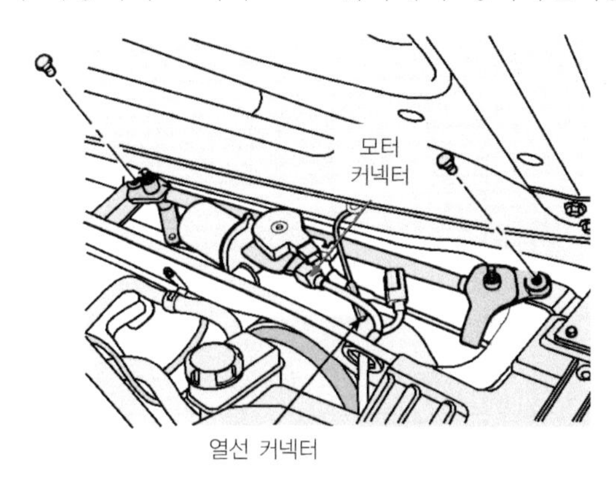

③ 와이퍼 모터 릴레이의 고장진단

터미널 사이의 통전성을 점검한다.

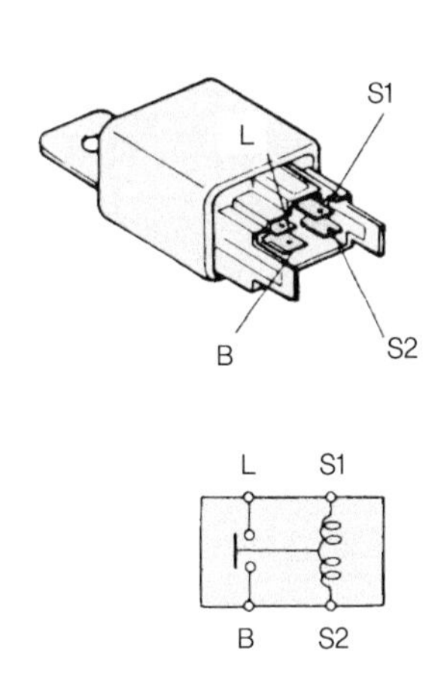

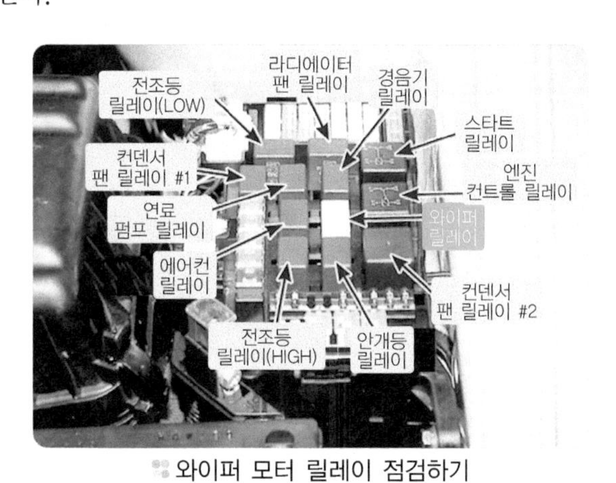

와이퍼 모터 릴레이 점검하기

항 목	통전성
S_1과 S_2단자에 전원이 공급되지 않을 때 L–B사이	통전 안됨
S_1과 S_2단자에 전원이 공급될 때 L–B사이	통 전 됨

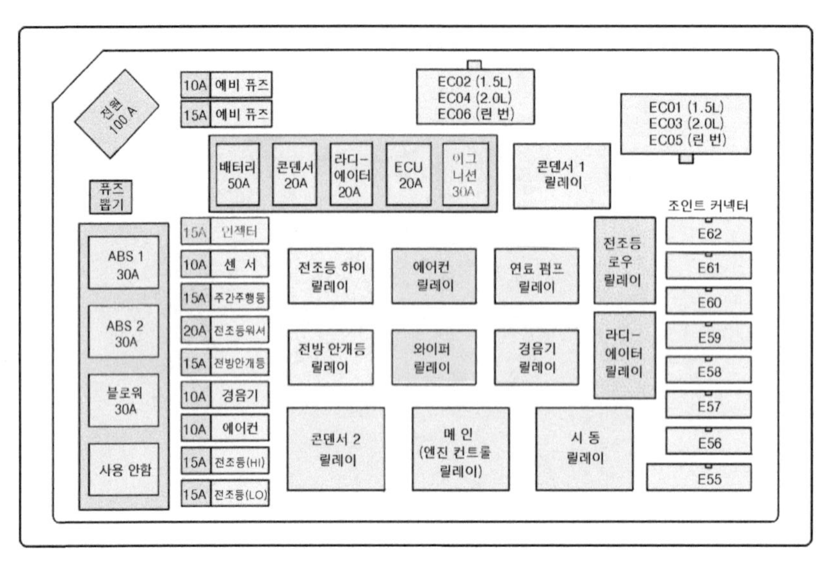

와이퍼 모터 릴레이 설치위치

④ 와이퍼 모터 스위치(다기능 스위치)

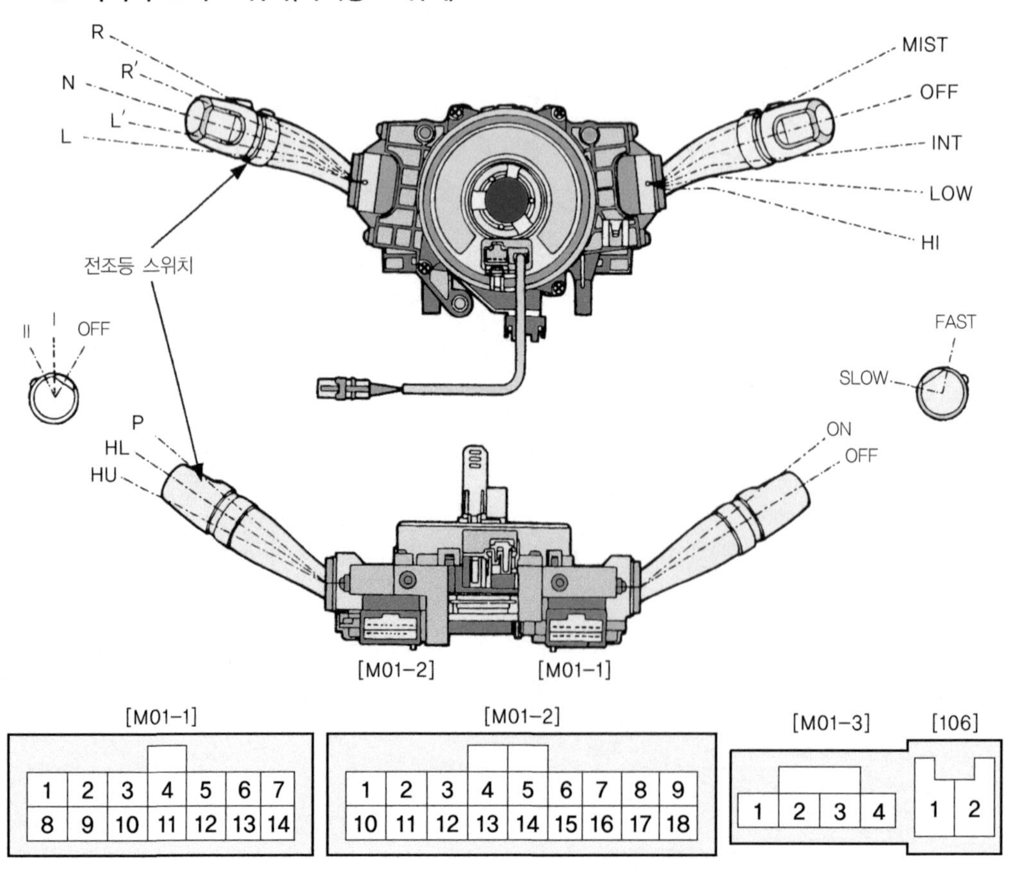

[M01-1]

1	2	3	4	5	6	7
8	9	10	11	12	13	14

[M01-2]

1	2	3	4	5	6	7	8	9
10	11	12	13	14	15	16	17	18

[M01-3]

1	2	3	4

[106]

1	2

■ 다기능스위치 커넥터의 윈드 실드 와이퍼 관련정보

커넥터번호	핀번호	명 칭	커넥터번호	핀번호	명 칭
M01-2	1	전조등 패싱 스위치	M01-1	1	와이퍼 하이(Hi)
	2	전조등 하이빔 전원		2	와이퍼 로(Low)
	3			3	와이퍼 정지(P)
	4			4	미스트 스위치
	5			5	와이퍼 & 워셔 접지
	6			6	간헐 와이퍼
	7	우측 방향지시등 스위치		7	프런트 워셔 스위치
	8	플래셔 유닛 전원		8	
	9	좌측 방향지시등 스위치		9	
	10	전조등 로빔 전원		10	
	11	딤머 & 패싱 접지		11	
	12			12	
	13			13	간헐 와이퍼 볼륨
	14	미등 스위치		14	간헐 와이퍼 접지
	15	전조등 스위치	I06	1	인플레이터(Low)
	16			2	인플레이터(Hi)
	17	점등 스위치 접지	M10-3	1	혼(B)
	18			2	
				3	
				4	

㉠ 와이퍼 스위치(커넥터 번호 : M01-1)

단자 위치	1	2	3	4	5	6	13	14
MIST				○	○			
OFF		○	○		○	○	○	○
INT		○	○					
LOW		○	—	—	○			
HI	○	—	—	—	○			

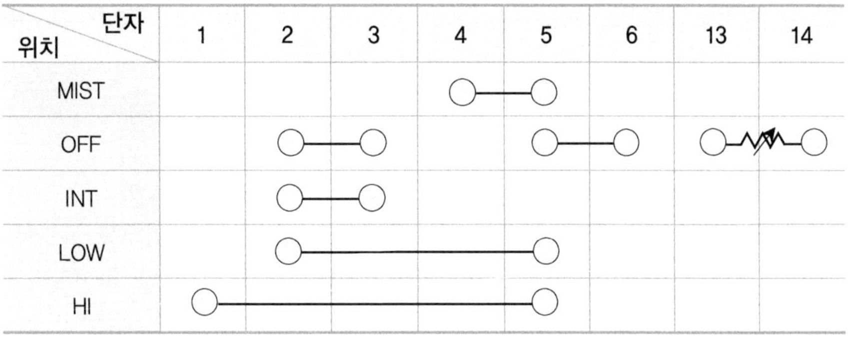

㉡ 워셔 스위치(커넥터 번호 : M01-1)

단자 위치	5	7
OFF		
ON	○	○

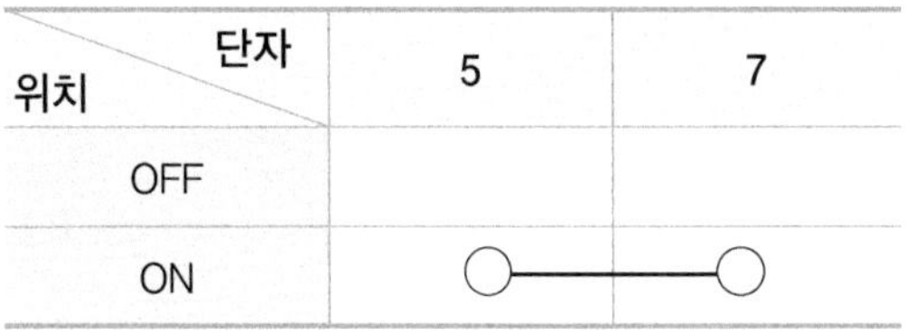

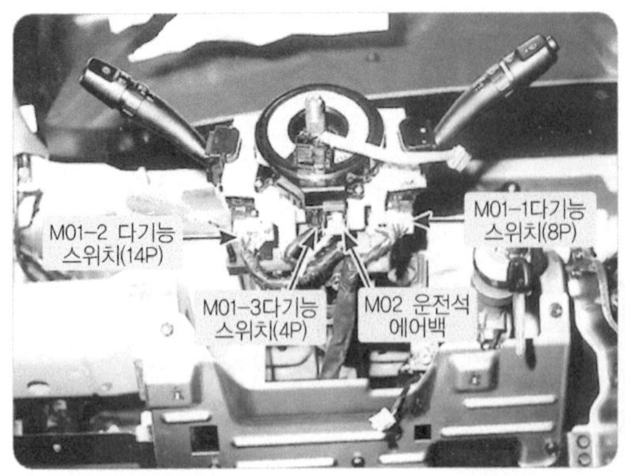

다기능 스위치 설치위치

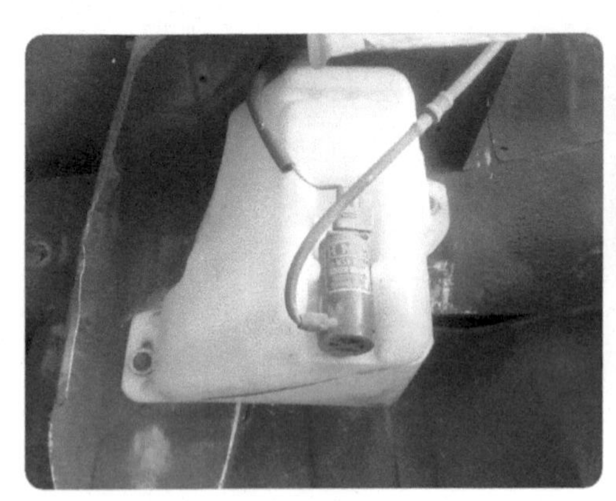

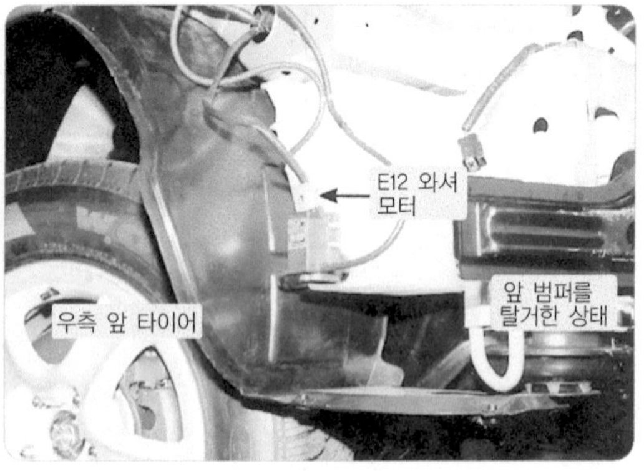

워셔 모터 설치 위치

3. 와이퍼 모터 작동시 소모 전류 점검

① 훅 미터를 ON으로 하고 레인지를 DC-A로 돌린다.

② 윈드 실드 와이퍼 모터에서 IG 입력 전원선(4번 단자)에 훅 미터를 설치한다.

③ 와이퍼를 작동 시키면서 1단, 2단, 3단으로 변환할 때 전류값을 확인한다.

TIP •• 훅 미터 설치시에는 전류가 흐르는 방향으로 화살표를 둔다.

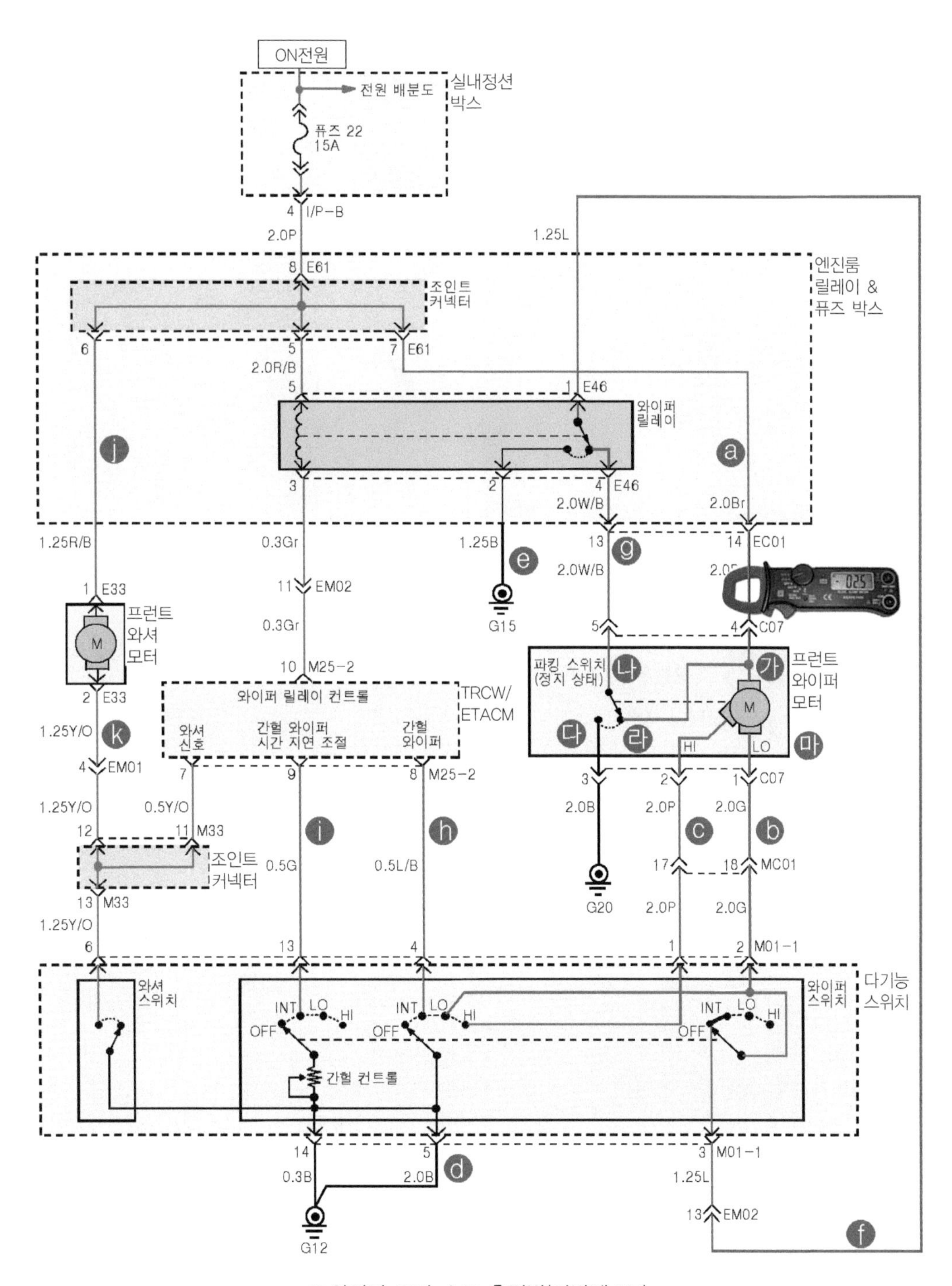

와이퍼 모터 소모 측정법(아반떼 XD)

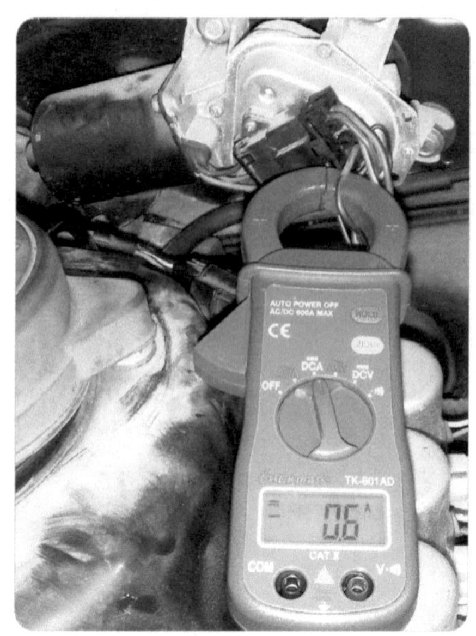

와이퍼 모터 소모 측정법

■ 차종별 소모전류 규정값

차 종	기존전류(A)	최대전류(A)
NF 쏘나타/ 아반떼 XD	4.5	28
쏘나타 Ⅲ	3.5	-
싼타페	4	23

4 윈드실드 와이퍼 회로의 고장진단

고장상태	고장 내용
와이퍼가 전혀 작동하지 않는다.	• 배터리의 불량 및 터미널 연결 상태 불량 • 퓨즈의 불량 • 와이퍼 S/W 불량 및 커넥터 연결 상태 불량 • 와이퍼 모터의 불량 및 커넥터 연결 상태 불량 • 와이퍼 링크 어셈블리의 연결 상태 불량
스위치를 OFF시켜도 멈추지 않는다.	• 와이퍼 S/W 및 커넥터 연결 상태 불량 • 와이퍼 모터의 불량
워셔가 작동하지 않는다.	• 워셔 퓨즈의 불량 • 워셔 모터의 불량 및 커넥터 연결 상태의 불량
와이퍼 스위치 INT(간헐작동) 위치에서만 와이퍼가 작동되지 않는다.	• 와이퍼 간헐작동 릴레이 불량 • ETACS 유닛 불량

고장상태	고장 내용
워셔스위치를 작동시켰을 때 워셔 액은 분출되지만 와이퍼 가 작동되지 않는다.	• 간헐와이퍼 작동 전기회로의 고장
와이퍼 워셔 스위치 작동시 워셔 액이 전면 유리부로 분출되지 않는다.	• 워셔 액 노즐 막힘 • 워셔 모터 작동불량 • 워셔 모터 작동 전기회로 고장 • 워셔 액 부족 • 워셔 액 호스가 이탈되거나 꺾임

09 파워 윈도우 레귤레이터 교환

1 파워 윈도우의 조작

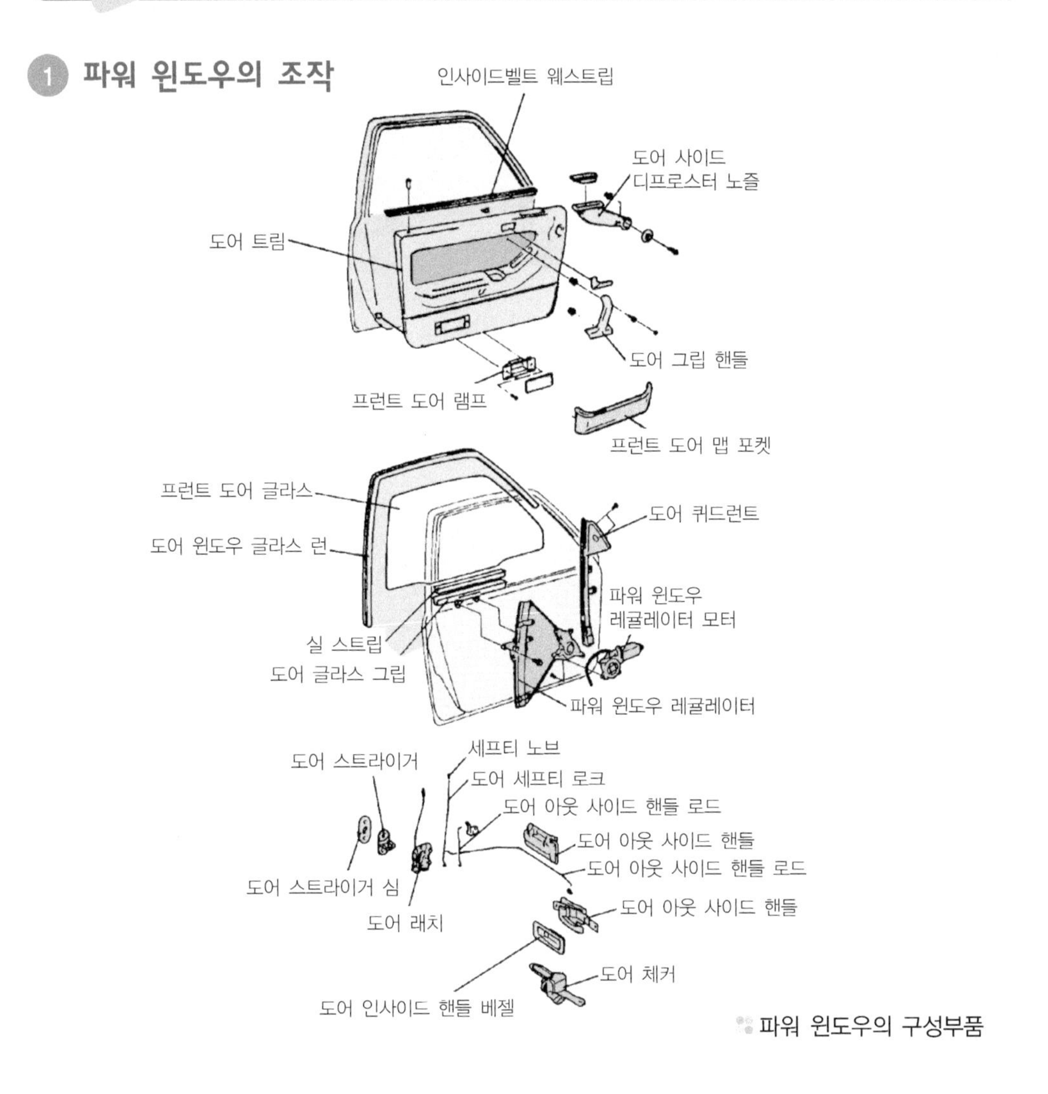

파워 윈도우의 구성부품

① **운전석 창 스위치(Ⓐ)** : 운전석 윈도우를 올리고(위로 당김) 내리며(아래로 누름) AUTO위치에는 자동으로 끝까지 내리고 올린다.
② **동승석 창 스위치(Ⓑ)** : 동승석 윈도우를 올리고(위로 당김) 내린다(아래로 누름).
③ **뒷좌석 운전석 창 스위치(Ⓒ)** : 뒷좌석 운전석 창 윈도우를 올리고(위로 당김) 내린다(아래로 누름).
④ **뒷좌석 동승석 창 스위치(Ⓓ)** : 뒷좌석 동승석 창 윈도우를 올리고(위로 당김) 내린다(아래로 누름).
⑤ **유리창 잠금 스위치(Ⓔ)** : 모든 창을 상하이동을 잠그거나(누르면) 풀어준다(다시 누르면).

2 파워 윈도 모터 교환

① 전동 미러 내부 커버를 탈거한다(전동식 미러에만 해당).
② 사이드 미러 마운팅 볼트를 탈거한 후 미러를 탈거하고 리모트 컨트롤 커넥터를 분리한다(전동식 미러에만 해당).
③ 안전 로크 노브를 탈거한다.

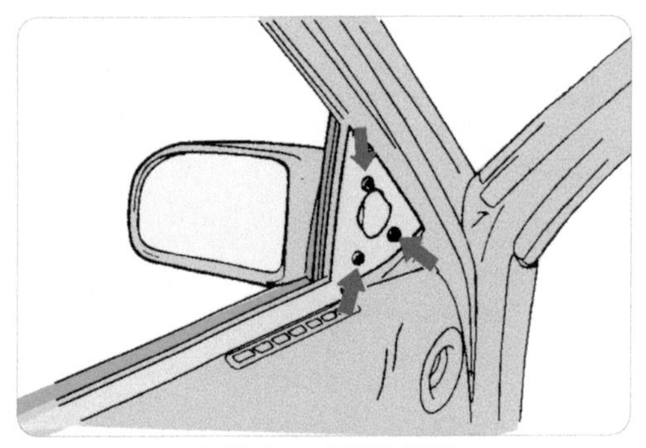

사이드 미러의 탈착

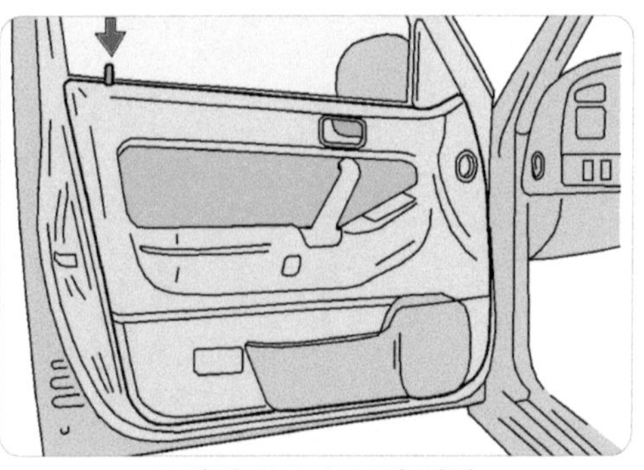

안전 로크 노브의 탈거

④ 실내 도어 그립 핸들 및 도어 인사이드 핸들에 장착되어 있는 볼트를 풀어낸다.
⑤ 트림 훼스너와 도어 트림 사이에 ⊖ 드라이버를 집어넣어 도어 트림을 탈거한 후 커넥터(파워 윈도우 모터, 파워 윈도우 메인 스위치, 도어 로크 액추에이터, 사이드 미러, 트렁크 리드 오프너 스위치 등을 분리시킨다.)

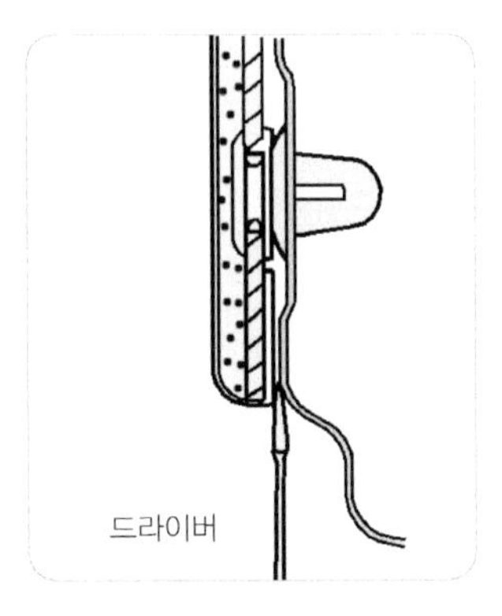

도어 트림을 떼어내는 법

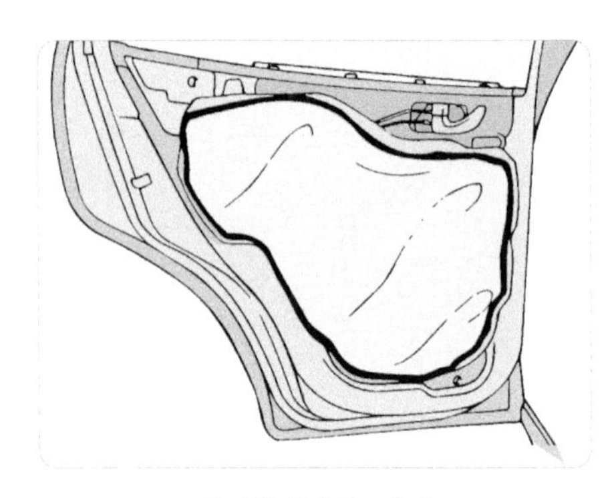

실(비닐)을 제거

⑥ 도어 트림 실을 탈거한다.
⑦ 레귤레이터 어셈블리를 분리한다.
⑧ 파워 윈도우 모터를 레귤레이터 어셈블리에서 분리한다.
⑨ 부착은 탈거의 역순이다.

- 레귤레이터 및 모터 어셈블리의 장착 볼트를 풀 때 레귤레이터 스프링의 힘에 의해 레귤레이터 암이 튕 수 있으므로 주의해야 한다.
- 도어 트림 실을 장착할 때 도어 트림 훼스너 장착 부위에는 뷰틸 테이프를 제거해야 한다.

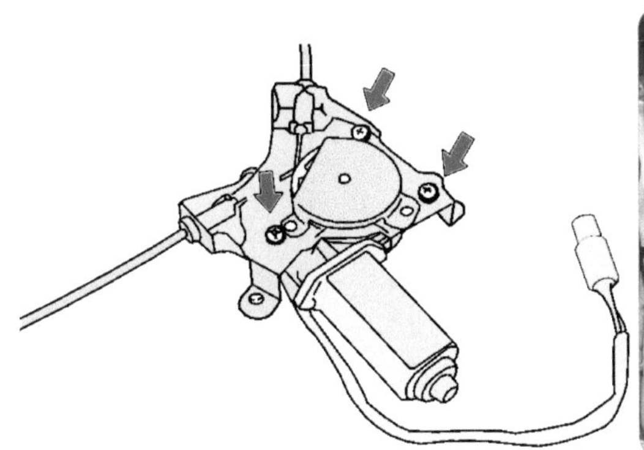

레귤레이터의 분리

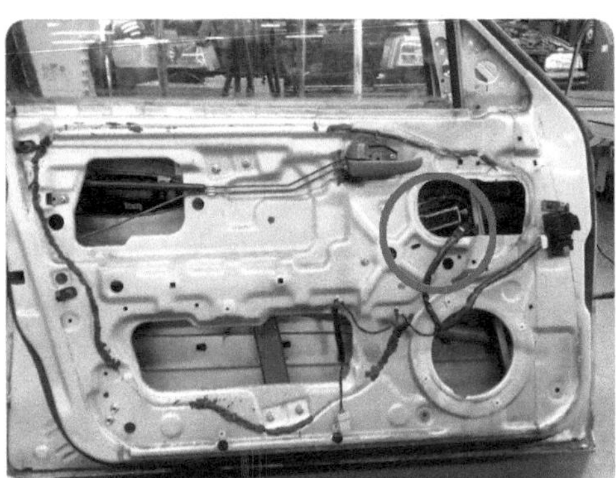

레귤레이터의 설치 위치

1. 파워 윈도우 레귤레이터 점검

① 모터 터미널(terminal)을 배터리에 연결한다.

② 모터가 부드럽게 작동하는가 확인한다.

③ 모터 작동에 이상이 있으면 교환한다.

파워 윈도우 레귤레이터의 점검

2. 파워 윈도우 릴레이 점검

터미널 사이의 통전성을 점검한다.

항 목	통전성
S_1과 S_2단자에 전원이 공급되지 않을 때 L-B사이	통전 안됨
S_1과 S_2단자에 전원이 공급될 때 L-B사이	통 전 됨

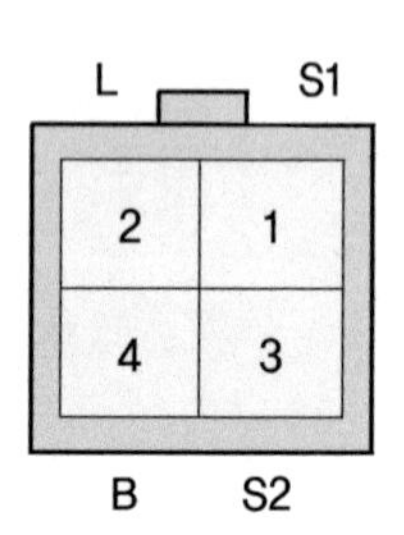

3. 파워 윈도우 메인 스위치 점검

① 파워 윈도우 스위치 커넥터를 분리시킨다.

② 스위치를 작동시키면서 각 스위치 터미널 사이의 통전 여부를 점검한다.

③ 점검 결과가 규정에서 벗어나면 스위치를 교환한다.

8	7	6	5	╳	4	3	2	1
17	16	15	14	13	12	11	10	9

위치 \ 터미널	1	3
정 상	○──	──○
로 크		

위 치		3	4	5	6	7	11	12	13	14	15	16
프런트, 좌측	UP	○	─	○			○	─	─	─	─	○
	OFF			○	─	─	○	─	─	─	─	○
	DOWN	○	─	─	─	─	─	─	─	─	─	○
				○	─	─	○					
프런트, 우측	UP	○	─	─	○		○	─	─	○		
	OFF				○	─	○	─	─	○		
	DOWN	○	─	─	─	─	─	─	─	○		
				○	─	─	○					
리어, 좌측	UP	○	─	─	─	○	○	─	○			
	OFF					○	○	─	○			
	DOWN	○	─	─	─	─	─	─	○			
						○	○					
리어, 우측	UP	○	○				○	○				
	OFF		○	─	─	─	○	○				
	DOWN	○	─	─	─	─	─	○				
			○	─	─	─	○					

4. 파워 윈도우 스위치(보조) 점검

① 스위치를 작동하여 터미널 사이의 통전성을 점검한다.

② 통전성이 규정값에 맞지 않으면 스위치를 교환한다.

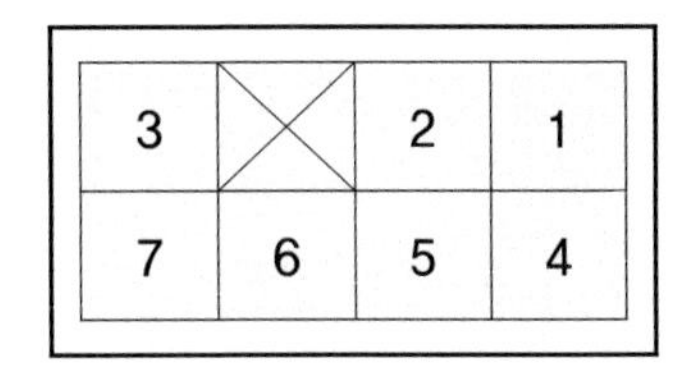

위 치	1	2	4	5	6	3	7
UP		○	○	○	○		
OFF	○	○		○	○	○	○
DOWN	○	○	○	○			

③ 차종별 윈도우 레귤레이터

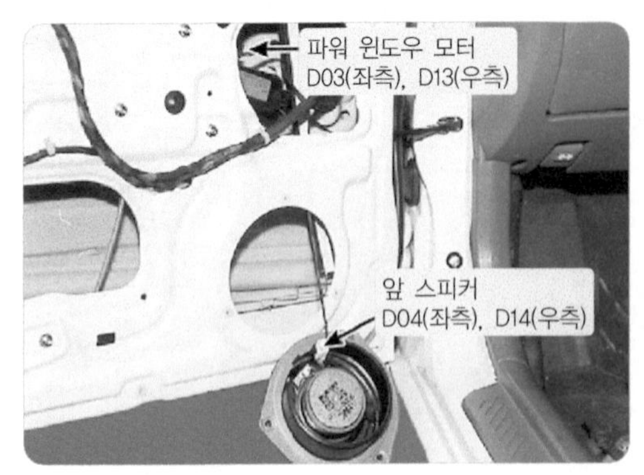

베르나 파워 윈도우 모터(앞, 좌)

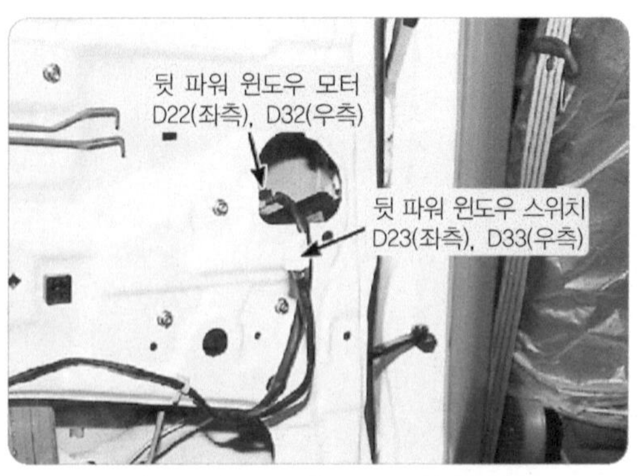

베르나 파워 윈도우 모터(뒤, 좌)

10 파워 윈도우 회로 점검

① 파워 윈도우의 조작

① **운전석 창 스위치(Ⓐ)** : 운전석 윈도우를 올리고(위로 당김) 내리며(아래로 누름) AUTO위치에는 자동으로 끝까지 내리고 올린다.

② **동승석 창 스위치(Ⓑ)** : 동승석 윈도우를 올리고(위로 당김) 내린다.(아래로 누름)

③ **뒷좌석 운전석 창 스위치(Ⓒ)** : 뒷좌석 운전석 창 윈도우를 올리고(위로 당김) 내린다.(아래로 누름)

④ **뒷좌석 동승석 창 스위치(Ⓓ)** : 뒷좌석 동승석 창 윈도우를 올리고(위로 당김) 내린다.(아래로 누름)

⑤ **유리창 잠금 스위치(Ⓔ)** : 모든 창을 상하이동을 잠그거나(누르면) 풀어준다.(다시 누르면)

② 파워 윈도우 회로의 분석

1. 회로 설명

① 작동 전원 공급

점화 스위치가 ON이 되면 에탁스는 파워 윈도우 릴레이를 ON시켜 운전석 도어 모듈에 전원 ❶을 공급하고 나머지 도어 모듈은 운전석 도어 모듈의 파워 윈도 록 스위치의 작동 여부에 따라 전원 ❶이 공급된다.

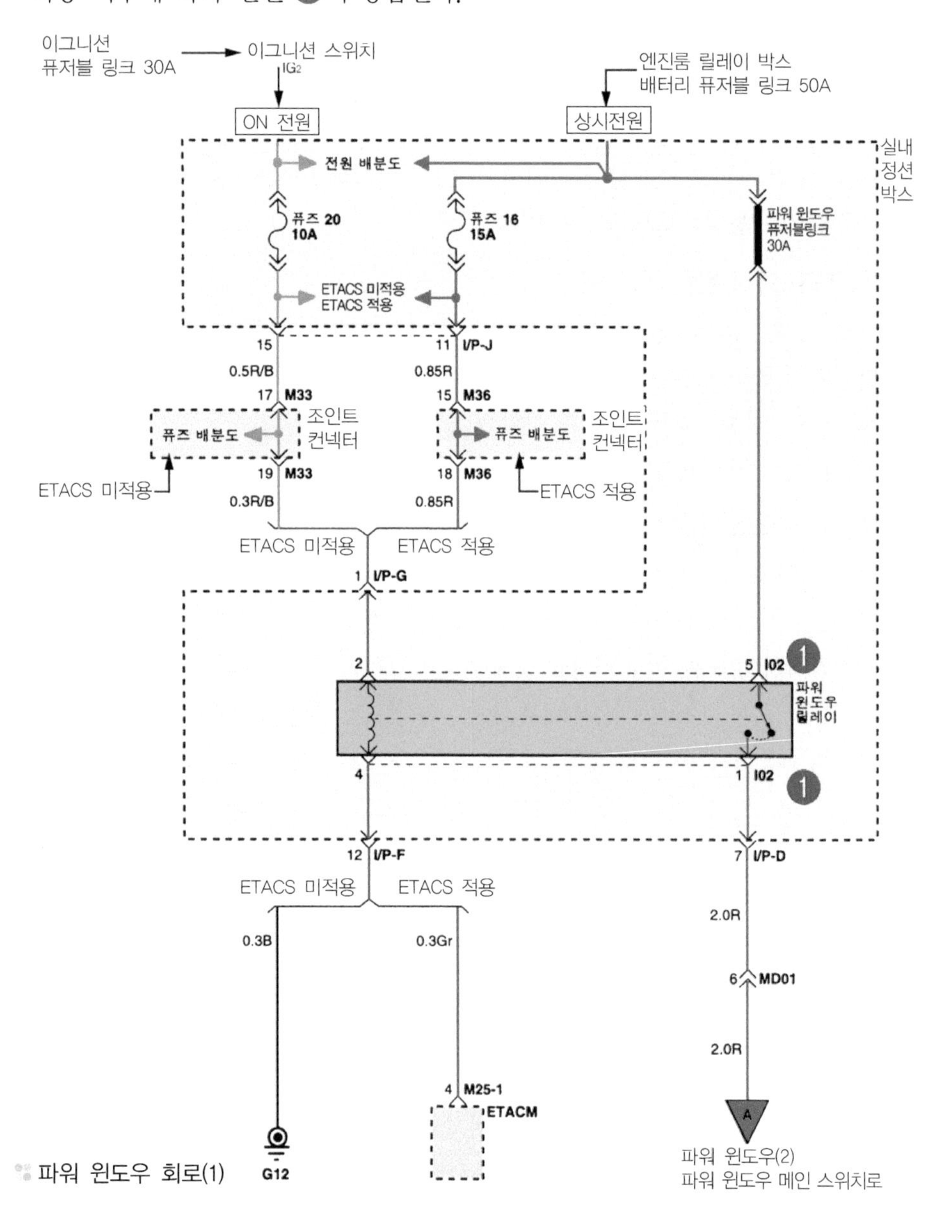

파워 윈도우 회로(1)

② **운전석에서 운전석 윈도우 다운/업 작동 때**

스위치 ⓐ를 다운으로 작동하면 전원 ❶은 ❷로 흘러 모터를 거친 후 ❸을 통해 ❹로 접지되어 모터는 다운 측으로 작동한다. 윈도우 업일 때는 반대의 경로로 전류가 흐르게 된다.

③ **운전석에서 동승석 윈도우 다운/업 작동 때**

스위치 ⓑ를 다운으로 작동하면 전원 ❶은 ❺로 흘러 모터를 거친 후 ❻을 통해 ❹로 접지되어 모터는 다운 측으로 작동한다. 윈도우 업일 때는 반대의 경로로 작동되며 뒤 좌/우측의 경우도 동일한 원리로 작동된다.

④ **동승석에서 동승석 윈도우 다운 작동 때**

스위치 ⓒ를 다운으로 작동하면 전원 ❼은 ❽로 흘러 모터를 거친 후 ❻을 통해 ❹로 접지되어 모터는 다운 측으로 작동한다. 윈도우 업일 때는 반대의 경로로 작동되며 뒤 좌/우측의 경우도 동일한 원리로 작동된다.

⑤ **파워 윈도우 록 스위치 작동 때**

파워 윈도우 록 스위치를 작동하면 스위치 접점이 떨어져 전원 ❶은 운전석 도어를 제외한 모든 도어 모듈에 전원을 공급할 수 없게 된다. 따라서 록 스위치가 작동되면 운전석에서 운전석은 작동되지만, 다른 도어의 윈도우는 작동하지 않는다. 또한 각 도어 모듈에서 작동할 때도 작동하지 않는다.

⑥ **운전석 도어 오토 다운(Auto Down) 작동 때**

오토 다운 스위치를 ON하면 운전석 도어 모듈의 오토 다운 컨트롤 유닛에 신호가 입력되어 유닛은 다운 측으로 (+)전원을 내보내므로 모터는 다운 측으로 작동한다. 윈도우 업일 때는 반대의 경로로 작동되지만 오토 업(AUTO UP)은 작동이 안된다.

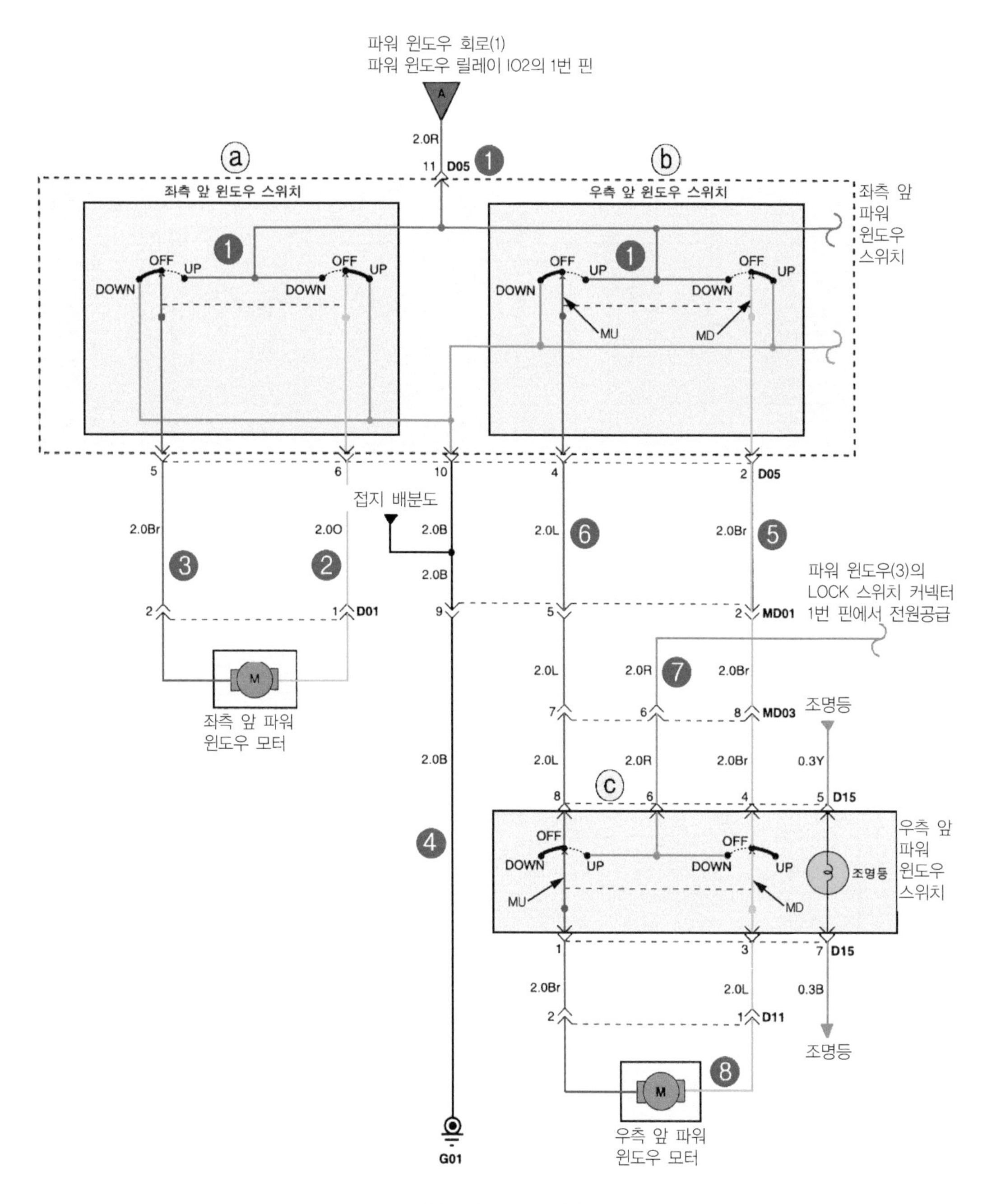

파워 윈도우 회로(1)
파워 윈도우 릴레이 IO2의 1번 핀
A
2.0R
11 D05
ⓐ
좌측 앞 윈도우 스위치
ⓑ
우측 앞 윈도우 스위치
좌측 앞 파워 윈도우 스위치
OFF
UP
DOWN
MU
MD
5
6
10
4
2 D05
접지 배분도
2.0Br
2.0O
2.0B
2.0L
2 D01
1 D01
9
5
2 MD01
파워 윈도우(3)의 LOCK 스위치 커넥터 1번 핀에서 전원공급
좌측 앞 파워 윈도우 모터
2.0R
7
6
8 MD03
조명등
0.3Y
ⓒ
8
4
5 D15
우측 앞 파워 윈도우 스위치
조명등
1
3
7 D15
0.3B
2 D11
1 D11
우측 앞 파워 윈도우 모터
G01

파워 윈도우 회로(2)

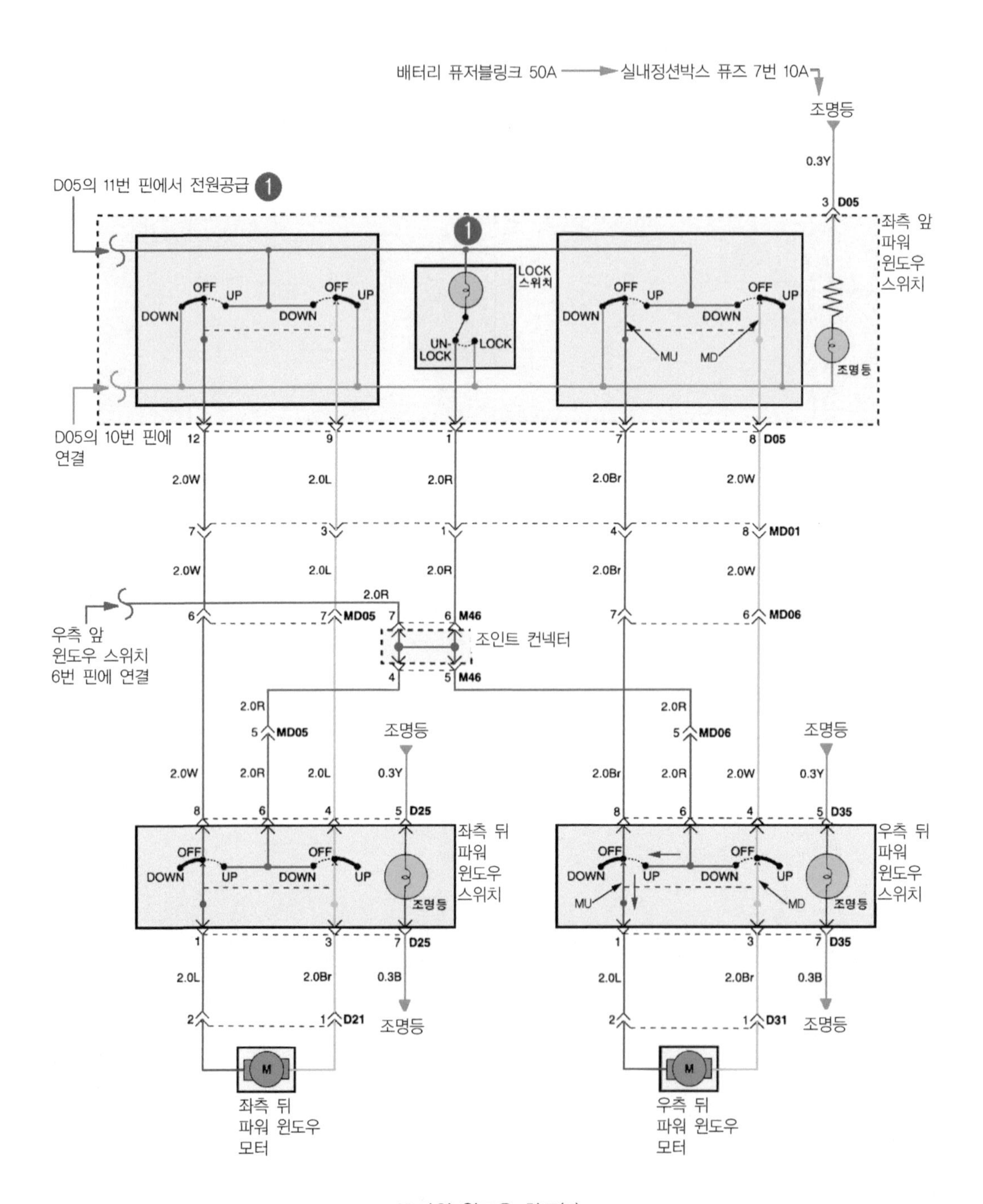
배터리 퓨저블링크 50A
실내정션박스 퓨즈 7번 10A
조명등
0.3Y
D05의 11번 핀에서 전원공급
좌측 앞
파워
윈도우
스위치
LOCK
스위치
OFF
UP
DOWN
UN-
LOCK
LOCK
MU
MD
조명등
D05의 10번 핀에
연결
D05
2.0W
2.0L
2.0R
2.0Br
MD01
우측 앞
윈도우 스위치
6번 핀에 연결
MD05
M46
MD06
조인트 컨넥터
D25
D35
좌측 뒤
파워
윈도우
스위치
우측 뒤
파워
윈도우
스위치
0.3B
D21
D31
M
좌측 뒤
파워 윈도우
모터
우측 뒤
파워 윈도우
모터

파워 윈도우 회로(3)

3 파워 윈도우 회로의 단품 점검

1. 파워 윈도우 모터 퓨즈의 점검

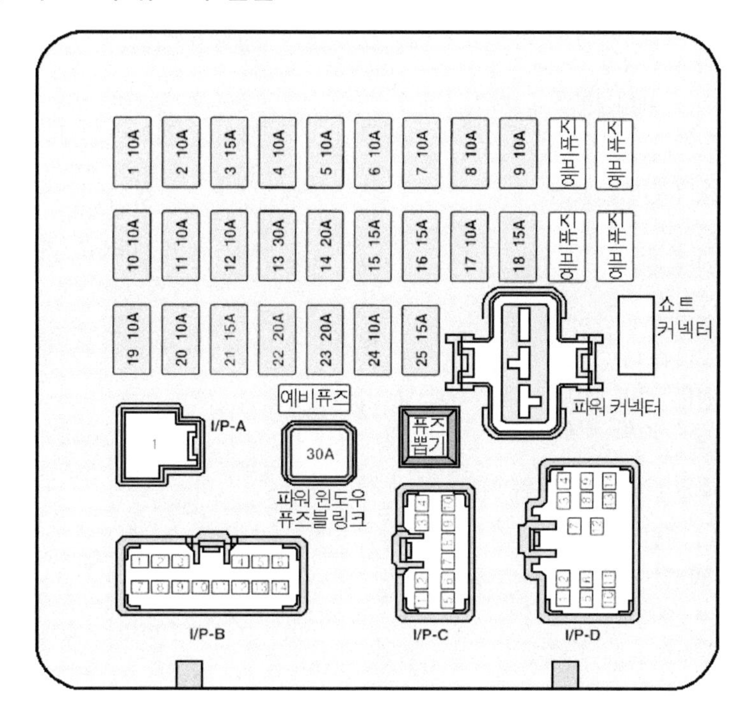

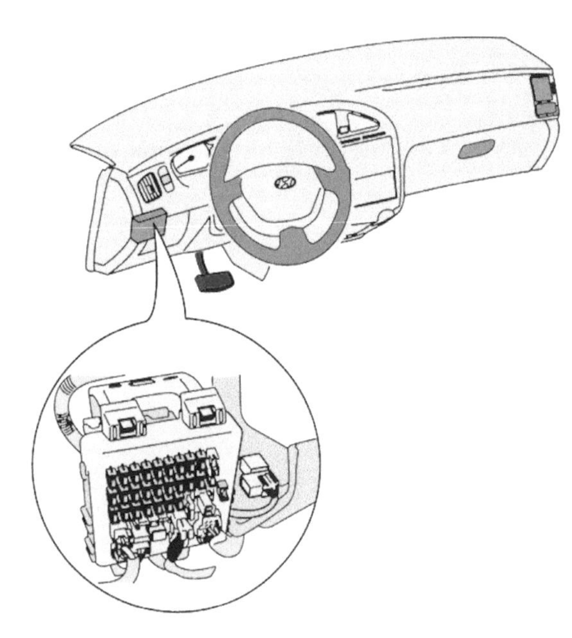

실내 퓨즈박스

■ 실내퓨즈박스의 파워 윈도우 퓨즈의 점검

표기 (A)	용량	연결회로	표기 (A)	용량	연결회로
1	10A	후진등, 인히비터 스위치, 비상등 스위치	14	20A	파워 안테나
2	10A	계기판, 제너레이터, ETACM, TACM	15	15A	도어 록 릴레이, 좌측 앞 도어 록 액추에이터, 선루프 릴레이
3	15A	에어백 컨트롤 모듈	16	15A	정지등 스위치, 아웃사이드 미러 폴딩, 파워 윈도우 릴레이
4	10A	비상등 스위치, 사이렌, ECM	17	10A	아웃사이드 미러 & 리어 윈도우 디포거
5	10A	에어컨 모듈, 블로어 릴레이, 블로어 모터	18	15A	시거 라이터, 파워 아웃사이드 미러
6	10A	방향등, 콤비 램프, 실내 스위치 조명등, 쇼트 커넥터	19	(10A)	(사용 안함)
7	10A	번호판등, 방향등, 콤비 램프	20	10A	에어컨 릴레이, 전조등 릴레이, AQS 센서
8	10A	도난 방지 릴레이, 인히비터 스위치, 스타트 릴레이	21	15A	리어 와이퍼 & 워셔
9	10A	시계, 오디오, 아웃사이드 미러 폴딩	22	15A	프런트 와이퍼 & 워셔
10	10A	TCM, ECM, 차속 센서, 이그니션 코일	23	(20A)	(사용 안함)
11	10A	ABS 컨트롤 모듈	24	10A	에어컨 모듈, 모드 스위치, ETACM, TACM, 블로어 릴레이, 선루프 릴레이
12	10A	계기판	25	10A	실내등, 트렁크 룸 램프, 도어 램프, 자기 진단 점검 단자, 파워 커넥터, ETACM, TACM, 에어컨 모듈, 오디오, 시계
13	30A	디포거 릴레이	파워 윈도우	30A	파워 윈도우 릴레이

2. 파워 윈도우 모터의 고장진단

① 모터 터미널(terminal)을 배터리에 연결한다.

② 모터가 부드럽게 작동하는가 확인한다.

③ 모터 작동에 이상이 있으면 교환한다.

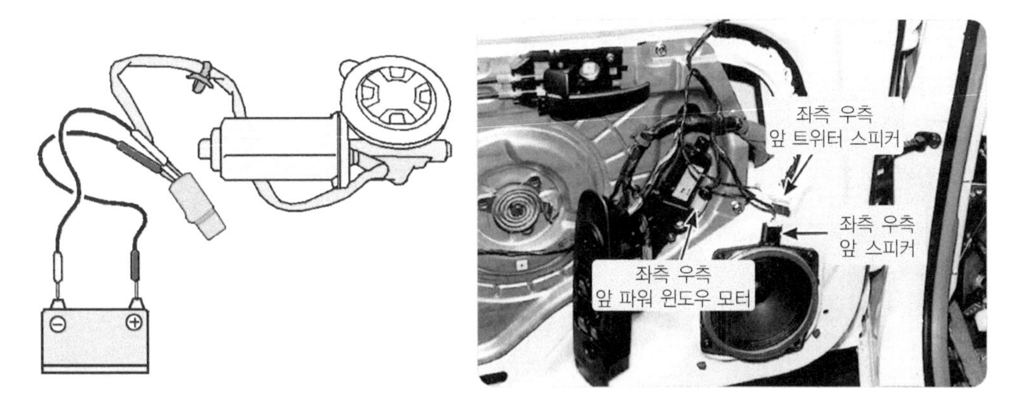

파워 윈도우 모터의 고장진단

3. 파워 윈도우 모터 릴레이의 고장진단

터미널 사이의 통전성을 점검한다.

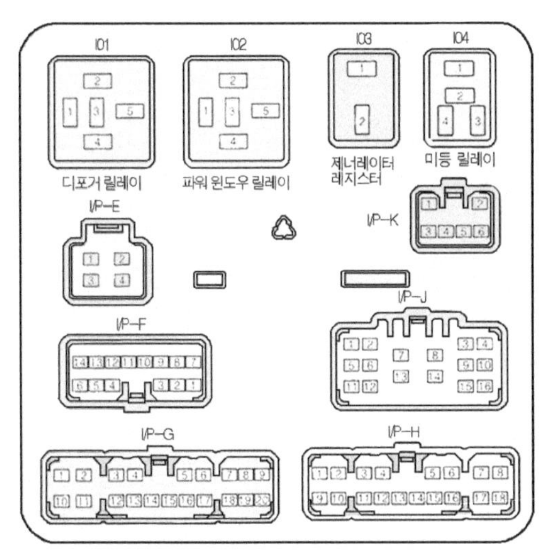

파워 윈도우 릴레이 점검

항 목	통 전 성
S_1과 S_2단자에 전원이 공급되지 않을 때 L-B사이	통전 안됨
S_1과 S_2단자에 전원이 공급될 때 L-B사이	통 전 됨

4. 파워 윈도우 모터 메인 스위치

① 파워 윈도우 스위치 커넥터를 분리시킨다.

② 스위치를 작동시키면서 각 스위치 터미널 사이의 통전여부를 점검한다.

③ 점검 결과가 규정에서 벗어나면 스위치를 교환한다.

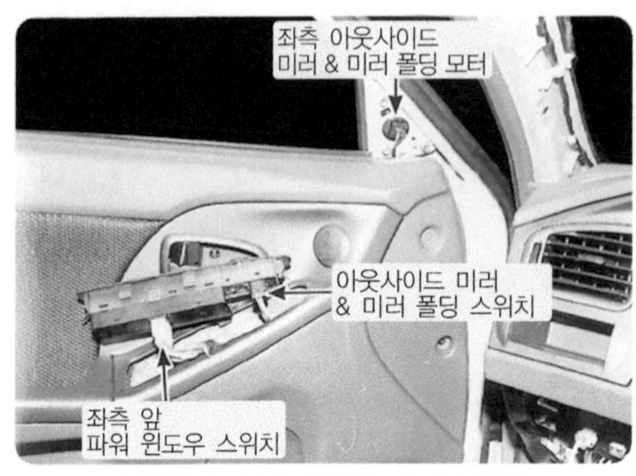

운전석 파워 윈도우 메인스위치

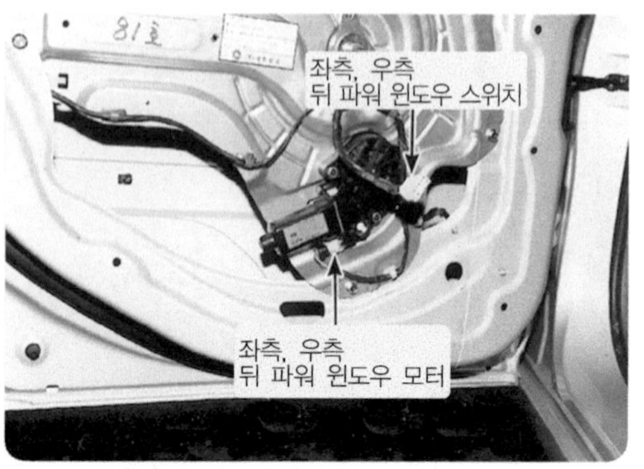

운전석 뒤 좌측 파워 윈도우 스위치

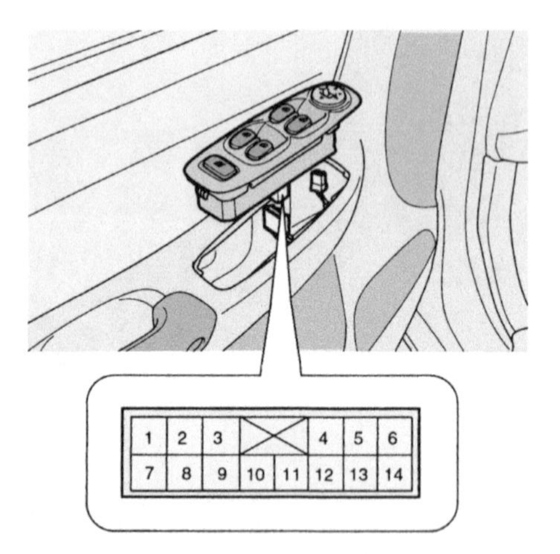

단자 \ 스위치위치	앞 왼쪽				앞 오른쪽				뒤 왼쪽				뒤 오른쪽			
	11	5	6	10	11	2	4	10	11	9	12	10	11	7	8	10
UP	●─	─●	●─	─●	●─	─●	●─	─●	●─	─●	●─	─●	●─	─●	●─	─●
OFF		●─	─●─	─●		●─	─●─	─●		●─	─●─	─●		●─	─●─	─●
DOWN	●─	──	─●		●─	──	─●		●─	──	─●		●─	──	─●	
		●─	──	─●		●─	──	─●		●─	──	─●		●─	──	─●

운전석 파워 윈도우 모터 스위치

5. 파워 윈도우 잠금 스위치

위치 \ 단자	1	11
NORMAL	●	●
LOCK		

6. 파워 윈도우 서브 스위치

① 도어 트림 패널에서 스위치를 탈거한다.

② 단자간 도통을 점검한다. 도통이 일치하지 않으면 스위치를 교환한다.

위치 \ 단자	1	3	4	6	8
UP	●			●	
		●			●
OFF		●			●
	●		●		
DOWN		●		●	
	●		●		

파워 윈도우 서브 스위치

7. 파워 윈도우 모터 전류 소모 시험

① 프런트 도어 트림 판넬을 탈거한다. (파워윈도우 레귤레이터 탈, 부착 참조)

② 파워 윈도우 모터 커넥터 2개 단자 중 한곳에 훅크 메타를 건다.

③ 파워 윈도우 스위치로 올리고 내리면서 전류값을 측정한다.

SPECIFICATION (25±5℃, 12V 에서)		
무부하	회전수(rpm)	70↑
	전류(A)	4A↓
30kgf.cm 부하시	회전수(rpm)	65±12
	전류(A)	10A↓
구속시	토크(kgf.cm)	85±20
	전류(A)	25A↓

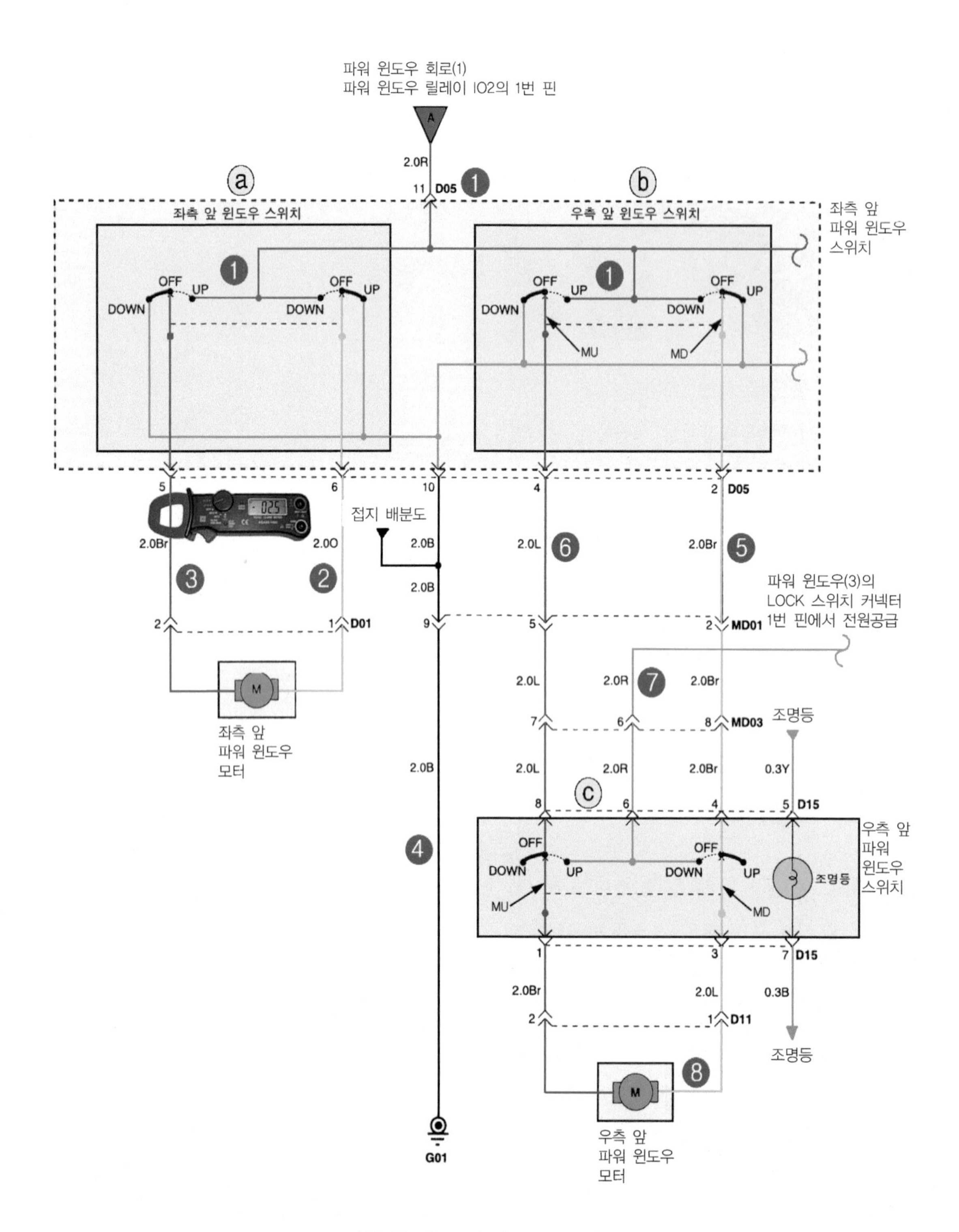

파워 윈도우 모터 전류 소모 시험

④ 파워 윈도우 고장진단

고장상태	고장 내용
모든 문의 파워 윈도우가 작동하지 않는다.	• 배터리 불량 및 터미널 연결 상태 불량 • 파워 윈도우 퓨즈의 불량 • 파워 윈도우 메인 S/W의 불량 • 파워 윈도우 릴레이 불량 • 파워 윈도우 모터의 불량 및 커넥터 연결 상태 불량
한쪽의 파워 윈도우만 작동하지 않는다.	• 서브 S/W의 불량 • 파워 윈도우 모터의 불량 및 커넥터 연결 상태의 불량
파워 윈도우 작동시 유리의 상하방향 작동이 느림	• 파워 윈도우 유리 가이드 레일 조정불량 • 가이드 고무 불량 • 이 경우 유리가 작동 중에 이탈되거나 작동이 무거워지며, 끝까지 움직이지 않을 수 있다.
	• 파워 윈도우 모터 불량
	• 파워 윈도우 레귤레이터 불량 • 이 경우 파워 윈도우 모터는 작동되지만 유리가 움직이지 않거나 작동이 무거워지면서 작동시 소음이 발생된다.
	• 도어 내부에 이물질 유입
파워 윈도우 작동시 유리가 끝까지 올라가지 않거나 유리가 레일에서 이탈됨	• 파워 윈도우 유리 가이드 레일 조정불량 • 가이드 고무 불량 • 이 경우 유리가 작동 중에 이탈되거나 작동이 무거워지며, 끝까지 움직이지 않을 수 있다.
	• 파워 윈도우 레귤레이터 불량 • 이 경우 파워 윈도우 모터는 작동되지만 유리가 움직이지 않거나 작동이 무거워지면서 작동시 소음이 발생된다.
	• 도어 내부에 이물질 유입

11 히터 블로어 모터 교환

1 히터 블로어 모터의 조작(혼합식 기준)

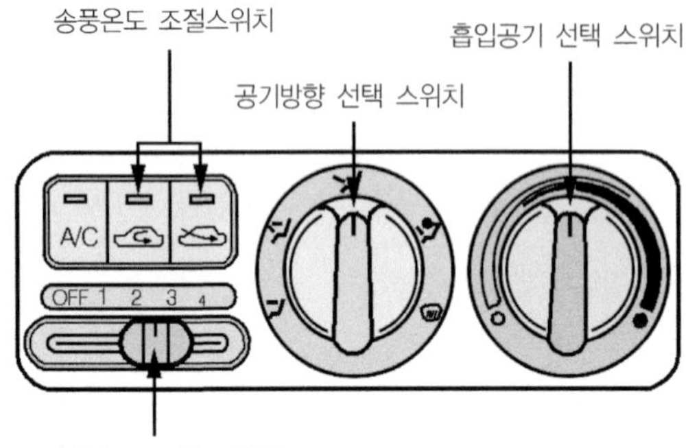

로터리식 컨트롤 패널

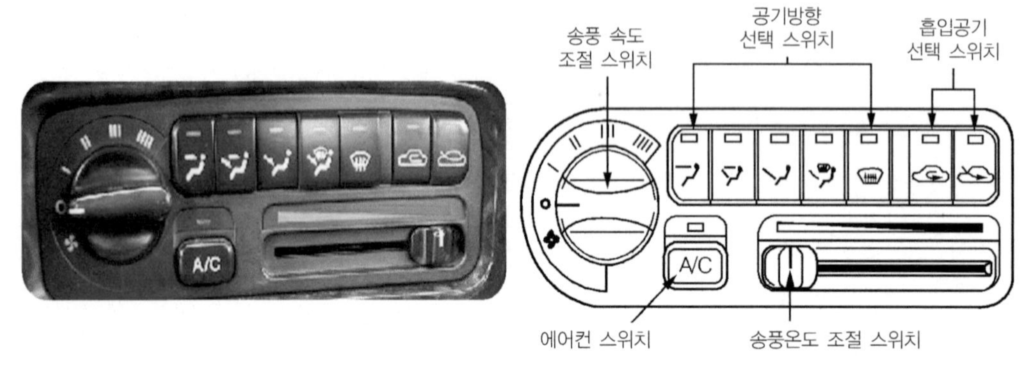

혼합식 컨트롤 패널

① 에어컨 스위치를 눌러서 ON 상태로 한다.
② 송풍속도 조절 스위치를 1단 위치로 한다.
③ 공기방향 선택 스위치를 얼굴위치로 하여 바로 점검한다.
④ 송풍온도 조절 스위치를 히터 위치로 한다(붉은색 방향).
⑤ 흡입공기 선택 스위치를 외부공기 흡입모드나 실내공기 재순환 모드 중에서 선택한다.

② 히터 블로어 모터의 교환 방법

1. 블로어 유닛 분해 조립

① 배터리로부터 ⊖ 터미널을 탈거한다.
② 이배퍼레이터 유닛을 탈거한다.
③ 블로어 모터 커넥터와 블로어 레지스터 커넥터를 탈거한다.
④ 블로어 유닛의 마운팅 볼트를 탈거한다.
⑤ 블로어 유닛을 탈거한다.
⑥ 조립은 분해의 역순으로 한다.

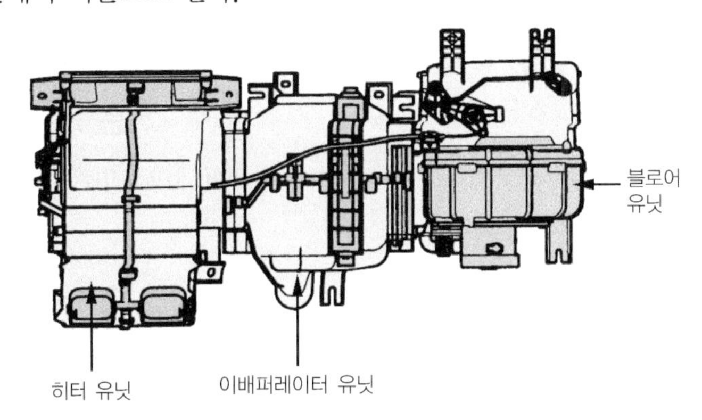

블로어 유닛 탈거

2. 블로어 모터 분해 조립

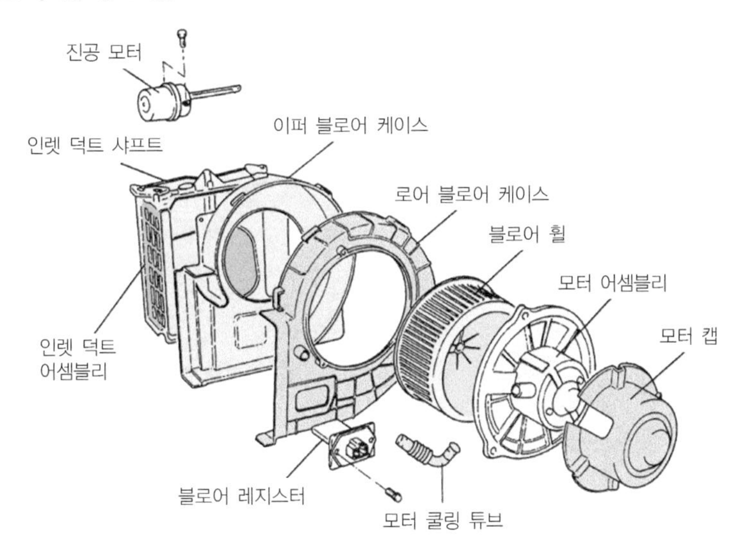

블로어 팬 모터 구성 부품

① 블로어 유닛으로부터 모터 쿨링 튜브를 탈거한다.
② 진공 모터를 탈거한다.
③ 로어 케이스 어셈블리로부터 블로어 어퍼 케이스 어셈블리를 탈거한다.

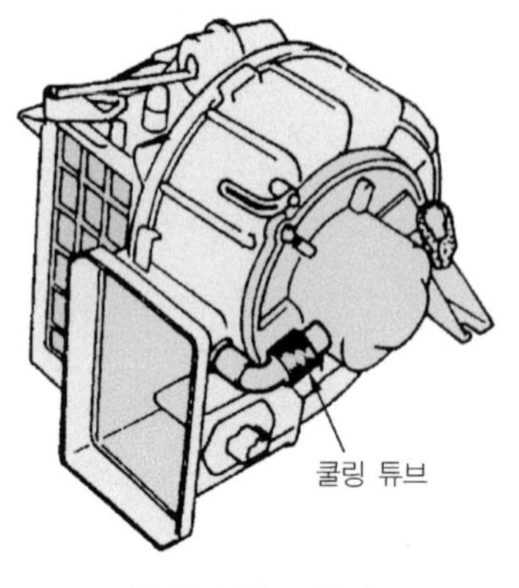

쿨링 튜브 탈거

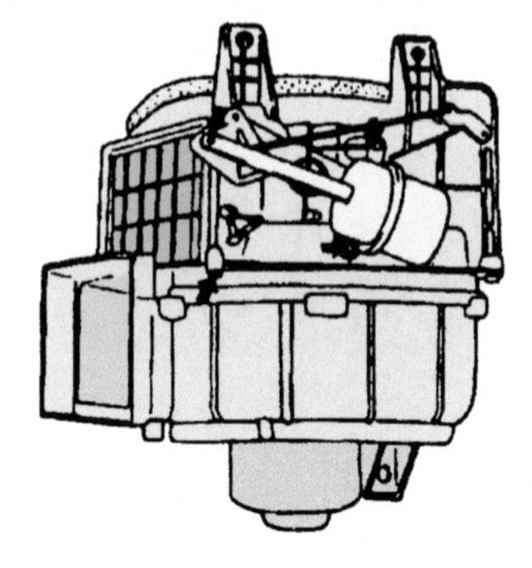
어퍼 케이스 어셈블리 탈거

④ 블로어 레지스터를 탈거한다.
⑤ 블로어 아웃렛 덕트 어셈블리로부터 블로어 모터 어셈블리를 탈거한다.
⑥ 블로어 모터 캡을 탈거한다.

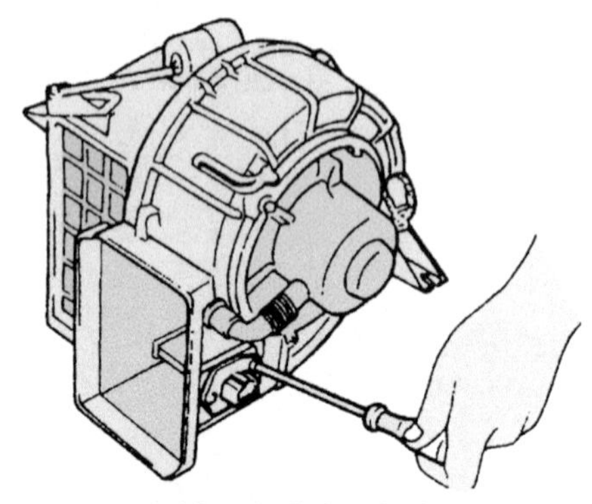
블로어 레지스터 탈거

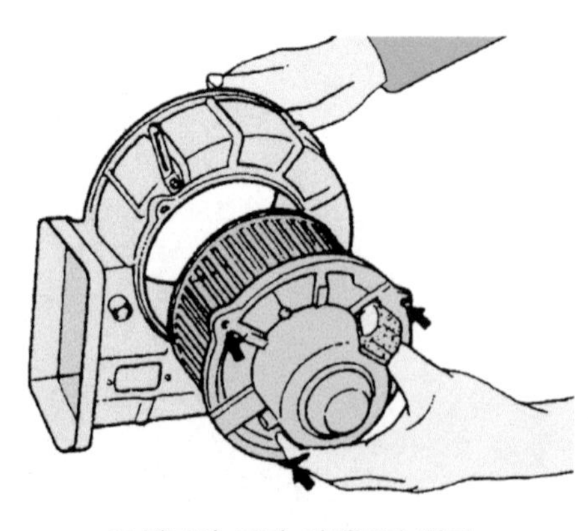
블로어 모터 어셈블리 탈거

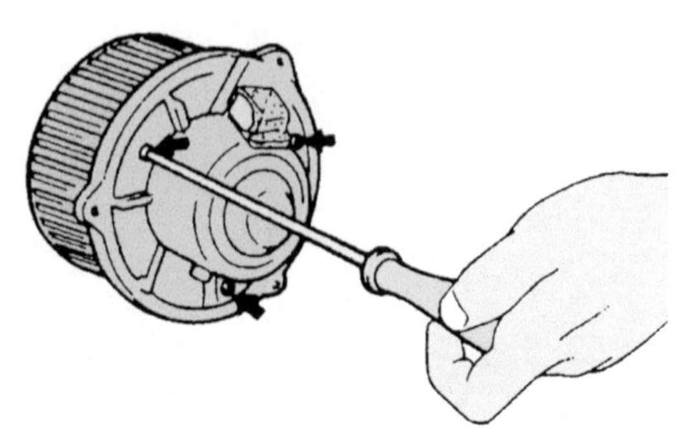
블로어 모터 캡 탈거

⑦ 블로어 모터 샤프트의 끝으로부터 와셔 클립을 탈거한다.
⑧ 블로어 모터로부터 블로어 팬을 탈거한다.
⑨ 조립은 분해의 역순으로 한다.

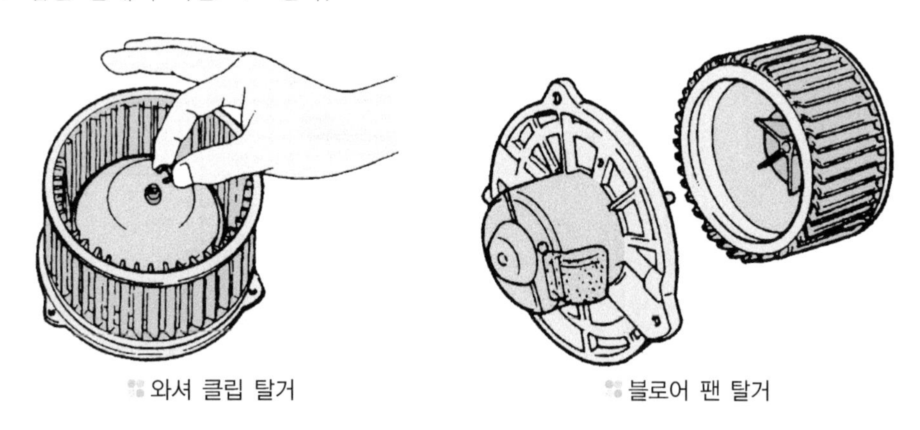

와셔 클립 탈거 블로어 팬 탈거

③ 블로어 모터 및 블로어 레지스터 점검

1. 진공 모터 점검

① 진공 핸드 펌프(마이백)를 각각의 진공 커넥터에 연결하고 510mmHg의 압력을 가한다.
② 진공 모터의 격막으로부터 진공이 누설되는지 검사하고 샤프트가 최초의 위치로 부드럽게 되돌아오는지를 검사한다. 만약 이상이 있는 경우 진공 모터를 교환한다.

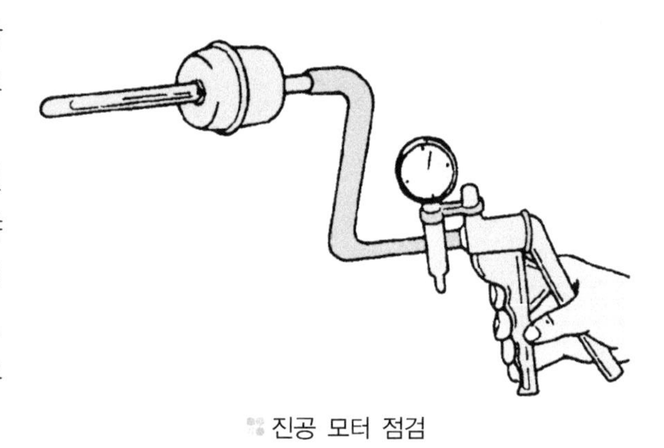

진공 모터 점검

2. 블로어 모터 점검

① 블로어 모터 어셈블리의 로테이팅 샤프트에 휨이나 비정상적인 마모가 있는지 검사한다.
② 패킹에 균열이나 결함이 있는지 검사한다.
③ 팬에 손상이 있는지 검사한다.
④ 블로어 케이스의 손상을 점검한다.
⑤ 내외 선택 댐퍼의 작동을 점검한다.

⑥ 블로어 모터 터미널을 직접 배터리에 연결하고 블로어 모터가 부드럽게 작동하는지 점검한다.

⑦ 극성을 바꾸어 연결했을 때 모터가 부드럽게 반대로 회전하는지 점검한다.

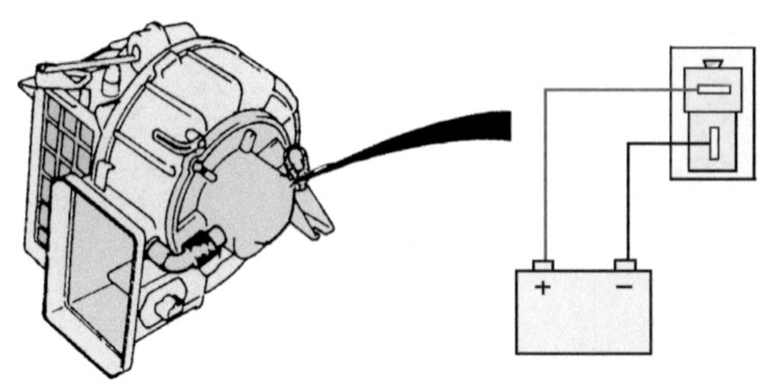

블로어 모터 작동 점검

3. 블로어 레지스터 점검

블로어 레지스터의 터미널과 터미널간의 저항을 측정한다. 만일 측정된 저항값이 규정값을 벗어나면 블로어 레지스터를 교환한다.

터미널 / 속도 / 저항계	1	2	3	4	저항(Ω)
	MH	ML	HI	LO	
통전			●	●	2.9±15%
통전		●	●		1.2±0.12%
통전	●		●		0.4±0.04%

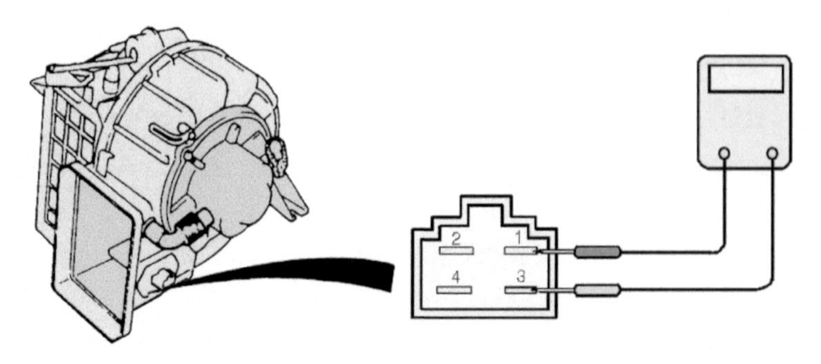

블로어 레지스터 작동 점검

4 차종별 블로어 모터 설치위치

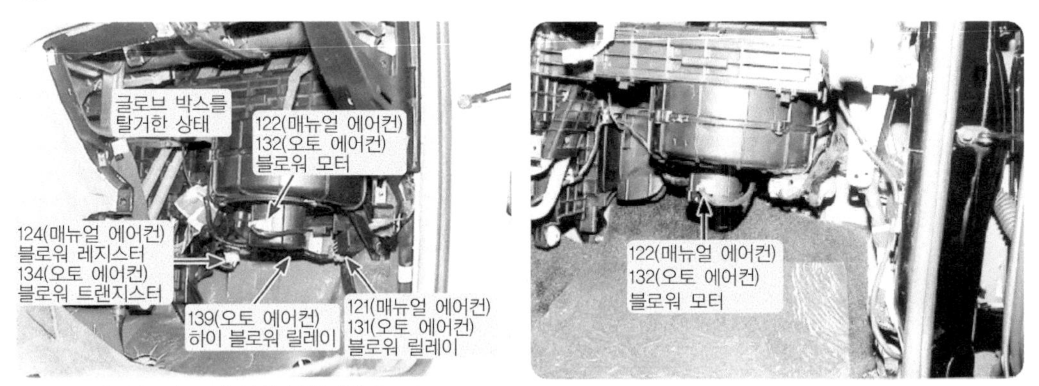

블로어 모터 설지 위치(아반떼 XD)

블로어 모터 설치 위치(투스카니)

12 블로어 모터 회로 점검

1 블로어 모터의 조작(혼합식 기준)

① 에어컨 스위치를 눌러서 ON 상태로 한다.
② 송풍속도 조절 스위치를 1단 위치로 한다.
③ 공기방향 선택 스위치를 얼굴위치로 하여 바로 점검한다.
④ 송풍온도 조절 스위치를 히터 위치로 한다.(붉은색 방향)
⑤ 흡입공기 선택 스위치를 외부공기 흡입모드나 실내공기 재순환 모드중에서 선택한다.

로터리식 컨트롤 패널

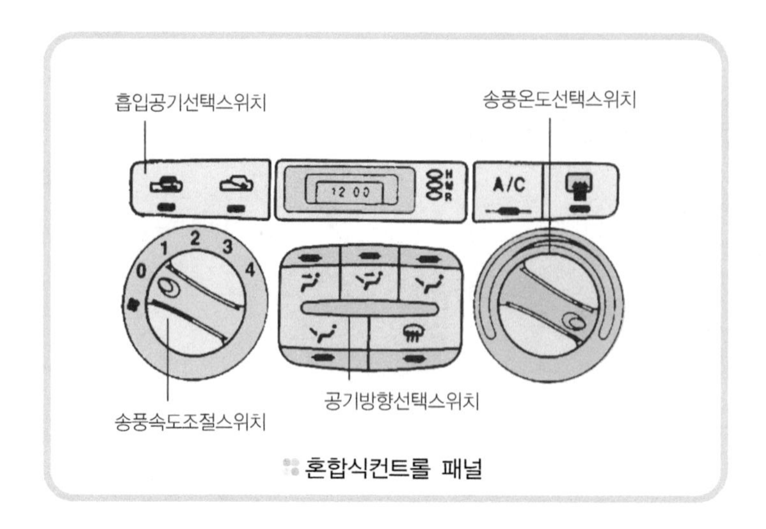

혼합식컨트롤 패널

② 블로어 모터 회로의 전류 흐름(점화 스위치 ON, 블로어 스위치 ON) - EF쏘나타

1. 블로어 스위치

배터리 ⊕ → 2번 퓨저블 링크(30A)(Ⓐ) → 점화 스위치 5번 단자(AM) → 점화 스위치 1번 단자(ON) → 8번 퓨즈(10A)(Ⓘ) → 블로어 릴레이 1번 단자(Ⓔ) → 블로어 릴레이 3번 단자(Ⓙ) → 블로어 스위치 2번 단자(Ⓙ) → 블로어 스위치 접점(Ⓖ) → 블로어 스위치 1번 단자(Ⓗ) → 접지

2. 블로어 모터

배터리 ⊕(상시 전원) → 블로어 퓨즈(30A)(Ⓐ) → 블로어 릴레이 4번 단자(Ⓑ) → 블로어 릴레이 5번 단자(Ⓒ) → 블로어 모터 2번 단자(Ⓓ) → 블로어 모터 1번 단자(Ⓔ) → 블로어 스위치 6번 단자 또는 블로어 레지스터 3번 단자(Ⓕ)→ 블로어 스위치 접점(Ⓖ) → 블로어 스위치 1번 단자(Ⓗ) → 접지

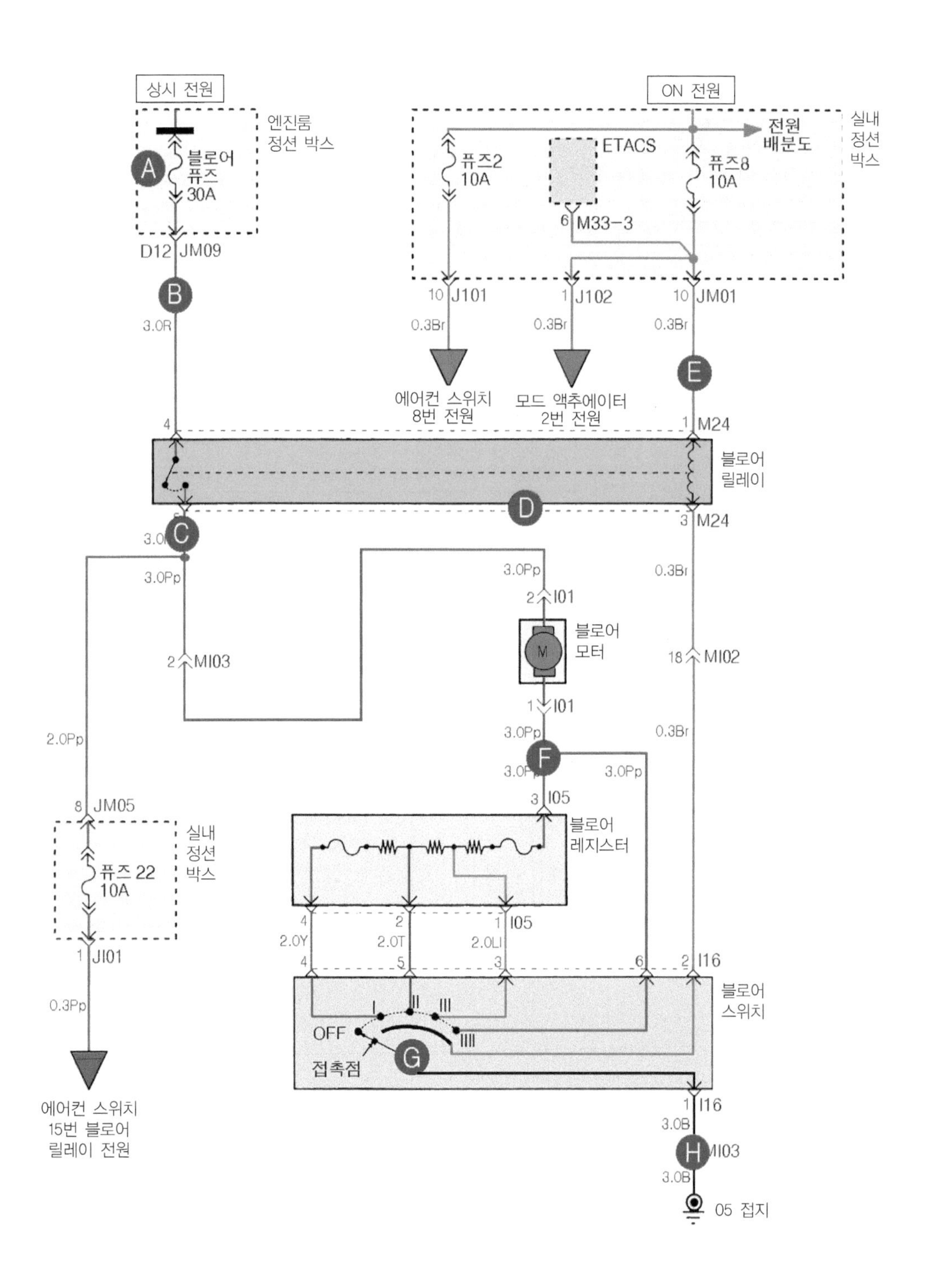

상시 전원
엔진룸 정션 박스
블로어 퓨즈 30A
D12 JM09
3.0R
ON 전원
전원 배분도
실내 정션 박스
퓨즈2 10A
ETACS
퓨즈8 10A
6 M33-3
10 J101
1 J102
10 JM01
0.3Br
에어컨 스위치 8번 전원
모드 액추에이터 2번 전원
4
1 M24
블로어 릴레이
3 M24
3.0Pp
2 I01
블로어 모터
1 I01
18 MI02
2 MI03
2.0Pp
8 JM05
실내 정션 박스
퓨즈 22 10A
1 JI01
0.3Pp
3 I05
블로어 레지스터
4 2 1 I05
2.0Y 2.0T 2.0LI
4 5 3 6 2 I16
블로어 스위치
OFF
접촉점
1 I16
3.0B
MI03
05 접지
에어컨 스위치 15번 블로어 릴레이 전원

③ 블로어 회로의 단품 점검

1. 블로어 퓨즈의 점검

블로어 퓨즈의 이상 유무를 확인한다.

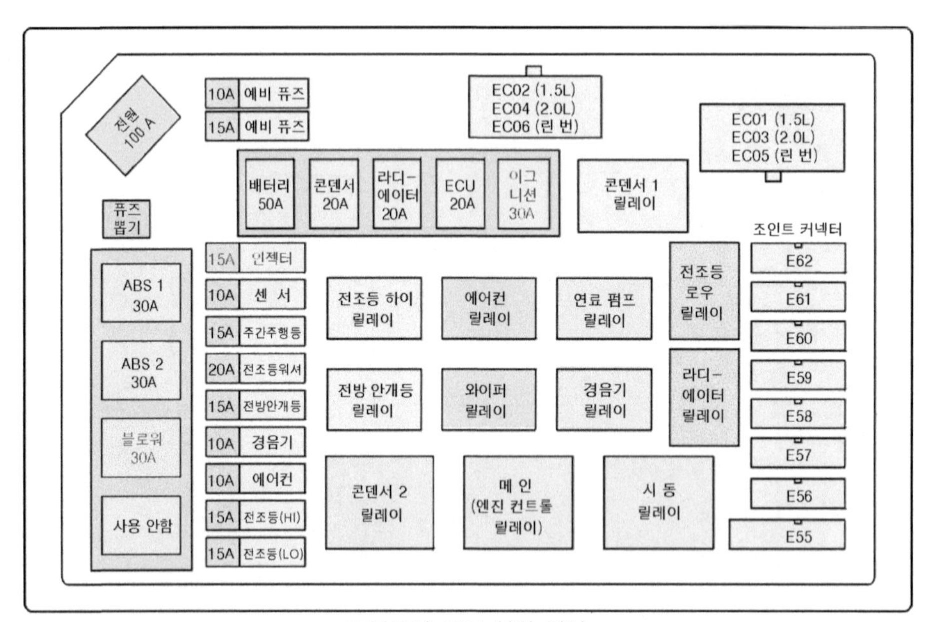

블로어 퓨즈 설치 위치

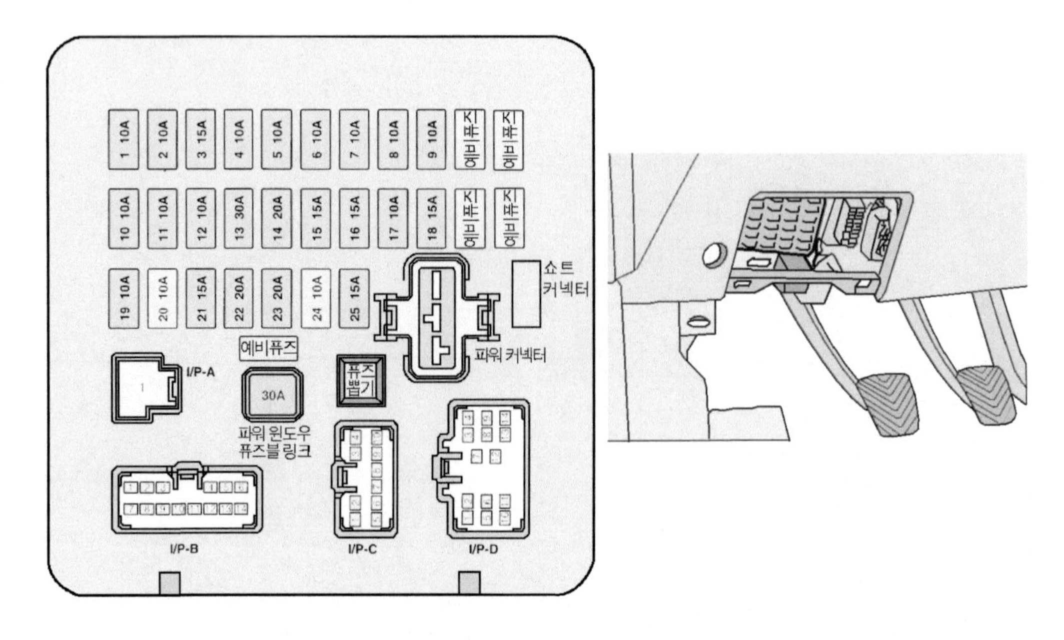

실내 퓨즈 박스

■ 실내퓨즈박스의 블로어 모터 퓨즈의 점검

표기 (A)	용량	연결회로	표기 (A)	용량	연결회로
1	10A	후진등, 인히비터 스위치, 비상등 스위치	14	20A	파워 안테나
2	10A	계기판, 제너레이터, ETACM, TACM	15	15A	도어 록 릴레이, 좌측 앞 도어 록 액추에이터, 선루프 릴레이
3	15A	에어백 컨트롤 모듈	16	15A	정지등 스위치, 아웃사이드 미러 폴딩, 파워 윈도우 릴레이
4	10A	비상등 스위치, 사이렌, ECM	17	10A	아웃사이드 미러 & 리어 윈도우 디포거
5	10A	에어컨 모듈, 블로어 릴레이, 블로어 모터	18	15A	시거 라이터, 파워 아웃사이드 미러
6	10A	방향등, 콤비 램프, 실내 스위치 조명등, 쇼트 커넥터	19	(10A)	(사용 안함)
7	10A	번호판등, 방향등, 콤비 램프	20	10A	에어컨 릴레이, 전조등 릴레이, AQS 센서
8	10A	도난 방지 릴레이, 인히비터 스위치, 스타트 릴레이	21	15A	리어 와이퍼 & 워셔
9	10A	시계, 오디오, 아웃사이드 미러 폴딩	22	15A	프런트 와이퍼 & 워셔
10	10A	TCM, ECM, 차속 센서, 이그니션 코일	23	(20A)	(사용 안함)
11	10A	ABS 컨트롤 모듈	24	10A	에어컨 모듈, 모드 스위치, ETACM, TACM, 블로어 릴레이, 선루프 릴레이
12	10A	계기판	25	10A	실내등, 트렁크 룸 램프, 도어 램프, 자기 진단 점검 단자, 파워 커넥터, ETACM, TACM, 에어컨 모듈, 오디오, 시계
13	30A	디포거 릴레이	파워 윈도우	30A	파워 윈도우 릴레이

4 3개의 커넥터 핀으로 구성된 릴레이 점검

1. 구 성

① **B+단자** : 릴레이에 배터리 전원이 입력되는 단자이다.

② **E 단자** : 스위치를 통해서 접지되는 단자이다.

③ **L 단자** : 액추에이터에 전원을 공급하는 단자이다.

2. 작동 원리

B+ 단자에 배터리 ⊕를 접속하고 액추에이터와 스위치에 배터리 ⊖를 연결하고 스위치를 닫아 릴레이 코일에 전류가 흐르면 전자석이 형성되어 접점이 닫히므로 액추에이터에 전류가 흐른다.

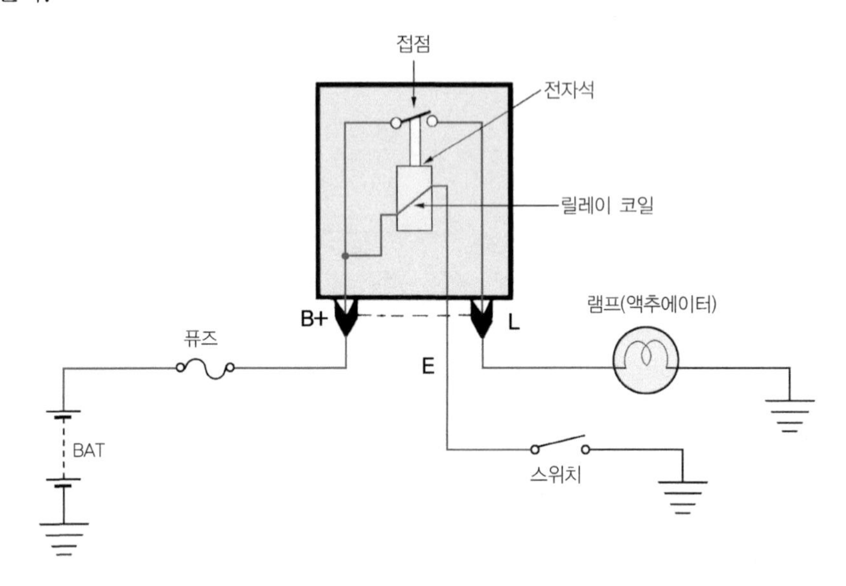

3. 점검 방법(멀티미터 메인 셀렉터 R 위치 : 저항 위치)

① **정상** : 테스트 프로브를 B+ 단자와 E 단자에 접촉시켰을 때 도통된다.
테스트 프로브를 B+ 단자와 L 단자에 접촉시켰을 때 불통된다.
테스트 프로브를 L 단자와 E 단자에 접촉시켰을 때 불통된다.

② **불량** : B+ 단자와 E 단자에 접촉시켰을 때 불통되면 릴레이 코일의 단선이다.
B+ 단자와 L 단자에 접촉시켰을 때 도통되면 릴레이 접점의 단락이다.
L 단자와 E 단자에 접촉시켰을 때 도통되면 내부적인 단락이다.

5 4개의 커넥터 핀으로 구성된 릴레이

1. 구 성

① **B + 단자** : 릴레이에 배터리 전원이 입력되는 단자이다.

② **S_1 단자** : 릴레이 코일에 배터리 전원이 입력되는 단자이다.

③ **S_2 단자** : 스위치를 통하여 접지되는 단자이다.

④ **L 단자** : 액추에이터에 전원을 공급하는 단자이다.

2. 점검 방법(멀티미터 메인 셀렉터 R 위치 : 저항 위치)

① **정 상**

㉮ 테스트 프로브를 B+단자와 L 단자에 접촉시켰을 때 불통된다.
㉯ 테스트 프로브를 S_1 단자와 S_2 단자에 접촉시켰을 때 도통된다.
㉰ 테스트 프로브를 B+단자와 S_1 단자에 접촉시켰을 때 불통된다.
㉱ 테스트 프로브를 S_1 단자와 L 단자에 접촉시켰을 때 불통된다.

② **불 량**

㉮ B+ 단자와 L 단자에 접촉시켰을 때 도통되면 릴레이 접점의 단락이다.
㉯ S_1 단자와 S_2 단자에 접촉시켰을 때 불통되면 릴레이 코일의 단락이다.
㉰ S_1 단자와 B+ 단자 또는 L 단자에 접촉시켰을 때 도통되면 내부적인 단락이다.

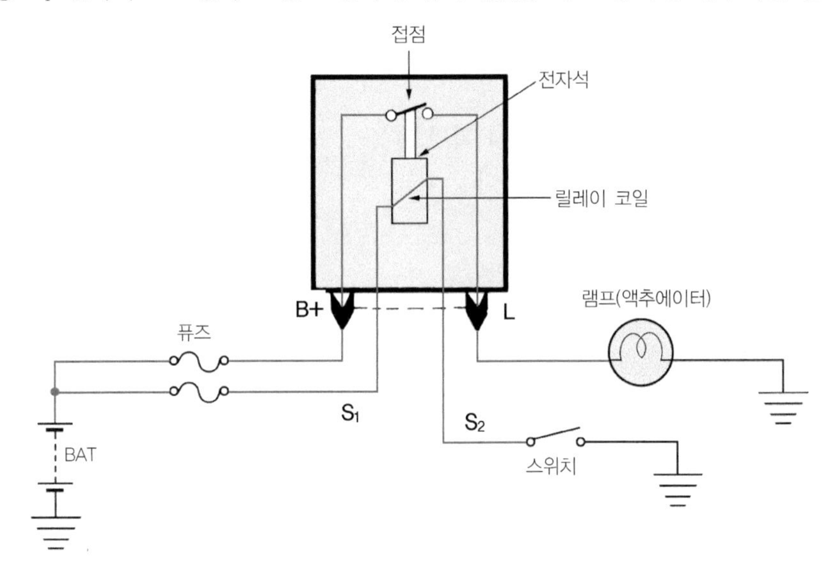

3. 블로어 모터 스위치의 점검

블로어 모터 스위치와 커넥터의 연결 상태를 점검한다.

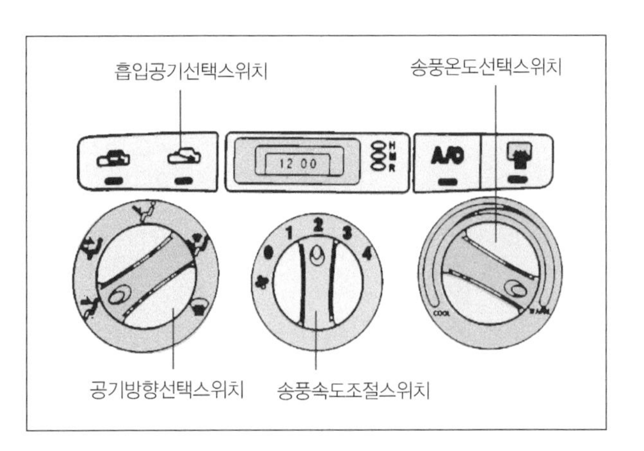

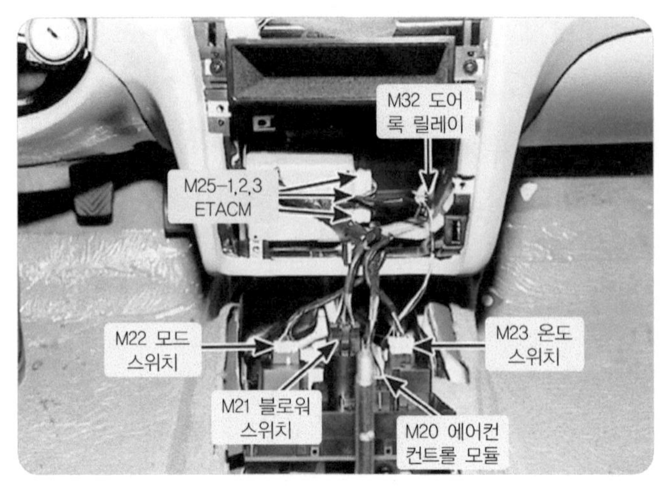

블로어 모터 스위치의 점검

4. 블로어 모터의 점검

① 블로어 모터 회전축이 휘어졌는지 확인한다.

② 패킹한 곳이 금이 갔는지 확인한다.

③ 팬 손상여부를 확인한다.

④ 블로어 케이스 손상여부를 확인한다.

⑤ 공기 선택 탬퍼 작동을 확인한다.

⑥ 블로어 모터를 직접 배터리에 연결해서 부드럽게 작동하는지 확인한다.

⑦ 극성을 반대로 해서 반대 방향으로 작동하는지 확인한다.

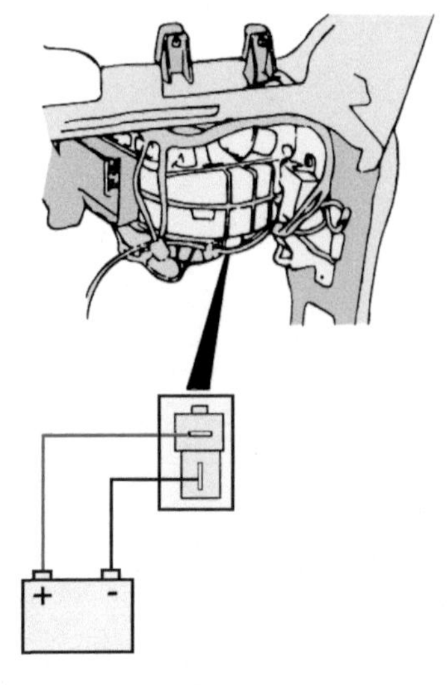

블로어 모터의 점검

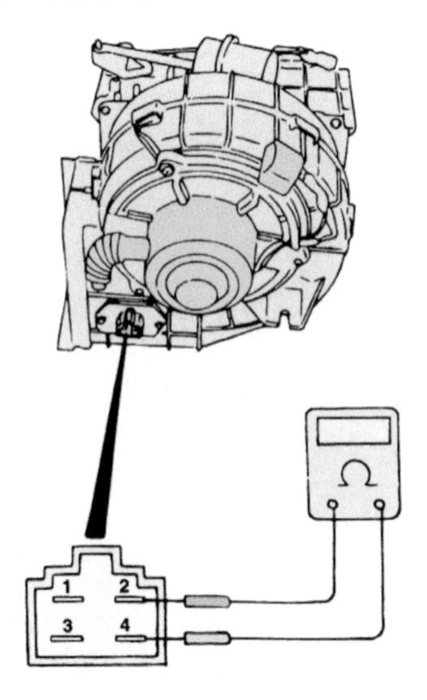

블로어 레지스터의 점검

5. 블로어 레지스터의 점검

① 터미널간 저항을 측정해서 규정값 내에 있지 않으면 블로어 레지스터를 교환한다.

터미널 / 속도 / 저항계	1	2	3	4	저항(Ω)
	ML	MH	LO	HI	
통전			●	●	2.9±15%
	●	─	─	●	1.2±0.12%
		●	─	●	0.4±0.04%

6 블로어 회로의 고장진단

고장상태	고장 내용
블로어 모터가 작동되지 않는다.	• 배터리의 불량 및 터미널의 연결 상태 불량 • 블로어 모터 S/W 불량 및 커넥터 연결 상태 불량 • 블로어 모터 릴레이 및 퓨즈 불량 • 블로어 모터의 불량 • 배선의 단선 및 단락
블로어 모터의 회전이 원활하지 않다.	• 스위치의 접촉 불량 • 블로어 모터에 이물질이 많이 부착됨 • 배선의 단락 및 블로어 모터의 내부 저항 증가

13 도어 록 회로 점검

1 도어 록의 조작

① **운전석 도어 록 스위치(A)** : 운전석 도어를 잠그기 위한 것

② **파워 윈도우 메인 스위치의 도어 록 스위치 (B)** : 운전석에서 모든 문의 도어를 잠금(앞쪽을 누름)과 열림(뒤쪽을 누름)을 조정할 수 있는 스위치

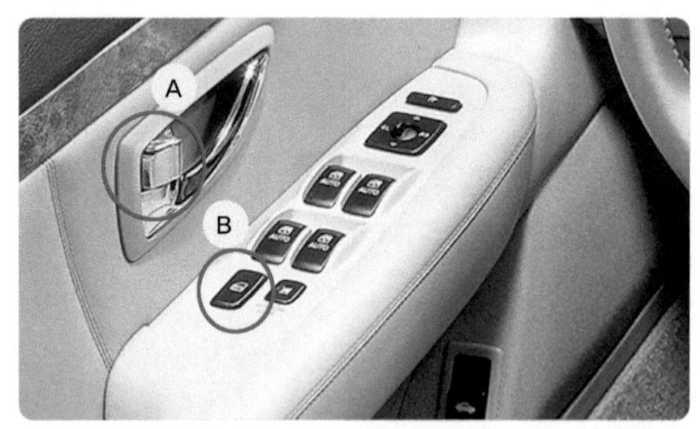

도어 록 조작

2 도어 록의 구성 부품

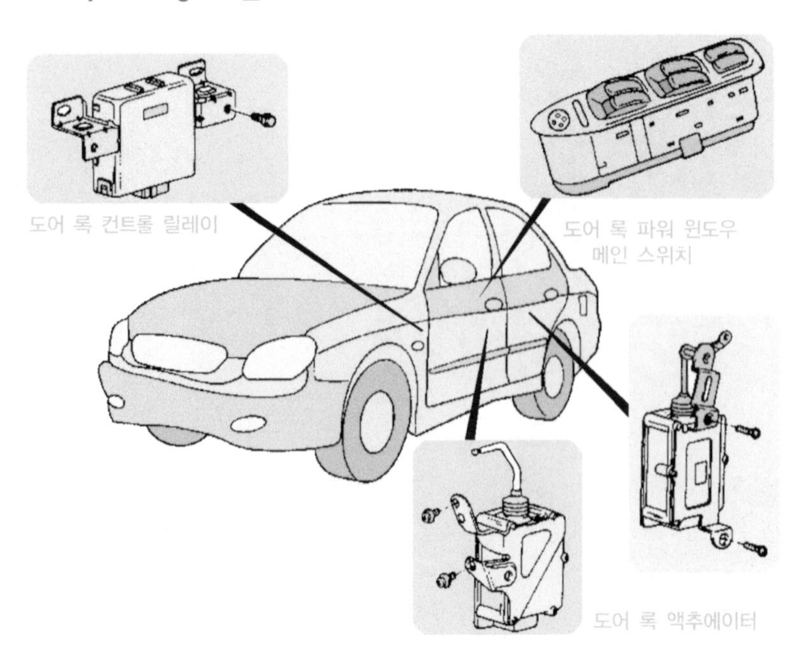

3 회로도(EF쏘나타)

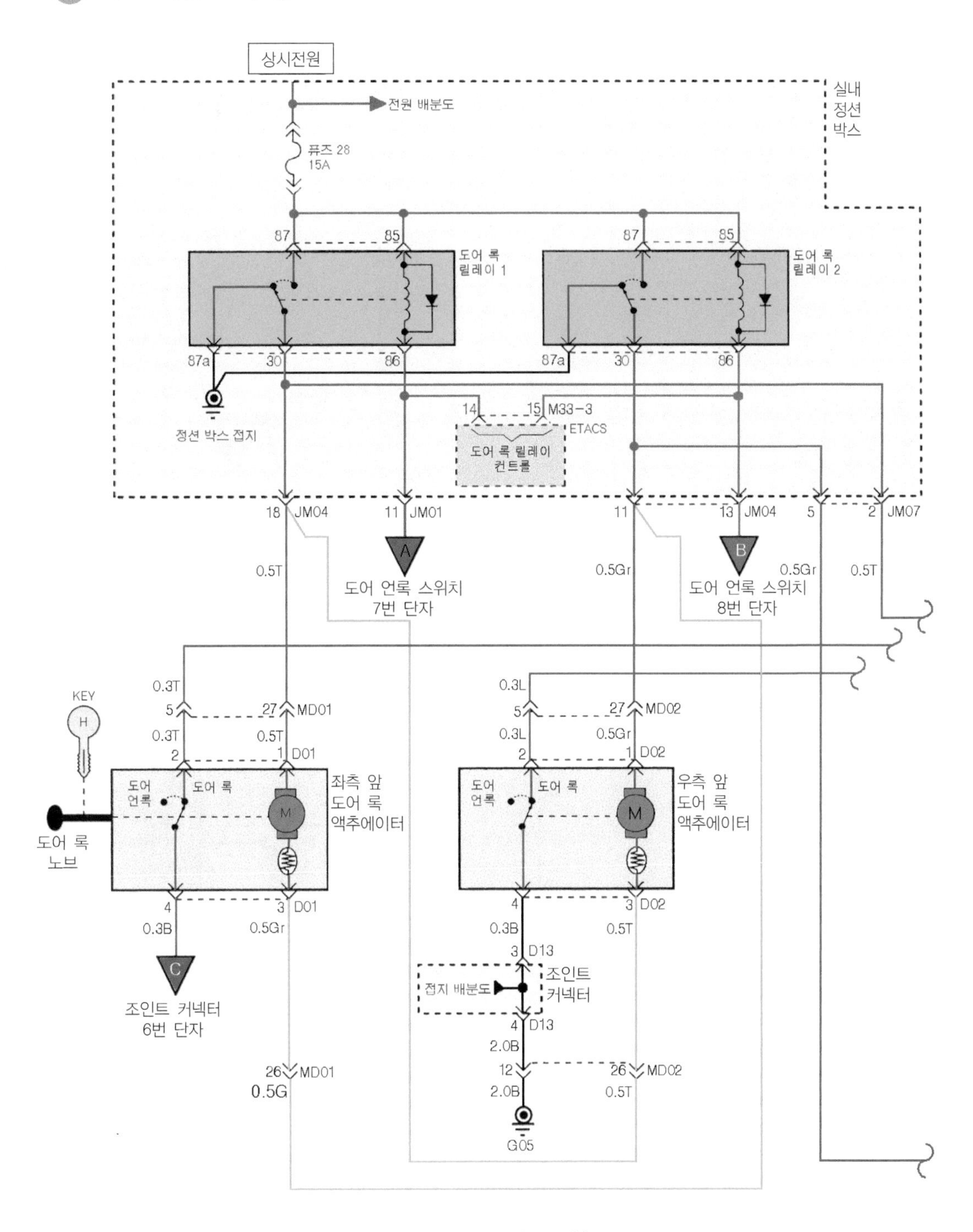

도어 록 회로도 (1)

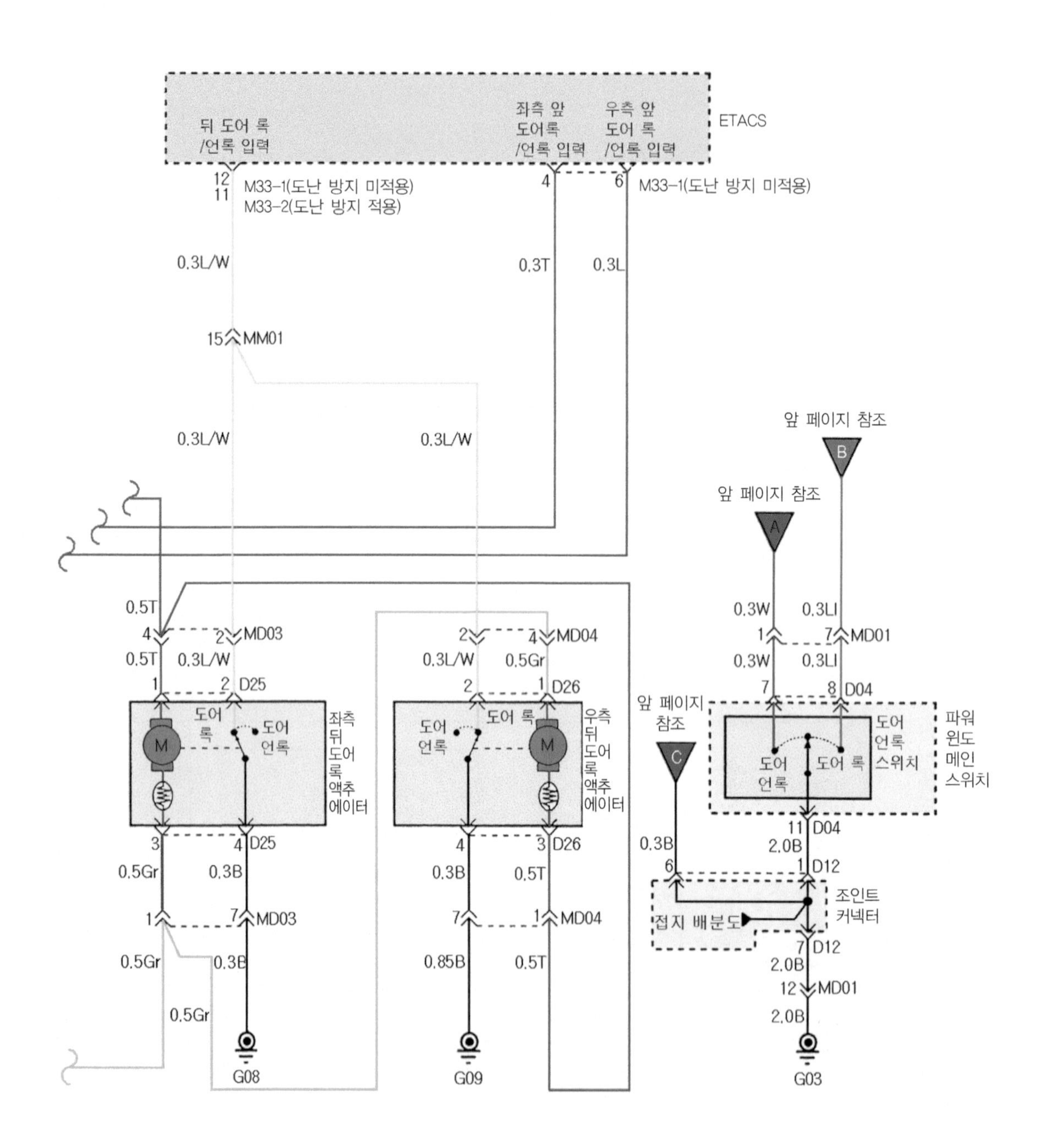

뒤 도어 록
/언록 입력
좌측 앞
도어록
/언록 입력
우측 앞
도어 록
/언록 입력
ETACS
12
11
M33-1(도난 방지 미적용)
M33-2(도난 방지 적용)
4
6
M33-1(도난 방지 미적용)
0.3L/W
0.3T
0.3L
15
MM01
0.3L/W
0.3L/W
앞 페이지 참조
B
앞 페이지 참조
A
0.5T
4
2
MD03
2
4
MD04
0.3W
0.3LI
1
7
MD01
0.5T
0.3L/W
0.3L/W
0.5Gr
0.3W
0.3LI
1
2
D25
2
1
D26
7
8
D04
도어
록
도어
언록
좌측
뒤
도어
록
액추
에이터
도어
언록
도어 록
우측
뒤
도어
록
액추
에이터
앞 페이지
참조
C
도어
언록
도어
언록
도어 록
스위치
파워
윈도
메인
스위치
3
4
D25
4
3
D26
11
D04
0.5Gr
0.3B
0.3B
0.5T
0.3B
2.0B
6
1
D12
1
7
MD03
7
1
MD04
조인트
커넥터
접지 배분도
0.5Gr
0.3B
0.85B
0.5T
7
D12
2.0B
12
MD01
0.5Gr
2.0B
G08
G09
G03

도어 록 회로도(2)

4 도어 록 시스템의 단품 점검(EF쏘나타)

1. 도어 록 퓨즈의 점검

도어 록 퓨즈의 이상 유무를 확인한다.

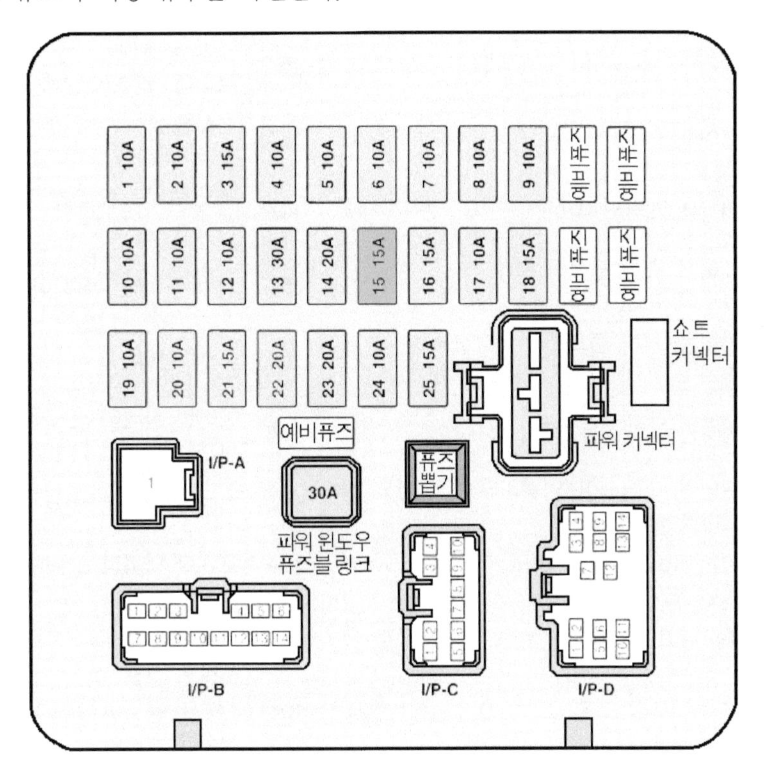

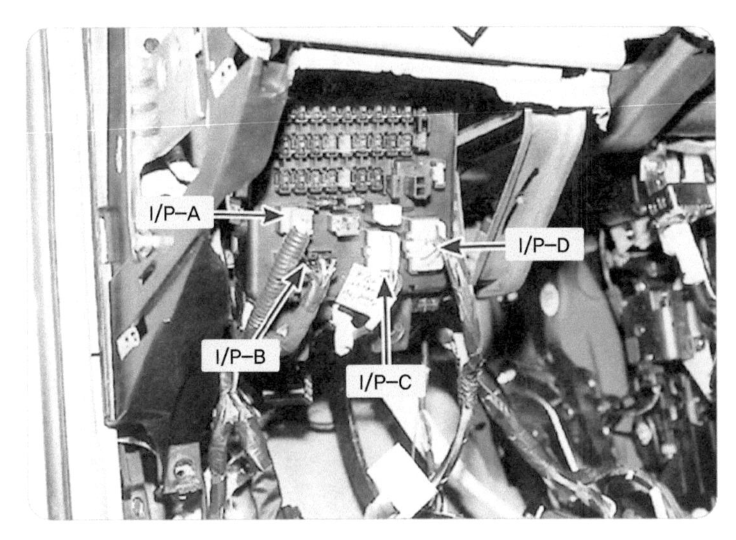

■ 실내 정션 박스의 도어 록 퓨즈의 점검

표기 (A)	용량	연결회로	표기 (A)	용량	연결회로
1	10A	후진등, 인히비터 스위치, 비상등 스위치	14	20A	파워 안테나
2	10A	계기판, 제너레이터, ETACM, TACM	15	15A	도어 록 릴레이, 좌측 앞 도어 록 액추에이터, 선루프 릴레이
3	15A	에어백 컨트롤 모듈	16	15A	정지등 스위치, 아웃사이드 미러 폴딩, 파워 윈도우 릴레이
4	10A	비상등 스위치, 사이렌, ECM	17	10A	아웃사이드 미러 & 리어 윈도우 디포거
5	10A	에어컨 모듈, 블로어 릴레이, 블로어 모터	18	15A	시거 라이터, 파워 아웃사이드 미러
6	10A	방향등, 콤비 램프, 실내 스위치 조명등, 쇼트 커넥터	19	(10A)	(사용 안함)
7	10A	번호판등, 방향등, 콤비 램프	20	10A	에어컨 릴레이, 전조등 릴레이, AQS 센서
8	10A	도난 방지 릴레이, 인히비터 스위치, 스타트 릴레이	21	15A	리어 와이퍼 & 워셔
9	10A	시계, 오디오, 아웃사이드 미러 폴딩	22	15A	프런트 와이퍼 & 워셔
10	10A	TCM, ECM, 차속 센서, 이그니션 코일	23	(20A)	(사용 안함)
11	10A	ABS 컨트롤 모듈	24	10A	에어컨 모듈, 모드 스위치, ETACM, TACM, 블로어 릴레이, 선루프 릴레이
12	10A	계기판	25	10A	실내등, 트렁크 룸 램프, 도어 램프, 자기 진단 점검 단자, 파워 커넥터, ETACM, TACM, 에어컨 모듈, 오디오, 시계
13	30A	디포거 릴레이	파워 윈도우	30A	파워 윈도우 릴레이

2. 도어 록 스위치의 고장 진단

① 와이어링 하니스에서 액추에이터 커넥터를 분리한다.

② 아래 표와 같이 각 단자에 배터리 전압을 가한 후 바르게 작동하는가 확인한다.

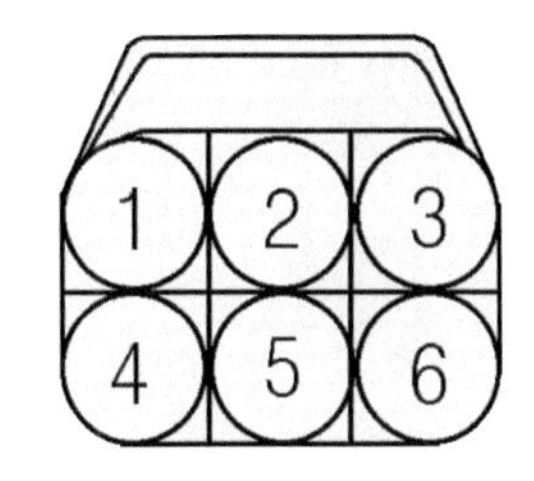

위치 \ 단자		4	6
프런트 좌측	잠김	⊖	⊕
	열림	⊕	⊖
프런트 우측	잠김	⊕	⊖
	열림	⊖	⊕

위치 \ 단자		2	3
리어 좌측	잠김	⊖	⊕
	열림	⊕	⊖
리어 우측	잠김	⊕	⊖
	열림	⊖	⊕

3. 모든 도어 록이 작동되지 않는 경우

① 퓨즈(15A)를 점검한다.

② 도어 록 컨트롤 릴레이의 87번과 85번 및 86번과 30번 단자에 배터리 전원이 공급되는가 점검한다.

③ **전원이 공급되는 경우** : 액추에이터를 점검한다.

㉮ 도어 록 컨트롤 액추에이터 커넥터에서 와이어링 하니스 커넥터를 분리시킨다.

㉯ 점퍼 리드를 이용하여 다음과 같이 각 터미널에 연결하고 액추에이터의 작동을 점검한다.

㉠ 로드를 잠김 위치에 고정시키고 배터리 ⊕ 를 1번 단자에 배터리 ⊖ 를 2번 단자에 접촉시켰을 때 로드가 열림 위치로 움직이는가 검사한다.

㉡ 로드를 열림 위치에 고정시키고 배터리 ⊕ 를 2번 단자에 배터리 ⊖ 를 1번 단자에 접촉시켰을 때 로드가 잠김 위치로 움직이는가 검사한다.

㉢ 로드가 열림 또는 잠김 위치로 움직이지 않으면 도어 록 컨트롤 액추에이터를 교환한다.

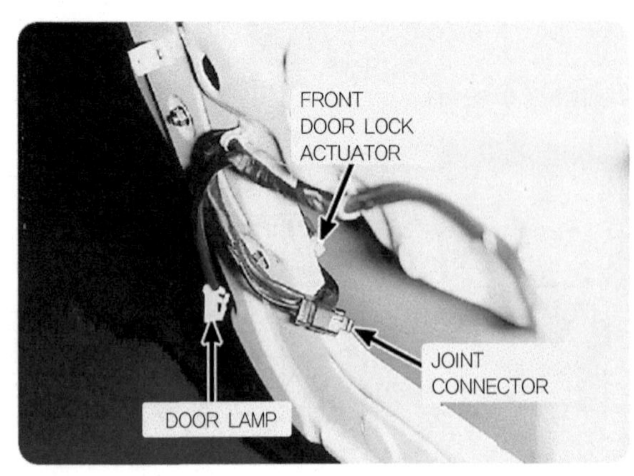

파워 록 액추에이터 설치위치

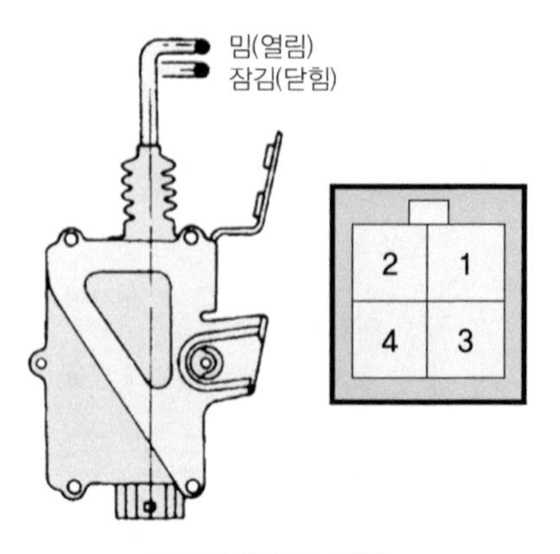

액추에이터 점검

구 분	1번 단자	2번 단자
열 림	배터리 ⊕	배터리 ⊖
닫 힘	배터리 ⊖	배터리 ⊕

④ 전원이 공급되지 않는 경우

㉮ 87번과 85번 단자 : 퓨즈가 정상적이면 배선의 단선여부를 확인한다.

㉯ 30번과 86번 단자 : 퓨즈가 정상적이면 도어 록 컨트롤 릴레이를 교환한다.

4. 한쪽 도어 록이 작동되지 않는 경우

① 도어 록 컨트롤 액추에이터 커넥터에서 와이어링 하니스 커넥터를 분리시킨다.

② 점퍼 리드를 이용하여 다음과 같이 각 터미널에 연결하고 액추에이터의 작동을 점검한다.

㉮ 로드를 잠김 위치에 고정시키고 배터리 ⊕를 1번 단자에 배터리 ⊖를 2번 단자에 접촉시켰을 때 로드가 열림 위치로 움직이는가 검사한다.

㉯ 로드를 열림 위치에 고정시키고 배터리 ⊕를 2번 단자에 배터리 ⊖를 1번 단자에 접촉시켰을 때 로드가 잠김 위치로 움직이는가 검사한다.

㉰ 로드가 열림 또는 잠김 위치로 움직이지 않으면 도어 록 컨트롤 액추에이터를 교환한다.

㉱ 액추에이터는 작동되나 열림과 잠김의 힘이 약할 때는 액추에이터를 교환한다.

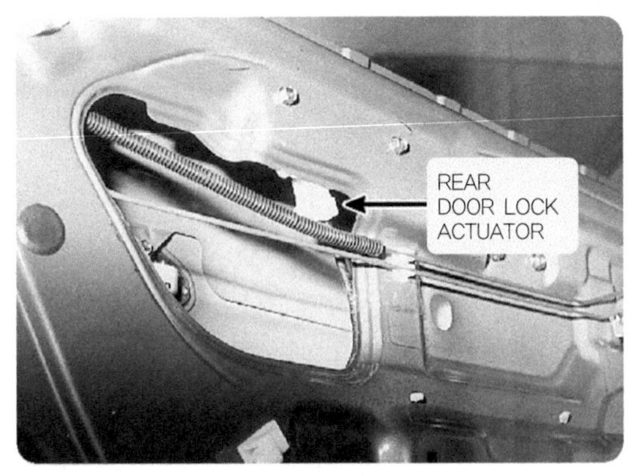

뒤/ 좌 액추에이터

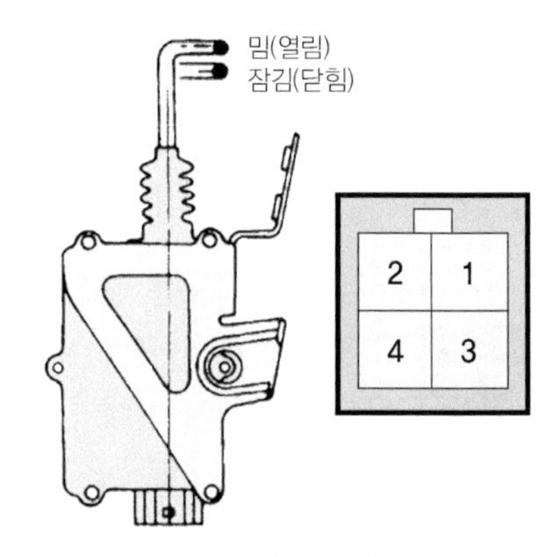

액추에이터 점검

구 분	1번 단자	2번 단자
열 림	배터리 ⊕	배터리 ⊖
닫 힘	배터리 ⊖	배터리 ⊕

4. 도어 록은 작동되나 도어 록 파워 윈도 메인 스위치가 작동되지 않을 경우

① 배선의 단선을 점검한다.

② 배선이 정상일 경우에는 도어 록 파워 윈도 메인 스위치를 교환한다.

5 도어 록 회로의 고장진단

고장상태	고장 내용
도어 록이 전혀 작동하지 않는다.	• 배터리의 불량 및 터미널의 연결 상태 불량 • 센터 도어 록 릴레이 및 퓨즈 불량 • 도어 록 S/W 불량 및 커넥터 연결 상태 불량 • 배선의 단선 및 단락 • 도어 록 액추에이터의 불량 및 설치상태 불량
일부 도어 록만 작동하지 않는다.	• 스위치의 접촉 불량 • 배선의 단락 및 단선 • 도어 록 액추에이터의 불량 및 설치상태 불량

14 라디에이터 팬 모터 회로 점검

1 라디에이터 팬 모터 회로의 작동원리

우측의 회로는 일반적인 차종에 설치되어 있는 라디에이터 팬 모터 회로이다. 차종에 따라서 쿨링 유닛이 설치되어 있는 것도 있지만 기본원리는 모두 같다. 배터리 전원이 릴레이 B단자와 서모 스위치에 와 있다가 엔진의 온도가 올라가서 87~90℃ 정도 올라가면 스위치 접점이 붙게 되고 릴레이가 작동하여 팬 모터가 구동되는 것이다. 83℃ 정도 이하로 떨어지게 되면 서모 스위치가 분리되어 구동이 멈춰진다.

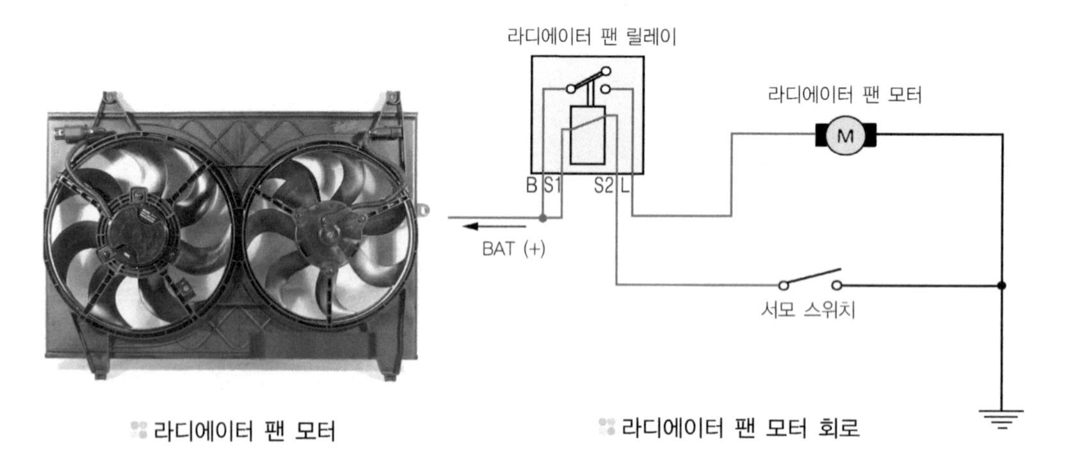

라디에이터 팬 모터　　라디에이터 팬 모터 회로

2 라디에이터 팬 모터 회로의 전류 흐름

1. 라디에이터 팬 릴레이 전원공급

배터리 ⊕(상시 전원) → 라디에이터 팬 퓨즈블 링크(20A)(Ⓐ) → 라디에이터 팬 1번 단자(Ⓑ) → 라디에이터 팬 모터 1번 단자(Ⓒ) → 라디에이터 팬 모터 2번 단자(Ⓓ) → 콘덴서 팬 릴레이 2의 5번 단자(Ⓔ) → 접지 G15(Ⓕ)

2. ECU 퓨즈블 링크 전원

① 배터리 ⊕ → ECU 퓨즈블 링크 (20A)(㉮) → 엔진 컨트롤 릴레이 2번 단자(㉯) → ECU 14번 단자(㉰)

② 엔진 컨트롤 릴레이 1번 단자(㉱)→ 라디에이터 팬 모터 릴레이 5번 단자(㉲) → ECU 68번 단자(㉳)

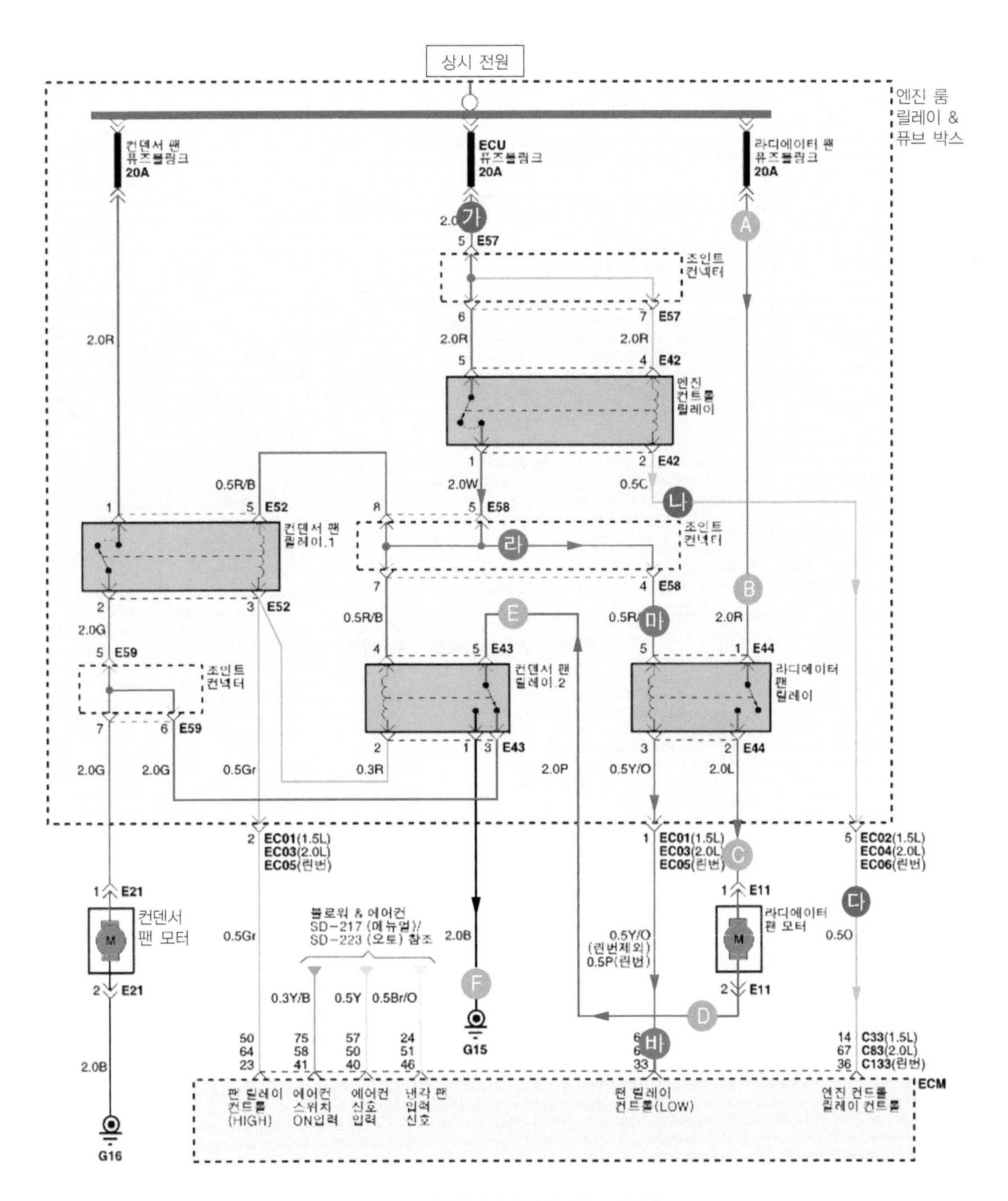

에어컨 콘덴서/라디에이터 팬 모터 회로

③ 라디에이터 팬 모터 회로의 단품 점검

1. 라디에이터 팬 모터 퓨즈/ 릴레이 점검

전동 팬 퓨즈/ 릴레이 이상 유무를 확인한다.

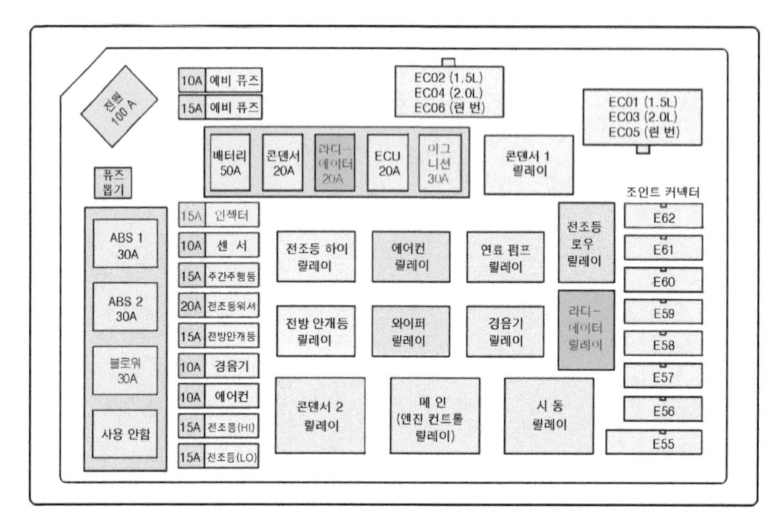

라디에이터 팬 퓨즈 설치 위치

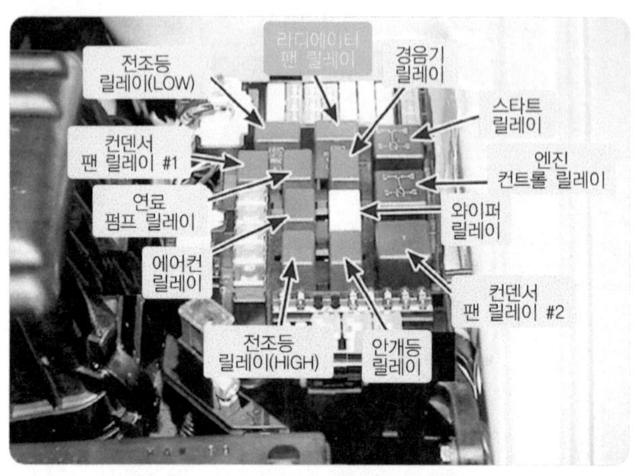

라디에이터 팬 릴레이의 설치위치

2. 라디에이터 팬 릴레이

① 회로 내의 이상 여부를 판단하기 가장 빠른 부분은 릴레이로서 릴레이를 분리시킨 다음 램프 테스터로 1번 단자와 2번 단자에 배터리 ⊕전원이 오는가를 확인한다(key를 ON시켜야 전원이 들어오는 차종도 있으므로 주의한다.).

② 4번 단자에 ⊖전원이 오는지 확인한다.

③ 4번 단자에는 냉각수 온도가 87~90℃ 정도 되었을 때 ⊖전원이 오는지 확인한다.

④ ①, ②, ③번 단자 모두 이상이 없으면 릴레이는 정상이며, 이상이 있는 경우에는 교환한다.

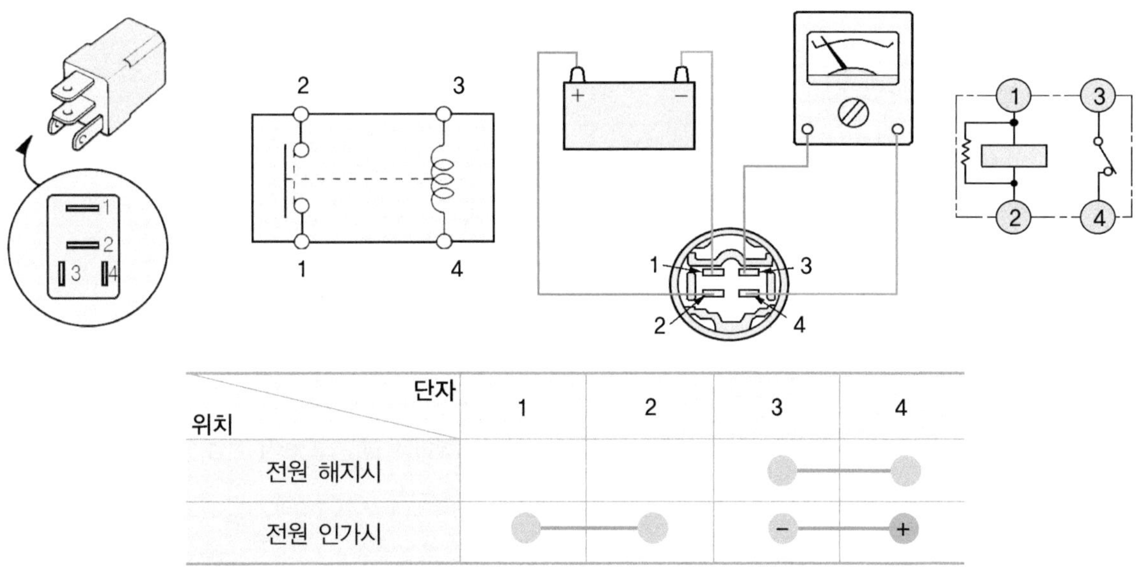

위치 \ 단자	1	2	3	4
전원 해지시			●	●
전원 인가시	●	●	−	+

라디에이터 팬 릴레이 점검

3. 라디에이터 팬 모터

아래 그림과 같이 라디에이터 팬 모터 터미널에 배터리 전압을 직접 연결하여 팬 모터가 회전하는지 확인한다.

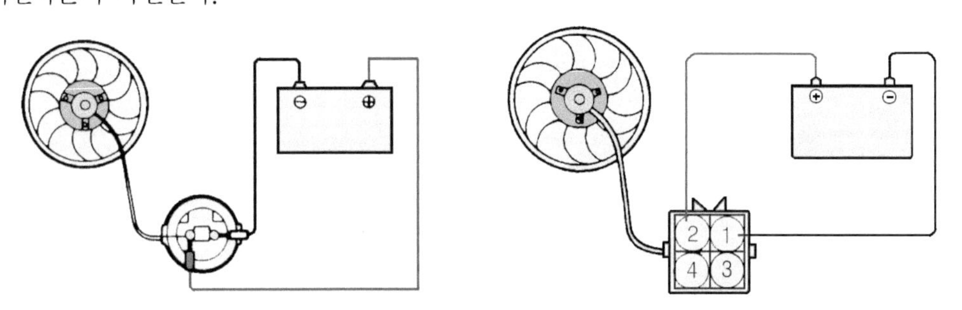

라디에이터 팬 모터 작동 점검

4. 서모 센서

서모 센서를 뜨거운 물에 넣어 통전성을 점검한다. 이때 서모 스위치의 장착 나사부까지 더운물에 담궈 통전성을 점검한다. 서모 스위치 종류는 차종별로 조금씩 차이가 있다.

A형

통전 여부	작동 온도
통 전	90±3℃이상
비통전	83℃이하

B형

통전 여부	작동 온도
통 전	100±3℃이상
비통전	93℃이하

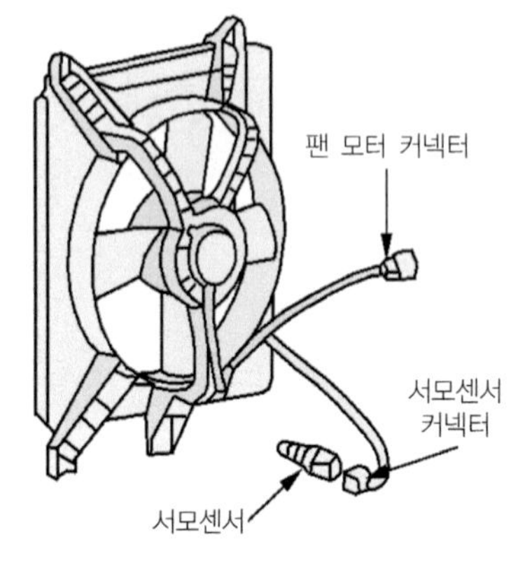

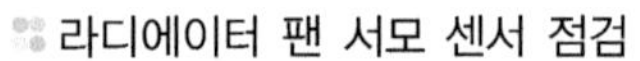
라디에이터 팬 서모 센서 점검

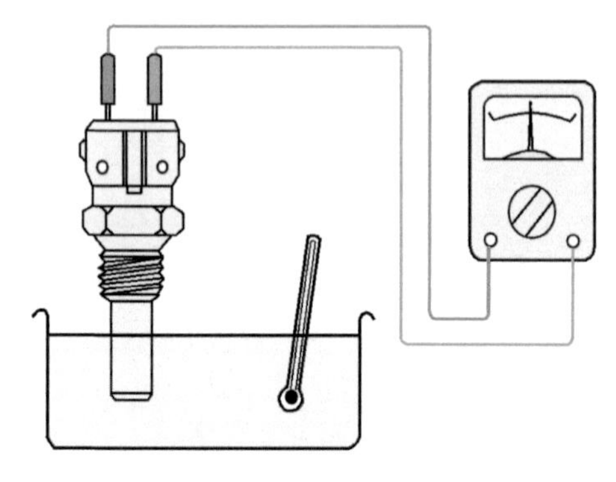

라디에이터 팬 서모 센서 점검

4 라디에이터 팬 모터 회로의 고장원인

고 장 상 태	고 장 원 인
라디에이터 팬 모터가 작동하지 않는다.	① 배터리의 불량 및 터미널 연결 상태 불량 ② 라디에이터 팬 릴레이 및 퓨즈의 불량 ③ 라디에이터 팬 모터의 불량 및 커넥터 연결 상태 불량 ④ 서모 스위치 불량

5 차종별 라디에이터 팬 모터 위치

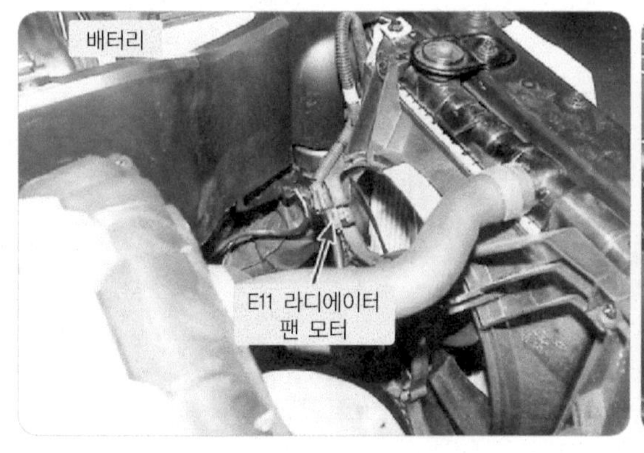

라디에이터 팬 모터(아반떼 XD)

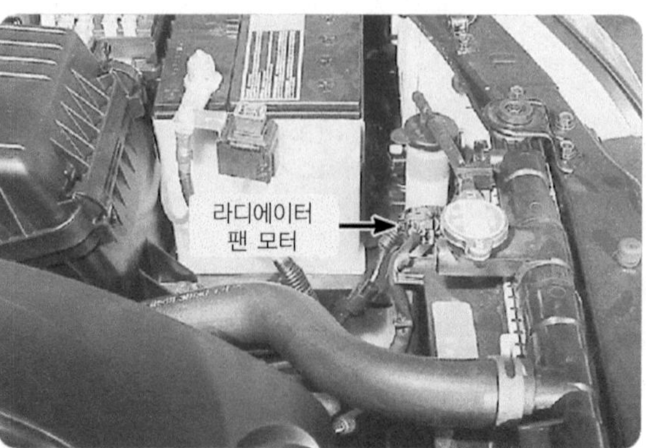

라디에이터 팬 모터(EF 쏘나타)

15 열선 회로 점검

1 열선 회로의 작동

열선 회로는 추운 날 뒷 유리에 성애가 낀 것을 녹이고 방지하기 위하여 사용하는 일종에 열선이다. 작동은 에어컨 패널에서 열선(Defog) 스위치를 누르면 약 15분간 작동되고 자동으로 꺼진다.

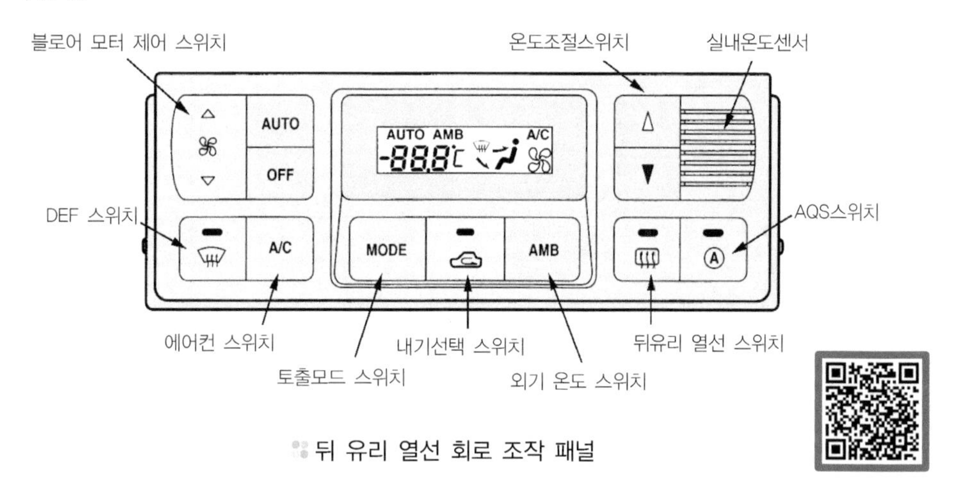

뒤 유리 열선 회로 조작 패널

2 열선 회로의 전류 흐름 (EF 쏘나타)

1. 전류의 흐름

① 디포거 스위치 ON → 에탁스 17번 단자(Ⓐ) → 디포거 스위치 3번 단자(Ⓑ) → 디포거 스위치(Ⓒ) → 디포거 스위치 16번 단자(Ⓓ) → 접지(Ⓔ)

② 에탁스 12번 단자(㉮) → 디포거 릴레이 86번 단자 → 디포거 릴레이 85번 단자 → 접지(㉯)

③ 배터리 ⊕(상시 전원) → 디포거 퓨즈(30A)(㉠) → 디포거 릴레이 30번 단자(㉡) → 디포거 릴레이 87번 단자 → 뒤 유리 디포거 1번 단자(㉢) → 열선(㉣) → 접지(㉤)

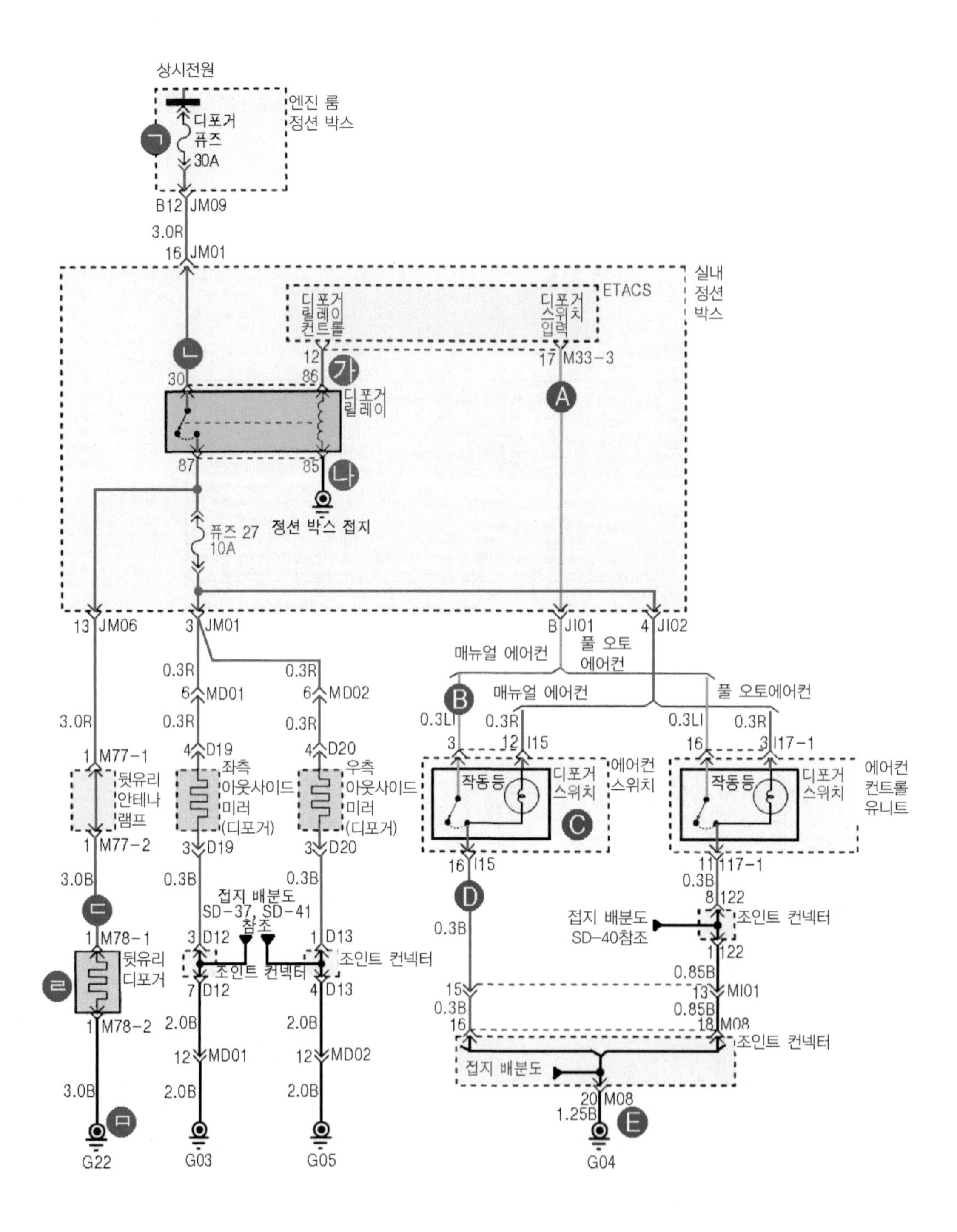
상시전원
엔진 룸
정션 박스
디포거
퓨즈
30A
B12 JM09
3.0R
16 JM01
실내
정션
박스
ETACS
디포거
릴레이
컨트롤
디포거
스위치
입력
12
17 M33-3
30
86
디포거
릴레이
87
85
정션 박스 접지
퓨즈 27
10A
13 JM06
3 JM01
B JI01
4 JI02
매뉴얼 에어컨
풀 오토
에어컨
매뉴얼 에어컨
풀 오토에어컨
0.3R
6 MD01
6 MD02
3.0R
0.3LI
0.3R
12 I15
16
3 I17-1
1 M77-1
4 D19
4 D20
좌측
아웃사이드
미러
(디포거)
우측
아웃사이드
미러
(디포거)
뒷유리
안테나
램프
1 M77-2
3 D19
3 D20
작동등
디포거
스위치
에어컨
스위치
에어컨
컨트롤
유니트
16 I15
11 I17-1
0.3B
8 I22
3.0B
접지 배분도
SD-37, SD-41
참조
접지 배분도
SD-40참조
조인트 컨넥터
1 M78-1
3 D12
1 D13
뒷유리
디포거
조인트 컨넥터
조인트 컨넥터
1 I22
0.85B
7 D12
4 D13
15
13 MI01
1 M78-2
2.0B
16
18 M08
12 MD01
12 MD02
접지 배분도
3.0B
20 M08
1.25B
G22
G03
G05
G04

③ 열선 회로의 단품 점검

1. 퓨즈 릴레이의 점검

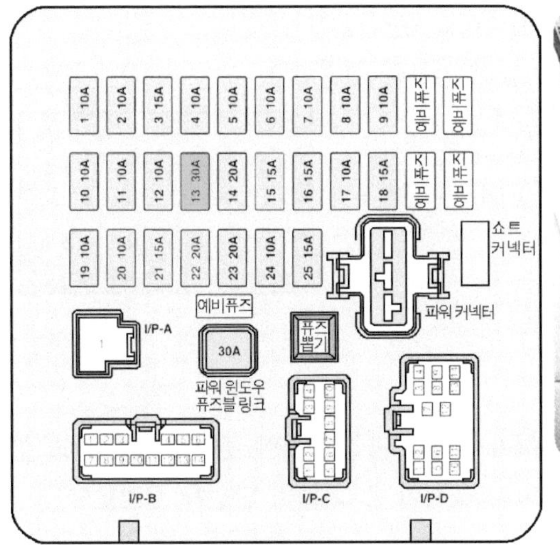

실내 퓨즈 박스

디포거(열선) 릴레이 설치 위치

■ 실내 퓨즈 박스의 열선 회로 퓨즈의 점검

표기 (A)	용량	연결회로	표기 (A)	용량	연결회로
1	10A	후진등, 인히비터 스위치, 비상등 스위치	14	20A	파워 안테나
2	10A	계기판, 제너레이터, ETACM, TACM	15	15A	도어 록 릴레이, 좌측 앞 도어 록 액추에이터, 선루프 릴레이
3	15A	에어백 컨트롤 모듈	16	15A	정지등 스위치, 아웃사이드 미러 폴딩, 파워 윈도우 릴레이
4	10A	비상등 스위치, 사이렌, ECM	17	10A	아웃사이드 미러 & 리어 윈도우 디포거
5	10A	에어컨 모듈, 블로어 릴레이, 블로어 모터	18	15A	시거 라이터, 파워 아웃사이드 미러
6	10A	방향등, 콤비 램프, 실내 스위치 조명등, 쇼트 커넥터	19	(10A)	(사용 안함)
7	10A	번호판등, 방향등, 콤비 램프	20	10A	에어컨 릴레이, 전조등 릴레이, AQS센서
8	10A	도난 방지 릴레이, 인히비터 스위치, 스타트 릴레이	21	15A	리어 와이퍼 & 워셔
9	10A	시계, 오디오, 아웃사이드 미러 폴딩	22	15A	프런트 와이퍼 & 워셔
10	10A	TCM, ECM, 차속 센서, 이그니션코일	23	(20A)	(사용 안함)
11	10A	ABS 컨트롤 모듈	24	10A	에어컨 모듈, 모드 스위치, ETACM, TACM, 블로어 릴레이, 선루프 릴레이
12	10A	계기판	25	10A	실내등, 트렁크 룸 램프, 도어 램프, 자기진단 점검 단자, 파워 커넥터, ETACM, TACM, 에어컨 모듈, 오디오, 시계
13	30A	디포거 릴레이	파워 윈도우	30A	파워 윈도우 릴레이

2. 회로의 점검

① 뒤 유리 디포거 스위치 점검

㉮ 와이어링 하니스에서 디포거 스위치 커넥터를 분리시킨다.

㉯ 스위치를 작동시켜 각 터미널 사이의 통전 여부를 점검한다.

구 분	1	2	4	5	6
ON		○	⊗	○	○
OFF	○	⊗	○		

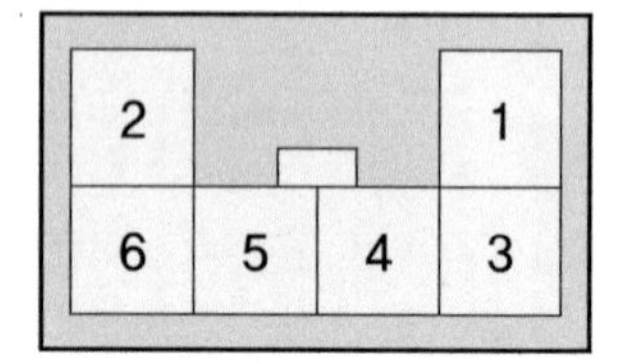

② 열선 점검

㉮ 열선이 충격을 받는 것을 방지하기 의하여 테스터 탐침봉 끝에 주석 호일을 감고 주석 호일을 그리드 라인(grid line)을 따라 움직이며, 회로의 단선을 점검한다.

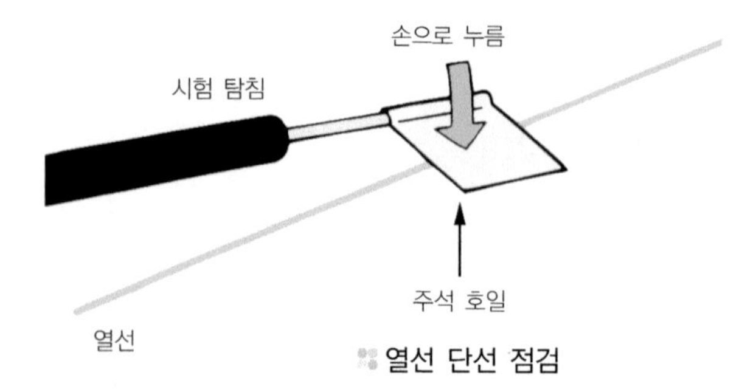

열선 단선 점검

㉯ 디포거 스위치를 ON에서의 점검

- 전압계로 유리의 중앙에서 각 열선의 전압을 측정하였을 때 6V이면 뒷 유리 열선은 정상이다.
- 중앙과 ⊕ 터미널 사이의 열선이 소손되었을 때는 12V를 지시한다.
- 중앙과 ⊖ 터미널 사이의 열선이 소손된 경우에는 0V를 지시한다.

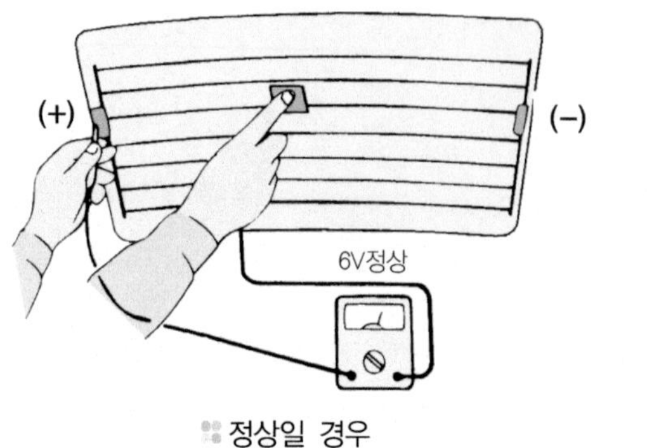

정상일 경우

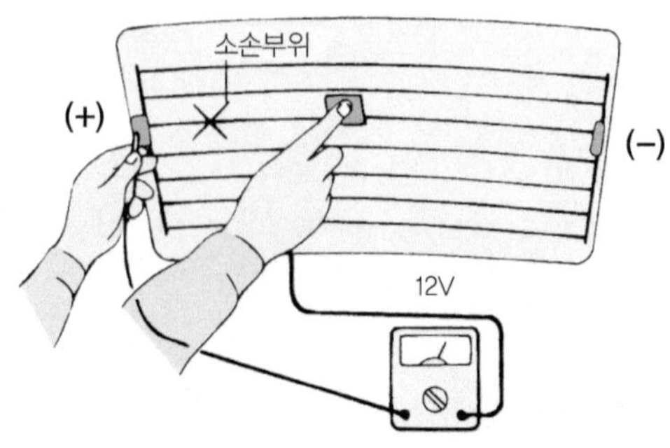

중앙과 ⊕ 터미널 사이의 소손일 경우

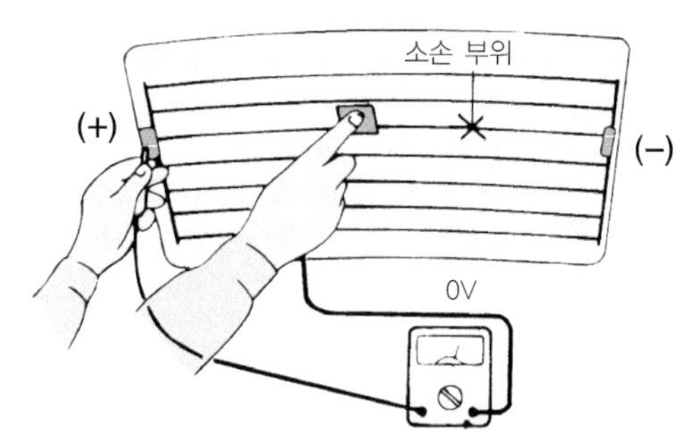

중앙과 ⊖ 터미널 사이의 소손일 경우

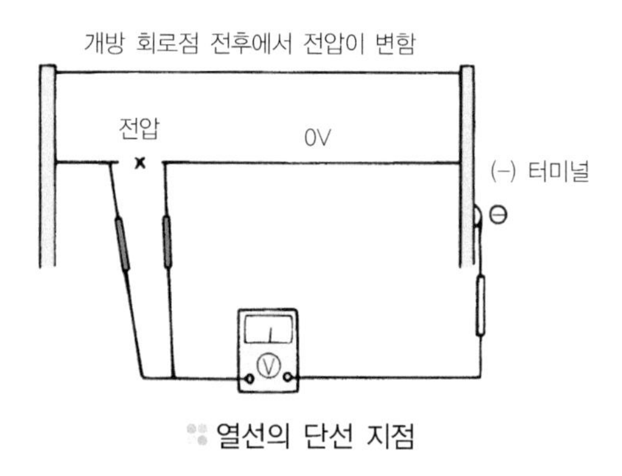

열선의 단선 지점

- 테스터 탐침봉을 단선된 것으로 추정되는 곳으로 움직여 회로의 단선을 점검한다. 전압이 0V인 지점을 찾아 단선된 지점의 전·후에서 전압이 변화되는 곳이 단선이 지점이다.

㉰ 디포거 스위치 OFF에서의 점검

- 저항계를 사용하여 터미널과 그리드 라인 중앙 사이에 각 열선의 저항을 점검한다.
- 동일한 터미널과 열선 사이의 저항을 차례로 측정한다.
- 열선이 파손된 부분 : 저항이 다른 부위의 2배를 나타낸다.
- 열선이 충격을 받은 부분 : 저항이 급격히 변화된다.

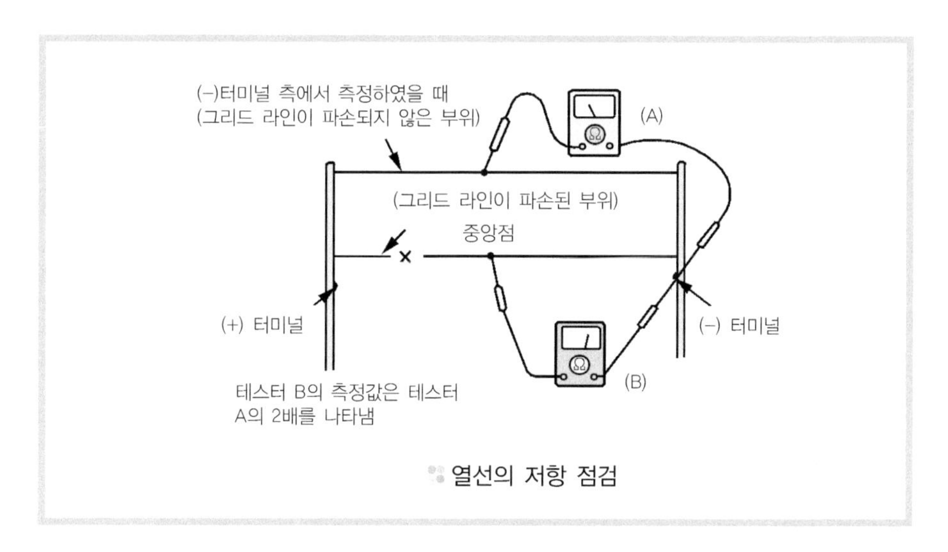

열선의 저항 점검

㉣ 열선의 수리

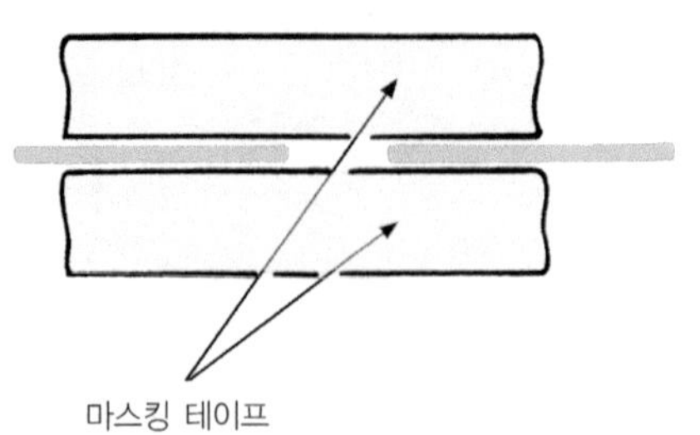

열선의 수리

- 파손된 열선 주위를 그림에 나타낸 것과 같이 데칼 또는 마스킹 테이프를 부착한 상태에서 알코올로 청소한다.
- 전도성 페인트를 시너와 혼합하여 약 15분 간격으로 3회 페인팅 한다.
- 전원을 공급하기 전에 데칼 또는 마스킹 테이프를 떼어낸다.
- 완벽한 마무리를 하는 경우 약 1일이 지난 후 옆에 묻어 있는 페인트를 나이프로 제거한다.
- 수리 작업을 한 후 건조하고 부드러운 수건으로 유리를 닦거나 그리드 라인을 약간 물기가 있는 것으로 닦아 낸다.

제8장

에탁스(ETACS) 점검

01 에탁스 컨트롤 유닛 기본 입력 전압 변화 점검

1 에탁스의 기능

ETACS는 Electronic(전자), Time(시간), Alarm(경보), Control(제어), System(장치)의 머리글자로 만든 합성어이며, 여기서 알 수 있듯이 자동차 전기장치 중 시간에 의하여 작동하는 장치 또는 경보를 발생하여 운전자에게 알려주는 안전 및 편의장치를 통합하는 장치라 할 수 있다.

2 에탁스의 제어별 기능

① **와셔 연동 와이퍼 제어** : 와셔 스위치를 ON시키면 와셔가 연동하여 작동된다.
② **자동차 속도 연동 간헐 와이퍼 제어** : 간헐 위치에서 차속의 증가에 따라 와이퍼의 작동도 빨라진다.
③ **열선 타이머 및 아웃사이드 미러 히터 제어** : 뒷 유리 열선을 ON시키면 20분 후에 자동으로 OFF 된다.
④ **감광식 룸램프 제어** : 도어 닫힘시 30초간 점등된 후 감광 소등된다.
⑤ **점화 키 홀 조명 제어** : 운전석 또는 동승석 도어를 열었을 때 점화 키 홀을 조명한다.
⑥ **점화 키 회수 기능 제어** : 점화 키를 삽입한 상태로 Lock을 하면 ON lock 상태를 3회 한다.
⑦ **중앙 집중 도어 제어** : 운전석에서 모든 도어의 Lock, Unlock 기능을 통제한다.
⑧ **시트 벨트 경고 타이머 제어** : 안전 벨트 미착용을 인디케이터와 부저로 알려준다.
⑨ **파워 윈도우 타이머 제어** : 점화 스위치 OFF시 파워 윈도우 출력을 30초간 한다.
⑩ **키 오퍼레이팅 워닝 제어** : 점화 키를 삽입한 상태로 운전석 도어를 열면 부저로 알려준다.

⑪ **자동 도어 록 제어** : 차속이 40km/h 이상이면 모든 도어를 Lock 시킨다.
⑫ **미등 자동 소등 제어** : 점화 키가 없는 상태에서는 미등을 소등시킨다.
⑬ **주차 브레이크 잠김 출발 알림 제어** : 주차 브레이크를 채우고 출발할 경우 부저로 알려준다.

③ 에탁스의 입 · 출력 다이어그램

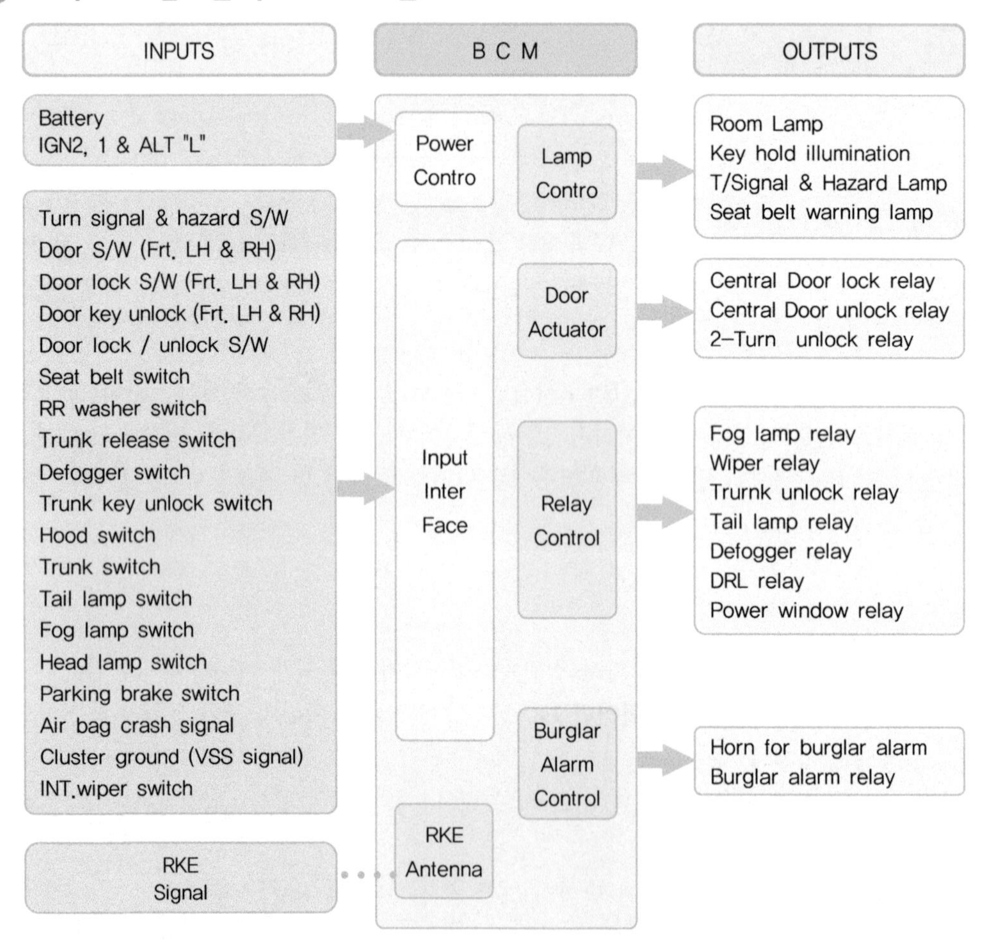

④ 컨트롤 유닛 기본 입력 전압 관계

입력 및 출력 요소		전압 수준	
기본 전압 입력	배터리 B 단자	키 스위치 ON	12V
		키 스위치 OFF	12V
	IG 단자	키 스위치 ON	12V
		키 스위치 OFF	0V

5 에탁스 회로도

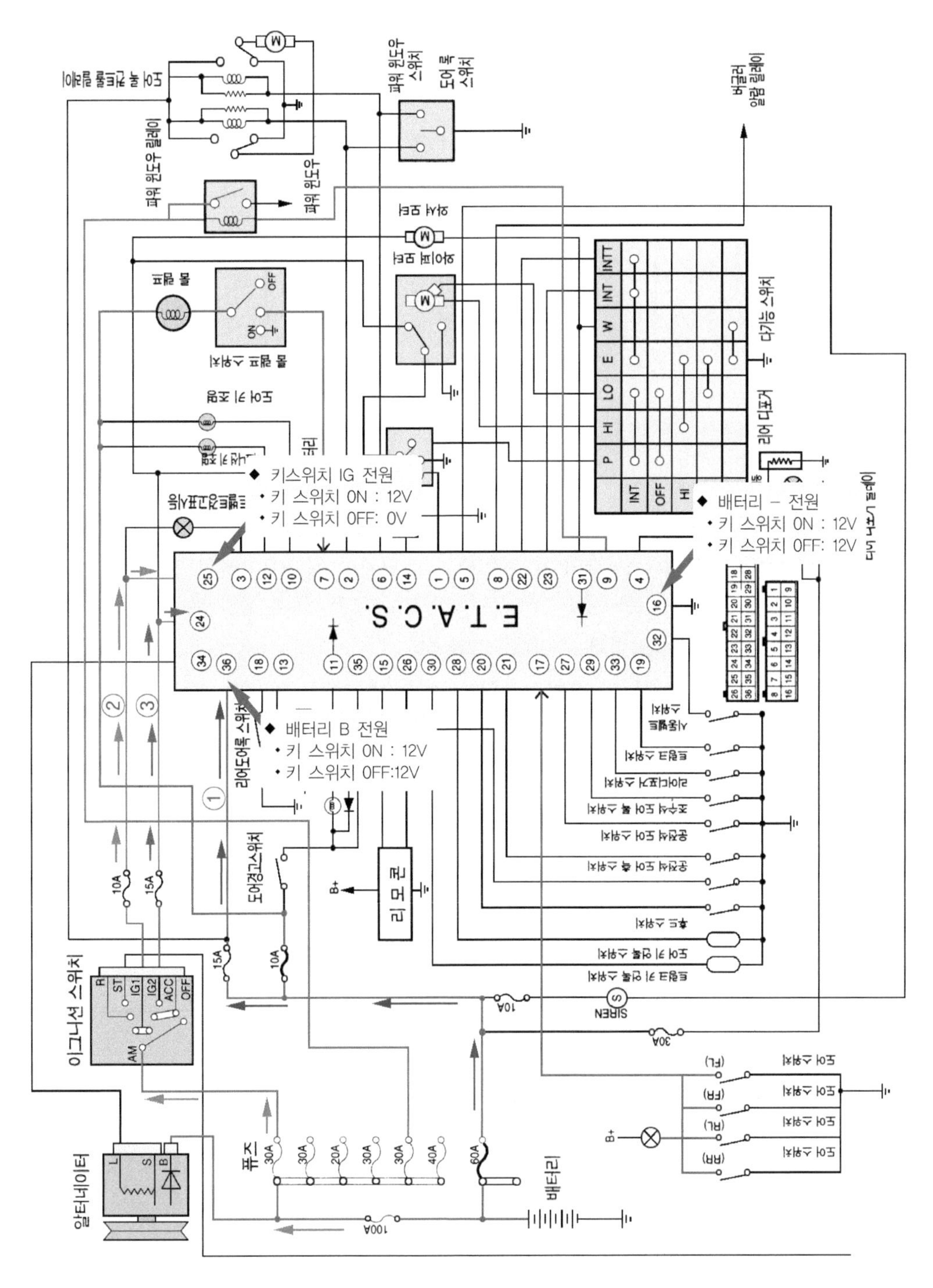

ETACS 컨트롤 기본 전원 전압 점검

⑥ 타임차트 분석 방법

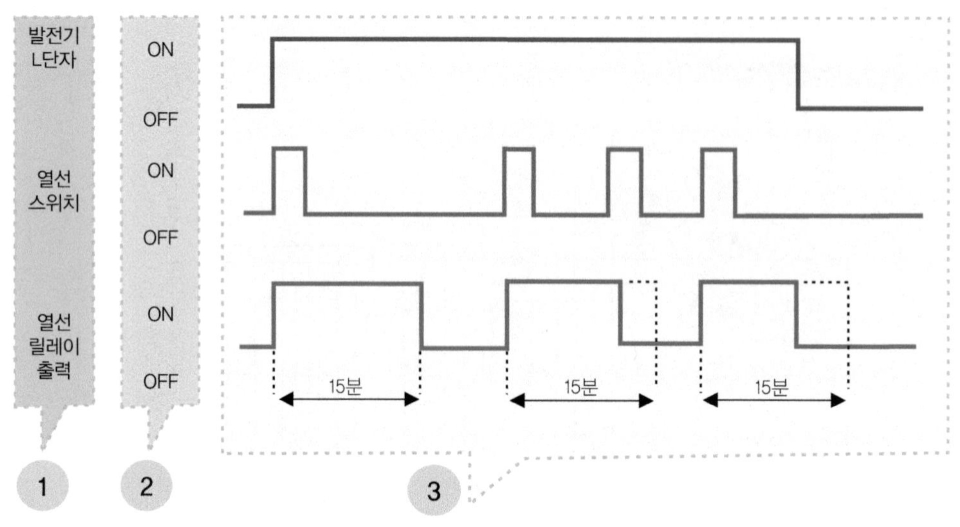

뒤 유리 열선 제어 타임차트

① 타임차트의 가로 축은 시간의 흐름에 따른 스위치나 액추에이터의 작동 상태를 나타낸다.

② 세로축은 작동 순서(입력과 출력)를 나타낸다.

③ 위 그림의 타임차트 1 번의 경우 열선 릴레이 출력까지 열선을 제어할 때 필요한 입력 및 출력을 나타내며, 일반적으로 위는 입력이고 아래는 출력을 나타낸다. 1 번 항목을 잘 살펴보면 열선을 제어할 때 입력이 발전기 L단자와 열선 스위치라는 것을 알 수 있으며, 출력은 열선 릴레이라는 것을 표시한다. 즉 각 제어의 입력과 출력은 1 번 항목으로 나타낸다.

④ 위 그림의 타임차트의 2 번 항목은 입력과 출력 스위치의 상태를 나타낸다. 즉, 발전기 L단자가 OFF라 함은 엔진의 시동이 걸리지 않은 상태, ON은 시동이 걸린 상태이며, 열선 릴레이 출력의 ON은 릴레이 작동 상태, OFF는 릴레이가 작동하지 않는 상태를 말한다. 2 번 항목에 나타나는 상태를 ON, OFF로만 이해하지 말고 각각 입력과 출력의 특성에 맞게 이해하면 된다.

⑤ 위 그림의 타임차트 3 번 항목은 입력과 출력 요소들이 어떤 논리에 의해 시간과 작동이 결정되는지를 보여준다. 타임차트를 살펴보면 열선이 작동하기 위해서는 먼저 발전기 신호가 입력되어야 하고 열선 스위치 신호가 입력되면 열선 릴레이의 출력이 이루어지는 것을 알 수 있다. 열선 스위치를 누르면 릴레이 출력이 나가고 다시 스위치를 누르면 출력이 정지하며, 열선이 작동하는 도중에 엔진의 작동을 정지시키면(발전기 L단자 OFF) 열선 출력이 정지되는 것을 알 수 있다.

02 에탁스에서 센트롤 록킹 스위치 작동 전압 변화 점검

① 센트롤 도어 록킹 스위치 작동 회로와 입력 전압 측정 위치

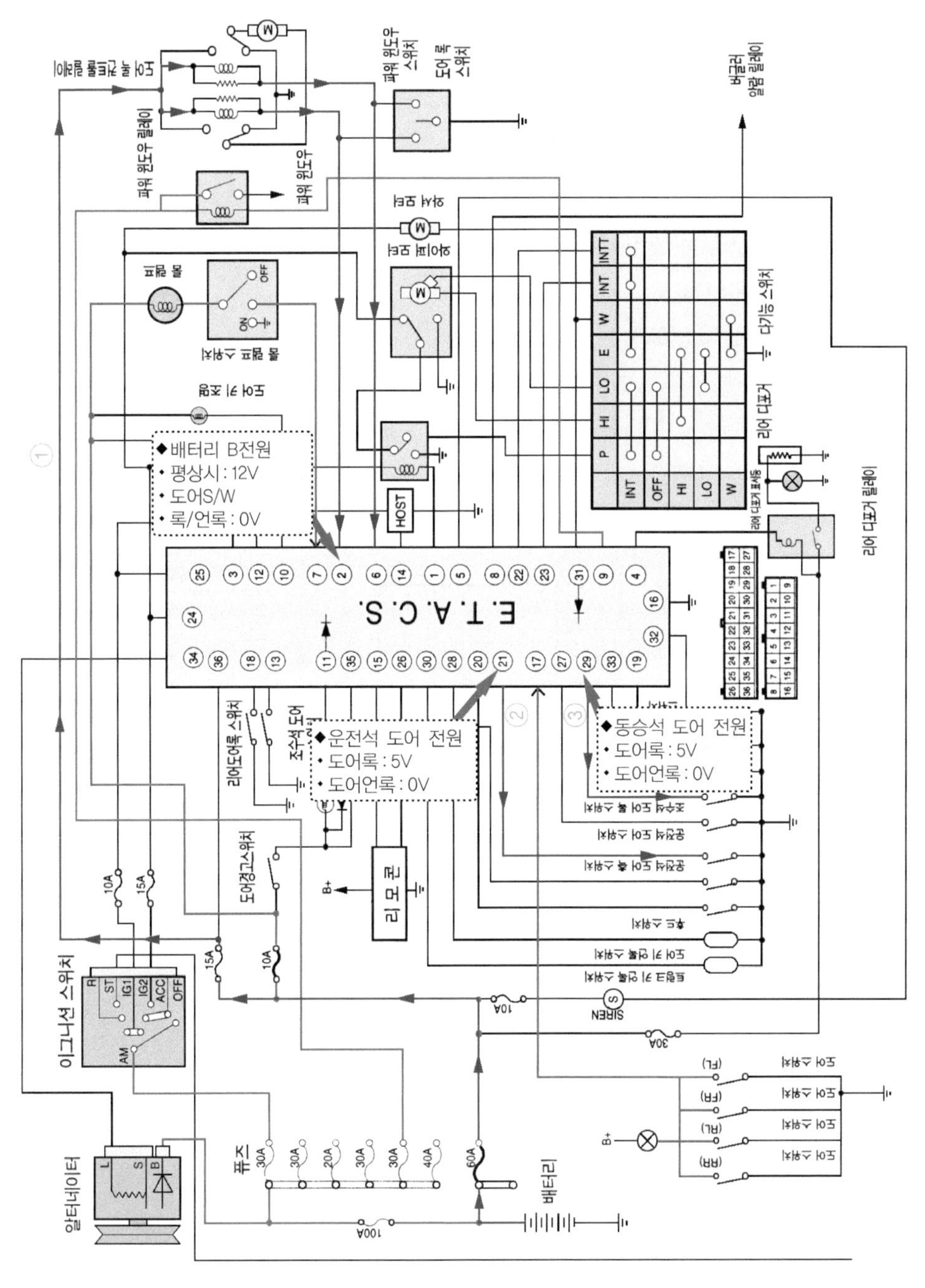

센트롤 도어록킹 작동회로와 입력전압 측정 위치

1 배터리 +단자에서 60A의 배터리 퓨즈를 지나 15A의 실내 퓨즈를 거쳐 센터 도어록(door lock) 컨트롤 릴레이로 입력되고 릴레이 내부 회로를 거쳐 에탁스 유닛 ②번 단자로 도어록 신호가, ⑥번 단자로 도어 언록(door unlock) 신호가 입력된다.

- 평상시는 12V(접지 해제), 도어록(②번)일 때에는 5V, 도어언록(⑥번)경우에는 0V (접지 시킴)

2 에탁스 유닛 ㉑번 단자에서 운전석 도어록 스위치로 5V전압을 공급한다.

- 도어록 상태 : (5V)
- 도어 언록 상태 : (0V)

3 에탁스 유닛 ㉙번 단자에서 동승석 도어록 스위치로 5V전압을 공급한다.

- 도어록 상태 : (5V)
- 도어 언록 상태 : (0V)

2 센트롤 도어 록킹 에탁스 회로도 및 타임차트

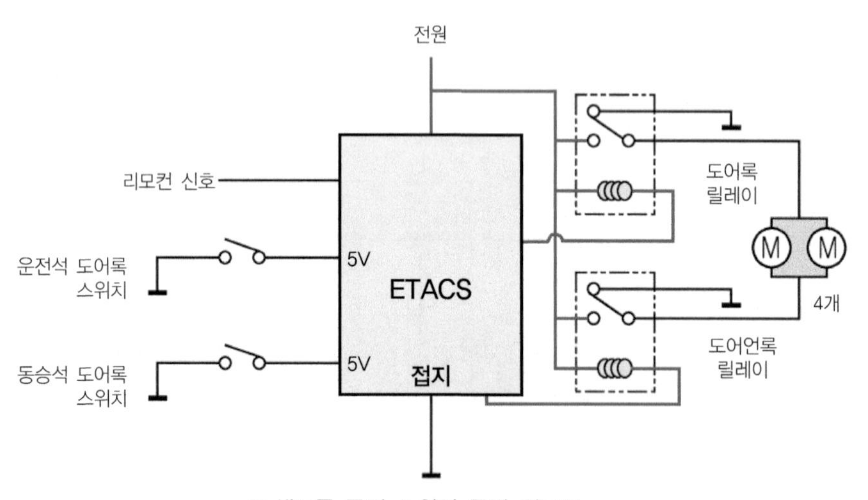

센트롤 톡킹 스위치 동작 회로도

① **운전석이나 동승석에서 노브를 사용하여 록으로 할 때 :**
전체 도어가 록되고 언록일 경우에는 전체 도어가 언록 된다.
② 도난 경보기 리모컨 신호에 의하여 록, 언록을 제어한다.
③ 노브로 록을 할 때 도난 경보기가 장착되면 록은 되나 언록은 되지 않는다 (안전상의 이유).

④ **60msec 이하의 출력은 받지 말 것**

㉮ 운전석, 동승석의 도어록 스위치가 ON되면 : 0.5초 동안 LOCK 출력을 낼 것

㉯ 운전석, 동승석의 도어 언록 스위치가 ON되면 : 0.5초 동안 UNLOCK 출력을 낼 것

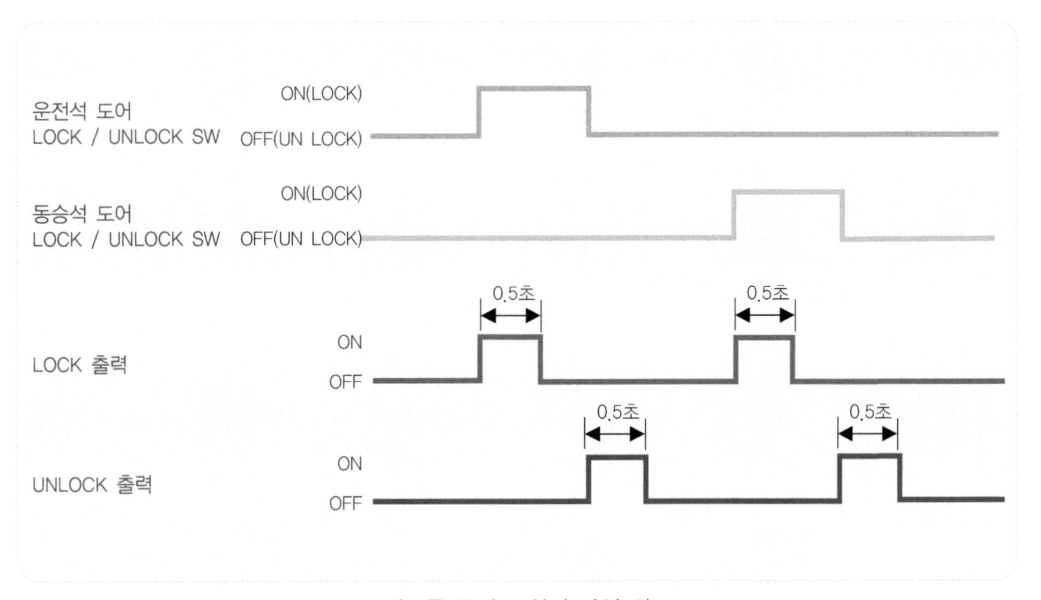

센트롤 록킹 스위치 타임 차트

3 센트롤 도어 록킹 입력 스위치 관계

입·출력 요소		전압 수준	
입 력	운전석, 동승석 도어 록 스위치	도어 닫힘 상태	5V
		도어 열림 상태	0V
출 력	도어 록 릴레이	평상시	12V(접지 해제))
		도어록일 때	0V(접지시김)
	도어 언록 릴레이	평상시	12V(접지 해제)
		도어 언록일 때	0V(접지시킴)

TIP •• 센터 도어 록 릴레이에서 에탁스 유닛으로 입력되는 도어록 신호와 도어 언록 신호 배선에서 각각 입력 전압을 측정한다.

03 에탁스에서 열선 스위치 입력회로 작동 전압 변화 점검

① 열선 스위치 입력회로 전압 측정 위치

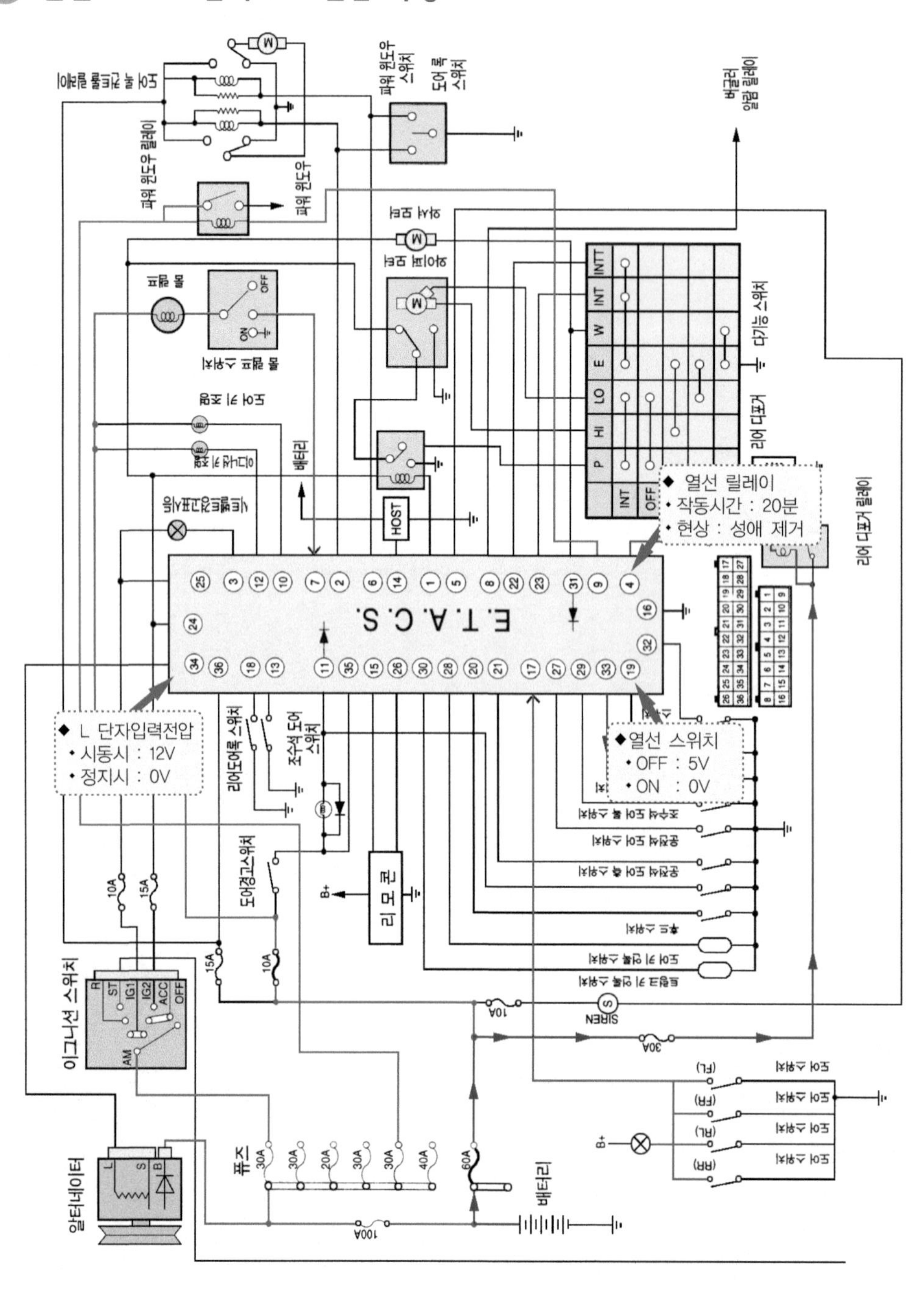

❶ 배터리 +단자에서 : 60A의 배터리 퓨즈를 지나 30A의 실내 퓨즈를 거쳐 리어 디포거 릴레이에 전원 공급 중 리어 디포거 스위치가 ON 되면(㉝) ④번 단자를 통하여 전원을 접지, 디포거 릴레이가 작동하여 전원이 공급된다.

2 열선 스위치 에탁스 회로도 및 타임차트

(1) 회로도 설명

① 성에를 제거하거나 뒤 유리의 빙결을 해제하기 위해 열선을 작동시킨다. 열선을 작동할 때에는 배터리의 방전을 방지하기 위해 엔진의 시동이 걸린 상태에서만 작동시킨다.

② 엔진의 시동이 걸린 상태에서 열선 스위치를 작동시키면 약 15분 동안 열선 릴레이를 작동시켜 뒤 유리의 빙결을 해제한다. 뒤 유리 열선과 사이드 미러 열선은 동시에 작동한다.

(2) 타임차트 설명

① 발전기 L단자에서 12V가 출력될 때 열선 스위치를 누르면 15분 동안 열선에 출력시켜야 한다.

② 열선에 작동 중 다시 열선 스위치를 누르면 출력이 정지되어야 한다.

③ 열선에 출력 중 발전기 L단자에서 출력이 없을 경우에도(엔진 시동 OFF) 열선에 출력을 정지시켜야 한다.

④ 사이드 미러 열선은 뒤 유리 열선과 병렬로 연결되어 작동한다.

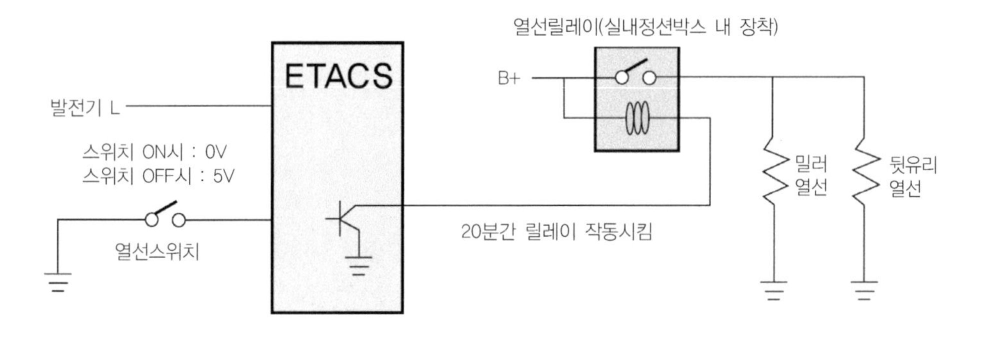

열선 스위치 입력회로 에탁스 회로도

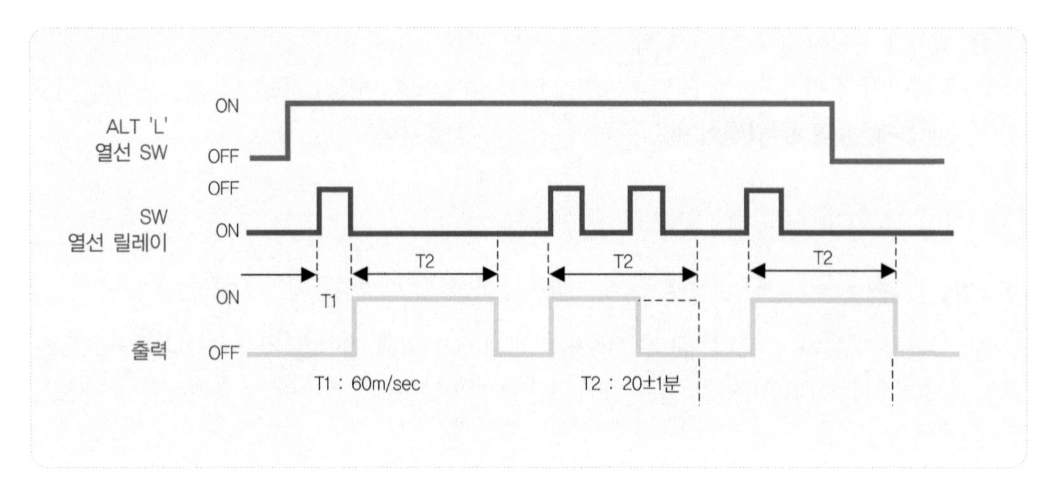

열선 스위치 타임 차트

⑤ 차종별 제어 시간

차 종	제어 시간	특 징
베르나, 그랜저 XG	T1 : 15분±1분	
아반테 XD, EF 쏘나타, 트라제 XG, 산타페	T1 : 20분±1분	EF 쏘나타는 열선 릴레이를 에탁스가 ⊕제어한다.

3 열선 스위치 입력스위치 관계

항 목		조 건	전압값	비고
입력 요소	발전기 L단자	시동할 때 발전기 L 단자 입력전압	12V	
	열선 스위치	OFF	5V	
		ON	0V	
출력 요소	열선 릴레이	열선의 작동 시작부터 열선 릴레이 OFF될 때 까지의 시간측정	20분	
		열선 스위치가 작동할 때 현상	뒷유리 성에 제거됨	

 에탁스 와이퍼 간헐시간 조정 작동 전압 변화 점검

1 간헐 와이퍼 스위치별 작동 신호 점검 위치

① 배터리 +단자에서 100A의 메인 퓨즈를 거쳐 30A의 점화 스위치 퓨즈를 지나 점화 스위치 IG2 단자를 거쳐 15A의 실내 퓨즈를 지나서 와이퍼 릴레이 코일 단자를 지나서 에탁스 유닛 1번 와이퍼 단자로 연결된다. 병렬로 연결된 전원은 와이퍼 모터의 B 단자 전원으로 공급되어 와이퍼 모터와 캠판을 지나 다기능스위치의 HI, LOW단자로 각각 전원이 연결된다.

② 에탁스 유닛 23번 간헐(인트) 스위치 단자에서 5V 전원이 다기능 스위치의 INT단자로 연결되어 INT 작동시 접지(E) 단자를 통하여 접지되므로 0V로 변화된다.

③ 에탁스 유닛 22번 간헐(인트) 타이머 스위치 단자에서 3.8V 전원이 공급되고 다기능 스위치의 INTT 단자로 연결되어 INT 작동시 와이퍼 볼륨 저항을 통해 접지(E) 단자를 통하여 접지되므로 LOW 작동시 3.8V, FAST 작동시 0V로 변화된다.

④ INT신호가 에탁스 유닛 23번 단자로 입력되면 에탁스 유닛 1번 와이퍼 단자를 내부 TR을 사용하여 접지시키므로 와이퍼 릴레이가 작동되고 와이퍼 모터 LOW 단자로 입력된 전원이 P단자를 통해 와이퍼 릴레이로 입력되어 접지되므로 와이퍼 모터가 LOW 속도로 구동된다. 와이퍼 볼륨 저항을 통해 입력된 신호에 따라 작동시간이 결정된다.

⑤ 와이퍼 작동 중 중간에 OFF시키더라도 LO단자와 P단자는 통전되므로 에탁스 유닛 1번 단자는 항상 접지되어 와이퍼 블레이드가 원위치로 복귀될 때까지 회전한다. 원위치로 복귀되면 캠판 내부에서 B단자와 P단자가 서로 접속되므로 와이퍼 모터의 작동을 중지한다.

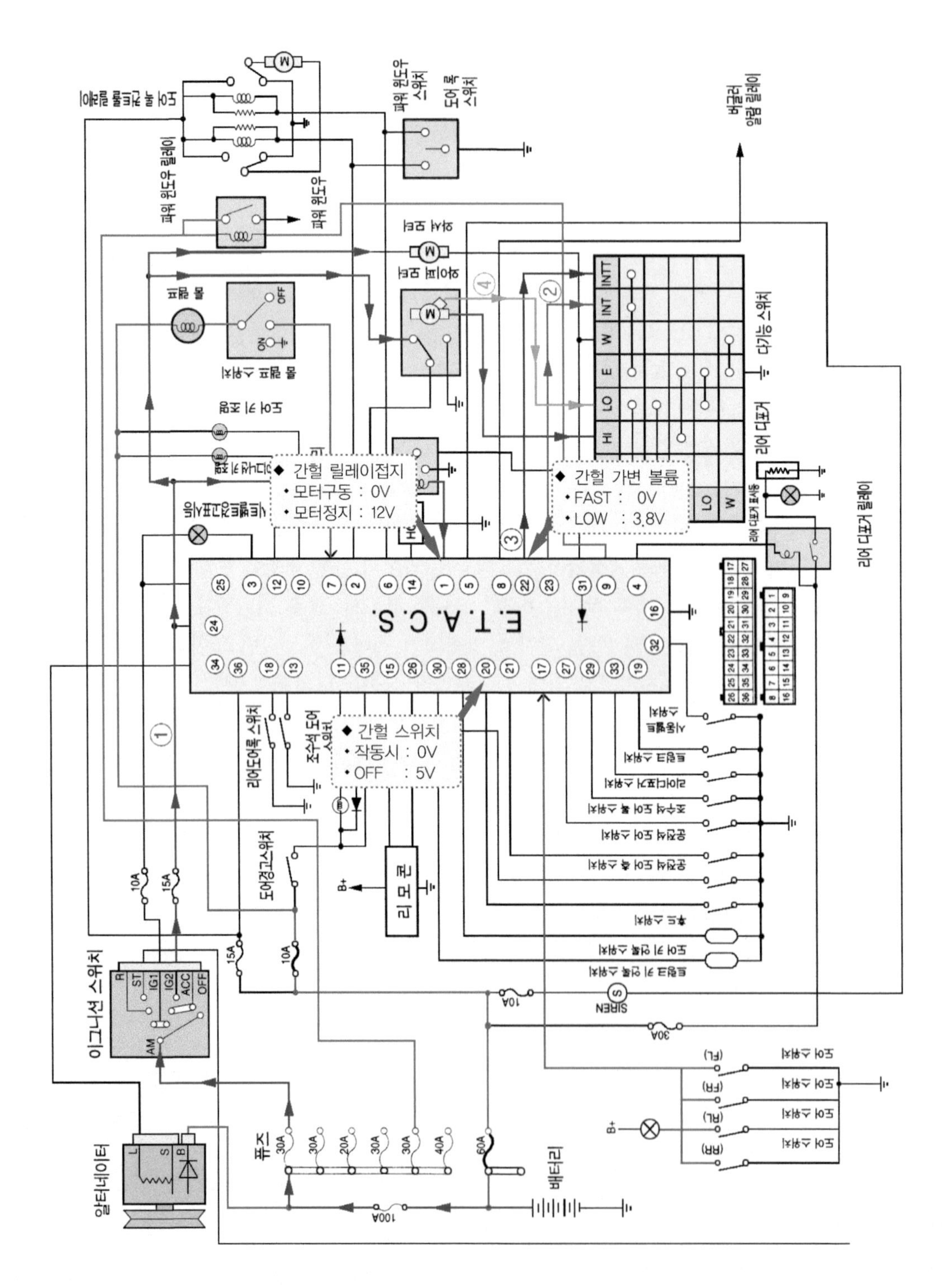

간헐 와이퍼 스위치별 작동 신호점검 위치

2 간헐 와이퍼 스위치 에탁스 회로도 및 타임차트

(1) 회로도 설명

① 간헐적인 비 또는 눈에 의한 와이퍼 제어를 운전자 의지에 알맞은 속도로 설정하기 위한 기능이다.

② 와이퍼 스위치를 작동시키면 간헐 볼륨에 설정된 속도에 따라 와이퍼가 작동한다.

(2) 타임차트 설명

① 점화(key) 스위치가 ON일 때 간헐(인트) 스위치를 작동시키면 T1 후에 와이퍼 출력을 ON시켜야 한다.

② 간헐 와이퍼 작동 중 와이퍼가 다시 작동하는 주기는 간헐 볼륨 설정에 따라 T2 시간만큼 차이가 발생한다.

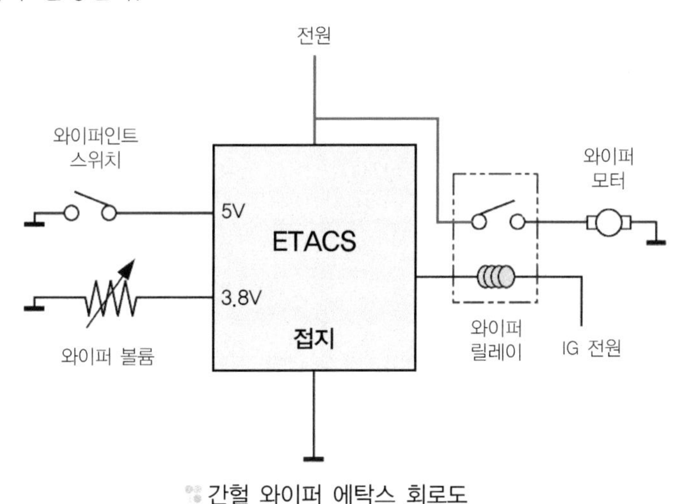

간헐 와이퍼 에탁스 회로도

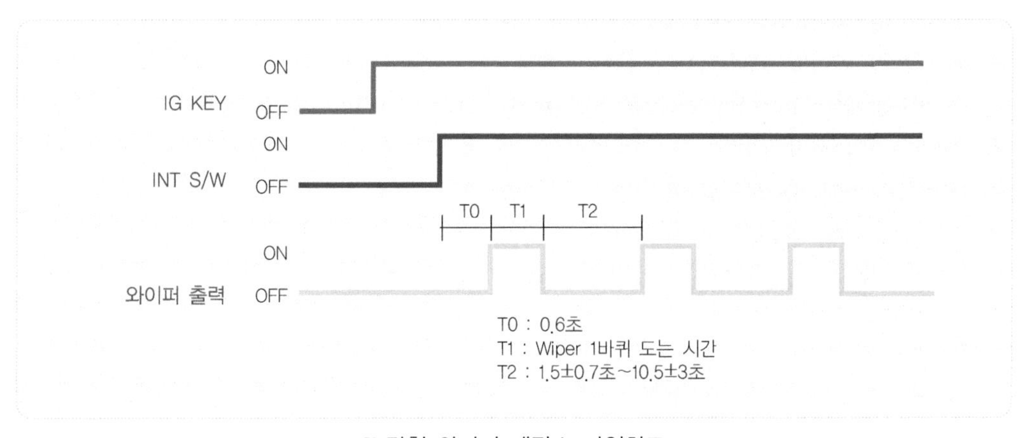

간헐 와이퍼 에탁스 타임차트

③ **차종별 제어 시간**

차　　종	제어 시간	특　　징
베르나, 아반테 XD EF 쏘나타, 그랜저 XG 트라제 XG, 산타페	제어 시간 T1 : 0.3초(MAX) T2 : 1.5±0.5초~11±1초	간헐 볼륨 저항 • 저속 : 약 50kΩ • 고속 : 약 0kΩ

3 간헐 스위치 입력스위치 관계

입력 및 출력 요소		전압 수준	
입　력	간헐 스위치	OFF	5V
		간헐(INT)선택	0V
	간헐 가변 볼륨	FAST(빠름)	0V
		LOW(느림)	3.8V
출　력	간헐 릴레이 접지	모터 구동	0V(접지시킴)
		모터 정지	12V(접지 해제)

05 에탁스 점화 스위치 키 홀 조명 작동 전압 변화 점검

1 점화 스위치 키 홀 조명 출력 신호 점검 위치

① **Ignition key hole illumination Lamp 입력 전압 측정** : B6
  - 문이 닫혀있는 상태 0V, 열리면 12V

② **Driver door key unlock switch/ Assist door key unlock switch** : C3
  - 닫혀있는 상태 0V

③ **Driver door lock switch** : B3 – 닫히면 12V

④ **Assist door lock switch** : B2 – 닫히면 12V

⑤ **Rear door lock switch** : A3 – 닫히면 12V

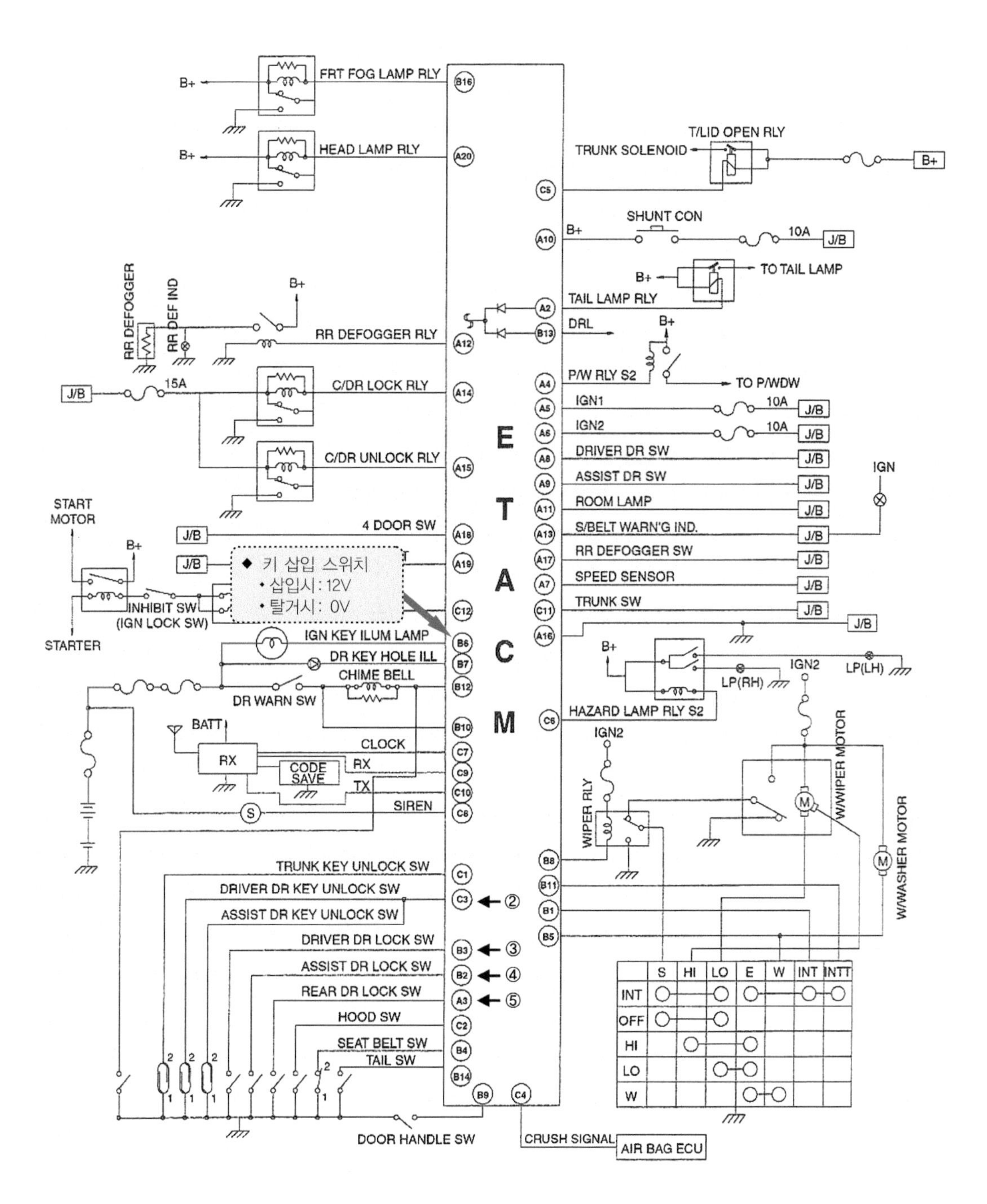

	S	HI	LO	E	W	INT	INTT
INT	O		O	O		O	O
OFF	O		O				
HI		O		O			
LO			O	O			
W				O	O		

점화스위치 키홀 조명 출력신호 점검 위치

② 점화 스위치 키 홀 조명 에탁스 회로도 및 타임차트

① 운전석 또는 동승석 도어를 열었을 경우 IG 키 홀 조명을 ON시킨다.

② ①의 상태에서 운전석 또는 동승석 도어를 닫았을 경우에는 10초간 점화 스위치 키 홀 조명을 ON 상태로 지연시킨 후 OFF된다.

③ ①, ②항 동작 중 점화 스위치 신호의 입력을 받는 즉시 홀 조명을 OFF시킨다.

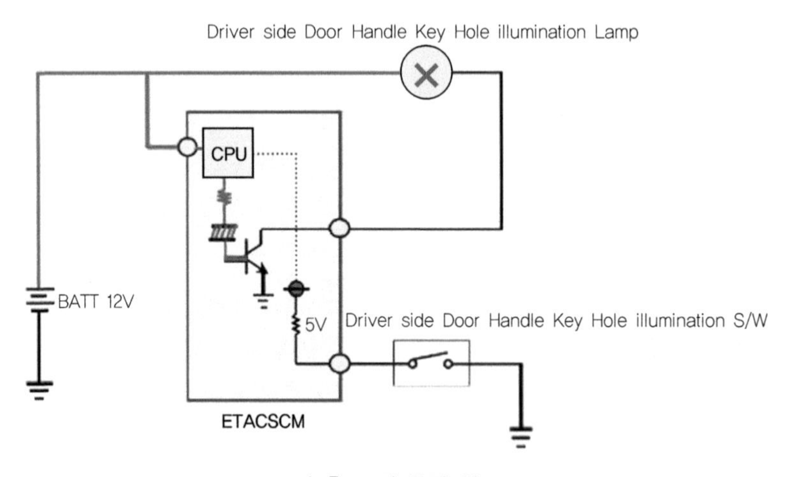

키 홀 조명 동작 회로도

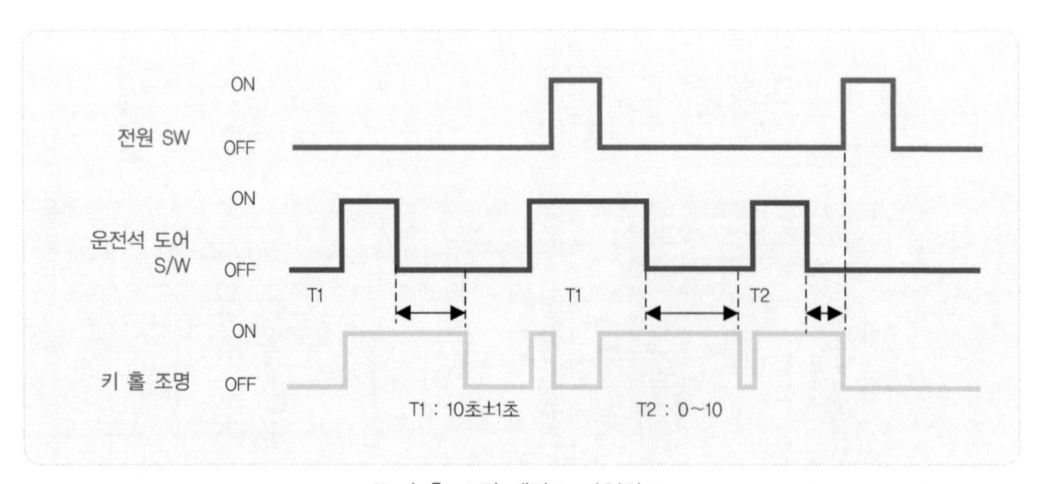

키 홀 조명 에탁스 타임차트

④ 차종별 제어시간

차 종	제어 시간
베르나, 아반테 XD, EF 쏘나타, 그랜저 XG, 트라제 XG, 산타페	T1 : 10±1초 T2 : 0±10초

3 점화 스위치 키홀 조명 입력스위치 관계

항 목		조 건	전압값	비 고
입력 요소	운전석 도어 스위치	운전석 도어 열림에서 닫힐 때 입력전압	12V	
출력 요소	키 홀 조명	운전석 도어 열림에서 닫힐 때 출력전압	8.5V 다운	
		운전석 도어 열림에서 닫힐 때 출력시간	10초	

06 에탁스 차속 센서 작동 전압 변화 점검

1 차량속도 센서 출력 정상 전압

① **최저 전압** : 접지 전압(0V)에 가까워야 하며 연속적으로 볼 때 수평을 이루어야 한다.
② **최고 전압** : 전원 전압(5V 또는 12V)에 가까워야 한다.
③ **전압의 모양** : 전압이 일정하여야 한다.

2 차량속도 센서 출력 파형 측정 위치

① **바퀴가 정지된 상태에서 전압의 상태** : 2.13V 이하, 또는 4.16V 이상에서 유지된 전압이 수평을 유지하여야 한다. 펄스 신호나 노이즈가 발생하면 불량이다.
② **바퀴가 회전하는 상태에서의 전압** : 규칙적으로 펄스 전압이 나와야 하며, 전압에 빠짐이 있어서는 안 된다.
③ **차속 센서 신호 High와 Low 지시 구간의 전압** : HIGH 구간은 4.16V 이상, LOW 구간에서는 2.13V 이하로 떨어져야 한다.
④ **전압이 나왔다가, 안 나왔다가 할 경우** : 차속 센서의 중심축을 직접 손으로 돌리면서 구동 기어의 이상 유무를 점검한다.
⑤ **신호가 전혀 나올지 않을 경우** : 차속 센서의 커넥터를 분리한 후 점화 스위치를 ON시킨 상태에서 ECU쪽 단자의 전압을 측정한다. 4.16V 이상 나오지 않으면 ECU 불량 또는 배선의 연결 상태를 점검하고, 이상이 없으면 차속 센서 출력선의 접지 쪽이 단락된 경우이다.

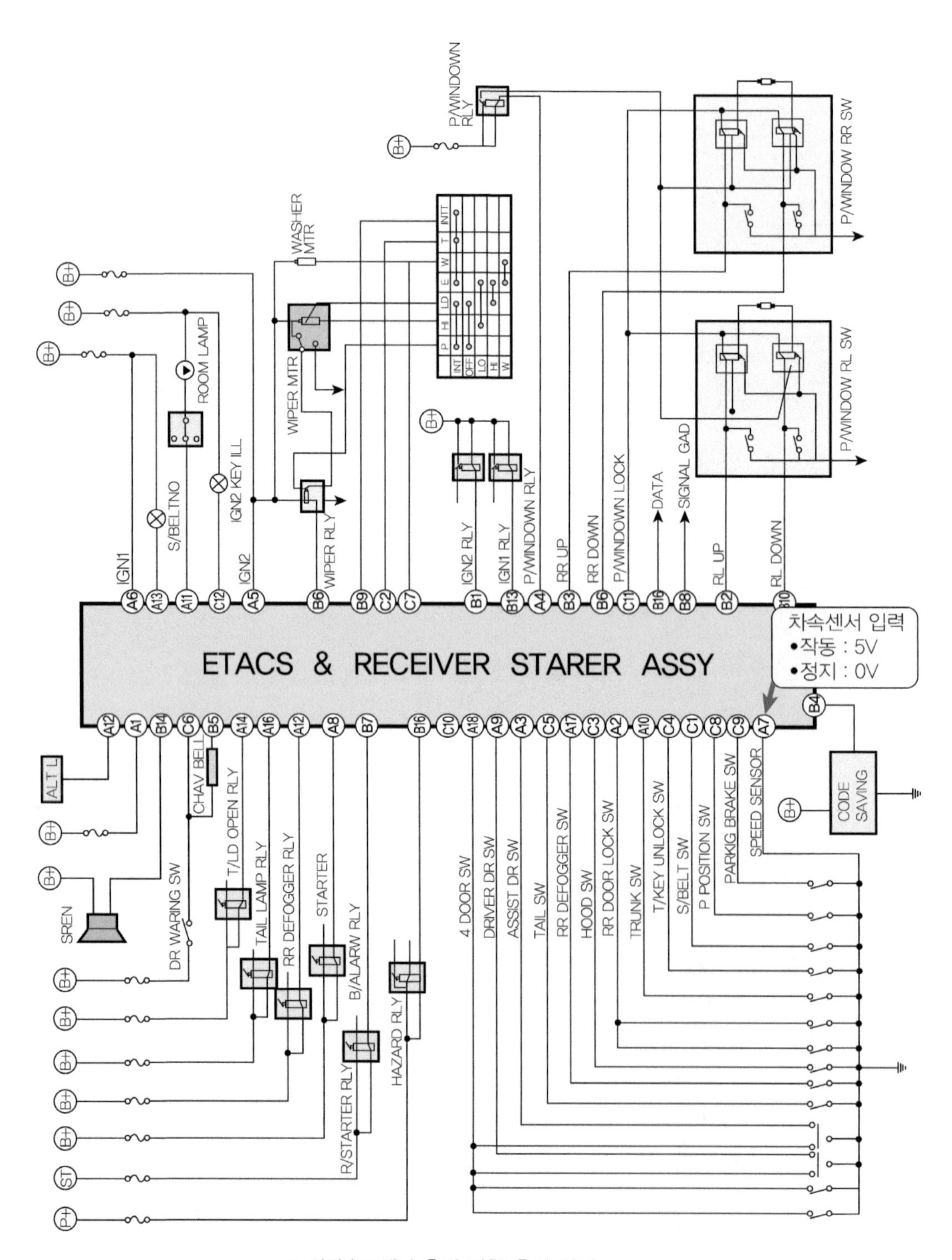

차량속도센서 출력 파형 측정 위치

3 차량속도 센서 출력 전압의 분석

① **정상 전압** : 센서 코일에 교류 전류가 발생하며, 전압의 높이와 간격이 고르다
② **전압이 일부 빠져 있다** : 톤 휠의 일부가 파손 되었다.
③ **최고 전압 낮음** : 에어 갭이 크다.
④ **전압이 안 나온다** : 센서 고장, 커넥터의 연결 불량 또는 단선이다.

07 에탁스 실내등 작동 전압 변화 점검

1 실내등 작동 회로

① 배터리 +단자에서 60A의 배터리 퓨즈를 지나 15A의 실내 퓨즈를 거쳐 에탁스 유닛 ㊱번 단자로 상시 전원(B+ : 12V)을 공급한다.
② 배터리 +단자에서 100A의 메인 퓨즈를 거쳐 30A의 점화 스위치 퓨즈를 지나 점화 스위치 IG1 단자를 거쳐 10A의 실내 퓨즈를 지나서 에탁스 유닛 ㉕번 단자로 IG1 전원을 공급한다.
　㉮ 점화 스위치(IG KEY) ON 또는 작동할 때 : 12V
　㉯ 작동하지 않을 때 : 0V
③ 배터리 +단자에서 100A의 메인 퓨즈를 거쳐 30A의 점화 스위치 퓨즈를 지나 점화 스위치 IG2 단자를 거쳐 15A의 실내 퓨즈를 지나서 에탁스 유닛 ㉔번 단자로 IG2 전원을 공급한다.
　㉮ 점화 스위치(IG KEY) ON 또는 작동할 때 : 12V(기관을 시동할 때 0V로 다운)
　㉯ 점화 스위치(IG KEY) OFF 또는 작동하지 않을 때 : 0V
④ 에탁스 유닛 16번 단자를 통해 접지 된다(상시 접지).

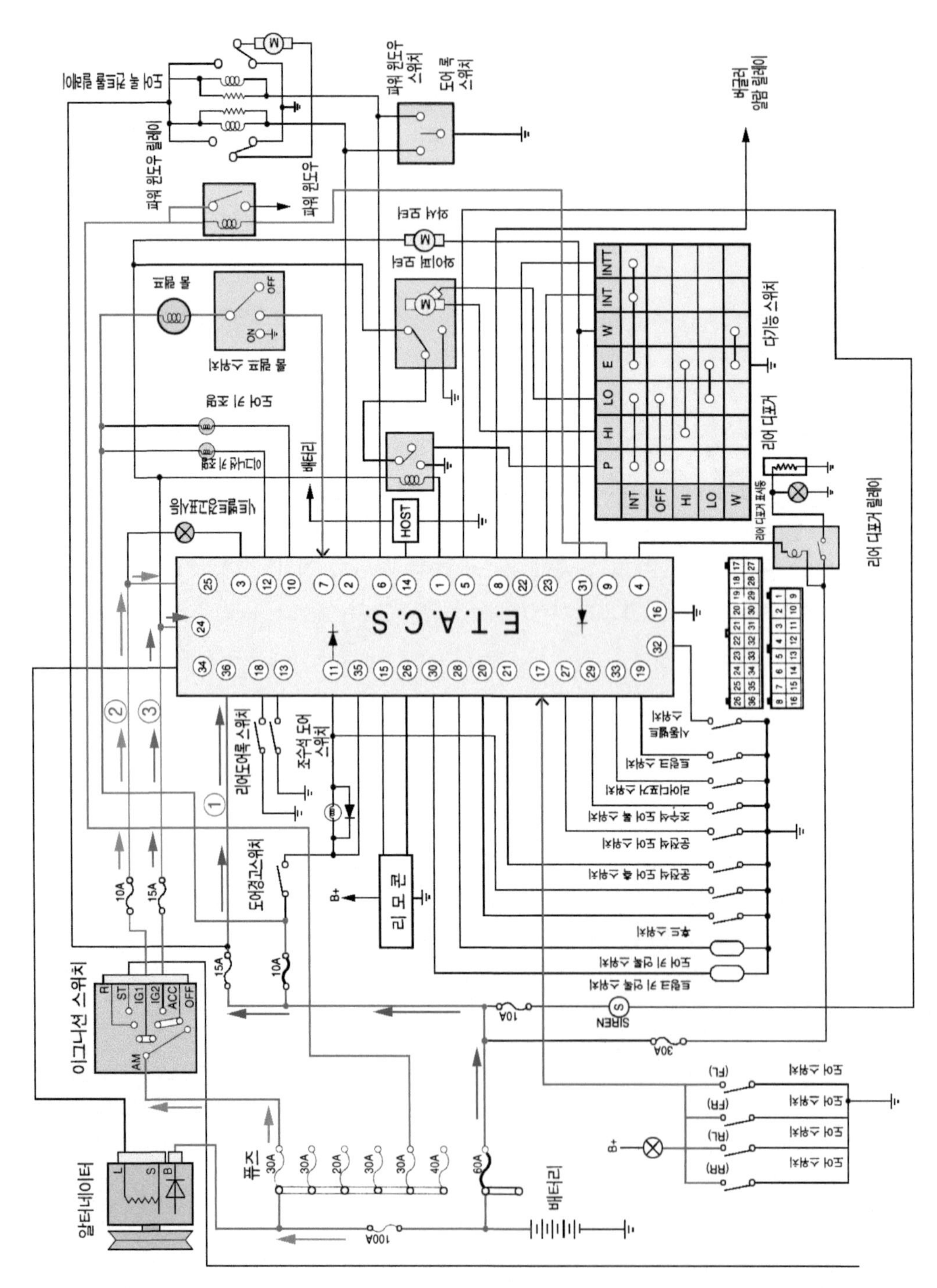
E.T.A.C.S.
HOST
리 모 콘
이그니션 스위치
알터네이터
배터리
퓨즈
SIREN
파워 윈도우 릴레이
파워 윈도우
파워 윈도우 스위치
도어 록 스위치
버글러 알람 릴레이
와셔 모터
와이퍼 모터
다기능 스위치
리어 디포거
리어 디포거 릴레이
룸 램프
룸 램프 스위치
도어 키 램프
리어도어록 스위치
조수석 도어 스위치
도어경고스위치
INT
OFF
HI
LO
W
P
E
INTT

실내등 작동 회로

2 실내등 출력 회로 전압 측정 위치

① 배터리 +단자에서 60A의 배터리 퓨즈를 지나 4도어 스위치(운전석, 동승석, RL, RR)와 병렬로 연결되어 에탁스 유닛 ⑰번 단자로 입력된다.

② 배터리 +단자에서 60A의 배터리 퓨즈를 지나 10A의 실내 퓨즈를 거쳐 실내등으로 입력되고 실내등의 위치(룸램프 스위치)가 DOOR 위치로 설정되어 있으면 실내등으로 공급된 전원은 에탁스 유닛 ⑦번 단자로 입력된다.

③ 4도어 스위치(운전석, 동승석, RL, RR)가 OPEN일 때 ⑰번 단자로 0V가 입력되고 에탁스 유닛 ⑦번 단자로 입력된 실내등 전원은 내부 트랜지스터(TR)에 의해 접지되므로 실내등이 점등된다.

㉮ **점등될 때 :** 0V(접지 시킴)

㉯ **소등될 때 :** 12V(접지 해제)

3 실내등 에탁스 회로도 및 타임차트

(1) 회로도

① 차량의 도어를 열었을 때 실내등이 점등되어 승、하차할 때에 도움을 준다. 이때 도어를 닫더라도 시동 및 출발 준비를 할 수 있도록 룸램프를 수초동안 점등시켜 준다.

② 룸램프는 'DOOR' 위치로 스위치를 설정해야 한다.

㉮ 도어 열림(도어 스위치 ON)시 실내등을 점등한다.

㉯ 도어 닫힘(도어 스위치 OFF)즉시 75% 감광 후 서서히 감광하여 5~6초 후에 소등할 것

㉰ 감광 동작 중 점화 스위치를 ON시키면 즉시 감광 동작을 멈출 것

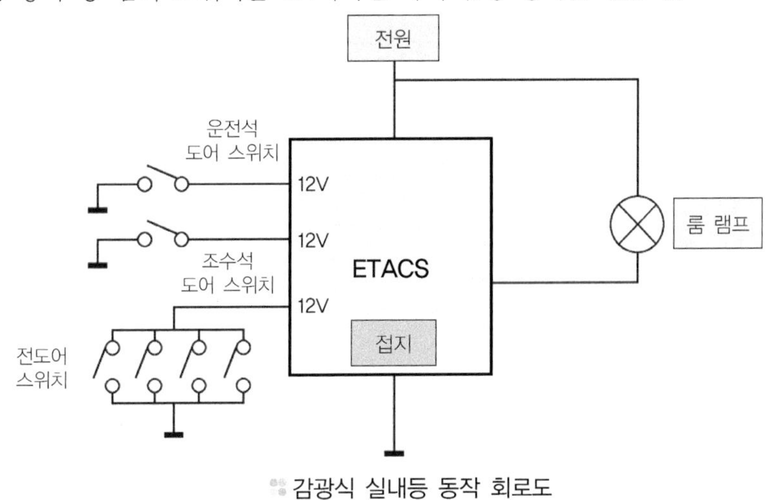

감광식 실내등 동작 회로도

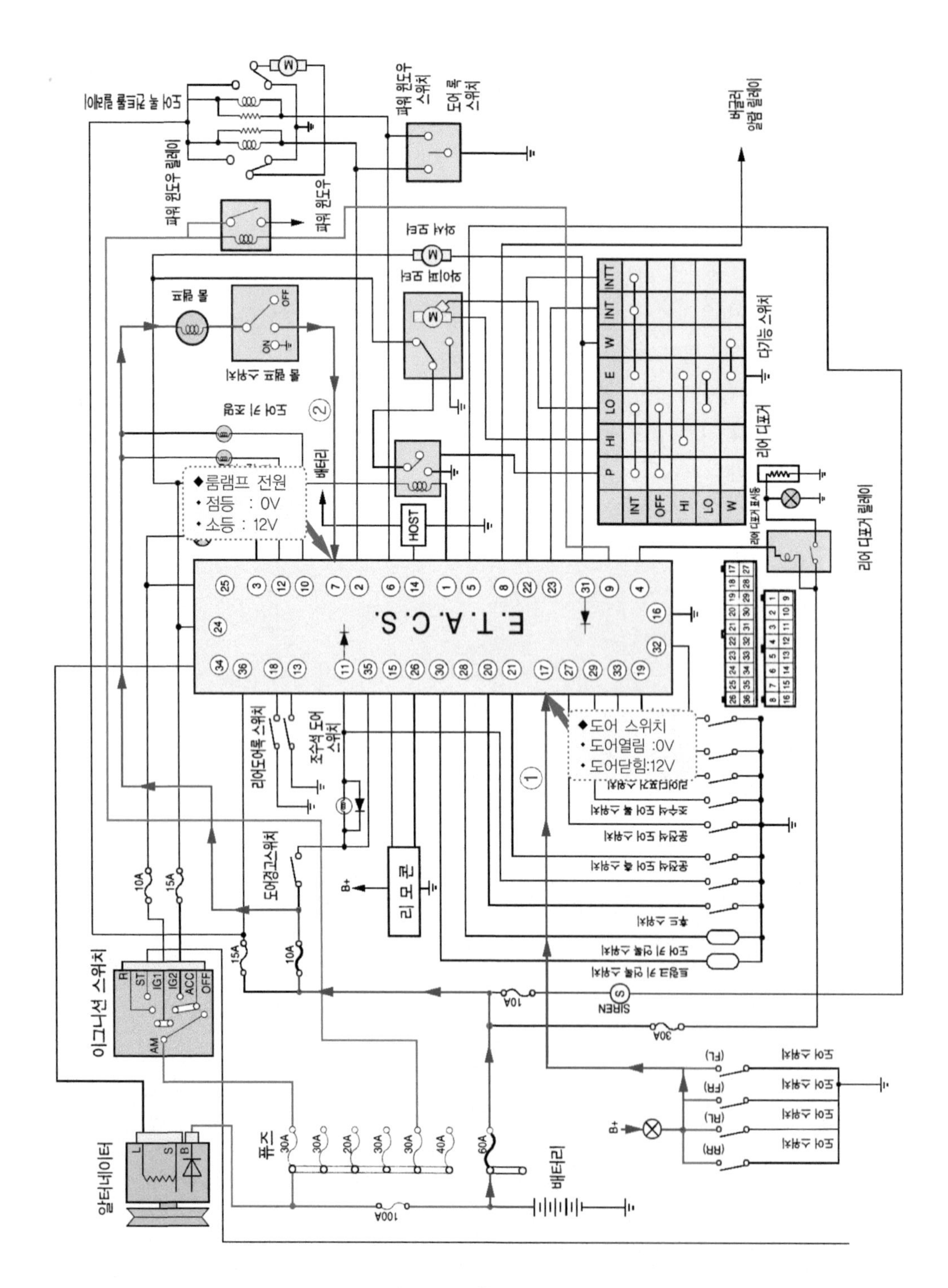

감광식 실내등 출력 회로 전압 측정 위치

(2) 타임 차트

① 도어가 열릴 때(도어 스위치 ON) 실내등을 점등한다. 도어가 닫히면(도어 스위치 OFF) 즉시 75% 감광 후 서서히 감광하여 5~6초 후에 소등되어야 한다.
② 도어 스위치 ON 시간이 0.1초 이하인 경우에는 감광 작동을 하지 말 것
③ 감광 작동 중 점화 스위치를 ON시키면 즉시 감광 작동을 멈추어야 한다.
④ 실내등을 제어할 때 입력되는 도어 스위치는 전체 도어 스위치이다.

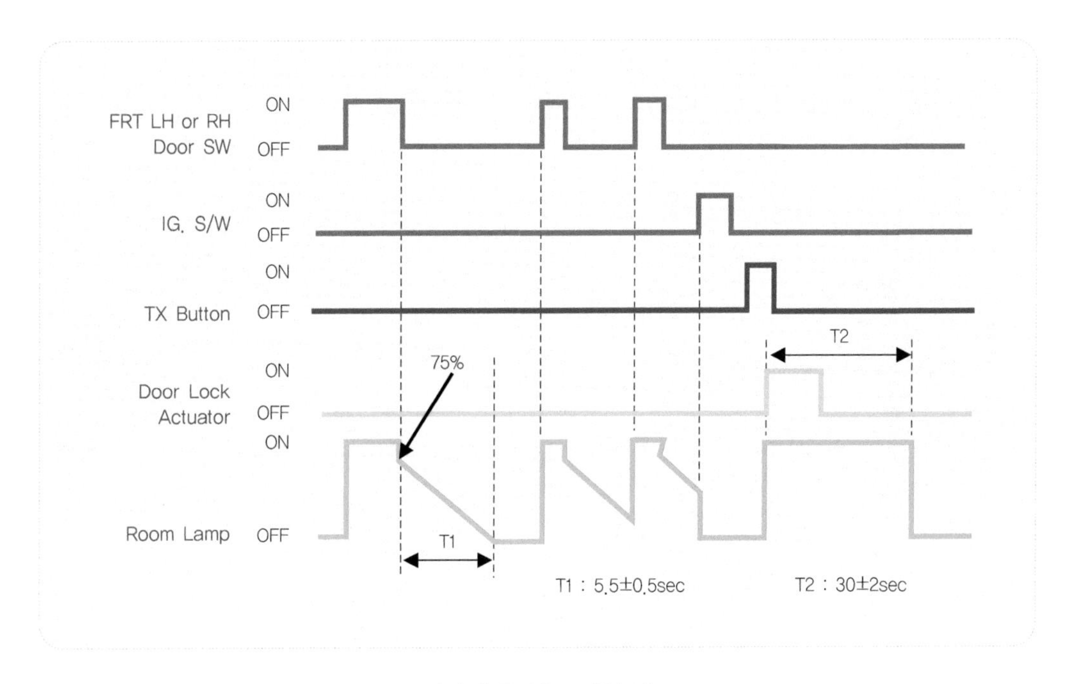

감광식 룸 램프 타임 차트

⑤ 차종별 제어 시간

차 종	제어 시간	특 징
베르나, 아반테 XD EF 쏘나타, 그랜저 XG 트라제 XG, 산타페	T1 : 5.5±0.5초	산타페는 리모컨 언 로크 신호를 입력할 때 30초 동안 실내등이 점등한 후 소등된다.

4 실내등 에탁스 입력 및 출력요소

입 · 출력 요소		전압 수준	
입력	전도어 스위치	도어 열림 상태	0V
		도어 닫힘 상태	12V
출력	룸램프	점등 상태	0V(접지시킴)
		소등 상태	12V(접지 해제)

TIP •• 실내등 점검시 실내등 접지 단자에서 출력 전압을 점검한다.

5 실내등 입력 스위치 관계

핀 이름	역 할
운전석 도어 스위치	운전석 도어만을 감지하여 도어 램프 점등 및 운전석 도어 열림 신호를 필요로 하는 제어에만 사용됨
동승석 도어 스위치	동승석 도어만을 감지하여 도어 램프 점등 및 동승석 도어 열림 신호를 필요로 하는 제어에만 사용됨
전도어 스위치	룸램프 점등이나 도난 경보기에만 사용됨

기술검토연구원

김재욱 (現) 두원공과대학교
김재원 (現) 수원과학대학교
박용국 (現) 인하공업전문대학
채 수 (現) 오산대학교

그린자동차실기 [전기편]

초판발행 | 2017년 1월 10일
발 행 | 2024년 2월 26일

지 은 이 | GB기획센터
발 행 인 | 김 길 현
발 행 처 | (주) 골든벨
등 록 | 제 1987-000018호 ⓒ 2017 Golden Bell
I S B N | 979-11-5806-212-5
가 격 | **24,000원**

이 책을 만든 사람들

교 정 및 교 열 | 이상호
제 작 진 행 | 최병석
오 프 마 케 팅 | 우병춘, 이대권, 이강연
회 계 관 리 | 김경아
본 문 디 자 인 | 조경미, 박은경, 권정숙
웹 매 니 지 먼 트 | 안재명, 김경희
공 급 관 리 | 오민석, 정복순, 김봉식

㊞ 04316 서울특별시 용산구 원효로 245(원효로 1가 53-1) 골든벨 빌딩 5~6F
• TEL : 영업부 02-713-4135 / 편집부 02-713-7452
• FAX : 02-718-5510 • http : // www.gbbook.co.kr • E-mail : 7134135@ naver.com